JN132894

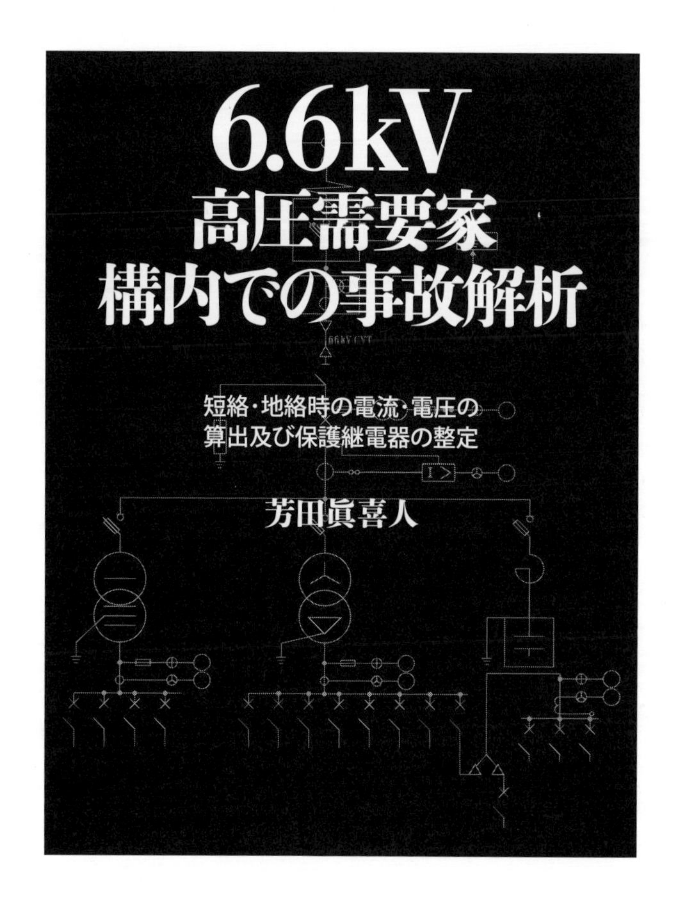

エネルギーフォーラム

推薦のことば

2018年芳田氏がここ数年、大変な努力をして出版にこぎ着けた「6.6 kV 高圧需要家構内での事故解析」―短絡・地絡時の電流・電圧算出及び保護継電器の整定―がこのたび初版発行されることになりました。

著者である芳田氏が沖縄電力の132 kV、66 kV、13.8 kV系の電力系統運用、系統の設備計画、系統の保護装置の試験業務、保護継電器の整定業務、系統の電気事故解析業務を通じ、芳田氏自身が自己研さんの努力で習得した事故解析に関する多くの事をよく理解し、整理し、6.6 kV系の高圧需要家の保安管理業務従事者が埋解しやすいように1冊の本にまとめた熱意に敬意を表するところです。

著者が歩んで来た46年という経験から得られた知見と、電力会社、関連メーカー及び、電気保安管理団体との交流から得た貴重なノウハウは、自己の財産のみにとどめず、広く社会に還元し、貢献すべきであるという芳田氏の熱意がようやく形となりました。

本書は実際の線路定数を使って6.6 kV高圧需要家構内の各種事故時の短絡・地絡時の電流・電圧値を算出しているところに大きな意味があり、電力側との保護協調により、波及事故を1件でも減らせることに、大いに役立てようとの解説書を念頭に、よくまとめられていると思います。

急速に進展する高度情報化など、現代社会における電力信頼度は従来以上に重要になっています。高圧需要家構内での事故が原因で、他へ波及事故を起こさせない安全な設備作りはもちろん、保護継電器の最適整定値での運用はさらに重要であります。

電気的な理論に弱い方でも、定数をはめ込むことで、実際の事故時の電流・電圧値を算出できることで、保護継電器の最適整定値の設定及び動作検証に役立てる事が出来ます。

電気保安管理業務従事者の保護協調技術の向上のために、難しい計算や数式を省き誰にでも理解できるよう、やさしく解説した新しい形の事故解析入門書として、大変有効な技術書であると推薦する次第です。

沖縄電力株式会社

代表取締役会長　石嶺伝一郎

まえがき

本書は一般のビル、病院、学校、ホテル、ガソリンスタンド及び工場などの自家用高圧受変電設備の保安管理業務をされる電気管理技術者（電気主任技術者）が、事故解析と保護継電器の動作協調等の検証に必要な実務技術書として作成しました。

本書の流れは、沖縄電力の系統構成から始まり、短絡インピーダンス（%Z）の意味と使い方を知り、ホウ・テブナンの定理を理解し、6.6 kV 非接地系配電線及び高圧需要家構内での短絡事故電流の算出及び完全一線地絡事故、不完全地絡時の地絡点電流（I_g）、零相電圧（V_0）の算出を実際の線路定数を使って行い、自構内設備の保護装置と電力側の保護装置との動作協調と時限協調の確認作業が出来るようにまとめてあります。

その前に予備知識として知って頂きたいのは、沖縄電力（株）が扱う系統の%Z（オフピーク、ピーク時の%Z）は全て 100 MVA ベースです。余談ですが東京電力の%Zは 10 MVA 基準です。その他電力会社の%Zは電力側に問い合わせて下さい。我々が扱う高圧需要家の電灯用変圧器及び動力用変圧器の%Zは、それぞれの変圧器の銘板に刻印されている、その変圧器容量をベースとした値です。

よって、短絡電流の計算あるいはその他計算に使用するときは、自構内設備の%Zを 100 MVA ベースに換算して計算をするか、電力会社からもらった%Z（100 MVA 基準）を自構内の計算対象の変圧器容量ベースに換算して計算します。自構内の変圧器容量に換算して計算した方が楽です。どちらでも、答えは同じです。

本書では例として、1 例だけ、100 MVA ベースと、対象変圧器容量をベースとした計算をしていますので、参考にして下さい。本書での%Zはオフピーク時の値を電力会社から確認した値をもとに計算しています。オフピーク時は冬場の値で、発電機が数台系統に併入されている状態、ピーク時は夏場の値で発電機が多数台系統に併入されている状態。よって、オフピーク時の%Zは自構内設備の OCR 動作検証に必要で、ピーク時の%Zは自構内設備の LBS、VCB 等の定格遮断容量の決定に必要です。

その%Zは電力側の併入発電機と昇圧変圧器、送電線、配電用変圧器、配電線等の%$R+j$%Xの合成値であるため、我々が扱う自構内設備の責任分界点での%Zはオフピーク時の値とピーク時の値は、ほとんど差はありません。P20, P21 に比較した計算結果があります。

OCR 動作検証にはオフピーク時の値を使って下さい（いずれもベースは 100 MVA ベースです）。また、6.6 kV 非接地系配電線の完全一線地絡事故、不完全地絡事故時の地絡点電流（I_g）、零相電圧（V_0）の値がホウ・テブナンの定理で計算した値と、実際の人工地絡試験値と一致している事がわかります。それゆえ、実際の定数を使って地絡事故時の各種計算を行い、非方向性と方向性 PAS の長短（信頼度）を比較してありますので参考にして下さい。

我々が担当している事業場の自構内設備の保護装置と電力側の保護装置との動作協調と時限協調

確認作業の計算に必要な定数は電力会社に問い合わせする事で提供してもらえます（私が作成した請求ホームを添付してありますので参考にして下さい）。

電力会社から提供してもらえる定数は

① 電力引込柱（責任分界点）までの電力系統の%Z（100 MVA 基準）、それに各人が担当している事業場の供給配電線の OCR の整定値、及び CT 比

② 供給配電線の人工地絡試験値 $R_g=0\,\Omega$ 時の V_0(V)、I_g(A)、$R_g=$□ kΩ か□ kΩ 時の V_0(V)、I_g(A)、67G の整定値、ZCT 比、GPT 比、オープン Δ の制限抵抗値（標準が $r=25\,\Omega$、高圧側換算値で 10 kΩ ですが、所によっては 50 Ω、高圧側換算値で 20 kΩ が有ります）

上記①、②の定数を使い、応用力が身に付くように、短絡事故、地絡事故時の各種計算が出来るように練習用シートも添付してあります。これまでに世に出回っている、必要な技術専門書はとかく難しく、応用しにくい事から、応用の助けになるように、実際の定数を使って、電力側との責任分界点以降に起きる電気事象についての事故解析、保護継電器の整定値決定及び電気設備設計の内容確認、それと電力側の保護継電器との動作協調確認等に活用してもらえると思います。さらに、電灯用、動力用 B 種接地線に常時対地静電容量成分による漏洩電流が結構流れている事がわかるように、実際のデータも掲載してあります。その他我々が実際経験した事故事例も多数取り上げました。参考にして下さい。この実務書は理論的な面で、あまり強くなくても、皆さんの仕事上のサポートに活用していただき、継電器の整定技術の向上につながるように取りまとめました。

この本が電気管理技術者及び電気保安管理業務従事者の仕事上、お役に立ち、波及事故を1件でも減らせる事に貢献できれば幸いです。

電気管理技術者：芳田眞喜人

目　　次

第 3 章　6.6 kV 非接地系配電線の一線地絡事故解析

第4章　高圧進相コンデンサに関する件

第１章
沖縄県本島内の電力系統

第１章　沖縄県本島内の電力系統

１．沖縄電力株式会社電力供給範囲

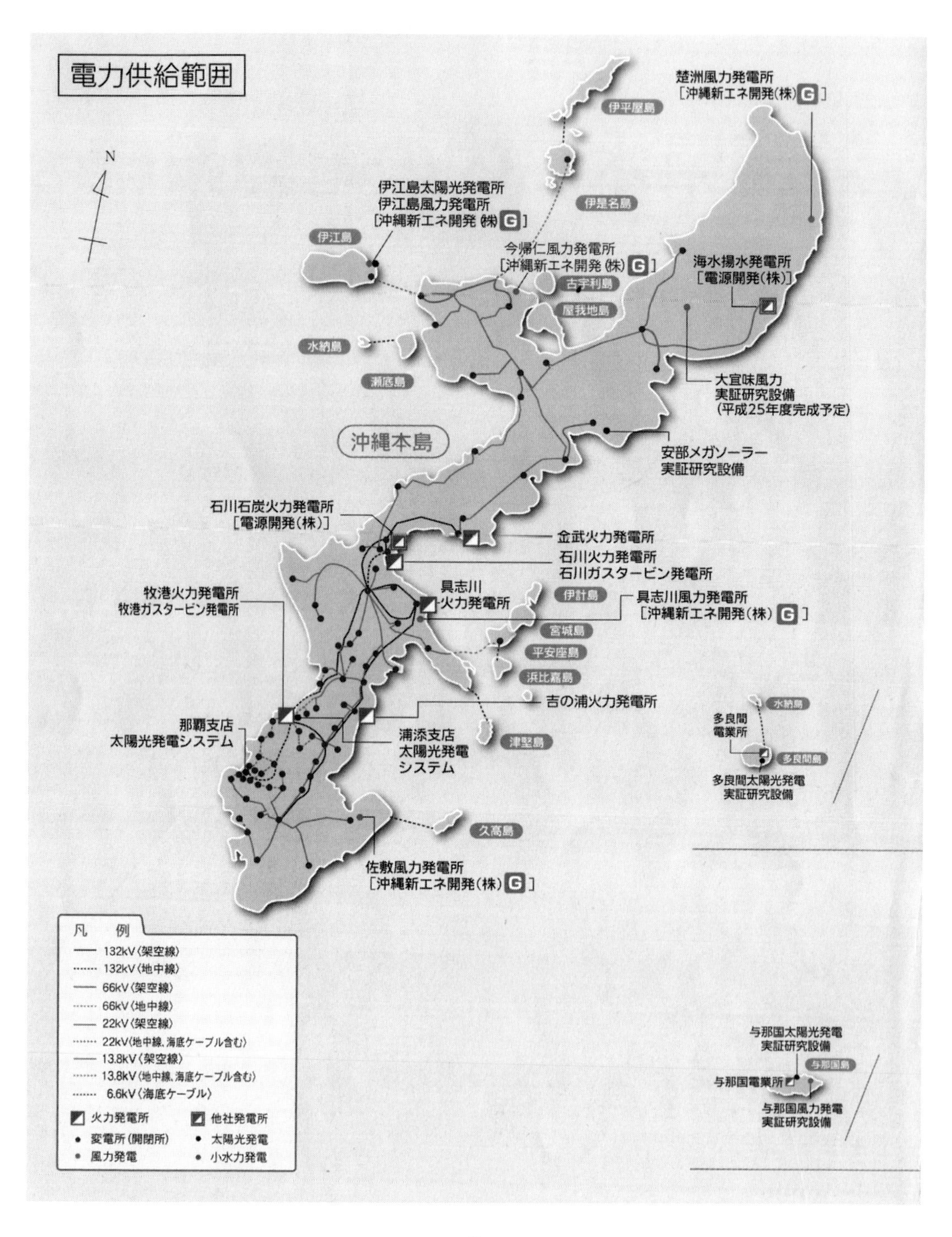

2．沖縄本島の電力系統について

各地の発電所で電力を生産し、この電力を需要家に供給する一連の設備を電力系統という。その設備内容は、

① 電気を生産する発電設備で石油火力、石炭火力、LNG 火力発電所がある。

② 造られた電気を運ぶ送電線と配電線がある。

③ 運ばれてきた電気を使う高圧需要家と一般需要家がある。

電力系統の公称電圧は 132 kV、66 kV、22 kV、6.6 kV、200 V、100 V がある。周波数は 60 Hz。

接地方式は 132 kV、66 kV は直接接地系、22 kV は抵抗接地系、6.6 kV 系は非接地系、200 V、100 V 系は自家用電気工作物の受電設備内の変圧器二次側で一端子が接地されている。

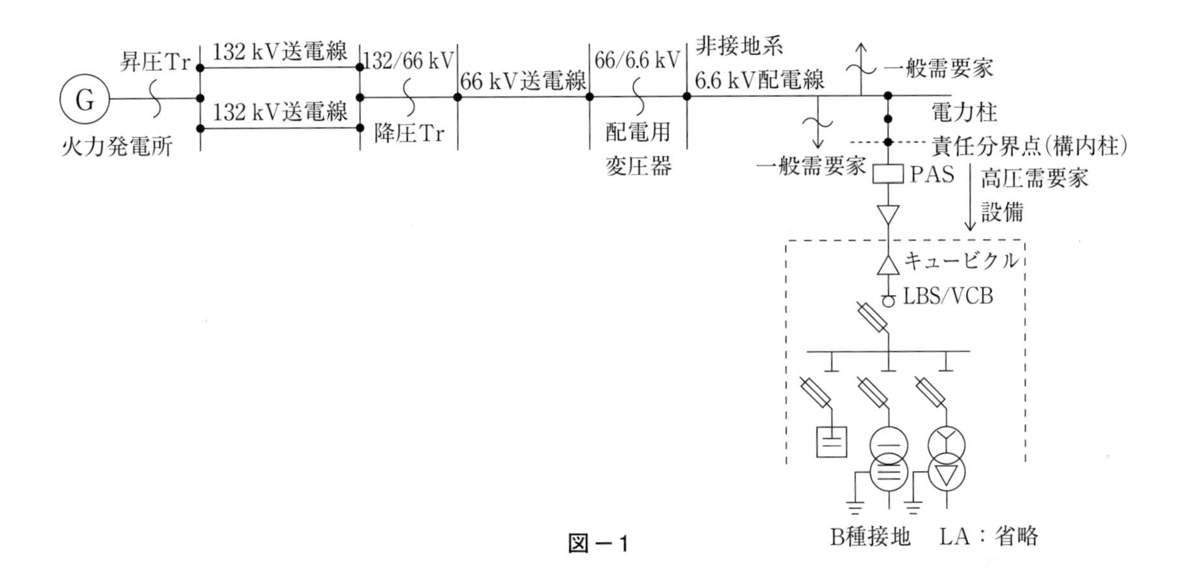

図－1

図－1の説明

沖縄本島内の一部の発電所（牧港発電所）から送電線、配電線、高圧需要家、一般需要家と連携された系統で構成されています。

配電線より生活に必要な電気、営業や工場に必要な電気を取り込む設備がある。

この本は、営業や工場等に必要な設備すなわち自家用電気工作物内の電気事象、主に電気事故等の事故解析に役立つように実際の線路定数を使用して、解説しています。

参考にして下さい。

３．PAS（過電流ロック形高圧気中開閉器）及び高圧引き込みケーブルについて

１．PAS

高圧需要家構内柱に取り付けられていて、PAS の一次側で配電線との接続箇所を電力側との責任分界点としている。機能としては、需要家構内の 6.6 kV 線路で地絡事故が発生した場合、地絡電流を検出し、SOG を動作させ、PAS を開放し、事故点を切り離す。この SOG には、GR 付き PAS 即ち地絡電流（I_0）のみを検出して動作させる継電器（無方向性）と DGR 付き PAS 即ち地絡電流（I_0）と零相電圧（V_0）を検出して動作させる継電器（方向性）がある。

これら PAS の定格容量は 7.2 kV の 200 A、300 A、400 A 等があり、地絡電流を遮断する遮断容量は約 30 A である。短絡電流を遮断する能力は持たせてない。何故かというと高圧需要家の引き込み線は高圧引き込みケーブルで殆どが CVT ケーブルで 22、38、60 スケアーが使用されており、よほどの事がない限り短絡事故発生の可能性が低いとの事で短絡電流の遮断機能は持たせてないとの事です（メーカー説明）。

万が一の短絡事故対応としては、PAS 内に短絡電流による動作要素（OCR 要素）を持たせている、短絡事故が発生すると、短絡電流で OCR 要素が働き、PAS が動作しないようにロックを掛ける、電力側の VCB が動作し、停電となった事を確認して（電圧無の確認）PAS が切れるようになっている、短絡電流 8 kA、12.5 kA 他の短絡電流に対して１秒間は耐えられる様になっているとの事です（メーカー説明）。

なお、一例として地絡事故時の地絡電流遮断容量の 30 A は、電力側の 6.6 kV フィーダーでの人工地絡試験（完全一線地絡）をもとに計算した値です。でも、近年は配電線のケーブル化が進み１フィーダーの完全一線地絡事故時の地絡電流が大きくなってきていますが、逆に不完全地絡事故時の場合、零相電圧（V_0）は期待通りの値が出ません。その理由はケーブル化が進み配電線の対地静電容量（3C μF）が大きくなる事で、$Xc = 1/\omega 3C\ (\Omega)$ が小さくなるからです。よって、無方向性の PAS と方向性の PAS のどちらを採用した方が良いか検討してありますので、参考にして下さい。
（Xc：対地静電容量インピーダンス）

人工地絡試験結果を後のページで表にして整理してあります。

●構造

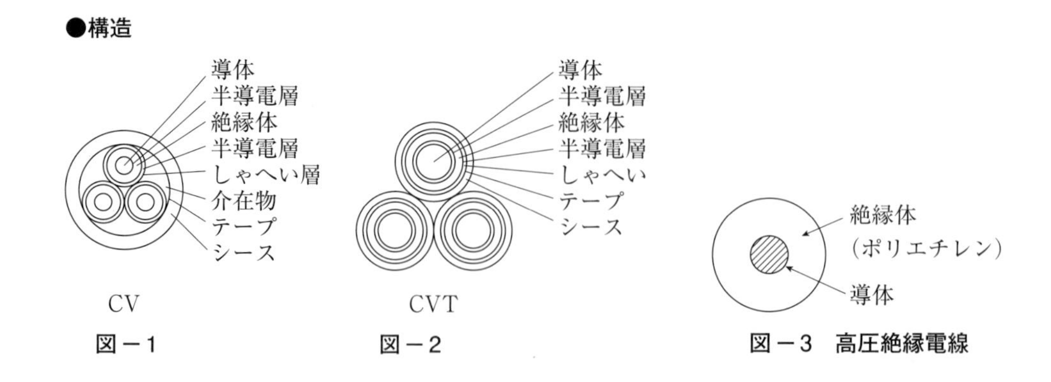

図－1　図－2　図－3　高圧絶縁電線

2．高圧引き込みケーブル、高圧絶縁電線

電力会社の配電線からビルや建物、工場等の変電所までは、高圧ケーブル、高圧絶縁電線で引き込みます。高圧ケーブルの代表的なものとして、CVT ケーブルや CV ケーブルがありますが CV ケーブルは図－1、CVT ケーブルは図－2の CV を３本に束ねた物で、導体のまわりを絶縁体でおおい、さらに銅テープでしゃへいを施してあります（このしゃへい層はアースします）。電界が外に漏れていくことはなく、外装を人が触れても安全なのです。引き込み部分の大半は、高圧ケーブルで受電しますが、保守上の問題としては絶縁体が湿気や熱で劣化し、導体としゃへい層間で絶縁破壊を起こし、大地に電流が流れる地絡事故を生じる事があるという点です。

高圧ケーブルについては、地絡事故に発展する前に、不良を発見する予防保全は特に重要と言えます（図－3)。

さて、高圧絶縁電線はそれ自体では、絶縁耐力はありませんので、碍子で支持して使います。

したがって、架空電線による構内引き込み線や、変電所内の母線として使用されます。

事故原因としては、碍子劣化や樹木接触及び重機による地絡事故、風雪による断線や電線間の短絡等があります。

第２章
高圧需要家構内での短絡事故解析

○短絡電流算出

第２章　高圧需要家構内での短絡事故解析

１．短絡インピーダンス（%Z）の意味

（%Zは系統の短絡電流、電圧変動率の計算及び変圧器の並列運転の可否判定に使用します）
高圧需要家のキュービクル内に設置されている電灯用変圧器、動力用変圧器の銘板に刻印されている%Z（変圧器、銘板の写真は27ページにあります）とは変圧器の二次側を短絡し、一次端子側に定格周波数の電圧を加え、二次側に定格電流を流した時の一次側の電圧を%で表現した値を%Zという。即ち定格電圧に対する比を百分率（%）で表します。(大体がat75 ℃のときの値)

１．例えば単相変圧器 50 kVA　6,600/210/105 V　%Z＝2.54 %　f＝60 Hz
定格二次電流：238 A　定格一次電流：7.58 A

この変圧器が全負荷（50 kVA　210 V　238 A）のとき　$\%Z=2.54=\dfrac{IZ\times 100}{210\ \text{V}}$

∴　IZ＝5.3 Vのインピーダンス降下が生じて、二次側に定格の210 Vの電圧が出る。もし負荷が半分のときは2.7 Vのインピーダンス降下が生じて210＋2.7＝212.7 Vとなる。無負荷になれば210＋5.3＝215.3 Vまで上がる。

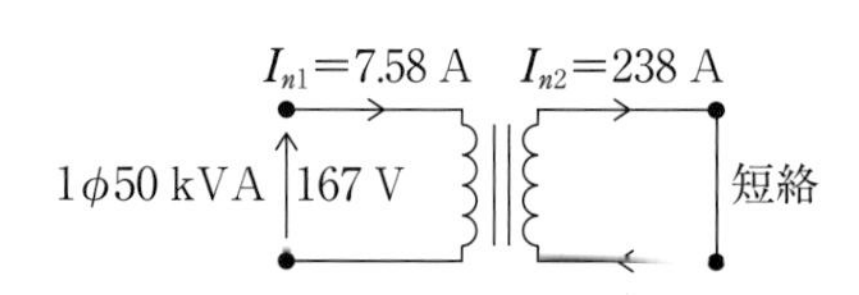

㋑　左図の様に二次側を短絡して一次側から電圧を加えI_{n2}＝238 A流れた時の一次側の電圧をインピーダンス電圧といい、これを百分率で表したのを短絡インピーダンス%Z（%）という。

$$\%Z=\frac{IZ}{E}\times 100=\frac{167}{6{,}600}\times 100=2.54\ \%$$

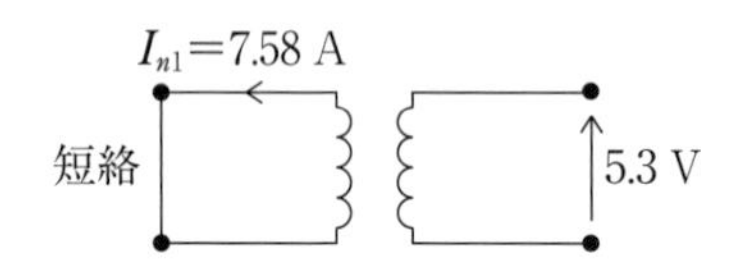

㋺　左図の様に一次側を短絡して二次側から電圧を加えI_{n1}＝7.58 A流れた時の二次側の電圧をインピーダンス電圧といい、これを百分率で表したのを短絡インピーダンス%Z（%）という。

$$\%Z=\frac{IZ}{E}\times 100=\frac{5.3}{210}\times 100=2.52\ \%$$

よって短絡インピーダンスは一次側から二次側を見た%Zと、二次側から一次側を見た%Zは同じ値です（説明では0.02 %違いますけど、同じ様に扱って構いません）。単相変圧器は負荷側で210 Vラインの短絡事故と105 Vラインの短絡事故が想定されます。105 Vラインでの短絡事故電流を算出する時は、%Z＝2.54×2/3＝1.69＝1.7 %/25 kVAベースとして計算して下さい。銘板の%Z＝2.54 %は50 kVAベースでの%Zです。

２．単相変圧器　50 kVA　6,600/100 V　I_n＝500 A　%Z＝3 %　f＝60 Hz

この変圧器が全負荷（50 kVA　100 V　500 A）の時、二次側電圧は3 Vのインピーダンスによる降下が生じて定格の100 Vとなる。負荷が半分の時は1.5 Vのインピーダンス降下となるので101.5 Vとなる。無負荷の時はインピーダンス降下は零なので103 Vとなる。

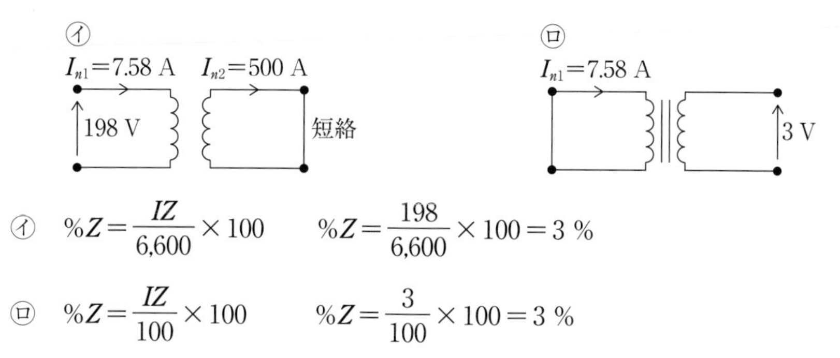

④　$\%Z=\dfrac{IZ}{6{,}600}\times 100$　　$\%Z=\dfrac{198}{6{,}600}\times 100=3\ \%$

⑫　$\%Z=\dfrac{IZ}{100}\times 100$　　$\%Z=\dfrac{3}{100}\times 100=3\ \%$

3．三相変圧器 75 kVA　6,600/210 V　$\%Z=2.29\ \%$　$f=60\ \mathrm{Hz}$

定格二次電流：206 A　定格一次電流：6.56 A

この変圧器が全負荷（75 kVA　210 V　206 A）の時、二次側に $IZ=\%Z\times 210\ \mathrm{V}/100=4.8\ \mathrm{V}$ のインピーダンス降下があって定格の 210 V が出力されます。負荷が半分になると 2.4 V のインピーダンス降下が生ずるので二次側には 212.4 V の電圧が出る。無負荷になると、インピーダンス降下は零なので二次側には 214.8 V となる（現場では実際に電圧が掛かっているのに電圧計の指示が定格電圧より上下している場合があります。それは一次側の電圧の影響が考えられますが、気になる時はメーターの校正をお薦めします。）

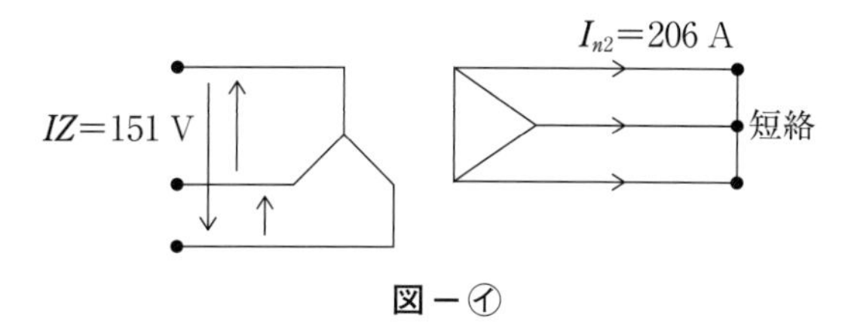

図－④

④　左図の様に二次側を短絡して一次側から電圧を加え、$I_{n2}=206$ A 流れた時の一次側の電圧をインピーダンス電圧といい、これを百分率で表したのを短絡インピーダンス%Z（%）という。

$$\%Z=\frac{IZ}{6{,}600}\times 100=\frac{151}{6{,}600}\times 100=2.29\ \%$$

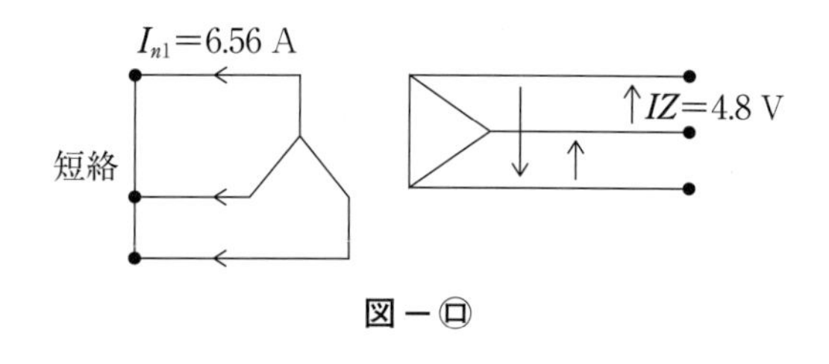

図－⑫

⑫　左図の様に一次側を短絡して二次側から 3ϕ 電圧を加え、$I_{n1}=6.56$ A 流れた時の二次側の電圧をインピーダンス電圧といい、これを百分率で表したのを短絡インピーダンス%Z（%）という。

$$\%Z=\frac{IZ}{210}\times 100=\frac{4.8}{210}\times 100=2.29\ \%$$

よって短絡インピーダンスは一次側から二次側を見た%Zと二次側から一次側を見た%Zは同じ値となる。

4．変圧器の電圧降下率と電圧変動率の違いについて

変圧器の銘板には短絡インピーダンス%Zの値は刻印されていますが、電圧変動率は刻印されていません。メーカの試験成績には記載されています。(メーカの試験成績書を添付してあります。参考資料）

①　単相 50 kVA　6,600/210/105 V　$I_{n1}=7.58$ A　$I_{n2}=238$ A　$\%Z=2.54\ \%$ (at75 ℃)
　電圧変動率＝1.38 %

② 三相75 kVA　6,600/210 V　$I_{n1}=6.56$ A　$I_{n2}=206$ A　$\%Z=2.29$ %（at75 ℃）
電圧変動率＝1.27 %

単相50 kVAでの説明

定格負荷50 kVAが変圧器に掛かった時 $e=2.54\ \%\times 210/100=5.3$ V の電圧降下があって定格の210 Vが出ます。この5.3 Vを定格電圧に対する比を電圧降下率という。

定格負荷時、二次側の電圧が定格210 Vのとき、負荷が零（無負荷）となったら一次側の電圧は変わらず二次側の電圧が210 V×1.38 %/100＝2.9 V　よって212.9 Vまで上昇します。

$$\text{電圧変動率 } e\ (\%)=\frac{E_2'-E_2}{E_2}\times 100=\frac{212.9-210}{210}\times 100=1.38\ \%\text{となる。}$$

E_2：定格電圧　　E_2'＝無負荷時の電圧

三相75 kVAも上記と同じです。

2．短絡インピーダンス（%Z）の使い方（その1）

1．単相50 kVA　6,600/210/105 V　$I_{n1}=7.58$ A　$I_{n2}=238$ A　$\%Z=2.54$ %

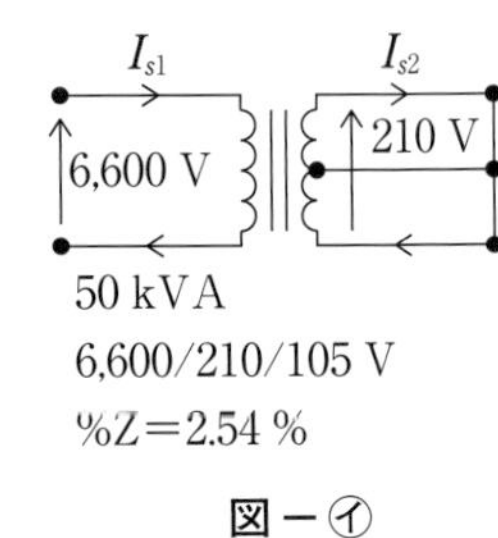

図－㋑

㋑ 左図で単相50 kVA変圧器の直下二次側母線R-N-T相で短絡事故が起きた時の I_{s2} を求めます。(ただし、電力会社側の電源%Zを無視して計算します。次のページからは電力会社から提供してもらった電源%Zも使って計算していますのでここで、先ずは理解を深めて下さい。)

まず覚えて欲しい式　$I_{s2}=\dfrac{I_n}{\%Z}\times 100$(A)　（$I_{s2}$：二次側短絡電流、←後のページで説明）

I_n：対象変圧器の定格電流　$I_{n1}=7.58$ A　$I_{n2}=238$ A（50 kVA/210 Vベース）

$\therefore\quad I_{s2}=\dfrac{238}{2.54}\times 100=9{,}370\text{ A}=9.4\text{ kA}$　I_{s2}：二次側短絡電流

短絡容量　$P_s=VI=210\text{ V}\times 9{,}370\text{ A}=2\text{ MVA}$

$I_{s1}=\dfrac{7.58}{2.54}\times 100=298\text{ A}\leftarrow 9{,}370\times 210/6{,}600=298\text{ A}$　I_{s1}：一次側短絡電流（210/6,600：変圧比）

$P_s=VI=6{,}600\times 298\text{ A}=2\text{ MVA}$

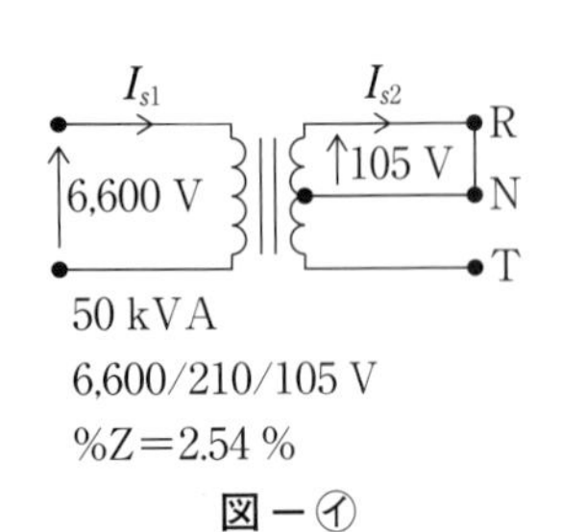

図－㋑

㋑ 左図での105 Vライン（R-N相）での短絡電流を算出するのに気を付けて欲しいのは%Z＝2.54×2/3＝1.69＝1.7 %を使う。
(R-N相の105 Vラインでの%Zは%Zが2/3の値となる事。
この%Z＝2.54×2/3＝1.7 %/25 kVA基準として使うことです。)

$$I_{n1}=\frac{25{,}000}{6{,}600}=3.78\text{ A}$$

$$I_{n2}=\frac{25{,}000}{105}=238\text{ A}$$

$$\therefore\quad I_{s2}=\frac{I_{n2}}{\%Z}\times 100=\frac{238}{1.7}\times 100=14{,}000\ \text{A}=14\ \text{kA}$$

$$P_s=VI=105\ \text{V}\times 14{,}000=1.5\ \text{MVA}$$

$$I_{s1}=\frac{I_{n1}}{\%Z}\times 100=\frac{3.78}{1.7}\times 100=222\ \text{A}$$

又は

$$I_{s1}=14{,}000\times \underbrace{105/6{,}600}_{\text{変圧比}}=222\ \text{A}$$

$$P_s=VI=6{,}600\times 222\ \text{A}=1.5\ \text{MVA}$$

2．三相 75 kVA　6,600/210 V　$\%Z=2.29\ \%$　$f=60\ \text{Hz}$　$I_{n1}=6.56\ \text{A}$　$I_{n2}=206\ \text{A}$

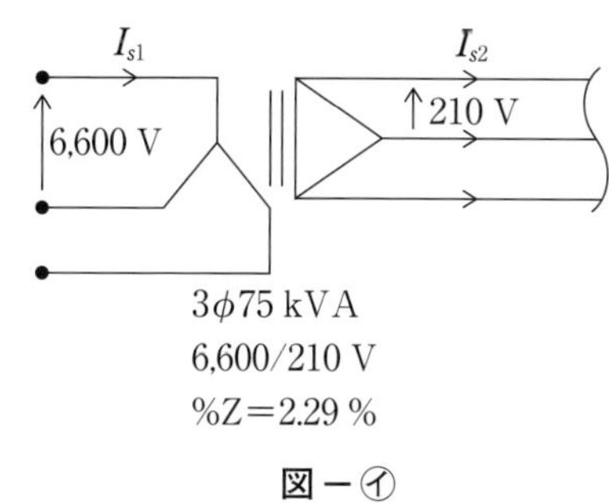

図－㋑

㋑　左図で三相変圧器 75 kVA の二次側直下の母線 R-S-T 相での三相短絡電流 $I_{s2}=\frac{I_{n2}}{\%Z}\times 100$(A)で求めます。(ただし電力会社側の電源%$Z$を無視して計算します。次のページからは電力会社から提供してもらった%Zを使って短絡電流を計算しています)

$$I_{s2}=\frac{I_{n2}}{\%Z}\times 100=\frac{206}{2.29}\times 100=8{,}996\ \text{A}=9.0\ \text{kA}$$

$$P_s=\sqrt{3}VI=\sqrt{3}\times 210\times 8{,}996=3.3\ \text{MVA}$$ ← 三相短絡容量

$$I_{s1}=\frac{I_{n1}}{\%Z}\times 100=\frac{6.56}{2.29}\times 100=286\ \text{A}$$ 又は $$I_{s1}=8{,}996\times \underbrace{210/6{,}600}_{\text{変圧比}}=286\ \text{A}$$

$$P_s=\sqrt{3}VI=\sqrt{3}\times 6{,}600\times 286=3.3\ \text{MVA}$$

3．短絡インピーダンス（%Z）の使い方（その2）

1．くり返しの説明になりますが、%Zは短絡電流を計算する時に使うと便利です。その前に覚えていて欲しい事は、単相回路及び三相の動力回路も短絡電流 $I_s=\frac{I_n}{\%Z}\times 100$(A)で計算できると言う事です。%$Z$は基準容量の値で、$I_n$も基準容量の定格電流です。下記の説明で理解を深めて下さい。

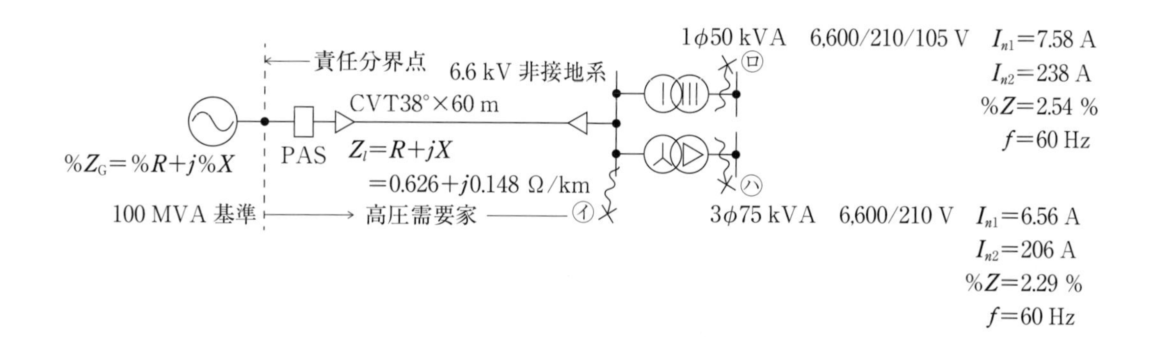

2．上図の場合の各事故点㋑、㋺、㋩での短絡電流の算出手順を説明します。計算で出した短絡電流は受電 VCB の OCR 動作確認に使います。また、事故後の事故解析にも使います。

①事業場の電力引込柱までの電源$\%Z$/100 MVA 基準を電力会社の管轄支店から提供してもらいます。私がもらった数値で説明します。$\%Z_G = \%R + j\%X = 67.9 + j181.8(\%)$ 100 MVA 基準

$\therefore \quad \%Z_G = \sqrt{\%R^2 + \%X^2} = 194\ \%$（100 MVA 基準）

1ϕ50 kVA 基準に変換します。　$\%Z_G = \dfrac{194}{100{,}000} \times 50\ \text{kVA} = 0.097\ \%/50\ \text{kVA}$ ベース

3ϕ75 kVA 基準に変換します。　$\%Z_G = \dfrac{194}{100{,}000} \times 75\ \text{kVA} = 0.145\ \%/75\ \text{kVA}$ ベース

② CVT38°×60 m　$Z = R + jX = 0.626 + j0.148\ \Omega/\text{km}$

CVT38°×60 m の $Z_l = (0.626 + j0.148) \times 60/1{,}000 = 0.037 + j0.008\ \Omega/60\ \text{m}$

$Z_l = 0.037 + j0.008\ \Omega/60\ \text{m}$ を 1ϕ50 kVA ベースと 3ϕ75 kVA ベースの$\%Z$に変換します。

㋑　$\%R = \dfrac{R_\Omega \times \text{kVA}}{10 \times E^2 \text{kV}} = \dfrac{0.037 \times 50}{10 \times 6.6^2} = 0.004(\%)$

$\%X = \dfrac{X_\Omega \times \text{kVA}}{10 \times E^2 \text{kV}} = \dfrac{0.008 \times 50}{10 \times 6.6^2} = 0.0009(\%)$

$\therefore \quad \%Z_l = \sqrt{\%R^2 + \%X^2} = 0.004\ \%/50\ \text{kVA}$ ベース　$\%Z = \sqrt{0.004^2 + 0.0009^2}$

㋺　$\%R = \dfrac{R_\Omega \times \text{kVA}}{10 \times E^2 \text{kV}} = \dfrac{0.037 \times 75}{10 \times 6.6^2} = 0.006(\%)$

$\%X = \dfrac{X_\Omega \times \text{kVA}}{10 \times E^2 \text{kV}} = \dfrac{0.008 \times 75}{10 \times 6.6^2} = 0.001(\%)$

$\therefore \quad \%Z_l = \sqrt{\%R^2 + \%X^2} = 0.01\ \%/75\ \text{kVA}$ ベース　$\%Z = \sqrt{0.006^2 + 0.001^2}$

3．事故点㋑の三相短絡電流　$I_{3\phi s} = \dfrac{I_n}{\%Z} \times 100 = \dfrac{I_n \times 100}{\%Z_G + \%Z_l} = \dfrac{4.37 \times 100}{0.097 + 0.004}$

$$= \frac{4.37 \times 100}{0.1} = 4{,}370\ \text{A} = 4.3\ \text{kA}$$

$$I_{2\phi s} = 4{,}370 \times \frac{\sqrt{3}}{2} = 3{,}784\ \text{A} \qquad I_n = \frac{50\ \text{kVA}}{\sqrt{3} \times 6.6} = 4.37\ \text{A}$$

事故点㋑の三相短絡電流　$I_{3\phi s}$ を 75 kVA ベースで計算しても同じ値が出ます。

$$I_{3\phi s} = \frac{I_n}{\%Z} \times 100 = \frac{I_n \times 100}{\%Z_G + \%Z_l} = \frac{6.56 \times 100}{0.145 + 0.01}$$

$$= \frac{6.56 \times 100}{0.155} = 4{,}232\ \text{A} = 4.2\ \text{kA} \quad I_n = \frac{75\ \text{kVA}}{\sqrt{3} \times 6.6} = 6.56\ \text{A}$$

4．高圧需要家内 6.6 k 母線事故点での短絡容量

$P_s = \sqrt{3} V I_{3\phi s} = \sqrt{3} \times 6.6\ \text{kV} \times 4.3\ \text{kA} = 50\ \text{MVA}$

5．事故点㋺　単相変圧器直下の二次側での R−N−T 相短絡電流 $I_{3\phi s}$

$$I_{s2} = \frac{I_n}{\%z} \times 100 = \frac{I_n \times 100}{\%Z_G + \%Z_L + \%Z_T} = \frac{238 \times 100}{0.097 + 0.004 + 2.54} = \frac{23{,}800}{2.64} = 9{,}015\ \text{A} = 9\ \text{kA}$$

一次側 $I_{s1} = 9{,}015 \times 210/6{,}600 = 287$ A

（$210/6{,}600$：変圧比）

又は $I_{s1} = \dfrac{I_{n1} \times 100}{\%Z} = \dfrac{7.58 \times 100}{2.64} = 287$ A

←%Zは一次側からも二次側からも同じ値の為この式が成り立つ。

事故点㋺で単相変圧器直下の 二次側での R−N 相短絡電流を計算する時は基準容量は 1/2 とし、%Zは 2/3 として計算します。よって基準容量は 50 kVA/2＝25 kVA。

$\%Z = 2.54 \times 2/3 = 1.69 = 1.7$ %。　　$I_n = \dfrac{25{,}000}{105} = 238$ A

※　電源側及び CVT38°×60 m の%Zも 25 kVA ベースに換算して計算します。

$\%Z_G = \dfrac{194 \times 25}{100{,}000} = 0.048$ %/25 kVA ベース　　$\%Z_l = \dfrac{0.004 \times 25}{50} = 0.002$ %/25 kVA ベース

$$\therefore \quad I_{s2} = \frac{I_n}{\%Z} \times 100 = \frac{238 \times 100}{\%Z_G + \%Z_l + \%Z_T} = \frac{238 \times 100}{0.048 + 0.002 + 1.7} = \frac{23{,}800}{1.75}$$

$$= 13{,}600 \text{ A} = 13.6 \text{ kA}$$

一次側　$I_{s1} = 13{,}600 \times 105/6{,}600 = 216$ A　又は $I_{s1} = \dfrac{I_n \times 100}{\%Z} = \dfrac{3.78 \times 100}{1.75} = 216$ A

$$\left(I_n = \frac{25{,}000}{6{,}600} = 3.78 \text{ A}\right)$$

6．事故点㋩での三相短絡事故（R−S−T 相）

$$I_{s2} = \frac{I_n}{\%Z} \times 100 = \frac{206 \times 100}{\%Z_G + \%Z_l + \%Z_T} = \frac{20{,}600}{0.145 + 0.01 + 2.29} = \frac{20{,}600}{2.445} = 8{,}426 \text{ A} = 8.4 \text{ kA}$$

$P_s = \sqrt{3} V I_s = \sqrt{3} \times 6.6 \times 8.4 = 96$ MVA

事故点㋩での二相短絡電流 $I_{2\phi s} = 8{,}426 \times \sqrt{3}/2 = 7{,}297$ A ＝ 7.3 kA

・余談①　$I_{3\phi s} \Rightarrow I_{2\phi s} = I_{3\phi s} \times \dfrac{\sqrt{3}}{2}$ の証明

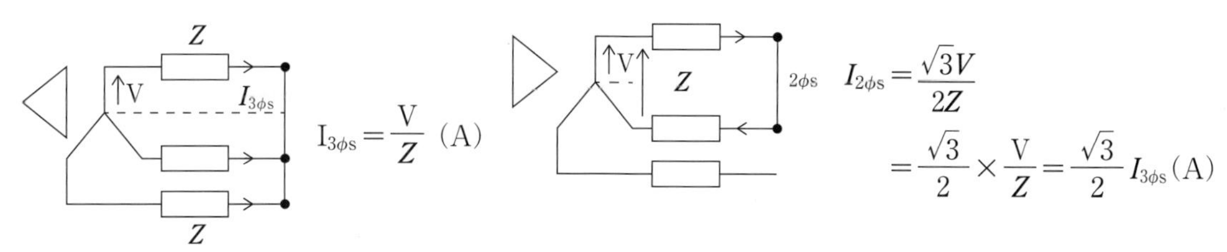

②　変圧器の%Zは一次側から測った%Z_1と二次側から測った%Z_2とは同じ値となる。証明します。

一次側から測った $\%Z_1 = \dfrac{Z_1 I_1}{E_1} \times 100 = \dfrac{N^2 Z_2 \times I_2/N}{N E_2} \times 100 = \dfrac{Z_2 \times I_2}{E_2} \times 100 = \%Z_2$(%)

E_1：一次側定格電圧　　E_2：二次側定格電圧　　Z_1：$N^2 Z_2$　　N：変圧比：E_1/E_2

$E_2 = \dfrac{1}{N} \times E_1$　　$I_1 = \dfrac{I_2}{N}$　　I_1：一次側定格電流　　I_2：二次側定格電流

※このページ以降の故障計算は更に詳しく定数を使って計算しています。参考にして下さい。

4．責任分界点でのピーク時、オフピーク時の短絡電流計算（沖縄本島：平成29年度）

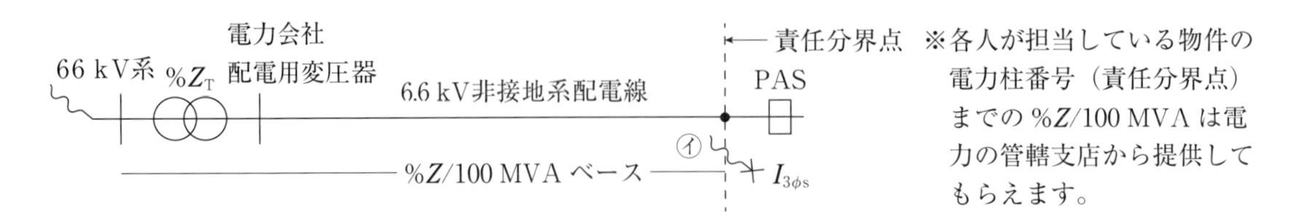

1．中部地区：高圧需要家A：発電所から高圧需要家の責任分界点迄のピーク時%Z＝159.15 %
オフピーク時%Z＝160.72 %/100 MVA（データは22頁）

①ピーク時の㋑点での三相短絡電流　$I_{3\phi s}=\dfrac{100}{\%Z}\times I_n=\dfrac{100}{159.15}\times 8{,}748=5{,}496.7\ \mathrm{A}=5.5\ \mathrm{kA}$

$$I_n=\frac{100{,}000}{\sqrt{3}\times 6.6}=8{,}748\ \mathrm{A}$$

三相短絡容量　$P_s=\sqrt{3}\times V\times I_s=\sqrt{3}\times 6.6\ \mathrm{kV}\times 5.5\ \mathrm{kA}=62{,}834\ \mathrm{kVA}$
$=62.8\ \mathrm{MVA}$
$P_s=\sqrt{3}\times V\times I_s$

②オフピーク時の㋑点での三相短絡電流　$I_{3\phi s}=\dfrac{100}{\%Z}\times I_n=\dfrac{100}{160.72}\times 8{,}748=5{,}443\ \mathrm{A}=5.4\ \mathrm{kA}$

三相短絡容量　$P_s=\sqrt{3}\times V\times I_s=\sqrt{3}\times 6.6\ \mathrm{kV}\times 5.4\ \mathrm{kA}$
$=61{,}730\ \mathrm{kVA}=62\ \mathrm{MVA}$

2．南部地区：高圧需要家B：発電所から高圧需要家責任分界点迄のピーク時%Z＝403.6 %、
オフピーク時408.5 %

①ピーク時の㋑点での三相短絡電流　$I_{3\phi s}=\dfrac{100}{\%Z}\times I_n=\dfrac{100}{403.6}\times 8{,}748=2{,}167\ \mathrm{A}=2.2\ \mathrm{kA}$

三相短絡容量　$P_s=\sqrt{3}\times V\times I_s=\sqrt{3}\times 6.6\ \mathrm{kV}\times 2.2\ \mathrm{kA}=25{,}148\ \mathrm{kVA}$
$=25\ \mathrm{MVA}$

②オフピーク時の㋑点での三相短絡電流　$I_{3\phi s}=\dfrac{100}{\%Z}\times I_n=\dfrac{100}{408.5}\times 8{,}748=2{,}141\ \mathrm{A}=2.1\ \mathrm{kA}$

3．中部地区：電源に近い高圧需要家C：発電所から高圧需要家の責任分界点迄のピーク時%Z
＝173.86 %、オフピーク時%Z＝176.36 %

①ピーク時の㋑点での三相短絡電流　$I_{3\phi s}=\dfrac{100}{\%Z}\times I_n=\dfrac{100}{173.86}\times 8{,}748=5{,}032\ \mathrm{A}=5.0\ \mathrm{kA}$

三相短絡容量　$P_s=\sqrt{3}\times V\times I_s=\sqrt{3}\times 6.6\ \mathrm{kV}\times 5.0\ \mathrm{kA}=57.2\ \mathrm{MVA}$

②オフピーク時の㋑点での三相短絡電流　$I_{3\phi s}=\dfrac{100}{\%Z}\times I_n=\dfrac{100}{176.36}\times 8{,}748=4{,}960\ \mathrm{A}=4.96\ \mathrm{kA}$
$=5.0\ \mathrm{kA}$

三相短絡容量　$P_s = \sqrt{3} \times V \times I_s = \sqrt{3} \times 6.6\ \text{kV} \times 5.0\ \text{kA} = 57.2\ \text{MVA}$

結論：高圧需要家構内 6.6 kV 受電点での短絡電流はピーク時とオフピーク時の値がほとんど変わらないです。その理由は供給変圧器及び配電線の%Z が大きいからです。

5．中部地区高圧需要家単線図（%Z）

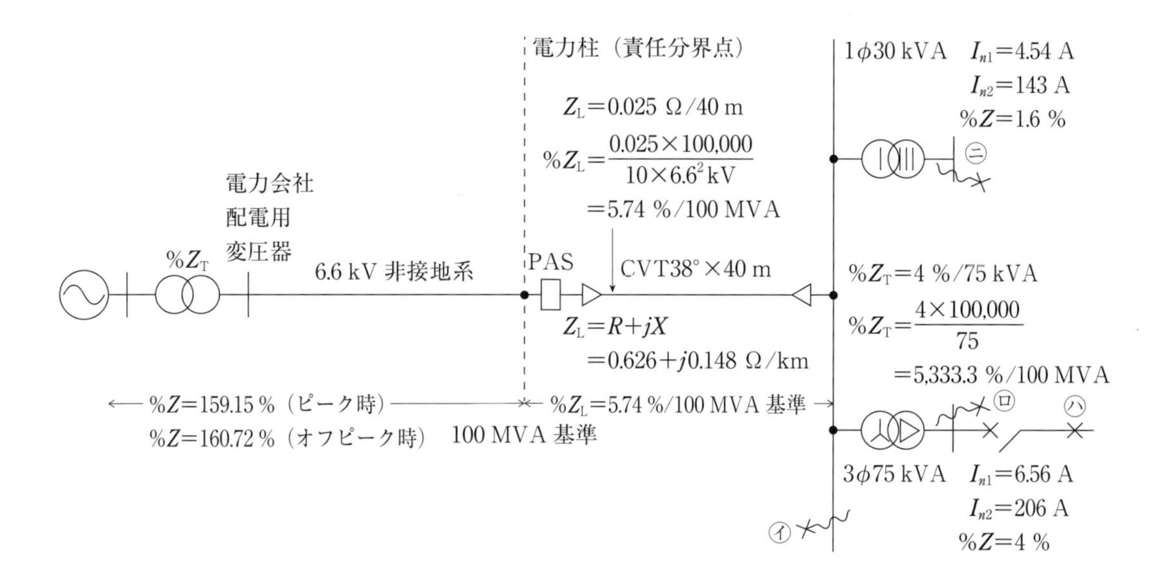

1．中部地区：高圧需要家 A：発電所から高圧需要家の「㋑点」での三相短絡事故電流（100 MVA 基準で計算）

① ピーク時　$I_{3\phi s} = \dfrac{100}{\%Z} \times I_n = \dfrac{100}{159.15 + 5.74} \times 8{,}748 = \dfrac{100 \times 8{,}748}{164.9} = 5{,}305\ \text{A} = 5.3\ \text{kA}$

$$I_n = \frac{100{,}000\ \text{kVA}}{\sqrt{3} \times 6{,}600} = 8{,}748\ \text{A}$$

$$P_{3\phi s} = \sqrt{3} \times V \times I = 1.732 \times 6.6\ \text{kV} \times 5.3\ \text{kA} = 60.5\ \text{MVA}$$

② オフピーク時　$I_{3\phi s} = \dfrac{100}{\%Z} \times I_n = \dfrac{100}{160.72 + 5.74} \times 8{,}748 = \dfrac{100 \times 8{,}748}{166.4} = 5{,}257\ \text{A} = 5.3\ \text{kA}$

$$P_{3\phi s} = \sqrt{3} \times V \times I = 1.732 \times 6.6\ \text{kV} \times 5.3\ \text{kA} = 60.5\ \text{MVA}$$

2．中部地区：高圧需要家 A：発電所から高圧需要家の「㋺点」での三相短絡事故電流（100 MVA 基準で計算）

① ピーク時　$I_{3\phi s} = \dfrac{100}{\%Z} \times I_n = \dfrac{100}{159.15 + 5.74 + 5{,}333.3} \times 274{,}936\ \text{A} = \dfrac{100 \times 274{,}937}{5{,}498}$

$$= 5{,}000.7\ \mathrm{A} = 5.0\ \mathrm{kA} \quad I_n = \frac{100{,}000}{\sqrt{3} \times 0.21\ \mathrm{kV}} = 274{,}937\ \mathrm{A}/100\ \mathrm{MVA}\text{ベース}$$

② オフピーク時 $I_{3\phi s} = \dfrac{100}{\%Z} \times I_n = \dfrac{100}{160.72 + 5.74 + 5{,}333.3} \times 274{,}937 = \dfrac{100 \times 274{,}937}{5{,}499}$

$$= 4{,}999.8\ \mathrm{A} = 5.0\ \mathrm{kA}$$

結論：我々が管轄する高圧需要家構内での短絡事故時の事故電流はピーク時であろうがオフピーク時であろうが、ほとんど変わらないという事です。よって両方の%*Z* を提供してもらわず、どちらかの値を提供してもらって、計算に使って下さい。

3．平成 29 年度　ピーク時、オフピーク時の%Z ／ 100 MVA 基準（沖縄電力系統）

下記データは私の担当物件の管轄の支店から提供して頂いたデーターです。(概算値)

NO	事業場	電柱番号	変電所	バンク	フィーダー	配変一次側　$\%Z_G$ ピーク、オフピーク		変圧器　$\%Z_T$	二次母線迄の　$\%Z$		配電線の$\%Z_L$	責任分界点迄の$\%Z$
1	A	A1	小覇	1B	F－1	ピーク	4,924	75.65	ピーク	80.574	78.576	159.150
						オフピーク	6,528		オフピーク	82.178		160.720
2	B	B1	小	1B	F－1	ピーク	5,698	74.0	ピーク	79.698	323.902	403.600
						オフピーク	10,844		オフピーク	84.844		408.500
3	C	C1	浦	1B	F－1	ピーク	4,730	75.33	ピーク	80.063	93.797	173.860
						オフピーク	7,313		オフピーク	82.646		176.360
4	D	D1	城	1B	F－1	ピーク	6,644	75.65	ピーク	82.294	162.273	244.567
						オフピーク	7,631		オフピーク	83.281		245.503
5	E	E1	前	1B	F－1	ピーク	6,166	74.0	ピーク	80.166	113.327	193.493
						オフピーク	7,764		オフピーク	81.764		194.991
6	F	F1	南	1B	F－1	ピーク	6,450	73.0	ピーク	79.450	150.487	229.937
						オフピーク	8,036		オフピーク	81.036		231.443
7	G	G1	宮１	1B	F－1	ピーク	6,373	78.0	ピーク	84.373	46.653	131.026
						オフピーク	8,768		オフピーク	86.768		133.386
8	H	H1	宮２	1B	F－1	ピーク	6,373	77.50	ピーク	83.873	43.544	127.417
						オフピーク	8,768		オフピーク	86.268		129.786
9	I	I1	勢	1B	F－1	ピーク	6,374	78.0	ピーク	84.374	122.778	207.152
						オフピーク	9,376		オフピーク	87.376		210.029
10	J	J1	城	1B	F－1	ピーク	6,644	75.65	ピーク	82.294	163.946	246.240
						オフピーク	7,631		オフピーク	83.281		247.163

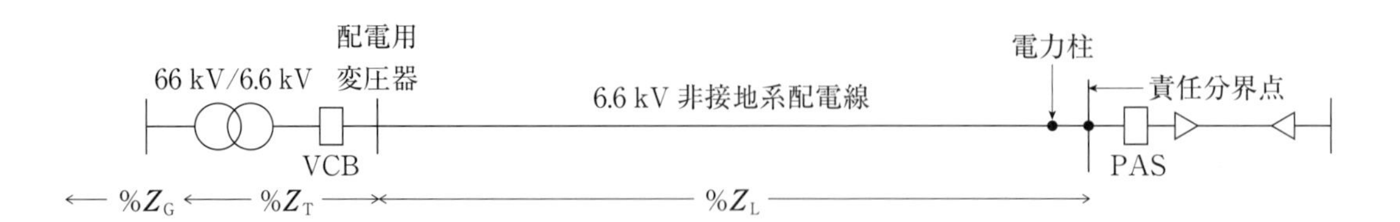

配電用変圧器及び配電線の%Z が大きいため、責任分界点迄の%Z は、ピーク時とオフピーク時での値はそれ程、大きな差はありません。

4．%Z を使っての三相及び二相短絡電流、短絡容量計算式

① %Z が 100 MVA 基準の場合

(1) 三相短絡電流 $I_{3\phi s}$ は

$$I_{3\phi s}=\frac{100}{\%Z}\times I_n(\mathrm{A}) \qquad I_n=\frac{100{,}000\ \mathrm{kVA}}{\sqrt{3}\times 6.6\ \mathrm{kV}}=8{,}748\ \mathrm{A}$$

(2) 二相短絡電流 $I_{2\phi s}$ は

$$I_{2\phi s}=I_{3\phi s}\times\frac{\sqrt{3}}{2}=I_{3\phi s}\times 0.866(\mathrm{A})$$

(3) 三相短絡容量 $P_{3\phi s}$ は

$$P_{3\phi s}=\sqrt{3}\times I_{3\phi s}\times V(\mathrm{MVA})$$

V・定格電圧（kV）　$I_{3\phi s}$(kA)

(4) 二相短絡容量 $P_{2\phi s}$ は

$$P_{2\phi s}=P_{3\phi s}\times\frac{\sqrt{3}}{2}=P_{3\phi s}\times 0.866(\mathrm{MVA})$$

② %Z が 10 MVA 基準の場合

(1) 三相短絡電流 $I_{3\phi s}$ は

$$I_{3\phi s}=\frac{100}{\%Z}\times I_n(\mathrm{A}) \qquad I_n=\frac{10{,}000\ \mathrm{kVA}}{\sqrt{3}\times 6.6\ \mathrm{kV}}=875\ \mathrm{A}$$

(2) 二相短絡電流 $I_{2\phi s}$ は

$$I_{2\phi s}=I_{3\phi s}\times\frac{\sqrt{3}}{2}=I_{3\phi s}\times 0.866(\mathrm{A})$$

(3) 三相短絡容量 $P_{3\phi s}$ は

$$P_{3\phi s}=\sqrt{3}\times I_{3\phi s}\times V(\mathrm{MVA})$$

V・定格電圧（kV）　$I_{3\phi s}$(kA)

(4) 二相短絡容量 $P_{2\phi s}$ は

$$P_{2\phi s}=P_{3\phi s}\times\frac{\sqrt{3}}{2}=P_{3\phi s}\times 0.866(\mathrm{MVA})$$

③ $I_{3\phi s}=\dfrac{I_n}{\%Z}\times 100(\mathrm{A})$ の証明

$$I_{3\phi s}=\frac{E}{Z}(\mathrm{A}) \qquad \%Z=\frac{I_nZ}{E}\times 100$$

$$Z=\frac{\%ZE}{I_n\times 100}(\Omega) \qquad \therefore\ I_{3\phi s}=\frac{E}{Z}=\frac{E}{\dfrac{\%Z\cdot E}{I_n\times 100}}=\frac{E\cdot I_n\times 100}{\%Z\cdot E}=\frac{I_n}{\%Z}\times 100(\mathrm{A})$$

６．高圧需要家の三相変圧器 75 kVA、%Z＝4% の二次側での三相短絡電流を 100 MVA での計算と 75 kVA ベースでの計算の仕方

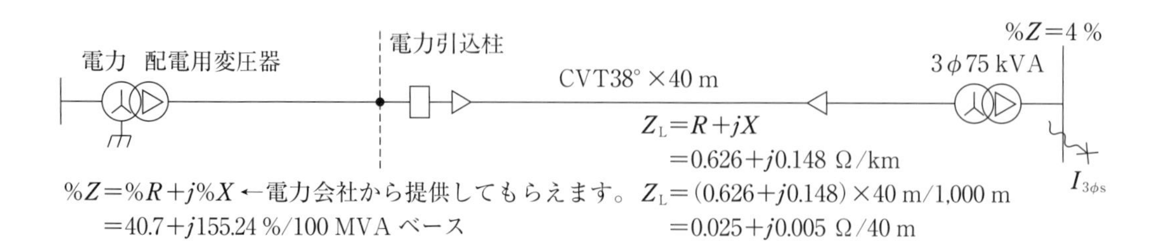

◎ 100 MVA ベースでの計算

① $\%Z=\sqrt{40.7^2+155.24^2}=160.48/100\ \text{MVA}$ ベース

$$\%R_L=\frac{0.025\times100{,}000\ \text{kVA}}{10\times E^2\ \text{kV}}=5.74\ \%/100\ \text{MVA ベース}\quad E\ \text{kV}=6.6\ \text{kV}$$

$$\%X_L=\frac{0.005\times100{,}000}{10\times E^2\ \text{kV}}=1.14\ \%/100\ \text{MVA ベース}$$

② $\%Z_L=\sqrt{5.74^2+1.14^2}=5.85\ \%/100\ \text{MVA}$ ベース

③ $\dfrac{100{,}000\ \text{kVA}}{75\ \text{kVA}}\times4\ \%=5{,}333\ \%/100\ \text{MVA}$ ベース

④ CVT38°×40 m の $Z(\Omega)$ を 75 kVA ベースの%Z に変換します。

$Z=0.025+j\,0.005\ \Omega/40\ \text{m}\qquad R+jX$

$$\%R_L=\frac{0.025\times75\ \text{kVA}}{10\times E^2\ \text{kV}}=\frac{0.025\times75}{10\times6.6^2\ \text{kV}}=0.0043\ \%/75\ \text{kVA ベース}$$

$$\%X_L=\frac{0.005\times75\ \text{kVA}}{10\times E^2\ \text{kV}}=\frac{0.005\times75}{10\times6.6^2\ \text{kV}}=0.00086\ \%/75\ \text{kVA ベース}$$

$$\therefore\quad \%Z_L=\sqrt{\%R^2+\%X^2}=\sqrt{0.0043^2+0.00086^2}=0.0044\%/75\ \text{kVA ベース}$$

$$I_{3\phi s}=\frac{100}{\%Z}\times I_n\qquad I_n=\frac{100{,}000}{\sqrt{3}\times0.21}=274{,}937\ \text{A}$$

$$I_{3\phi s}=\frac{100}{\%Z}\times I_n=\frac{100}{①+②+③}\times274{,}937=\frac{100}{5{,}499}\times274{,}937=4{,}999\ \text{A}=5.0\ \text{kA}$$

⑤ 75 kVA　　%Z＝4 %

◎ 3ϕ75 kVA　%Z＝4 %である為、75 kVA をベースとして $I_{3\phi s}$ を算出しても同じ値となります。

㋑ $\dfrac{75}{100{,}000\ \text{kVA}}\times160.48=0.120\ \%/75\ \text{kVA}$

㋺ $\%Z_L=0.0044\ \%/75\ \text{kVA}$

㋩ $\%Z_T=4\ \%/75\ \text{kVA}$

$$I_n=\frac{75{,}000\ \text{VA}}{\sqrt{3}\times210\ \text{V}}=206\ \text{A}$$

$$\therefore\quad I_{3\phi s}=\frac{100}{\%Z}\times I_n=\frac{100}{㋑+㋺+㋩}\times I_n=\frac{100}{4.12}\times206\ \text{A}=5{,}000\ \text{A}=5.0\ \text{kA}$$

7．高圧需要家構内での高圧側、低圧側の短絡事故電流の算出

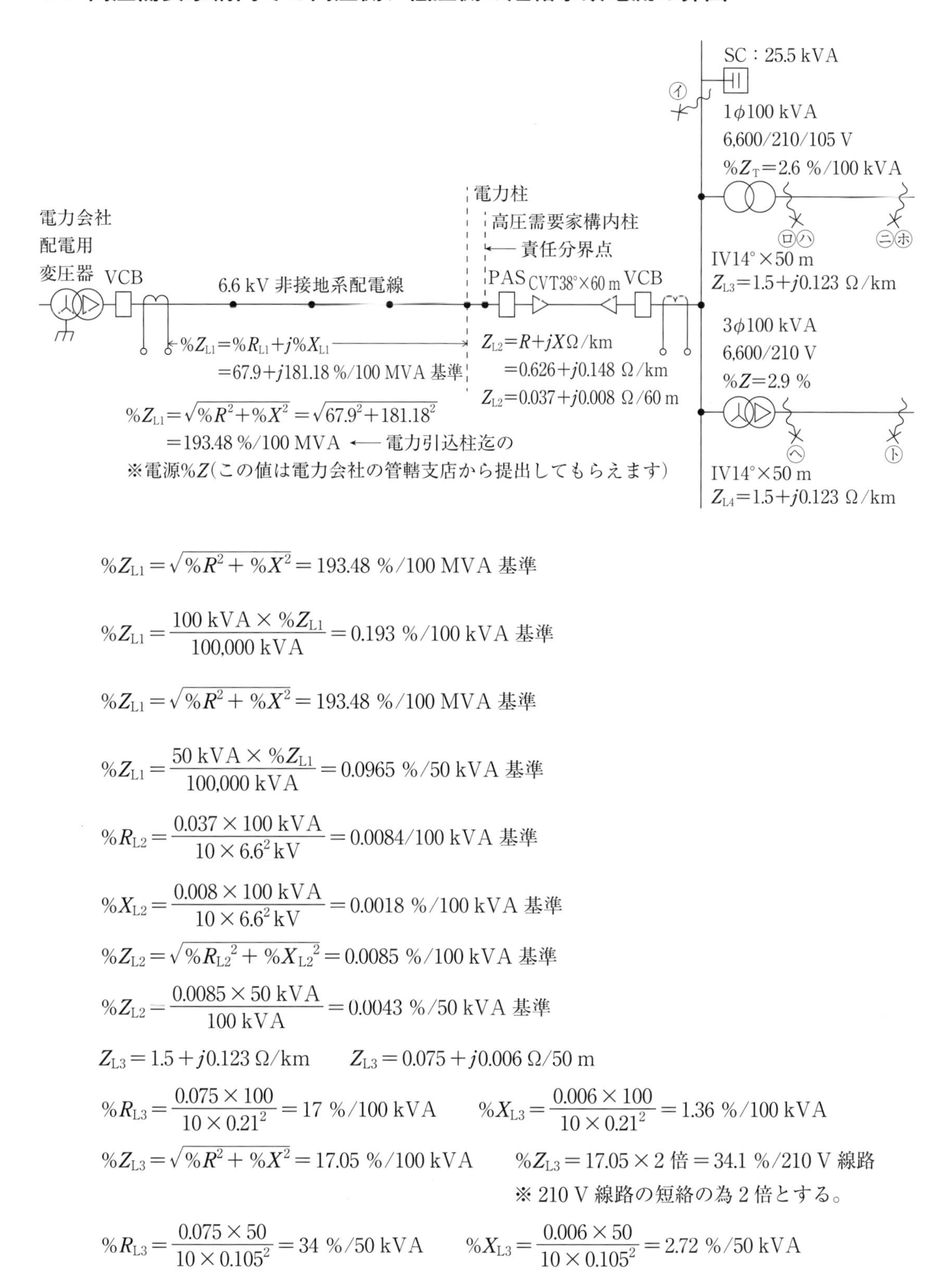

$$\%Z_{L1}=\sqrt{\%R^2+\%X^2}=193.48\ \%/100\ \text{MVA 基準}$$

$$\%Z_{L1}=\frac{100\ \text{kVA}\times\%Z_{L1}}{100{,}000\ \text{kVA}}=0.193\ \%/100\ \text{kVA 基準}$$

$$\%Z_{L1}=\sqrt{\%R^2+\%X^2}=193.48\ \%/100\ \text{MVA 基準}$$

$$\%Z_{L1}=\frac{50\ \text{kVA}\times\%Z_{L1}}{100{,}000\ \text{kVA}}=0.0965\ \%/50\ \text{kVA 基準}$$

$$\%R_{L2}=\frac{0.037\times100\ \text{kVA}}{10\times6.6^2\ \text{kV}}=0.0084/100\ \text{kVA 基準}$$

$$\%X_{L2}=\frac{0.008\times100\ \text{kVA}}{10\times6.6^2\ \text{kV}}=0.0018\ \%/100\ \text{kVA 基準}$$

$$\%Z_{L2}=\sqrt{\%R_{L2}{}^2+\%X_{L2}{}^2}=0.0085\ \%/100\ \text{kVA 基準}$$

$$\%Z_{L2}=\frac{0.0085\times50\ \text{kVA}}{100\ \text{kVA}}=0.0043\ \%/50\ \text{kVA 基準}$$

$Z_{L3}=1.5+j0.123\ \Omega/\text{km}$　　$Z_{L3}=0.075+j0.006\ \Omega/50\ \text{m}$

$\%R_{L3}=\dfrac{0.075\times100}{10\times0.21^2}=17\ \%/100\ \text{kVA}$　　$\%X_{L3}=\dfrac{0.006\times100}{10\times0.21^2}=1.36\ \%/100\ \text{kVA}$

$\%Z_{L3}=\sqrt{\%R^2+\%X^2}=17.05\ \%/100\ \text{kVA}$　　$\%Z_{L3}=17.05\times2$ 倍 $=34.1\ \%/210\ \text{V}$ 線路

※ 210 V 線路の短絡の為 2 倍とする。

$\%R_{L3}=\dfrac{0.075\times50}{10\times0.105^2}=34\ \%/50\ \text{kVA}$　　$\%X_{L3}=\dfrac{0.006\times50}{10\times0.105^2}=2.72\ \%/50\ \text{kVA}$

$\%Z_{L3}=\sqrt{\%R^2+\%X^2}=34.1\ \%/50\ \mathrm{kVA}$　　$\%Z_{L3}=34.1\times 2$ 倍 $=68.2\ \%/105$ V 線路

※ 105 V 線路の短絡の為2倍とする。

$Z_{L4}=1.5+j0.123\ \Omega/\mathrm{km}$　　$Z_{L4}=0.075+0.006\ \Omega/50\ \mathrm{m}$

$\%R_{L4}=\dfrac{0.075\times 100}{10\times 0.21^2}=17\ \%/100\ \mathrm{kVA}$　　$\%X_{L4}=\dfrac{0.006\times 100}{10\times 0.21^2}=1.36\ \%/100\ \mathrm{kVA}$

$\%Z_{L4}=\sqrt{\%R^2+\%X^2}=17.05\ \%$

※高圧需要家の責任分界点迄の電源%Zは管轄の電力会社から提供してもらえます。

※電灯用変圧器の低圧回路での 105 V 線路での短絡事故計算はその変圧器容量の 1/2 を基準にして計算して下さい。但し%Z＝2/3 となります。

1．事故点㋑での三相短絡電流　$I_{3\phi s}=\dfrac{100\times I_n}{\%Z_{L1}+\%Z_{L2}}=\dfrac{100\times 8.75}{0.193+0.0085}=\dfrac{875}{0.2}=4{,}375\ \mathrm{A}$　　$I_n=\dfrac{100\ \mathrm{kVA}}{\sqrt{3}\times 6.6\ \mathrm{kV}}$

$I_{2\phi s}=4{,}375\times\sqrt{3}/2=3{,}789\ \mathrm{A}$

2．事故点㋺での R－N－T 相（210 V 母線）の $I_{3\phi s}=\dfrac{100\times I_n}{\%Z_{L1}+\%Z_{L2}+\%Z_T}$　　$I_n=\dfrac{100\ \mathrm{kVA}}{0.21\ \mathrm{kV}}=476.2\ \mathrm{A}$

$=\dfrac{100\times 476.2}{0.193+0.0085+2.6}=\dfrac{47{,}620}{2.8}=17{,}007\ \mathrm{A}$

一次側換算値の $I_{3\phi s}=17{,}007\times 210\ \mathrm{V}/6{,}600\ \mathrm{V}=541\ \mathrm{A}$　又は　$I_{3\phi s}=100\times 15.15\ \mathrm{A}/2.8\ \%=541\ \mathrm{A}$

3．事故点㋩での R－N 相（105 V 母線）の $I_{2\phi s}=\dfrac{100\times I_n}{\%Z_{L1}+\%Z_{L2}+\%Z_T}$　　$I_n=\dfrac{50\ \mathrm{kVA}}{0.105\ \mathrm{kV}}=476.2\ \mathrm{A}$

$=\dfrac{100\times 476.2}{0.0965+0.0043+1.7}=\dfrac{47{,}620}{1.8}=26{,}455\ \mathrm{A}$

一次側換算値の $I_{2\phi s}=26{,}455\times 105\ \mathrm{V}/6{,}600\ \mathrm{V}=421\ \mathrm{A}$　又は　$I_{2\phi s}=100\times 7.57\ \mathrm{A}/1.8\ \%=421\ \mathrm{A}$

4．事故点㊁での R－N－T 相（210 V 線路）の

$$I_{3\phi s}=\frac{100\times I_n}{\%Z_{L1}+\%Z_{L2}+\%Z_T+\%Z_{L3}}=\frac{100\times 476.2}{0.193+0.0085+2.6+34.1}=\frac{47{,}620}{36.9}=1{,}291\ \mathrm{A}$$

一次側換算値の $I_{3\phi s}=1{,}291\times 210\ \mathrm{V}/6{,}600\ \mathrm{V}=41\ \mathrm{A}$　又は　$I_{3\phi s}=100\times 15.15\ \mathrm{A}/36.9\ \%=41\ \mathrm{A}$

5．事故点㋭での R－N 相（105 V 線路）の

$$I_{2\phi s}=\frac{100\times I_n}{\%Z_{L1}+\%Z_{L2}+\%Z_T+\%Z_{L3}}=\frac{100\times 476.2}{0.0965+0.0043+1.7+68.2}=\frac{47{,}620}{70}=680\ \mathrm{A}$$

一次側換算値の $I_{2\phi s}=680\times 105\ \mathrm{V}/6{,}600\ \mathrm{V}=10.8\ \mathrm{A}$　又は　$I_{2\phi s}=100\times 7.57\ \mathrm{A}/70\ \%=10.8\ \mathrm{A}$

6．事故点㋬での R－S－T 相（210 V 母線）の $I_{3\phi s}=\dfrac{100\times I_n}{\%Z_{L1}+\%Z_{L2}+\%Z_T}$　　$I_n=\dfrac{100\ \mathrm{kVA}}{\sqrt{3}\times 0.21}=275\ \mathrm{A}$

$=\dfrac{100\times 275}{0.193+0.0085+2.9}=\dfrac{27{,}500}{3.1}=8{,}871\ \mathrm{A}$

一次側換算値の $I_{3\phi s}=8{,}871\times 210\ \mathrm{V}/6{,}600\ \mathrm{V}=282\ \mathrm{A}$　又は　$I_{3\phi s}=100\times 8.75\ \mathrm{A}/3.1\ \%=282\ \mathrm{A}$

7．事故点㋣での R－S－T 相（210 V 線路）の

$$I_{3\phi s}=\frac{100\times I_n}{\%Z_{L1}+\%Z_{L2}+\%Z_T+\%Z_{L4}}=\frac{100\times 275}{0.193+0.0085+2.9+17.05}=\frac{27{,}500}{20.15}=1{,}365\ \mathrm{A}$$

一次側換算値の $I_{3\phi s}=1{,}365\times 210\ \mathrm{V}/6{,}600\ \mathrm{V}=43\ \mathrm{A}$　又は　$I_{3\phi s}=100\times 8.75\ \mathrm{A}=20.15\ \%=43\ \mathrm{A}$

8．変圧器の銘板

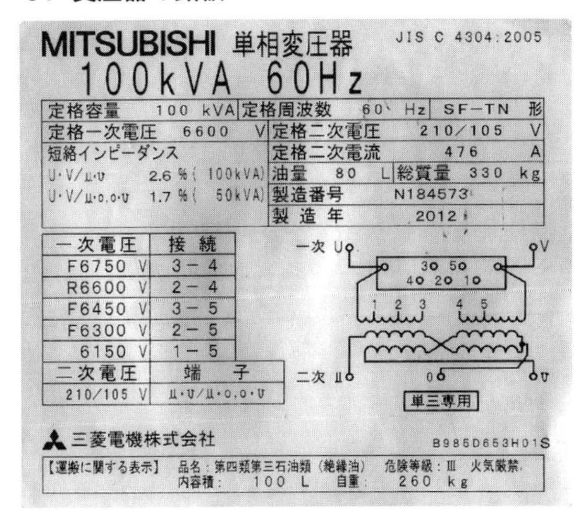

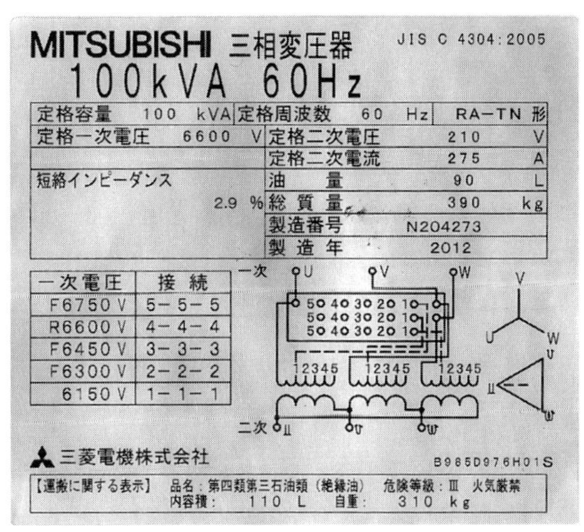

※高圧需要家の電灯用及び動力用変圧器容量をベースとしての短絡事故電流は 100 MVA をベースとして計算した値と同じになります。

9．事故点㋑～㋭までの短絡電流算出

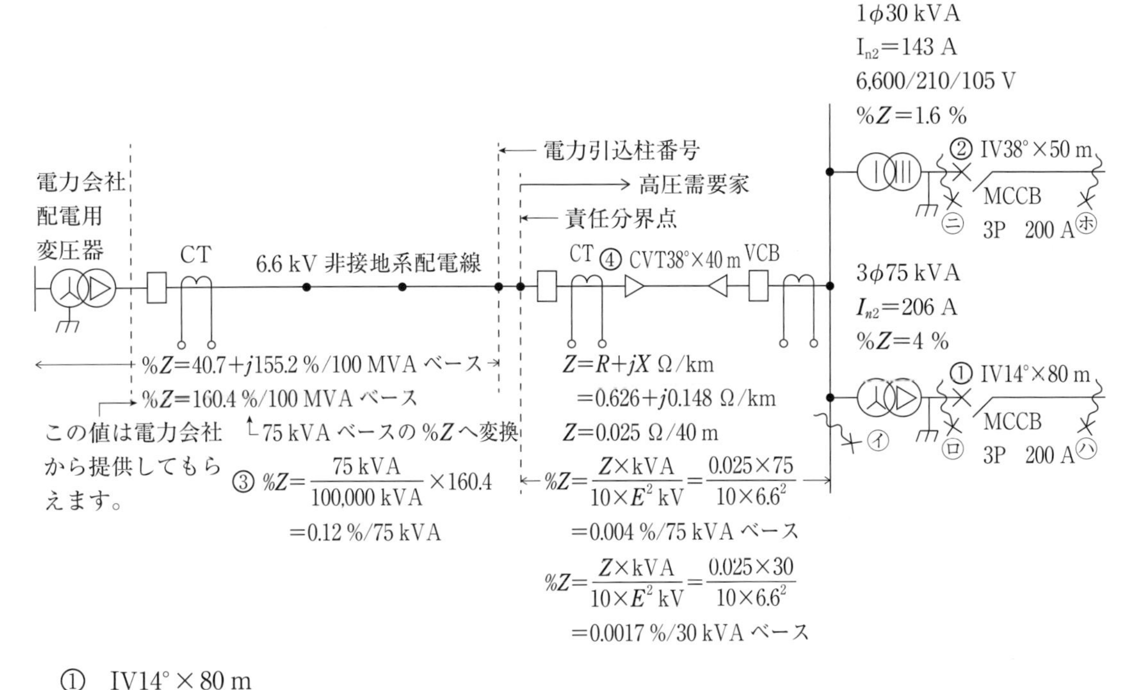

① IV14° × 80 m

$Z = R + jX = 1.5 + j0.123\ \Omega/\mathrm{km}$

$Z = 0.12 + j0.01\ \Omega/80\ \mathrm{m}$

$Z = 0.12\ \Omega/80\ \mathrm{m}$

$$\%Z = \frac{Z \times 75\ \mathrm{kVA}}{10 \times E^2\ \mathrm{kV}} = \frac{0.12 \times 75}{10 \times 0.21^2} = 20.4\ \%/75\ \mathrm{kVA}$$

② IV38°×50 m

$Z=0.564+j0.117\ \Omega/\mathrm{km}$

$Z=0.028+j0.005\ \Omega/50\ \mathrm{m}$

$Z=0.028\ \Omega/50\ \mathrm{m}$

※ 30 kVA をベースとした%Zは

$$\%Z=\frac{Z\times \mathrm{kVA}}{10\times E^2\ \mathrm{kV}}=\frac{0.028\times 30}{10\times 0.21^2}=1.9\ \%$$

③ 配電線の75 kVAをベースとした$\%Z=0.12$ %を30 kVAに変換します

$$\%Z=\frac{30\ \mathrm{kVA}}{75\ \mathrm{kVA}}\times 0.12=0.048\ \%/30\ \mathrm{kVA}$$

15 kVAベースにすると $\frac{15}{30}\times 0.048=0.024\ \%/15\ \mathrm{kVA}$

④ CVT38°×40 mの$\%Z=0.004$ %/75 kVA
30 kVAに換算します。

$$\%Z=\frac{30\ \mathrm{kVA}}{75\ \mathrm{kVA}}\times 0.004=0.0017\ \%/30\ \mathrm{kVA}$$

15 kVAベースだと $\frac{15}{30}\times 0.0017=0.0008\ \%/15\ \mathrm{kVA}$

1．上記系統での電源から電力引込柱迄の100 MVA基準の%Z（短絡インピーダンス）は電力会社の管轄支店から提供してもらえます。

2．事故点㋑の三相短絡電流 $I_{3\phi s}=\frac{100}{\%Z}\times I_n=\frac{100}{0.120+0.004}\times 6.56\ \mathrm{A}=5{,}290\ \mathrm{A}=5.3\ \mathrm{kA}$

$$I_n=\frac{75\ \mathrm{kVA}}{\sqrt{3}\times 6.6\ \mathrm{kV}}$$

$$I_{2\phi s}=\frac{\sqrt{3}}{2}\times 5{,}290=4.6\ \mathrm{kA}$$

この$I_{3\phi s}=5.3$ kAは前ページで100 MVAをベースとした値と同じです。

3．事故点㋺の三相短絡電流 $I_{3\phi s}=\frac{100}{\%Z}\times I_n=\frac{100}{0.120+0.004+\%Z_T}\times I_n=\frac{100}{4.12}\times 206\ \mathrm{A}$

$$=5{,}004\ \mathrm{A}=5.0\ \mathrm{kA}$$

$$I_n=\frac{75}{\sqrt{3}\times 0.21}=206\ \mathrm{A}$$

$$I_{2\phi s}=\frac{\sqrt{3}}{2}\times 5{,}004=4.3\ \mathrm{kA}$$

この$I_{3\phi s}=5.0$ kAも前ページでの100 MVAをベースとした値と同じです。

4．事故点㋩での三相短絡電流 $I_{3\phi s}=\frac{100}{\%Z}\times I_n=\frac{100}{0.12+0.004+4+20.4}\times 206\ \mathrm{A}$

$\therefore\ I_{3\phi s}=\frac{100}{24.5}\times I_n=\frac{100}{24.5}\times 206=840\ \mathrm{A}$　　$\therefore\ I_{2\phi s}=\frac{\sqrt{3}}{2}\times I_{3\phi s}=0.866\times 840=727\ \mathrm{A}$

この$I_{3\phi s}=840$ Aも前のページの100 MVAをベースとした値と同じです。

5．$1\phi 30$ kVAをベースとした時の㋑点での三相短絡電流$I_{3\phi s}$を求めます。
配電線の$\%Z=160.4$ %を30 kVAベースに変換しますと、

$$\%Z=\frac{30\ \text{kVA}}{100{,}000\ \text{kVA}}\times 160.4=0.048\ \%/30\ \text{kVA}$$

$$\text{CVT38}^\circ\times 40\ \text{m の}\%Z=\frac{Z\times \text{kVA}}{10\times E^2\ \text{kV}}=\frac{0.025\times 30}{10\times 6.6^2}=0.0017\ \%/30\ \text{kVA ベース}$$

$$\text{㋑での } I_{3\phi s}=\frac{100}{\%Z}\times I_n=\frac{100}{0.048+0.0017}\times 2.62\ \text{A}=5{,}306\ \text{A}=5.3\ \text{kA}$$ ← 75 kVA ベースで計算した値と同じ。

$$I_n=\frac{30{,}000}{\sqrt{3}\times 6{,}600}=2.62\ \text{A}$$

6．事故点㊁での短絡電流　$I_{3\phi s}$（R－N－T 相 210 V ライン）

$$I_{3\phi s}=\frac{100}{\%Z}\times I_n=\frac{100}{0.048+0.0017+1.6}\times I_n=\frac{100}{1.65}\times 143\ \text{A}$$ ←―― $I_n=\frac{30{,}000\ \text{VA}}{210\ \text{V}}=143\ \text{A}$

$$=8{,}666\ \text{A}=8.7\ \text{kA}$$

7．事故点㋭での短絡事故の場合、210 V ラインと 105 V ラインでの短絡事故での事故電流の出し方が違います。

① 先ず 210 V ラインでの短絡事故　$I_{3\phi s}$（R－N－T 相）

$$I_{3\phi s}=\frac{100}{\%Z}\times I_n=\frac{100}{0.048+0.0017+1.6+1.9\times 2\ \text{倍}}$$ ← 30 kVA ベース

$$=\frac{100}{5.44}\times 143=2{,}629\ \text{A}=2.7\ \text{kA}$$

$$\text{一次側 } I_{2\phi s}=\frac{2{,}629}{31.4}=83.7\ \text{A}$$

$$\text{変圧比}=\frac{6{,}600\ \text{V}}{210\ \text{V}}=31.4$$

1ϕ30 kVA

$\%Z=1.6\ \%/30\ \text{kVA}$

$\%Z=15\ \text{kVA}\quad 1.07\ \%/15\ \text{kVA}$

IV38°×50 m

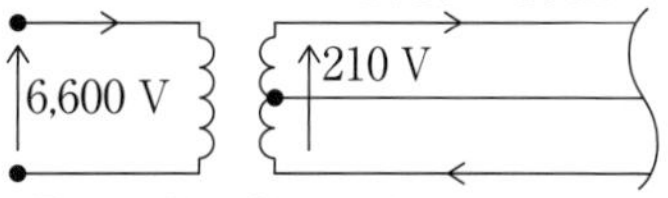

6,600 V　210 V

$Z=0.564+j0.117\ \Omega/\text{km}$

$Z=0.576\ \Omega/\text{km}$

$Z=0.576\times 50\ \text{m}/1{,}000=0.028\ \Omega/50\ \text{m}$

$$\%Z=\frac{Z\times 30\ \text{kVA}}{10\times E^2\ \text{kV}}=\frac{0.028\times 30}{10\times 0.21^2}$$

$=1.9\ \%/30\ \text{kVA}$ ベース

② 105 V ラインでの短絡事故%Z を 15 kVA 基準に変換して計算します。

$$I_{2\phi s}=\frac{100}{\%Z}\times I_n=\frac{100}{0.024+0.0008+1.07+3.8\times 2\ \text{倍}}\times 143\ \text{A}$$ ←―― $I_n=\frac{15{,}000}{105\ \text{V}}=143\ \text{A}$

（分母：15 kVA ベース）

$$=\frac{100}{8.69}\times 143=1{,}645\ \text{A}=1.6\ \text{kA}$$

1ϕ30 kVA　　$\%Z_T=1.6\ \%$

$\%Z=1.6\times\frac{2}{3}=1.07\ \%$ ← $\%Z_T=1.07\ \%/15\ \text{kVA}$

（$\frac{2}{3}$となる。←メーカ説明）

6,600 V　105 V　2ϕs　$I_n=\frac{15{,}000}{105\ \text{V}}=143\ \text{A}$

$$\%Z=\frac{Z\times 15\ \text{kVA}}{10\times E^2\ \text{kV}}=\frac{0.028\times 15\ \text{kVA}}{10\times 0.105^2}=3.8\ \%$$ ←（R－N 相＝105 V での IV38°×50 m 迄の%Z）

・余談　1ϕ30 kVA の低圧側（直下の低圧側での $I_{3\phi s}$ と $I_{2\phi s}$）
　　電源側インピーダンスを無視して計算した場合。

$$I_{3\phi s}=\frac{100}{\%Z}\times I_n=\frac{100}{1.6}\times 143=8{,}938\ \mathrm{A}\qquad I_n=\frac{30{,}000}{210\ \mathrm{V}}=143\ \mathrm{A}$$

$$I_{2\phi s}=\frac{100}{\%Z}\times I_n=\frac{100}{1.07}\times 143=13{,}364\ \mathrm{A}\qquad I_n=\frac{15{,}000}{105\ \mathrm{V}}=143\ \mathrm{A}$$

$$\therefore\ \frac{I_{2\phi s}}{I_{3\phi s}}=\frac{13{,}364}{8{,}938}=1.5\ 倍$$

（1.07 は）銘板に記されている $\%Z=1.6\ \%$ の $\frac{2}{3}$ となる（メーカ説明）
（P-27 の 1ϕ100 kVA 銘板を見て下さい）

8．%Z への換算

CVT 線路定数　$Z=R+jX(\Omega/\mathrm{km})$(90℃　60 Hz)
R：交流導体抵抗(Ω/km)　$X=\omega L=2\pi fL$　f：周波数
L：インダクタンス H/km

CVT ケーブル	抵抗分 RΩ/km	リアクタンス分 XΩ/km	ZΩ/km	100 MVA ベース /6.6 kV		
				%R/km	%X/km	%Z/km
22°	1.08	0.162	1.09	247.9	37.2	250.7
38°	0.626	0.148	0.643	143.7	34.0	147.7
60°	0.397	0.138	0.420	91.1	31.7	96.5
100°	0.239	0.128	0.271	54.8	29.4	62.2

22° の場合

$$Z\,\Omega/\mathrm{km}=\sqrt{R^2+X^2}=\sqrt{1.08^2+0.162^2}=1.09\ \Omega/\mathrm{km}$$

$$\%Z=\sqrt{\%R^2+\%X^2}=\sqrt{247.9^2+37.2^2}$$

$=250.7(\%)/100$ MVAベース……沖縄電力(株)が100 MVAをベースとしている為。

$Z=R+jX$　　$Z=\sqrt{R^2+X^2}(\Omega/\mathrm{km})$　　$\%Z=\%R+j\%X$　　$\%Z=\sqrt{\%R^2+\%X^2}(\%)$

%Z を 100 MVA 基準で計算

22°

$$\%R=\frac{R\,\Omega/\mathrm{km}\times \mathrm{kVA}}{10\times E^2\,\mathrm{kV}}=\frac{1.08\times 100{,}000\ \mathrm{kVA}}{10\times 6.6^2\,\mathrm{kV}}=247.9\ \%$$

38°

$$\%R=\frac{R\,\Omega/\mathrm{km}\times \mathrm{kVA}}{10\times 6.6^2\,\mathrm{kV}}=\frac{0.626\times 100{,}000\ \mathrm{kVA}}{10\times 6.6^2\,\mathrm{kV}}=143.7\ \%$$

22°

$$\%X=\frac{X\,\Omega/\mathrm{km}\times \mathrm{kVA}}{10\times 6.6^2\,\mathrm{kV}}=\frac{0.162\times 100{,}000\ \mathrm{kVA}}{10\times 6.6^2\,\mathrm{kV}}=37.2\ \%$$

38°

$$\%X=\frac{X\,\Omega/\mathrm{km}\times \mathrm{KVA}}{10\times 6.6^2\,\mathrm{kV}}=\frac{0.148\times 100{,}000\ \mathrm{kVA}}{10\times 6.6^2\,\mathrm{kV}}=33.97=34\ \%$$

CV600 V　38° 単心（60 ℃）　210 V 使用　100 MVA 基準で計算

$Z = 0.564 + j0.117\ \Omega/\mathrm{km}$

$$R_5 = 0.564\ \Omega/\mathrm{km} = 0.022\ \Omega/40\ \mathrm{m} \quad \%R_5 = \frac{0.022 \times 100{,}000\ \mathrm{kVA}}{10 \times 0.21^2\ \mathrm{kV}} = 4{,}989\ \%/100\ \mathrm{MVA}$$

$$X_5 = 0.117\ \Omega/\mathrm{km} = 0.005\ \Omega/40\ \mathrm{m} \quad \%X_5 = \frac{0.005 \times 100{,}000\ \mathrm{kVA}}{10 \times 0.21^2\ \mathrm{kV}} = 1{,}134\ \%$$

$$\%Z_5 = \%R_5 + j\%X_5 = \sqrt{4{,}989^2 + 1{,}134^2} = 5{,}116\ \%$$

9．%Z を使っての三相短絡電流の計算

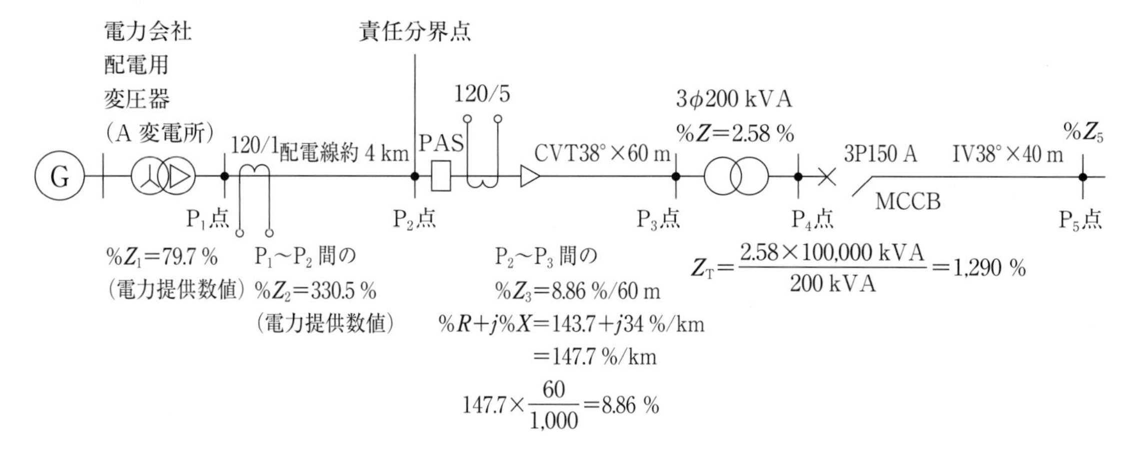

1．P_2 点での 3ϕs 事故の $I_{3\phi s}$ は P_2 点から見た電源側インピーダンス（%Z/100 MVA）

$$\%Z = \%Z_1 + \%Z_2 = 79.7 + 330.5 = 410.2\ \%$$

$$\therefore \quad I_{3\phi s} = \frac{I_n \times 100}{\%Z} = \frac{8{,}748\ \mathrm{A} \times 100}{410.2} = 2{,}133\ \mathrm{A} = 2.13\ \mathrm{kA} \quad I_n = \frac{100{,}000\ \mathrm{kVA}}{\sqrt{3} \times 6.6} = 8{,}748\ \mathrm{A}$$

$\therefore$　短絡容量 $P_s = \sqrt{3} \times I_{3\phi s} \times V = \sqrt{3} \times 2.13\ \mathrm{kA} \times 6.6\ \mathrm{kV} = 24.4\ \mathrm{MVA}$

別の計算式 $P_s = \dfrac{100 \times 100\ \mathrm{MVA}}{\%Z} = \dfrac{100 \times 100}{410.2} = 24.4\ \mathrm{MVA}$

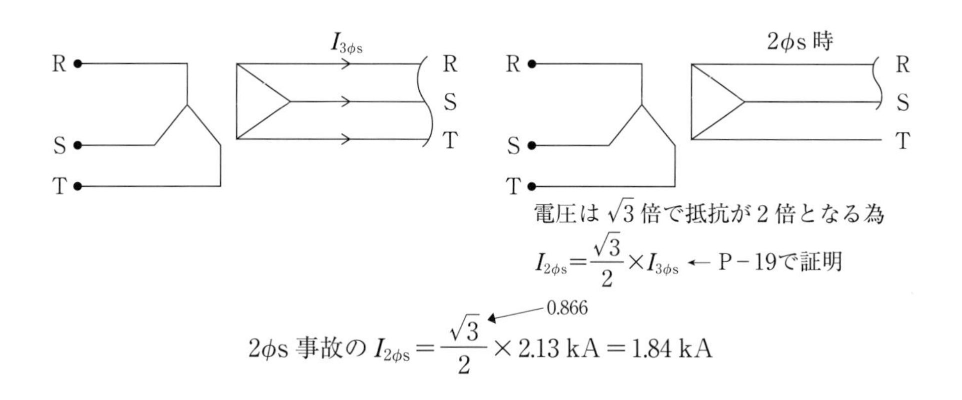

電圧は $\sqrt{3}$ 倍で抵抗が 2 倍となる為

$I_{2\phi s} = \dfrac{\sqrt{3}}{2} \times I_{3\phi s}$ ← P－19で証明

0.866

2ϕs 事故の $I_{2\phi s} = \dfrac{\sqrt{3}}{2} \times 2.13\ \mathrm{kA} = 1.84\ \mathrm{kA}$

2．P_3 点での $3\phi s$ 事故の $I_{3\phi s}$ は（高圧需要家構内での短絡事故）

P_3 の故障点から見た電源側のインピーダンス（$\%Z$）　CVT38°×60 m の$\%Z/100$ MVA ベース

$\%Z_3 = \%Z_1 + \%Z_2 + \%Z_3 = 79.7 + 330.5 + 8.86 = 419.1\ \%$

$$\therefore\quad I_{3\phi s} = \frac{I_n \times 100}{\%Z} = \frac{8{,}748\ \text{A} \times 100}{419.1} = 2{,}087\ \text{A} = 2.09\ \text{kA}$$

$\therefore$　短絡容量 $P = \sqrt{3} I_{3\phi s} \times V = \sqrt{3} \times 2.09 \times 6.6\ \text{kV} = 23.9\ \text{MVA}$

$$P = \frac{100 \times 100\ \text{MVA}}{\%Z} = \frac{100 \times 100}{419.1} = 23.9\ \text{MVA}$$

3．P_4 点での $3\phi s$ 事故の $I_{3\phi s}$（高圧需要家の受電用動力変圧器 200 kVA の二次側母線での短絡事故）

P_4 の故障点から見た電源側インピーダンス（$\%Z$）

$\%Z = \%Z_1 + \%Z_2 + \%Z_3 + \%Z_T = 79.7 + 330.5 + 8.86 + 1{,}290 = 1{,}709.1\ \%/100$ MVA 基準

$$\therefore\quad I_{3\phi s} = \frac{I_n \times 100}{\%Z} = \frac{274{,}936.7 \times 100}{1{,}709.1}$$

$= 16{,}087$ A（二次側母線での故障電流）……一次側に換算すると $1{,}6087 \div 31.4 = 512$ A

$\therefore\quad P = \sqrt{3} \times I_{3\phi s} \times 6.6\ \text{kV} = \sqrt{3} \times 0.512 \times 6.6 = 5.9\ \text{MVA}$

$$I_{3\phi s} = \frac{I_n \times 100}{\%Z} = \frac{274{,}937}{1{,}709} \times 100 = 16{,}088\ \text{A} = 16.1\ \text{kA}/210\ \text{V}$$

（16,088 A：変圧器二次側母線での $I_{3\phi s}$）

$$I_n = \frac{100{,}000\ \text{kVA}}{\sqrt{3} \times 0.210\ \text{kV}} = 274{,}937\ \text{A}$$

4．P_5 点での $3\phi s$ 事故の $I_{3\phi s}$ は（MCCB　3P　150 A 以降 600 V IV38°×40 m 地点での短絡事故）

P_5 の故障点から見た電源側インピーダンス（$\%Z$）

$\%Z = \%Z_1 + \%Z_2 + \%Z_3 + \%Z_T + \%Z_5 = 79.7 + 330.5 + 8.86 + 1{,}290 + 5{,}116 = 6{,}825\ \%$　（5,116：P-31 参照）

$$\therefore\quad I_{3\phi s} = \frac{I_n \times 100}{\%Z} = \frac{274{,}937 \times 100}{6{,}825} = 4{,}028\ \text{A}$$

（4,028 A：MCCB　3P　150 A から 40 m での負荷側短絡事故電流）

一次側では $4{,}028/31.4 = 128$ A

（31.4：変圧比、128 A：6,600 V 側の $I_{3\phi s}$）

$\therefore\quad \dfrac{4{,}028}{150} = 26.8$ 倍の為、MCCB　3P　150 A は瞬時遮断します。

10. OCR 及び MCCB 動作検証

1．短絡電流の計算例－1

高圧受電設備需要家

事業場の業種：コンクリート製品製造

契約種別：高圧電力 A

$1\phi 30$ kVA　$I_{n1}=4.5$ A

$3\phi 75$ kVA　$I_{n1}=6.56$ A

合計：$11.06\times 5/20=2.8$ A

OCRTAP 値＝2.8×1.6 倍＝4.5 A（工場の為裕度 1.6 倍）

瞬時：40 A

レバー：0.5

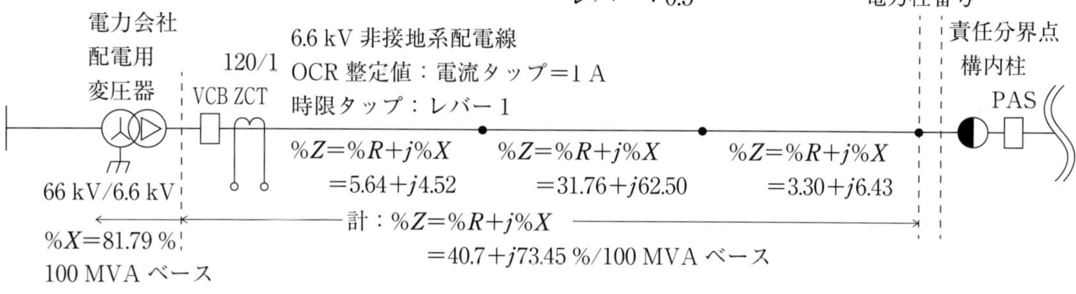

合計：$\%Z=\%R+j\%X=40.7+j81.79+j73.45$

$=40.7+j155.24$ %/100 MVA ← この値は電力会社の管轄支店から提出してもらえます。

$\therefore\quad \%Z=\sqrt{\%R^2+\%X^2}=\sqrt{40.7^2+155.24^2}=160.48$ %/100 MVA ベース

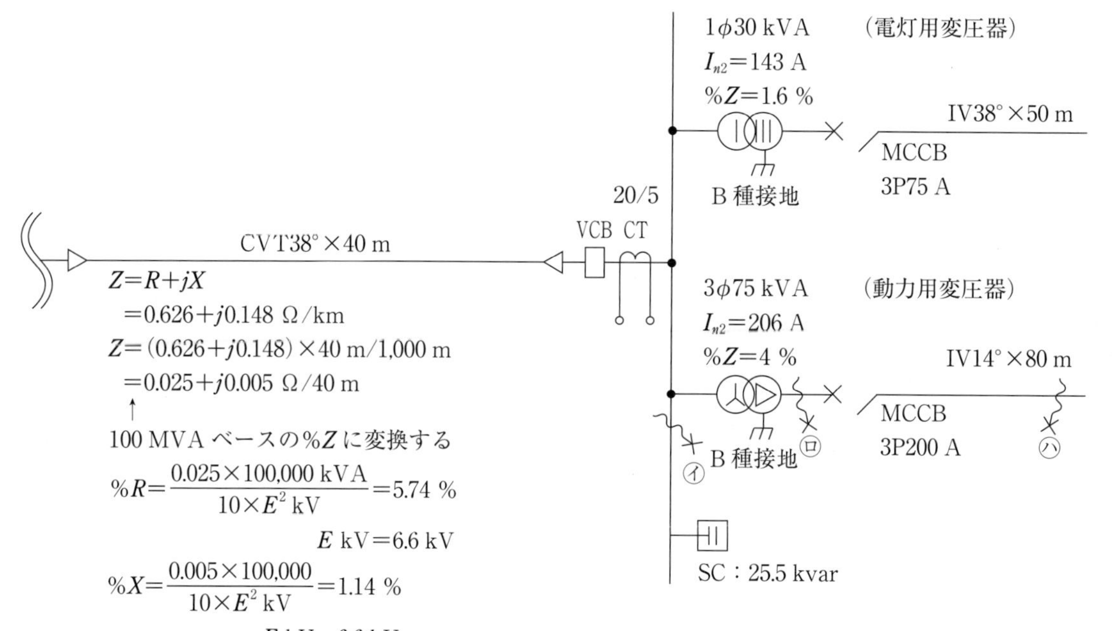

$Z=R+jX$

$=0.626+j0.148$ Ω/km

$Z=(0.626+j0.148)\times 40\text{ m}/1{,}000\text{ m}$

$=0.025+j0.005$ Ω/40 m

↑

100 MVA ベースの%Z に変換する

$$\%R=\frac{0.025\times 100{,}000\text{ kVA}}{10\times E^2\text{ kV}}=5.74\ \%$$

E kV＝6.6 kV

$$\%X=\frac{0.005\times 100{,}000}{10\times E^2\text{ kV}}=1.14\ \%$$

E kV＝6.6 kV

$\therefore\quad \%Z=\%R+j\%X=5.74+j1.14$ %/100 MVA ベース

$\%Z=\sqrt{5.74^2+1.14^2}=5.85$ %/100 MVA ベース

① 事故点㋑での三相短絡電流を求めます。

（1） 電源から事故点㋑までの合計%Z＝160.48＋5.85＝166.3 %（5.85：CVT38°×40 m の%Z）

$$I_n=\frac{100{,}000\ \mathrm{kVA}}{\sqrt{3}\times 6.6\ \mathrm{kV}}=8{,}748\ \mathrm{A}$$

（2） 三相短絡電流　$I_{3\phi s}=\dfrac{100}{\%Z}\times I_n=\dfrac{100}{166.3}\times 8{,}748=5{,}260\ \mathrm{A}=5.3\ \mathrm{kA}$

（3） 二相短絡電流　$I_{2\phi s}=5{,}260\times\dfrac{\sqrt{3}}{2}=4{,}555\ \mathrm{A}=4.6\ \mathrm{kA}$

② 事故点㋺での三相短絡電流を求めます。

動力 75 kVA　%Z＝4 % ← 100 MVA ベースに変換します。

$$\%Z_{\mathrm{T}}=\frac{100{,}000}{75}\times 4=5{,}333\ \%$$

（1） 電源から事故点㋺までの合計%Z＝166.3＋5.333＝5,499 %

$$I_n=\frac{100{,}000\ \mathrm{kVA}}{\sqrt{3}\times 0.21\ \mathrm{kV}}=274{,}937\ \mathrm{A}$$

（↑ 3ϕ）

（2） 三相短絡電流　$I_{3\phi s}=\dfrac{100}{\%Z}\times I_n=\dfrac{100}{5{,}499}\times 274{,}937\ \mathrm{A}$

$$=4{,}999\ \mathrm{A}=5.0\ \mathrm{kA}$$

（3） 二相短絡電流　$I_{2\phi s}=4{,}999\times\dfrac{\sqrt{3}}{2}=4{,}329\ \mathrm{A}=4.3\ \mathrm{kA}$

③ 事故点㋩での三相短絡電流を求めます。

（1） IV600 V14°×80 m 迄の%Z/100 MVA ベースを求めます。

$Z=1.50+j0.123\ \Omega/\mathrm{km}=(1.50+j0.123)\times 80\ \mathrm{m}/1{,}000\ \mathrm{m}=0.12+j0.010\ \Omega/80\ \mathrm{m}$

$Z=0.12\ \Omega/80\ \mathrm{m}$

この $Z(\Omega)$ を 100 MVA ベースの%Zに変換します。

$$\%Z=\frac{Z\times \mathrm{kVA}}{10\times \mathrm{KV}^2}=\frac{0.12\times 100{,}000}{10\times 0.21^2}=27{,}211\ \%/100\ \mathrm{MVA}\ ベース$$

（2） 電源から事故点㋩までの合計%Z＝166.3＋5,333＋27,211＝32,710 %

（3） 三相短絡電流　$I_{3\phi s}=\dfrac{100}{\%Z}\times I_n=\dfrac{100}{32{,}710}\times 274{,}937=840\ \mathrm{A}$

（4） 二相短絡電流　$I_{2\phi s}=\dfrac{\sqrt{3}}{2}\times I_{3\phi s}=0.866\times 840\ \mathrm{A}=727\ \mathrm{A}$

2．短絡電流の計算例－2

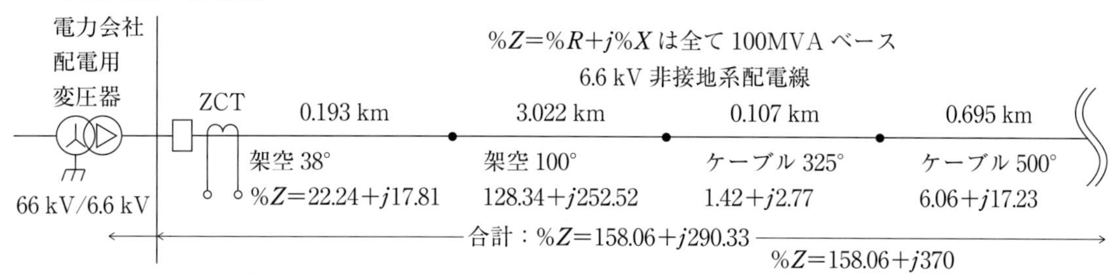

$\%X_G$=79.7 %（配電用変電所二次側母線迄の％インピーダンス：ピーク時の値）

電源が（発電機）相当数運転されている状態

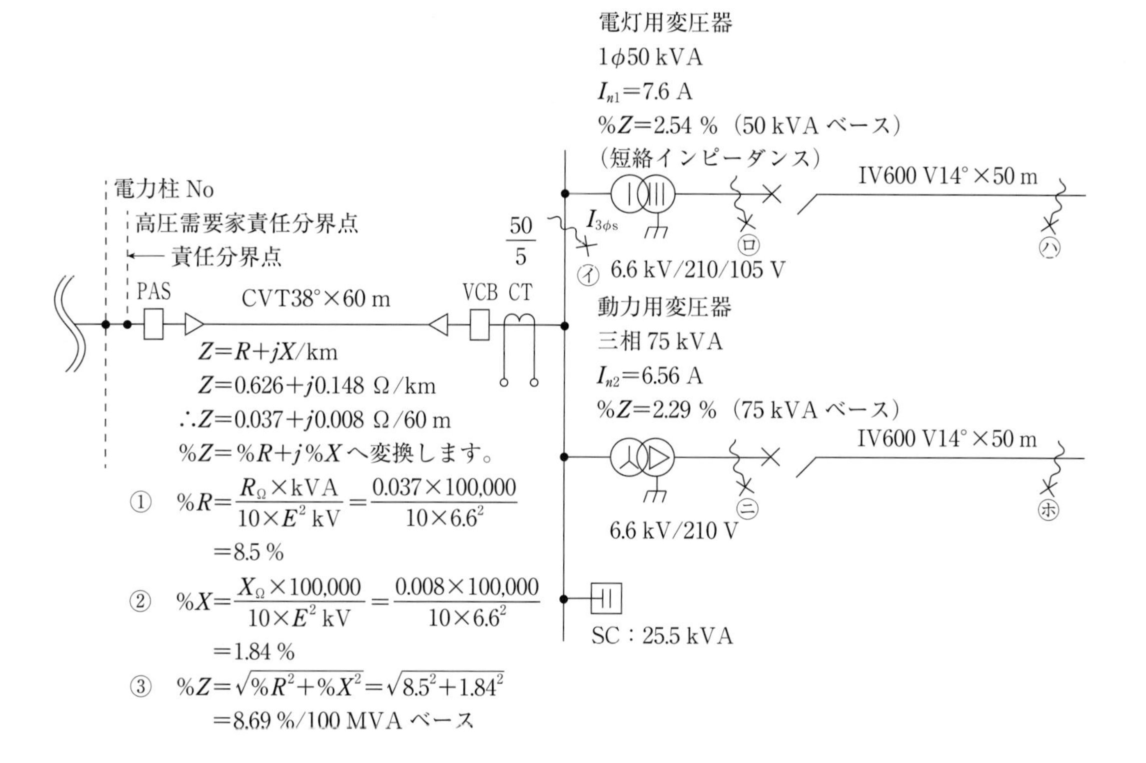

$Z=R+jX/\text{km}$

$Z=0.626+j0.148\ \Omega/\text{km}$

$\therefore Z=0.037+j0.008\ \Omega/60\ \text{m}$

%Z=%R+j%X へ変換します。

① $\%R=\dfrac{R_\Omega\times\text{kVA}}{10\times E^2\ \text{kV}}=\dfrac{0.037\times100{,}000}{10\times6.6^2}$
$=8.5\ \%$

② $\%X=\dfrac{X_\Omega\times100{,}000}{10\times E^2\ \text{kV}}=\dfrac{0.008\times100{,}000}{10\times6.6^2}$
$=1.84\ \%$

③ $\%Z=\sqrt{\%R^2+\%X^2}=\sqrt{8.5^2+1.84^2}$
=8.69 %/100 MVA ベース

① 単三 50 kVA　%Z＝2.54 %/50 kVA ベースを 100 MVA ベースに換算します。

$$\%Z_T=\frac{100{,}000\ \text{kVA}}{50\ \text{kVA}}\times2.54=5{,}080\ \%$$

② 三相 75 kVA　%Z＝2.29 %/75 kVA を 100 MVA ベースに換算します。

$$\%Z_T=\frac{100{,}000\ \text{kVA}}{75\ \text{kVA}}\times2.29=3{,}053\ \%$$

(1) 事故点㋑の高圧需要家構内のキュービクル内での 6.6 kV 母線での三相短絡電流を算出します。

① 事故点までの合計%Z（事故点㋑）

$\%Z=\%R+j\%X=158.06+8.5+j(79.7+290.33+1.84)$
$=166.56+j371.87(\%)$

$\%Z = \%R + j\%X = \sqrt{166.56^2 + 371.87^2} = 407.5\ \%$（事故点㋑迄の合計$\%Z$）

三相短絡電流　100 MVA/6.6 kV の定格電流

② $I_{3\phi s} = \dfrac{100}{\%Z} \times I_n = \dfrac{100}{407.5} \times 8{,}748\ \text{A}$　　$I_n = \dfrac{100{,}000\ \text{kVA}}{\sqrt{3} \times 6.6\ \text{kV}} = 8{,}748\ \text{A}$

$= 2{,}147\ \text{A} = 2.1\ \text{kA}$　　短絡容量 $P_s = \sqrt{3} \times 2.1\ \text{kA} \times 6.6\ \text{kV}$

$= 24\ \text{MVA}$

③ $I_{2\phi s}$（二相短絡電流）は三相短絡電流の 0.866 倍です。即ち $I_{2\phi s} = \dfrac{\sqrt{3}}{2} \times 2.1\ \text{kA} = 1.8\ \text{kA}$

※高圧需要家への引き込み電力柱番号までの$\%Z = \%R + j\%X$の値を電力会社からピーク時とオフピーク時の値を提供してもらって下さい。ピーク時の$\%Z$＜オフピーク時の$\%Z$の関係があります。

(2) 事故点㋺の高圧需要家設備の電灯用変圧器二次側での三相短絡電流を算出します。
（210 V 母線）

① 電灯用変圧器$\%Z = 2.54\ \%/50\ \text{kVA}$ を 100 MVA ベースに変換します。

$$\%Z = \frac{100{,}000}{50\ \text{kVA}} \times 2.54 = 5{,}080\ \%$$

$$\%Z = \frac{100{,}000}{25\ \text{kVA}} \times \left(2.54 \times \frac{2}{3}\right) = 6{,}760\ \%$$

（$2.54 \times \frac{2}{3}$ → 1.69 %）

② 上位系統から下位系統（高圧需要家 6.6 kV 母線までの$\%Z$は 1 －①で求めた値
$\%Z = 407.5\ \%$を、合計すれば、変圧器二次側までの合計$\%Z = 407.5 + 5{,}080 = 5{,}487\ \%$

③ 100 MVA/210 V での定格電流 $I_n = 476.2\ \text{kA}$ ←── $I_n = \dfrac{100{,}000}{0.21} = 476.2\ \text{kA}$

④ $I_{3\phi s} = \dfrac{100}{\%Z} \times 476.2\ \text{kA} = \dfrac{100}{5{,}487} \times 476.2 = 8.68\ \text{kA}$/ 二次側母線（R−N−T 相：210 V）

⑤ $I_{2\phi s} = \dfrac{100}{\%Z} \times I_n = \dfrac{100}{407.5 + 6{,}760} \times 952{,}381 = 13.29\ \text{kA}$/ 二次側母線（R−N 相：105 V）

$I_n = \dfrac{100{,}000}{0.105} = 952{,}381\ \text{A}$

$\%Z = 2.54\ \%$は 105 V では $\dfrac{2}{3}$ になるとのこと（メーカ説明）

∴　$\%Z = 2.54\ \%/50\ \text{kVA}$　$\%Z = 1.69\ \%/25\ \text{kVA}$

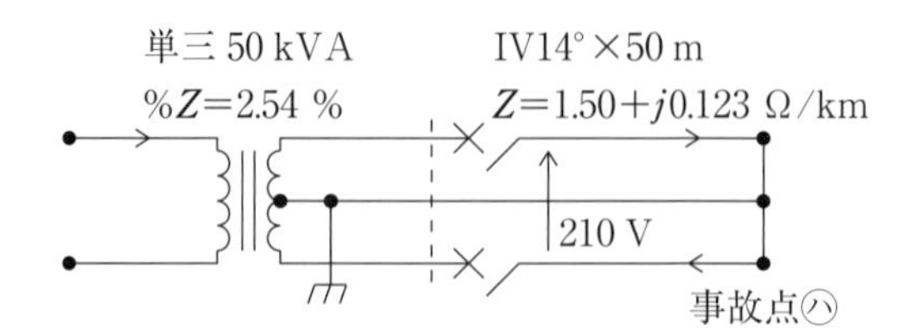

事故点㋩の三相短絡電流を算出します。

事故点はIV14°×50 m 地点までの$Z=R+jX(\Omega)$

$$Z=(1.50+j0.123\ \Omega/\text{km})\times 50\ \text{m}\times 2\ 倍=0.15+j0.012\ \Omega/50\ \text{m}$$

$$\%R=\frac{R_{\Omega}\times \text{kVA}}{10\times E^2\text{kV}}=\frac{0.15\times 100{,}000}{10\times 0.21^2}=34{,}013\ \%$$

$$\%X=\frac{X_{\Omega}\times \text{kVA}}{10\times E^2\text{kV}}=\frac{0.012\times 100{,}000}{10\times 0.21^2}=2{,}721\ \%$$

∴　$\%Z=\sqrt{\%R^2+\%X^2}=\sqrt{34{,}013^2+2{,}721^2}=34{,}122\ \%$

∴　電源から事故点IV14°×50 m 迄の合計%Z

$$\%Z=\underset{①}{407.5}+\underset{②}{5{,}080}+\underset{③}{34{,}122}=\underset{④}{39{,}609}\ \%$$

①は発電所から配電線＋高圧需要家の引込みケーブルを含むキュービクル内の6.6 kV 母線までの%Z

②は高圧需要家の電灯用変圧器の100 MVA ベースの%Z

③ IV14°×50 m の往復の%Z/100 MVA ベース

④は発電所から事故点㋩迄の合計%Z/100 MVA ベース

低圧側短絡電流　$I_{3\phi s}=\frac{100}{\%Z}\times I_n=\frac{100}{39{,}609}\times 476{,}190=1{,}202\ \text{A}=1.2\ \text{kA}$

$I_n=\frac{100{,}000\ \text{kVA}}{0.21\ \text{kV}}=476{,}190\ \text{A}$

3P　100 A ブレーカだと1,202/100＝12倍

※ブレーカは瞬時に遮断される。

$I_{3\phi s}=1{,}202\ \text{A}$　　一次側に換算すると

$\frac{1{,}202}{31.43}=38.2\ \text{A}$（一次側故障電流）

VCB（OCR）が設置されている需要家でしたら動作の検証をして下さい。

※参考：100 MVA ベースでの各電圧での定格電流I_n

①　$3\phi 6.6$ kV での $I_n=\frac{100{,}000\ \text{kVA}}{\sqrt{3}\times 6.6\ \text{kV}}=8{,}748\ \text{A}$

②　$3\phi 210$ V での $I_n=\frac{100{,}000\ \text{kVA}}{\sqrt{3}\times 0.21\ \text{kV}}=274{,}937\ \text{A}$

③　$1\phi 210$ V での $I_n=\frac{100{,}000\ \text{kVA}}{0.21\ \text{kV}}=476{,}190\ \text{A}$

④　$1\phi 105$ V での $I_n=\frac{100{,}000\ \text{kVA}}{0.105\ \text{kV}}=952{,}381\ \text{A}$

・余談

$I_{2\phi s}=\frac{100}{\%Z}=\frac{100}{5{,}080}\times 476{,}190=9{,}374\ \text{A}$

$1\phi 210$ V 系

電源側の%Zを無視した場合

$$\%Z=\frac{100{,}000\ \mathrm{kVA}}{25\ \mathrm{kVA}}\times 1.69=6{,}760\ \%/100\ \mathrm{MVA}$$

$$I_{2\phi s}=\frac{100}{\%Z}\times I_n=\frac{100}{6{,}760}\times 952{,}831=14{,}095\ \mathrm{A}$$

1φ105 V 系

メーカ説明：105 V 母線での短絡電流は 210 V 母線での短絡電流より約 1.5 倍の電流が流れる。

(3)　事故点㋩（105 V 系）の二相短絡電流を算出します。

事故点は IV600 V14°×50 m　日本電線工業会

$$Z=R+jX=1.50+j0.123\ \Omega/\mathrm{km}$$

$$\therefore\quad Z=(1.50+0.123)\times 50\ \mathrm{m}/1{,}000$$

往復

$$\times 2\ 倍=0.15+j0.012\ \Omega/50\ \mathrm{m}$$

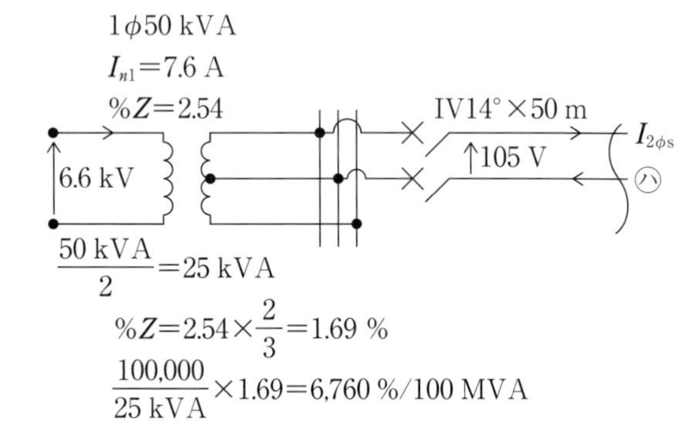

$$\%R=\frac{0.15\times 100{,}000}{10\times E^2\,\mathrm{kV}}$$

$$=136{,}054\ \%/100\ \mathrm{MVA}\ ベース$$

E kV＝0.105 kV

$$\%X=\frac{0.012\times 100{,}000}{10\times E^2\,\mathrm{kV}}=10.884\ \%/100\ \mathrm{MVA}\ ベース$$　　E kV＝0.105 kV

$$\therefore\quad \%Z=\sqrt{\%R^2+\%X^2}=\sqrt{136{,}054^2+10{,}884^2}=136{,}488\ \%/100\ \mathrm{MVA}\ ベース$$

∴　電源から事故点 IV600 V14°×50 m 地点迄の合計%Z

$$\%Z=407.5+6{,}760+136{,}488=143{,}655\ \%/100\ \mathrm{MVA}\ ベース$$

（①　②　③　④）

$$Z_T=\frac{100{,}000}{25\ \mathrm{kVA}}\times 1.69=6{,}760\ \%$$

①発電所から高圧需要家 6.6 kV 母線迄の%Z/100 MVA ベース
②高圧需要家の電灯用変圧器の%Z_T/100 MVA ベース
③ IV600 V14°×50 m の往復の%Z/100 MVA ベース
④発電所から事故点㋩迄の合計%Z/100 MVA ベース

低圧側短絡電流　$I_{2\phi s}=\frac{100}{\%Z}\times I_n=\frac{100}{143{,}655}\times 952{,}381=663\ \mathrm{A}$

$$I_n=\frac{100{,}000\ \mathrm{kVA}}{0.105\ \mathrm{kV}}=952{,}381\ \mathrm{A}$$

3P　100 A ブレーカだと $\frac{663\ \mathrm{A}}{100\ \mathrm{A}}=6.6$ 倍

ブレーカは約 0.4 s で動作。

※ MCCB は定格の 200 %の電流で 2 分以内で動作、1,000 %で 0.01 s ～ 0.2 s 以内で動作します。

$I_{2\phi s}=663$ A 一次側に換算しますと $I_{2\phi s}(一次側)=\frac{663}{62.9}=10.5\ \mathrm{A}$ ← $I_{2\phi s}=\frac{\frac{100{,}000}{6.6}\times 100}{143{,}655}=10.5\ \mathrm{A}$

$$変圧比=\frac{6{,}600}{105}=62.9$$

・余談：① 1φ50 kVA 変圧器直下 R−N 相母線での短絡電流

$$I_{2\phi s}=\frac{100\times I_n}{\%Z}=\frac{100}{407.5+6{,}760}\times 952{,}381=13{,}288\ \mathrm{A}=13.3\ \mathrm{kA}$$

② 1ϕ50 kVA 変圧器直下 R－N－T 相母線での短絡電流

$$I_{3\phi s}=\frac{100\times I_n}{\%Z}=\frac{100}{407.5+5{,}080}\times 476{,}190=8{,}678\ \text{A}$$

1ϕ50 kVA　　　$\%Z=2.54$ %

$I_{n1}=7.6$ A　　　$1.69=2.54\times\frac{2}{3}$

$I_{n2}=238$ A

$\%Z=2.54$ %/210 V　$=1.69$ %/105 V/25 kVA ベース

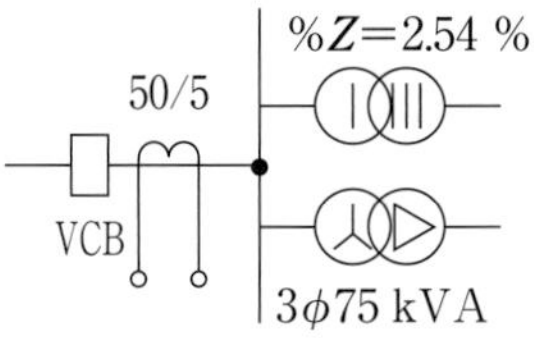

50/5

VCB

3ϕ75 kVA　$I_{n1}=6.56$ A

$I_n=7.6+6.56$　　　∴　$T=5$ A

$=14.16$ A　　　レバー 0.5 ←レバーは 0.5～1.0 を採用する

$I_{Ry}=14.16\times\frac{5}{20}=3.54$　　　瞬時：40 A ←$T=5$ A×8 倍

$3.54\times1.5=5.31$ A　∴限時タップ値を $T=5$ A とする

└ 裕度

210 V 系

二次側　$I_{2\phi s}=\dfrac{100\times238}{\%Z}=\dfrac{100\times238}{2.54}=9{,}370$ A

一次側　$I_{2\phi s}=\dfrac{9{,}370}{31.4}=298$ A

105 V 系

二次側　$I_{2\phi s}=\dfrac{100\times238}{1.69}=14{,}083$ A

一次側　$I_{2\phi s}=\dfrac{14{,}083}{62.9}=224$ A

$$I_{2\phi s}=\frac{\frac{25\ \text{kVA}}{6.6\ \text{kV}}\times100}{1.69\%}=224\ \text{A}$$

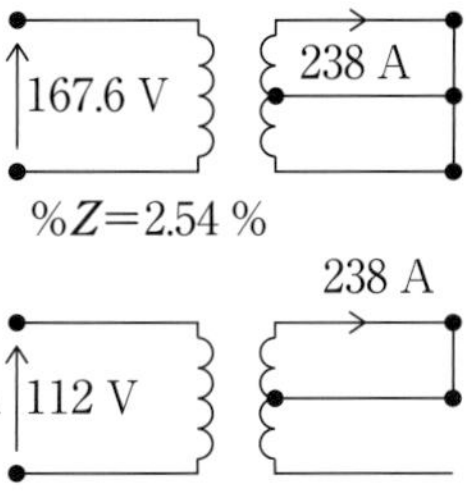

167.6 V　238 A

$\%Z=2.54$ %

238 A

1ϕ50 kVA　112 V

$\%Z=1.69$ %

$\frac{2}{3}\times2.54$ %

メーカー説明

二次側の 105 V ラインでの $I_{2\phi s}$ は 210 V ラインの約 1.5 倍流れる。

一次側では少々、少なく流れる。

(4)　事故点㊁での三相短絡電流を算出します。

①　事故点㋑までの$\%Z=407.5$ %

②　動力用変圧器 75 kVA$\%Z=2.29$ %を 100 MVA に換算すると前述しました$\%Z=3{,}053$ %を使用する

$$I_{3\phi s}=\frac{100}{\%Z}\times I_n=\frac{100}{407.5+3{,}053}\times 274{,}937\ \text{A}$$

$$=7{,}944\ \text{A}=7.9\ \text{kA}$$

$$I_n=\frac{100{,}000\ \text{kVA}}{\sqrt{3}\times0.21\ \text{kV}}=274{,}937\ \text{A}$$

$$I_{2\phi s}=7{,}944\ \text{A}\times0.866=6{,}879\ \text{A}=6.9\ \text{kA}$$

短絡容量　$P_s = \sqrt{3} \times 7.9\ \mathrm{kA} \times 0.21\ \mathrm{kV} = 2.9\ \mathrm{MVA}$

(5)　事故点㋭での短絡電流を算出します。

IV14°×50 m 迄の%Zを求めます。

$Z = R + jX = 1.5 + j0.123\ \Omega/\mathrm{km}$

事故点 50 m の往復での Z は

$Z = 0.15 + j0.012\ \Omega/100\ \mathrm{m}$

$$\%R = \frac{0.15 \times 100{,}000}{10 \times 0.21^2} = 34{,}014\ \%$$

$$\%X = \frac{0.012 \times 100{,}000}{10 \times 0.21^2} = 2{,}721\ \%$$

$$\%Z = \%R + j\%X = \sqrt{34{,}014^2 + 2{,}721^2} = 34{,}123\ \%$$

$$I_{3\phi s} = \frac{100 \times 274{,}937}{407.5 + 3{,}053 + 34{,}123} = 731\ \mathrm{A} \qquad I_n = \frac{100{,}000\ \mathrm{kA}}{\sqrt{3} \times 0.21\ \mathrm{kV}} = 274{,}937\ \mathrm{A}$$

一次側に換算すると

$$I_{3\phi s} = \frac{731}{31.4} = 23.3\ \mathrm{A} \quad \mathrm{CT} = 50/5 \quad \mathrm{Ry}\ 入力電流 = \frac{23.3 \times 5}{50} = 2.33\ \mathrm{A}$$

OCR 動作特性（富士，三菱製）参考資料にあります。

ブレーカーの動作特性曲線

（CE・CCC の特性は表記が異なりますのでご照会ください。）

※メーカにより少々違いがあります。

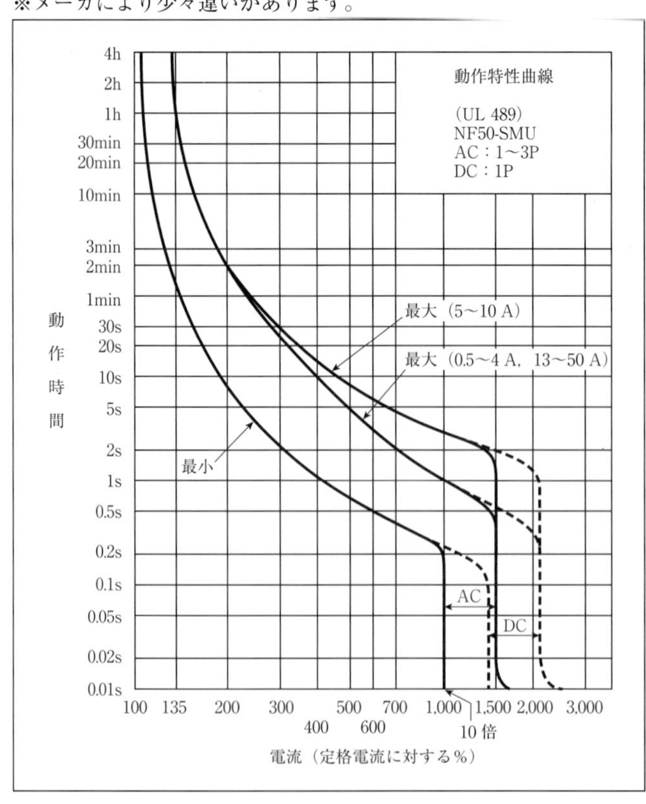

3．短絡電流の計算例－3

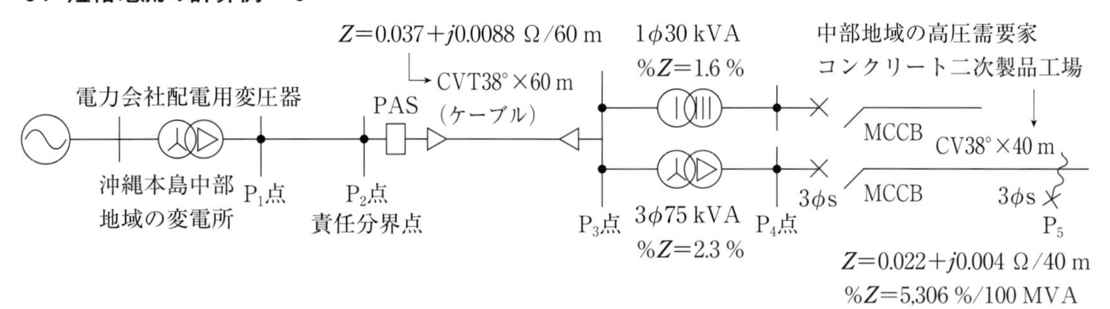

高圧需要家の責任分界点迄の 100 MVA ベースの$\%Z=\%R+j\%X$の値を
電力会社の管轄支店に提供してもらって下さい。

P_2 点から見た電源側インピーダンス

$\%R=40.72$　　$\%X=155.25$……電力会社の管轄支店に教えてもらった値です。

$\therefore\quad \%Z=\sqrt{(\%R)^2+(\%X)^2}=\sqrt{40.72^2+155.25^2}=160.5\ \%$ ← この値を教えてもらいます。

$P_2\sim P_3$ 間の$\%Z=8.7\ \%$

※ P_3 から見た電源側$\%Z$は$=160.5+8.7=169.2\ \%$

① P_3 点（高圧需要家の 6.6 kV 線路上での三相短絡事故時の $I_{3\phi s}$ は）

$$P_3\text{ 点で } I_{3\phi s}=\frac{I_n\times 100}{\%Z}=\frac{8{,}748\times 100}{160.5+8.7}=\frac{8{,}748\times 100}{169.2}=5{,}170\ \text{A}=5.2\ \text{kA}/6.6\ \text{kV 母線}$$

$$P_s=\sqrt{3}\times I_s\times \text{V}$$
$$=\sqrt{3}\times 5.2\ \text{kA}\times 6.6\ \text{kV}=59.4\ \text{MVA}$$

② P_4 点から見た電源側$\%Z$インピーダンスは$\%Z=160.5+8.7+3{,}067=3{,}236\ \%$

3φ75 kVA　$\%Z=2.3\ \%/75\ \text{kVA}$ ← 100 MVA ベースに変換。　$\%Z_T=\dfrac{2.3\times 100{,}000}{75}=3{,}067\ \%$

$$I_{3\phi s}=\frac{I_n\times 100}{169.2+3{,}067}=\frac{274{,}936\ \text{A}\times 100}{3{,}236}=8{,}496\ \text{A}=8.5\ \text{kA}/210\ \text{V 母線}$$

（3,067 ← $\%Z_T$）

$$I_n=\frac{100{,}000\ \text{kVA}}{\sqrt{3}\times \text{VkV}}=\frac{100{,}000}{1.732\times 0.21\ \text{kV}}=274{,}936\ \text{A}/100\ \text{MVA ベース}$$

③ P_5 点から見た$\%Z$インピーダンスは　$\%Z=3{,}236+5{,}306=8{,}542\ \%$

（5,306 ← CV38°×40 m の$\%Z$/100 MVA）

$$\therefore\quad P_5\text{ 点での } I_{3\phi s}=\frac{I_n\times 100}{\%Z}=\frac{274{,}936\times 100}{8{,}542}=3{,}219\ \text{A}/210\ \text{V 線路の 40 m での } I_{3\phi s}$$

※低圧負荷側での短絡事故電流は、電力側の $\%Z$ を無視して需要家の使用変圧器の$\%Z_T$とIV線の事故点迄の$\%Z_L$を合計して計算しても大きな差はありません。

○高圧需要家構内での短絡事故が発生した時の高圧需要家内の OCR の動作について（次頁以降）

4．OCR 動作検証

例－1　事業場名：株式会社●●　　事業場住所：沖縄県那覇市

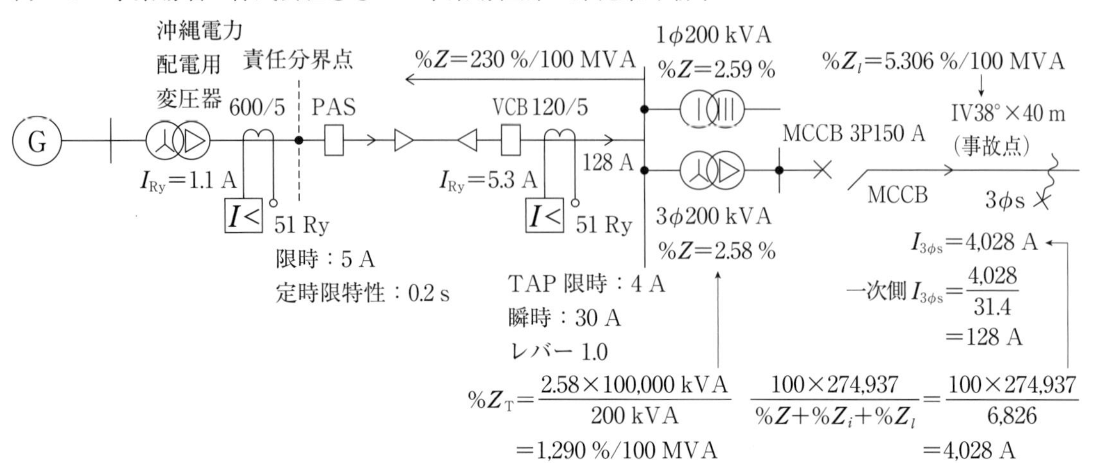

高圧需要家の OCR 動作検証

$$\text{OCR　TAP 限時：4 A の為}\quad \frac{128\times5}{120}=5.3\text{ A}\quad\therefore\quad\frac{5.3}{4}=1.33\text{ 倍（133 \% 入力）}$$

OCR の動作特性より OCR 動作は 3 s 程かかります。

VCB は遮断容量：8 kA　100 MVA　3 サイクル遮断

この事故の場合は $I_{3\phi s}=4{,}028$ A の事故電流が流れる為 MCCB　3P　150 A で瞬時遮断し、事故点を切り離します。

電力側の OCR 不動作

$$\text{OCR　TAP 限時：5 A の為}\quad \frac{128\times5}{600}=1.1\text{ A}$$

∴　Ry への入力電流が TAP 値以下の電流の為、動作しない。

例－2

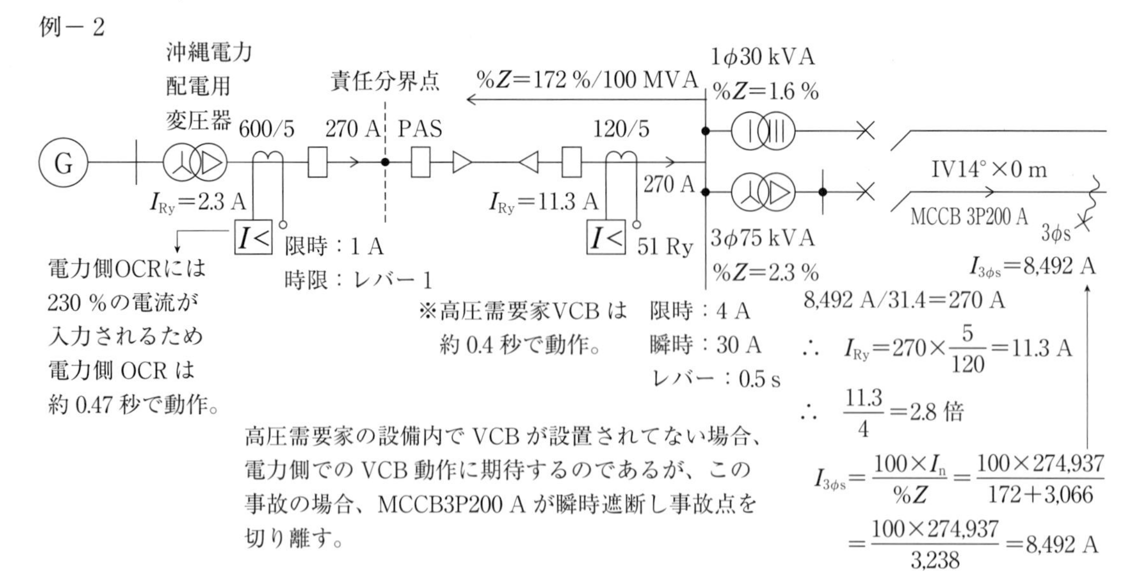

11. 高圧需要家設備内の事故点㋑、㋺、㋩、での短絡電流算出の練習用シート

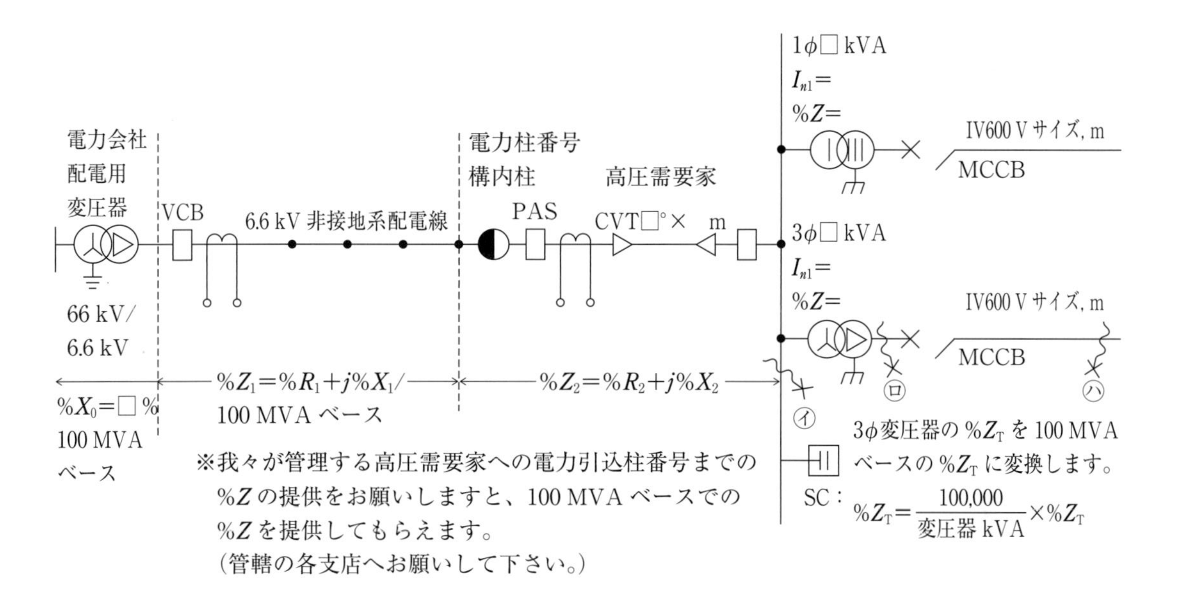

1. 事故点㋑での三相短絡電流を求めるには

① 電源から電力柱番号までの%Zを電力会社の管轄支店から提供してもらって下さい。%Zはすべて100 MVAベースでもらえます。(沖縄は100 MVAベースで、東電は10 MVAベースです。)

② CVT □°× m の $\%Z_2=\%R+j\%X$ を算出します。添付のインピーダンス表より $Z=R+jX$ (Ω)/km を使って 100 MVA ベースでの%Zを算出する。

算出の仕方 $\%R=\dfrac{R(\Omega)\times 100{,}000\ \text{kVA}}{10\times \text{KV}^2}=\square\%/100\ \text{MVA}$ ベース

$$\%X=\frac{X_\Omega\times 100{,}000\ \text{kVA}}{10\times \text{KV}^2}=\square\%/100\ \text{MVA ベース}$$

$\%Z_2=\%R_2+j\%X_2$

$\therefore\quad \%Z_2=\sqrt{\%R_2^2+\%X_2^2}=\square\%$

③ 事故点㋑までの合計　先ず電力柱迄の $\%Z_1=\%R_1+\%X_0+\%X_1$

電力柱迄の $\%Z_1=\sqrt{\%R_1{}^2+j(\%X_0+\%X_1)^2}=\%Z_1$

100 MVA ベース

ここで $I_n=\dfrac{100{,}000\ \text{kVA}}{\sqrt{3}\times 6.6\ \text{kV}}=8{,}748\ \text{A}$

④ 事故点電流　$I_{3\phi s}=\dfrac{100}{\%Z_1+\%Z_2}\times I_n$

$=\dfrac{100}{\%Z_1+\%Z_2}\times 8{,}748=\square\ \text{A}=\square\ \text{kA}$ ……㋑点での三相短絡電流

⑤ 事故点での二相短絡電流　$I_{2\phi s}=I_{3\phi s}\times\dfrac{\sqrt{3}}{2}=\square\ \text{kA}$ ……㋑点での二相短絡電流

⑥　事故点での短絡容量 $P_s = \sqrt{3} \times I_{3\phi s} \times 6.6\,\mathrm{kV} = \square\,\mathrm{MVA}$

２．事故点㋺での三相短絡電流の算出

①　事故点㋑までの$\%Z_1 + \%Z_2$に$\%Z_T$を合計しますと電源から事故点までの合計

$\%Z = \%Z_1 + \%Z_2 + \%Z_T$

∴　事故点での三相短絡電流　$I_{3\phi s} = \dfrac{100}{\%Z_1 + \%Z_2 + \%Z_T} \times I_n\,(\mathrm{A})$

二相短絡電流　$I_{2\phi s} = I_{3\phi s} \times 0.866$

$$I_n = \frac{100{,}000}{\sqrt{3} \times 0.21} = 274{,}937\ \mathrm{A}$$

３．事故点㋩での三相短絡電流の算出

①　先ずIV600 Vサイズ、距離で添付のインピーダンス表から

$Z = R + jX\,\Omega/\mathrm{km}$　$\%R = \dfrac{R_\Omega \times 100{,}000}{10 \times \mathrm{kV}^2} = \dfrac{R_\Omega \times 100{,}000}{10 \times 0.21^2}$ (%)/100 MVA

$\%X = \dfrac{X_\Omega \times 100{,}000}{10 \times \mathrm{kV}^2} = \dfrac{X_\Omega \times 100{,}000}{10 \times 0.21^2}$ (%)/100 MVAベース

IV600 Vサイズ×mの

$\%Z = \sqrt{\%R^2 + \%X^2} = \%Z_{IV}$

②　事故点㋩までの電源からの合計$\%Z$は

$\%Z = \%Z_1 + \%Z_2 + \%Z_T + \%Z_{IV}$

③　事故点㋩での三相短絡電流　$I_{3\phi s} = \dfrac{100}{\%Z_1 + \%Z_2 + \%Z_T + \%Z_{IV}} \times I_n\,(\mathrm{A})$

二相短絡電流　$I_{2\phi s} = I_{3\phi s} \times \dfrac{\sqrt{3}}{2}\,(\mathrm{A})$　　$I_n = \dfrac{100{,}000}{\sqrt{3} \times 0.21} = 274{,}937\ \mathrm{A}$

12. OCR 整定値設定

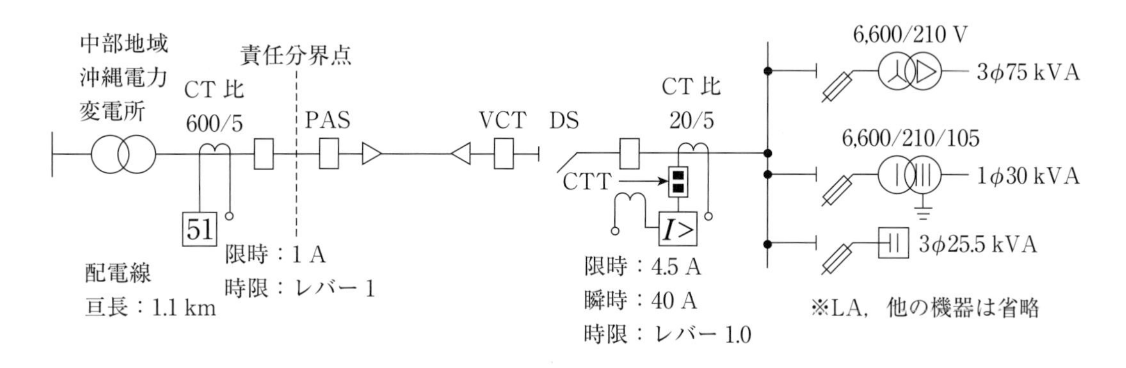

1．OCR 整定と時限協調（事業場の業種：コンクリート二次製品製造、契約種別：高圧電力 A）

イ．単相変圧器　30 kVA　6,600/210/105 V　定格一次電流：4.5 A　$I_n = = \frac{30,000}{6,600} = 4.5$ A

ロ．三相変圧器　75 kVA　6,600/210 V　定格一次電流：6.6 A　$I_n = \frac{75000}{\sqrt{3} \times 6,600} = 6.6$ A

変圧器合計の定格一次電流 $I_n = 4.5 + 6.6 = 11.1$ A

∴　51 Ry　限時：11.1×5/20×1.5(裕度)＝4.2 A……4.5 A と整定

瞬時：4.2×8 倍＝33.6 A……40 A と整定

時限：レバー 1

※コンクリート二次製品製造工場である為計算値より少し高めにしました。

① 電力会社の OCR 試験データ　限時：1 A、時限：レバー 1(反限時特性)

タップ倍率	Ry 入力電流	一次側換算値	動作時間	CT 比	
200 %	2×1 A＝2 A	2×600/5＝240 A	0.47 s	600/5	お客様構内で短絡事故が発生し、一次側で 54 A の短絡電流が流れた時、お客様側の OCR は動作するが電力側の OCR は動作しない。 電力側 OCR が動作する一次側短絡電流 240 A が流れたとすると、お客様側 OCR は瞬時で動作する。
300 %	3×1 A＝3 A	3×600/5＝360 A	0.304 s	〃	
500 %	5×1 A＝5 A	5×600/5＝600 A	0.241 s	〃	

② コンクリート二次製品製造工場の OCR 試験データ　限時：4.5 A、瞬時：40 A、レバー 1.0

タップ倍率	Ry 入力電流	一次側換算値	動作時間	CT 比	
300 %	3×4.5＝13.5 A	13.5×20/5＝54 A	0.94 s	20/5	参考：反限時特性 $S - \frac{80}{I \times I - 1} \times \frac{D}{10}$（富上製）
500 %	5×4.5＝22.5 A	22.5×20/5＝90 A	0.33 s	〃	D：ダイヤル値，レバー 1.0 の場合は 1.0 とする。
700 %	7×4.5＝31.5 A	31.5×20/5＝126 A	0.166 s	〃	I：電流倍率

※お客様構内で短絡事故が発生、一次側電流が 54 A ならお客様側の OCR は動作、電力側の OCR は動作しない。また事故電流が大きくなり、一次側で 90 A 流れたとしてもお客様の OCR は動作するが、電力側の OCR は動作しない。よって、お客様側の保護継電器の最適整定値は重要であります。

・事業場の業種（コンクリート二次製品製造）での短絡事故時の OCR 動作検証（前ページの動作検証）

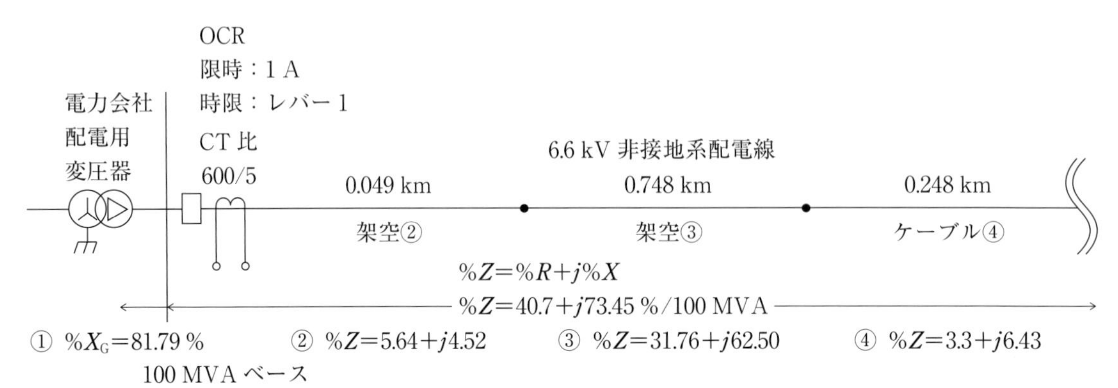

上記①～④の電力引込柱迄の $\%Z/100$ MVA ベースは電力会社の管轄支店へ要請すれば提供してもらえます。

①～④迄の $\%Z=\%R+j\%X=40.7+j(81.79+73.45)=40.7+j155.2\ \%$

$$\%Z=\sqrt{40.7^2+155.2^2}=160.4\ \%$$

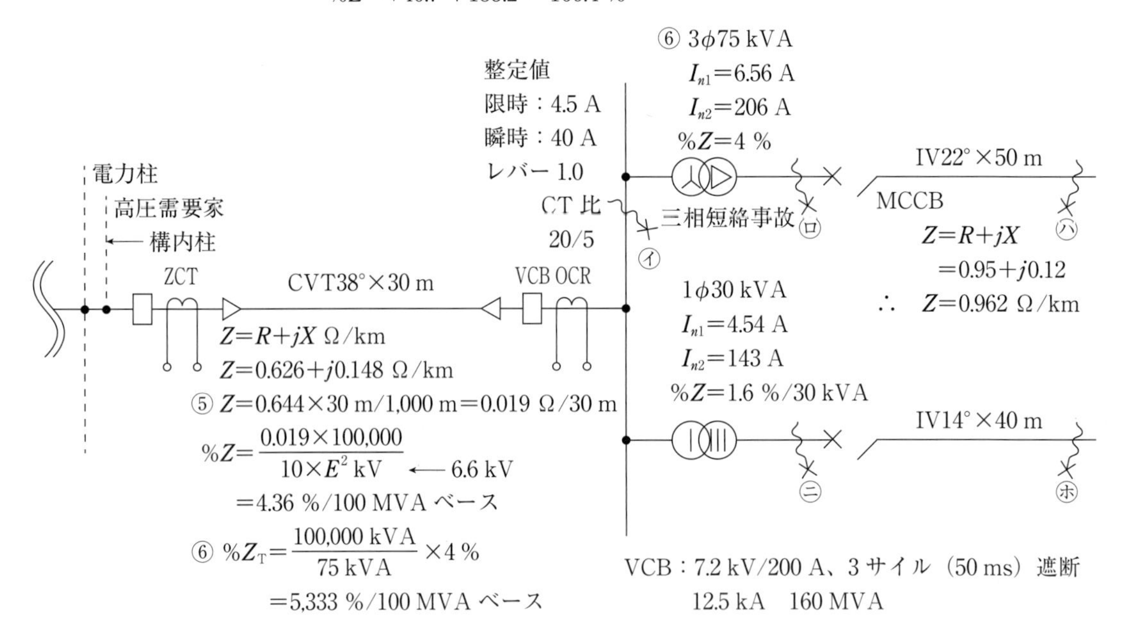

①～④点の $\%Z=\%R+j\%X=40.7+j(81.79+73.45)=40.7+j155.2\ \%$

$$\%Z=\sqrt{40.7^2+155.2^2}=160.4\ \%$$

∴　①～⑤の㋑の事故点迄の $\%Z=160.4+4.36=164.7\ \%/100$ MVA ベース

(1)　事故点㋑での三相短絡電流 $I_{3\phi s}$

$$I_n=\frac{100{,}000}{\sqrt{3}\times 6.6}=8{,}748\ \mathrm{A}$$

①　$I_{3\phi s}=\dfrac{100}{\%Z}\times I_n=\dfrac{100}{164.7}\times 8{,}748=5.311\ \mathrm{A}=5.3\ \mathrm{kA}$

② $I_{2\phi s}=5{,}311\times\dfrac{\sqrt{3}}{2}=4{,}599\ \text{A}=4.6\ \text{kA}$

③ 三相短絡容量 $P_s=\dfrac{100}{\%Z}\times 100\ \text{MVA}=\dfrac{100}{164.7}\times 100=60.7\ \text{MVA}$

└100 MVA 基準の場合はこの式で OK です。

└ $P_s=\sqrt{3}\times 5.3\ \text{kA}\times 6.6\ \text{kV}=60.6\ \text{MVA}$

10 MVA 基準の場合は $P_s=\dfrac{100}{\%Z}\times 10\ \text{MVA}$ ← %Z/10 MVA

∴ OCR への入力電流 $I_R=5{,}311\times 5/20=1{,}328\ \text{A}$ ← 瞬時要素の 33 倍である為、継電器は瞬時に動作。

(2) 事故点㋺での三相短絡電流 $I_{3\phi s}$

①～⑥の㋺迄の $\%Z=164.7+5{,}333=5{,}498\ \%$　$I_n=\dfrac{100.000}{\sqrt{3}\times 0.21}=274.937\ \text{A}$

① $I_{3\phi s}=\dfrac{100}{\%Z}\times I_n=\dfrac{100}{5{,}498}\times 274{,}937\ \text{A}=5{,}000\ \text{A}=5\ \text{kA}$

② $I_{2\phi s}=5{,}000\times\dfrac{\sqrt{3}}{2}=4{,}330\ \text{A}=4.3\ \text{kA}$

③ 一次側の $I_{3\phi s}=\dfrac{5{,}000}{31.4}=159\ \text{A}$

∴ OCR への入力電流 $I_{Ry}=159\times 5/20=39.8\ \text{A}$

∴ $\dfrac{39.8}{4.5}=9$ 倍（900 %）← 継電器は 0.1 s 前後で動作（OCR 動作特性）

(3) 事故点㋩での三相短絡電流

① IV22°×50 m の %Z/100 MVA 基準 $=\dfrac{0.962\times 50/1{,}000\times 100{,}000}{10\times 0.21^2}=10{,}907\ \%$（50 m）

$\%Z=5{,}498+10{,}907=16{,}404\ \%$

② $I_{3\phi s}=\dfrac{100}{\%Z}\times I_n=\dfrac{100}{16{,}404}\times 274{,}937=1{,}676\ \text{A}=1.7\ \text{kA}$

∴ 一次側の短絡電流　$I_{3\phi s}=\dfrac{1{,}676}{31.4}=53.4\ \text{A}$

$I_{Ry}=53.4\times 5/20=13.4\ \text{A}$　　OCR、Ry は動作する。（TAP 値：4.5 A の約 3 倍の電流が Ry に流れるため、約 1 秒前後で動作）

(4) 事故点㊁での三相短絡電流 $I_{3\phi s}$

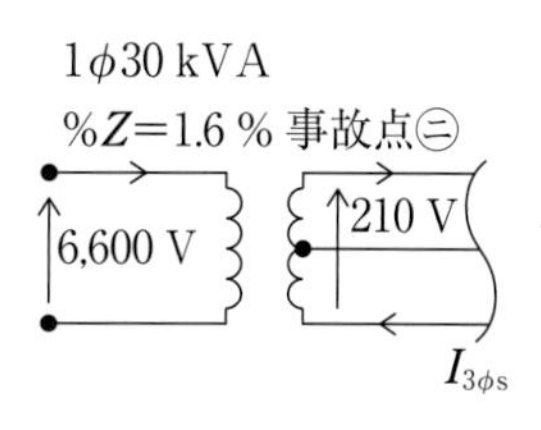

先ず $\%Z_T$ を求めます。$\%Z_T=1.6\ \%/30\ \text{kVA}$ ベースを 100 MVA ベースに換算します。

$\%Z_T=\dfrac{100.000}{30\ \text{kVA}}\times 1.6\ \%=5{,}333\ \%/100\ \text{MVA}$ ベース

①～⑤の㋑までの $\%Z=164.7\ \%$ であるため、それに上記の $\%Z_T$ を加えますと合計 $\%Z=164.7+5{,}333=5{,}498\ \%$

① $I_{3\phi s}=\dfrac{100}{\%Z}\times I_n=\dfrac{100}{5{,}498}\times 476{,}190=8{,}661\ \mathrm{A}=8.7\ \mathrm{kA}$

$I_n=\dfrac{100{,}000}{0.21}=476{,}190\ \mathrm{A}$　　一次側の短絡電流　$I_{3\phi s}=\dfrac{8{,}661}{31.4}=276\ \mathrm{A}$

$I_{Ry}=276\times 5/20=69\ \mathrm{A}$　∴　OCR は瞬時要素で瞬時に動作する。

(5)　事故点㋭での二相短絡電流

1φ30 kVA　%Z＝1.6 %/210 V である。105 V ラインの場合は $\%Z=\dfrac{2}{3}\times 1.6=1.07\ \%$ になるとの事です。

（$\dfrac{2}{3}$：メーカ説明、1.07：変圧器銘板にあります。）

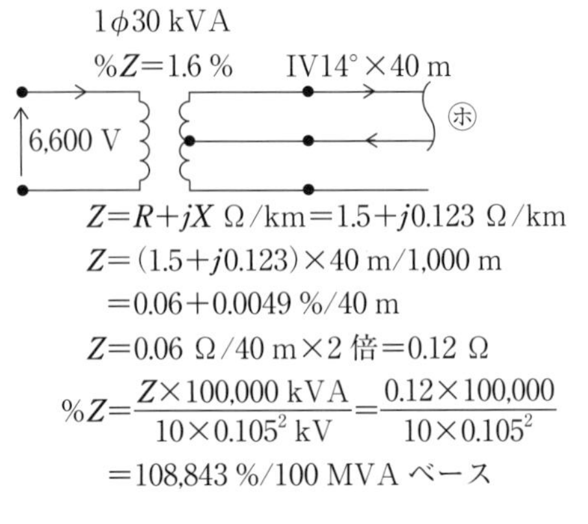

$Z=R+jX\ \Omega/\mathrm{km}=1.5+j0.123\ \Omega/\mathrm{km}$

$Z=(1.5+j0.123)\times 40\ \mathrm{m}/1{,}000\ \mathrm{m}$

$=0.06+0.0049\ \%/40\ \mathrm{m}$

$Z=0.06\ \Omega/40\ \mathrm{m}\times 2$ 倍 $=0.12\ \Omega$

$\%Z=\dfrac{Z\times 100{,}000\ \mathrm{kVA}}{10\times 0.105^2\ \mathrm{kV}}=\dfrac{0.12\times 100{,}000}{10\times 0.105^2}$

$=108{,}843\ \%/100\ \mathrm{MVA}$ ベース

∴　㋭点での二相短絡電流　$I_{2\phi s}=\dfrac{100}{\%Z}\times I_n$

$I_{2\phi s}=\dfrac{100}{164.7+7{,}133+108{,}843}\times 952{,}381=820\ \mathrm{A}$

$\%Z=116{,}141\ \%$　　$\dfrac{100{,}000\ \mathrm{kVA}}{0.105\ \mathrm{kV}}$

$\%Z_T=\dfrac{1.07\times 100{,}000}{15\ \mathrm{kVA}}$

$=7{,}133\ \%Z/100\ \mathrm{kVA}$

一次側での短絡電流　$I_{2\phi s}=\dfrac{820}{62.9}=13.0\ \mathrm{A}$　又は

$I_{2\phi s}=\dfrac{100\times 100{,}000/6.6\ \mathrm{kV}}{\%Z}=\dfrac{100\times 100{,}000/6.6}{116{,}141}=13.0\ \mathrm{A}$

$I_{Ry}=13\times 5/20=3.3\ \mathrm{A}$ である為、事故点㋭では OCR は不動作となり事故点切り離しは低圧ブレーカに頼らざるを得ません。

1φ30 kVA　2φs

6,600 V　105 V

1φ30 kVA

$\%Z=\dfrac{2}{3}\times 1.6\ \%=1.07\ \%$

※105 V ラインでの短絡計算の場合は %Z は約 $\dfrac{2}{3}$ の値になるとの事です。（メーカ説明）

変圧器容量は $\dfrac{1}{2}$ で計算します。

∴　$\%Z_T=\dfrac{100{,}000\ \mathrm{kVA}}{15\ \mathrm{kVA}}\times 1.07=7{,}133\ \%$

∴　$I_{2\phi s}=\dfrac{100}{\%Z}\times I_n=\dfrac{100}{7{,}133}\times 952{,}381=13{,}352\ \mathrm{A}$

$I_n=\dfrac{100{,}000}{0.105}=952{,}381\ \mathrm{A}$

一次側の短絡電流 $I_{3\phi s}=\dfrac{13{,}352}{62.9}=212\ \mathrm{A}$

変圧比　$N=\dfrac{6{,}600}{105}=62.9$

2．OCR 整定値の決め方を学ぶ（その 1）

事業場の業種：産業廃棄物処理場

契約種別：高圧電力 A

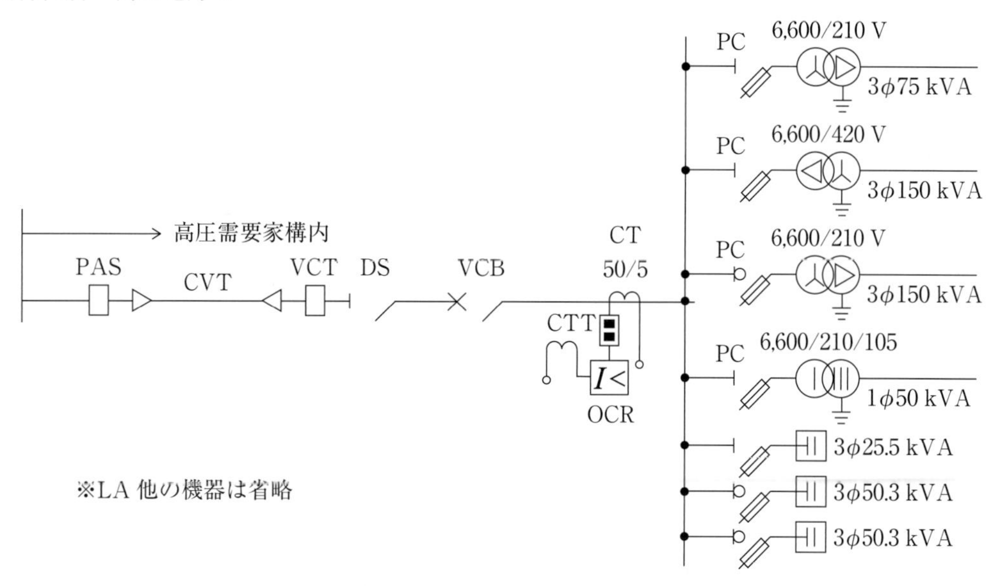

VCB：真空遮断機で OCR と組み合わせて使用する。負荷設備の過負荷及び負荷設備での短絡事故（2ϕs、3ϕs）が発生した時、機器の損傷を防ぐ目的で使用する。

OCR（過電流継電器）の整定値計算（事業場の業種：産業廃棄物処分場）

単相変圧器　50 kVA　6,600/210/105 V　一次定格電流　$I_n = \dfrac{50{,}000}{6{,}600} = 7.58$ A

三相変圧器　150 kVA　6,600/210 V　一次定格電流　$I_n = \dfrac{150{,}000}{\sqrt{3} \times 6{,}600} = 13.12$ A

三相変圧器　150 kVA　6,600/420 V　一次定格電流　$I_n = \dfrac{150{,}000}{\sqrt{3} \times 6{,}600} = 13.12$ A

三相変圧器　75 kVA　6,600/210 V　一次定格電流　$I_n = \dfrac{75{,}000}{\sqrt{3} \times 6{,}600} = 6.56$ A

変圧器容量合計の一次定格電流　$I_n = 7.58 + 13.12 + 13.12 + 6.56 = 40.38$

∴　OCR 限時要素の整定値＝40.38×CT 比＝40.38×5/50＝4.0

イ．TAP 値＝4.0×1.2 ～ 1.7 倍＝4.0×1.5 倍＝6 A に整定

裕度：負荷の状況を見て 1.2 ～ 1.7 倍の範囲内で整定した方が良い。

ロ．瞬時要素は限時タップの 8 ～ 10 倍の範囲で 6 A×8 倍＝48 A……40 A に整定した。

ハ．限時要素はレバー 1 とする。…沖縄ではどの地点でもレバー 0.5 ～ 1.0 でかまわない。

参考：沖縄電力の各変電所でのフィーダーの OCR 整定値：限時：5 A　瞬時：40 A

レバー 1.0　CT 比 600/5

ただし、限時、瞬時要素は変電所によって違いますが、ほとんどの変電所ではレバー

1ですが、ところによっては時限タップ0.2秒の変電所もあるようですので時限協調には注意してください。

※前ページの事業場を私が管理して、数ヶ月後の平成26.3.18(火)8:55′ OCRの動作で全停となる事故が発生した。その時のOCR整定値：限時：4.5 A、瞬時：30 A、レバー1であった。事業場が産業廃棄物処分場であったことから4.5 Aでは小さいと判断し、上記計算の上整定値を変更した。限時：4.5 A→6.0 Aへ　瞬時30 A→40 Aへ　レバー1は変更なし

事業場の業種（フィットネスクラブ）での短絡事故時のOCR動作検証

①　短絡事故時のOCR動作検証

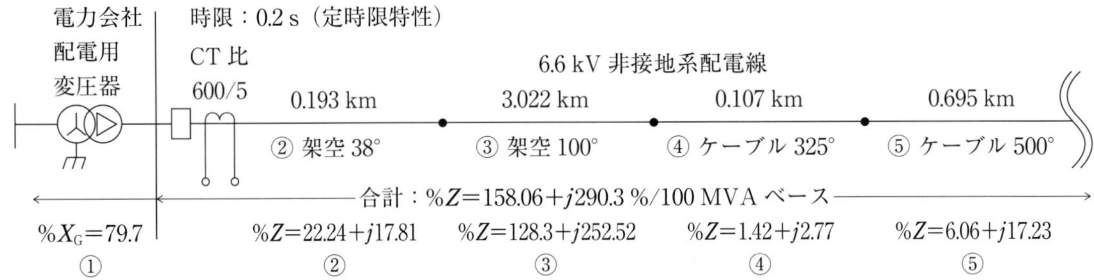

※上記①～⑤の電力引込柱迄の$\%Z/100$ MVAは電力会社の管轄支店から要請すれば提供してもらえます。(沖縄電力の場合は100 MVAベース、東電は10 MVAベースです。)

①～⑤迄の$\%Z=158.06+j(79.7+290.3)=158.06+j370$ %

∴　$\%Z=\sqrt{\%R^2+\%X^2}=\sqrt{158.06^2+370^2}=402.3$ %

∴　①から事故点⑦の㋑点迄の合計$\%Z=402.3+11.7+1{,}290=1{,}704$ %

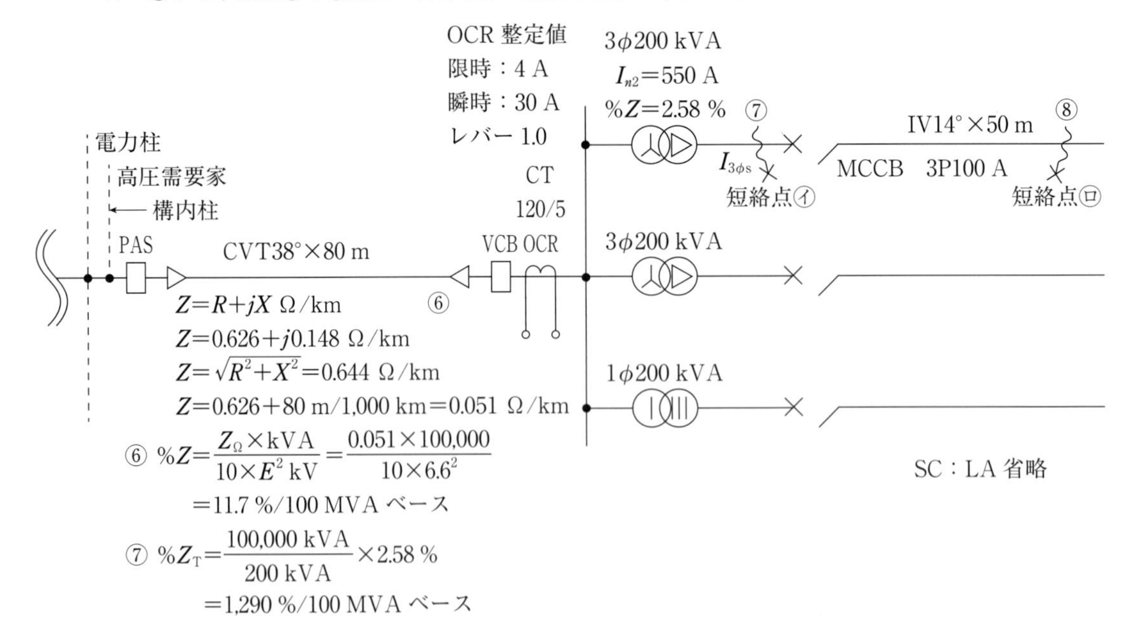

$Z=R+jX$ Ω/km

$Z=0.626+j0.148$ Ω/km

$Z=\sqrt{R^2+X^2}=0.644$ Ω/km

$Z=0.626+80\text{ m}/1{,}000\text{ km}=0.051$ Ω/km

⑥ $\%Z=\dfrac{Z_{\Omega}\times\text{kVA}}{10\times E^2\,\text{kV}}=\dfrac{0.051\times100{,}000}{10\times6.6^2}$

$=11.7$ %/100 MVAベース

⑦ $\%Z_{T}=\dfrac{100{,}000\text{ kVA}}{200\text{ kVA}}\times2.58$ %

$=1{,}290$ %/100 MVAベース

(1) 高圧需要家の動力用変圧器 3ϕ200 kVA の低圧側母線での三相短絡電流

① $I_{3\phi s}=\dfrac{100}{\%Z}\times I_n=\dfrac{100}{1{,}704}\times 274{,}937\ \mathrm{A}=16{,}134\ \mathrm{A}=16\ \mathrm{kA}$

$I_n=\dfrac{100{,}000\ \mathrm{kVA}}{\sqrt{3}\times 0.21}=274{,}937\ \mathrm{A}/100\ \mathrm{MVA}$ ベース

② $I_{2\phi s}=16{,}134\times\dfrac{\sqrt{3}}{2}=13{,}972\ \mathrm{A}=14\ \mathrm{kA}$

動力用変圧器の一次側での $I_{3\phi s}=16{,}134/31.4=514\ \mathrm{A}$（31.4：変圧比）

$I_{2\phi s}=514\times\dfrac{\sqrt{3}}{2}=445\ \mathrm{A}$

③ 事業場の OCR 動作検証

$I_{\mathrm{Ry}}=514\times 5/120=21.4\ \mathrm{A}$　　限時：4 A の為、TAP：4 A の 535 %入力である為、約 0.3 s で VCB 動作。

$\dfrac{21.4}{4}\times 100=535\ \%$

(2) 3ϕ200 kVA の負荷側　IV14°× 50 m の地点での三相短絡事故時の OCR 動作を検証。

① $Z=1.50+j0.123\ \Omega/\mathrm{km}$　　∴　$Z=1.51\ \Omega/\mathrm{km}$　$Z=0.076\ \Omega/50\ \mathrm{m}$

$\%Z=\dfrac{Z\times 100{,}000}{10\times E^2\mathrm{kV}}=\dfrac{0.076\times 100{,}000}{10\times 0.21^2}=17{,}233\ \%/100\ \mathrm{MVA}$ ベース

② 発電所から事故点⑧の㋺迄の合計%Z

$\%Z=1{,}704+17{,}233=18{,}937\ \%/100\ \mathrm{MVA}$ ベース

③ 事故点⑧の㋺点での $I_{3\phi s}=\dfrac{100}{\%Z}\times I_n=\dfrac{100}{18{,}937}\times 274{,}937=1{,}452\ \mathrm{A}$

$I_{2\phi s}=1{,}452\times\dfrac{\sqrt{3}}{2}=1{,}257\ \mathrm{A}$

④ 事業場の事故フィーダーの MCCB　3P　100 A なら

$\dfrac{1{,}452\ \mathrm{A}}{100\ \mathrm{A}}=14.5$ 倍の電流が流れる為、瞬時に遮断される。

⑤ 一次側の事故電流は 1,452/31.4 = 46 A しか流れないため OCR は不動作である。

３．OCR 整定値の決め方を学ぶ（その２）

南部地域 A 変電所

事業場の業種：フィットネスクラブ

契約種別：業務用電力

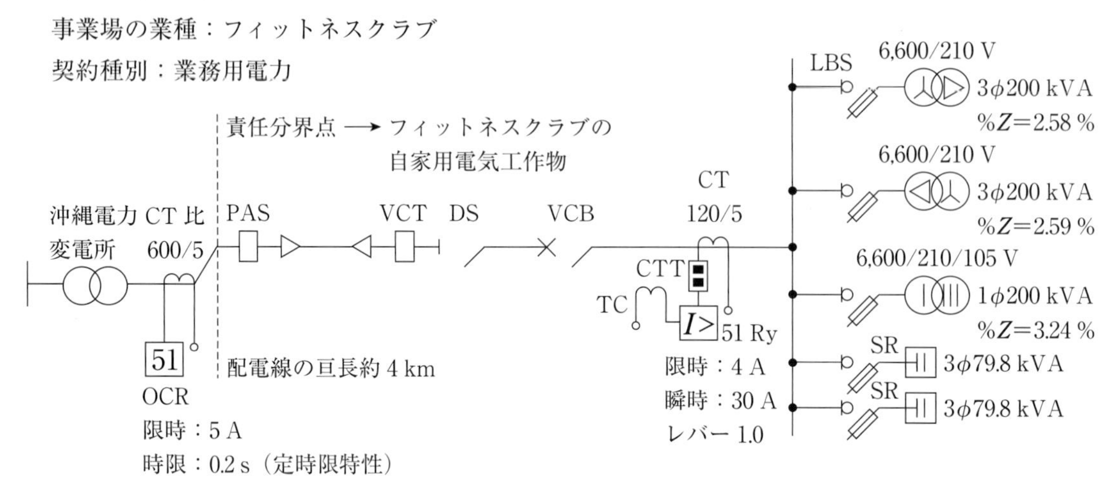

※ LA、他の機器は省略

①　単相変圧器　200 KVA　6,600/210/105 V　定格一次電流　$I_n=\dfrac{200{,}000}{6{,}600}=30.3\ \text{A}$

②　三相変圧器　200 kVA　6,600/210 V　定格一次電流　$I_n=\dfrac{200{,}000}{\sqrt{3}\times 6{,}600}=17.5\ \text{A}$

③　三相変圧器　200 kVA　6,600/210 V　定格一次電流　$I_n=\dfrac{200{,}000}{\sqrt{3}\times 6{,}600}=17.5\ \text{A}$

○変圧器容量合計の $I_n=30.3+17.5\times 2=65.3\ \text{A}$

イ．OCR 限時整定　65.3×5/120×1.5 倍＝4.1 A……4.0 A と整定

ロ．OCR 瞬時整定　4.0×8＝32 A……30 A と整定

ハ．OCR 時限整定　レバー 1

※計算値からの判断は現場の状況を良く知っている電気管理技術者が自信を持って決めて下さい。

電力会社の OCR 試験データ

限時：5 A、時限：0.2 s（定時限特性）…場所によっては反限時特性の OCR を使用している所もある。

タップ倍率	Ry 入力電流	一次側換算	動作時間	CT 比	
200 %	5×2＝10 A	10×600/5＝1,200 A	0.2 s	600/5	
300 %	5×3＝15 A	15×600/5＝1,800 A	0.2 s	600/5	※フィットネスクラブの構内で短絡事故が発生し、288 A の電流が流れた時、お客様側 OCR は動作、電力側の OCR は不動作 288×5/600＝2.4 A（電力側の OCR への入力電流）
500 %	5×5＝25 A	25×600/5＝3,000 A	0.2 s	600/5	※フィットネスクラブの構内で短絡事故が発生し、480 A の電流が流れても、お客様の OCR は動作するが電力側の OCR は不動作 480×5/600＝4 A（電力側の OCR への入力電流）

高圧需要家（フィットネスクラブ）のOCR試験データ　限時：4 A、瞬時：30 A、レバー 1.0

R相　※T相も同じ値

タップ倍率	Ry入力電流	一次側換算	動作時間	CT比
300 %	4×3＝12 A	12×120/5＝288 A	0.98 s	120/5
500 %	4×5＝20 A	20×120/5＝480 A	0.33 s	120/5
700 %	4×7＝28 A	28×120/5＝672 A	0.17 s	120/5

※上記試験データよりわかりますように、フィットネスクラブ側構内で短絡事故が発生したとき、タップの300 %～700 %の短絡電流が流れたとすると、フィットネスクラブ側のOCRは確実に動作し、VCBを切り事故点を切り離す。この様な事故がお客様構内で発生したとき、電力側のOCRは不動作。事故電流（一次側）が600 A以上の電流が流れないと電力側のOCRは動作しない。よって、お客様側の保護継電器の最適整定値は重要です。720 A以上の大きな事故電流がお客様構内で流れたら、お客様側のOCRは瞬時要素が働きVCBを切る。

(1)　例－1　電力側のOCRと高圧需要家のOCRの動作協調及び時限協調の検証
（変圧器容量をベースとして計算しても、100 MVAをベースとして計算しても結果は同じです）

事業場の業種：コンクリート二次製品製造

契約種別：高圧電力A

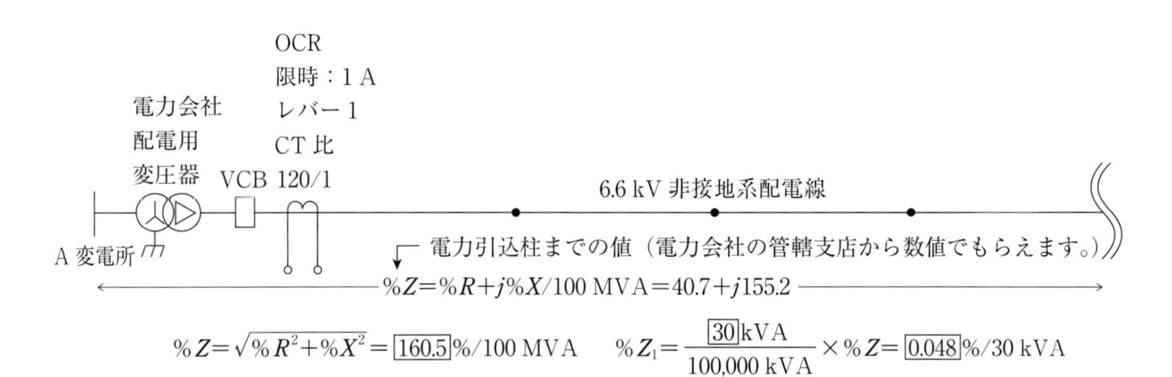

$$\%Z=\sqrt{\%R^2+\%X^2}=\boxed{160.5}\%/100\ \mathrm{MVA}\qquad \%Z_1=\frac{\boxed{30}\ \mathrm{kVA}}{100{,}000\ \mathrm{kVA}}\times\%Z=\boxed{0.048}\%/30\ \mathrm{kVA}$$

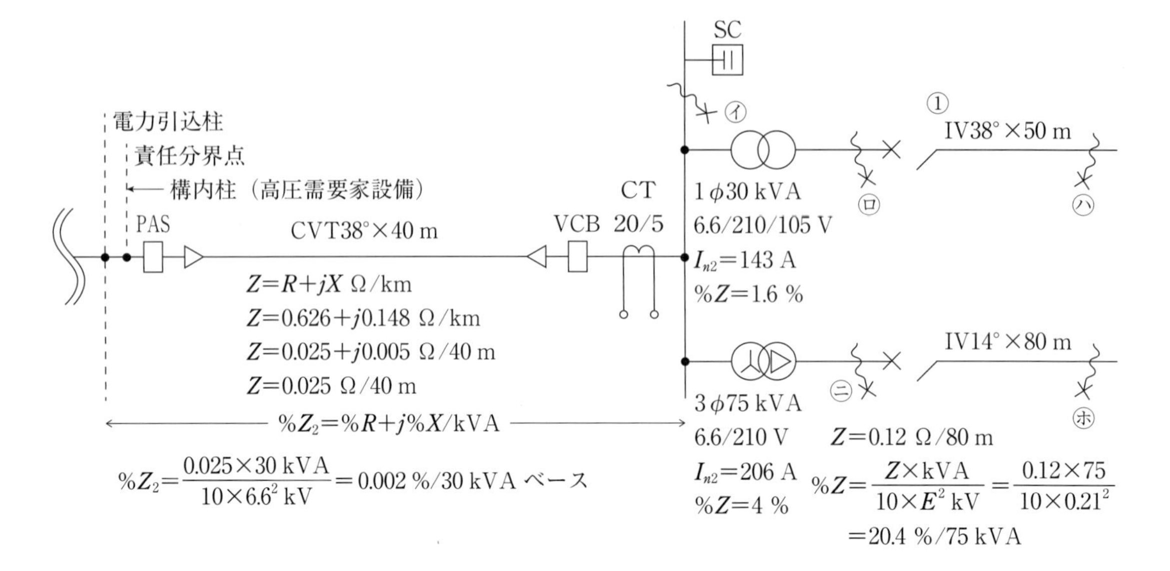

① IV38°×50 m

$Z=0.564+j0.117\ \Omega/km$

$Z=0.028+j0.005\ \Omega/50\ m$

$Z=0.028\ \Omega/50\ m$

∴　30 kVA をベースとした%Z

$$\%Z=\frac{0.028\times 30}{10\times 0.21^2}=1.9\ \%$$

② IV38°×50 m

$Z=0.028\ \Omega/50\ m$

∴　15 kVA をベースとした%Z

$$\%Z=\frac{Z\times 15}{10\times E^2 kV}=\frac{0.028\times 15}{10\times 0.105^2}=3.8\ \%$$

└ R－N 相短絡の場合

① 100 MVA ベースの%Zを1φ30 kVA ベースに変換して㋑点での三相短絡電流を求めますと、

$$I_{3\phi s}=\frac{100}{\%Z_1+\%Z_2}\times I_n=\frac{100\times 2.62}{0.048+0.002}=5{,}240\ A$$

$$I_n=\frac{30\ kVA}{\sqrt{3}\times 6.6}=2.62\ A$$

$$I_{2\phi s}=5{,}240\times\frac{\sqrt{3}}{2}=4{,}538\ A$$

※短絡容量 P_s

$P_s=\sqrt{3}\times 5.2\ kA\times 6.6\ kV=59\ MVA$

② 100 MVA ベースの%Zを3φ75 kVA ベースに変換して㋑点での三相短絡電流を算出しても同じ値となります。

$$\%Z_1=\frac{75}{100{,}000\ kVA}\times 160.5=0.120\ \%/75\ kVA\ ベース$$

$$\%Z_2=\frac{Z_\Omega\times kVA}{10\times E^2\ kV}=\frac{0.025\times 75}{10\times 6.6^2}=0.004\ \%/75\ kVA\ ベース$$

$$I_{3\phi s}=\frac{100}{\%Z_1+\%Z_2}\times I_n=\frac{100}{0.12+0.004}\times 6.56=5{,}290\ A$$

$$\frac{75\ \mathrm{kVA}}{\sqrt{3}\times 6.6}=6.56\ \mathrm{A}$$

$$I_{2\phi s}=5{,}290\times\frac{\sqrt{3}}{2}=4{,}581\ \mathrm{A}$$

③　高圧需要家設備内での 6.6 kV 線路の三相短絡事故及び二相短絡事故時の OCR 動作検証

上記計算値より OCR への入力電流

$I_R(I_{3\phi s})=5{,}240\ \mathrm{A}\times 5/20=1{,}310\ \mathrm{A}$…OCR の整定値：限時：4.5 A、瞬時：40 A、レバー 0.5 である為、継電器は瞬時動作する

$I_R(I_{2\phi s})=4{,}538\ \mathrm{A}\times 5/20=1{,}134\ \mathrm{A}$…OCR の整定値：限時：4.5 A、瞬時：40 A、レバー 0.5 である為、継電器は瞬時動作する

(2)　例－2　コンクリート二次製品製造

前ページの短絡事故点㋺での OCR 動作検証を行います。

①　1ϕ30 kVA で二次側直下の 210 V での三相短絡（R−N−T 相）事故時

$$I_n=\frac{30{,}000}{210\ \mathrm{V}}=143\ \mathrm{A}$$

$$I_{3\phi s}=\frac{100}{\%Z_1+\%Z_2+\%Z_T}\times I_n=\frac{100\times 143}{0.048+0.002+1.6}=8{,}667\ \mathrm{A}$$

∴　一次側での $I_{3\phi s}=\dfrac{8{,}667}{31.4}=276\ \mathrm{A}$

②　1ϕ30 kVA 二次側直下 105 V での二相短絡（R−N 相）

$\%Z=1.6\times\dfrac{2}{3}=1.07\ \%$となる。(メーカ側説明）但し、kVA は$\dfrac{1}{2}$とする。

$30\ \mathrm{kVA}\times\dfrac{1}{2}=15\ \mathrm{kVA}$となる。　　∴　1.07 %/15 kVA ベース

前述の 30 kVA ベースの$\%Z_1=0.048$を 15 kVA ベースに換算すると

$$\%Z_1=0.048\times\frac{15}{30}=0.024$$

$\%Z_2=0.002$を 15 kVA ベースに換算すると

$$\%Z_2=0.002\times\frac{15}{30}=0.001$$

$$\therefore\quad I_{2\phi s}=\frac{100}{\%Z_1+\%Z_2+\%Z_T}\times I_n=\frac{100\times 143}{0.024+0.001+1.07}=13{,}059\ \mathrm{A}$$

$$I_n=\frac{15{,}000\ \mathrm{VA}}{105\ \mathrm{V}}=143\ \mathrm{A}$$

③　事故点㋺での短絡事故点のOCR動作検証

R－N－T 相事故電流　$I_{3\phi s}=8{,}667$ A を一次側に換算します。(R－N－T 相事故)

$$I_{3\phi s}=\frac{8{,}667}{31.4}=276\text{ A}\ \text{又は}\ 8{,}667\times\frac{210}{6{,}600}=276\text{ A}$$
（31.4 ← 変圧比）

∴　$I_{Ry}=276\times 5/20=69$ A…継電器は瞬時動作

R－N 相事故電流　$I_{2\phi s}=13{,}059\times\dfrac{105}{6{,}600}=207\text{ A}=\dfrac{13{,}059}{62.9}=209\text{ A}$（62.9 ← 変圧比）

∴　$I_{Ry}=207\times 5/20=51.8$ A…継電器は瞬時動作

④　前ページの事故点㋩でのOCR動作検証（事故点R－N－T相のIV38°×50 m）

$$\therefore\quad I_{3\phi s}=\frac{100}{\%Z}\times I_n=\frac{100}{0.048+0.002+1.6+1.9\times 2}\times I_n=\frac{100}{5.44}\times 143\text{ A}=2{,}629\text{ A}$$

∴　一次側に換算すると $I_{3\phi s}=2{,}629\times\dfrac{210\text{V}}{6{,}600}=83.6$ A　$I_{Ry}=83.6\times 5/20=20.9$ A

∴　継電器の限時TAP値：4.5 Aのため、20.9/4.5＝4.6倍　約460 %のため、動作特性により0.25 sで動作。

⑤　事故点㊁でのOCR動作検証（3ϕ75 kVA二次側直下の短絡事故）

R－S－T相　75 kVAベースでの$\%Z_1+\%Z_2$を使う

$$I_{3\phi s}=\frac{100\times I_n}{Z_1+Z_2+Z_T}=\frac{100}{0.12+0.004+4}\times 206\text{ A}=\frac{100\times 206}{4.12}=5{,}000\text{ A}=5.0\text{ kA}$$

∴　一次側での $I_{3\phi s}=5{,}000\times\dfrac{210\text{V}}{6{,}600\text{V}}=159$ A　　$I_n=\dfrac{75{,}000}{\sqrt{3}\times 210}=206$ A

∴　OCR　Ryへの入力電流　$I_{Ry}=159\times\dfrac{5}{20}=39.8\text{ A}=40$ A…継電器は限時タップ4.5 Aの900 %の入力電流のため約0.06秒かまたは瞬時で動作

⑥　事故点㋭でのOCR動作検証（3ϕ75 kV二次側のIV14°×80 mの地点）

IV14°×80 mの $Z=R+jX=(1.5+j0.123)\times\dfrac{80\text{ m}}{1{,}000\text{ m}}=0.12+j0.009\ \Omega/80\text{ m}$

$Z=0.12\ \Omega/80$ m

∴　75 kVAベースの $\%Z=\dfrac{Z\times\text{kVA}}{10\times E^2\text{kV}}=\dfrac{0.12\times 75}{10\times 0.21^2}=20.4$ %/75 kVAベース

∴　R－S－T相の3ϕs短絡電流

$$I_{3\phi s}=\frac{100}{\%Z}\times I_n=\frac{100}{0.12+0.004+4+20.4}\times 206=\frac{100\times 206}{24.5}=840\text{ A}$$

∴　一次側での $I_{3\phi s}=840\times 210/6{,}600=26.7$ A　$I_{2\phi s}=840\times\dfrac{\sqrt{3}}{2}=727$ A

OCR　Ry への入力電流　$I_{Ry} = 26.7 \times 5/20 = 6.7$ A

OCR　TAP：限時 4.5 A である為 6.7/4.5＝1.5 倍（150 %）…動作特性で見ると動作するのに 3 s かかります。

この様な事故の場合はキュービクル内の MCCB の瞬時遮断に頼る。

(3)　例－3　高圧需要家に VCB（OCR）設備が無い設備内での短絡事故

変圧器容量をベースとして計算します。(100 MVA ベースで計算しても同じです)

事業場の業種：専門学校

契約種別：業務用電力

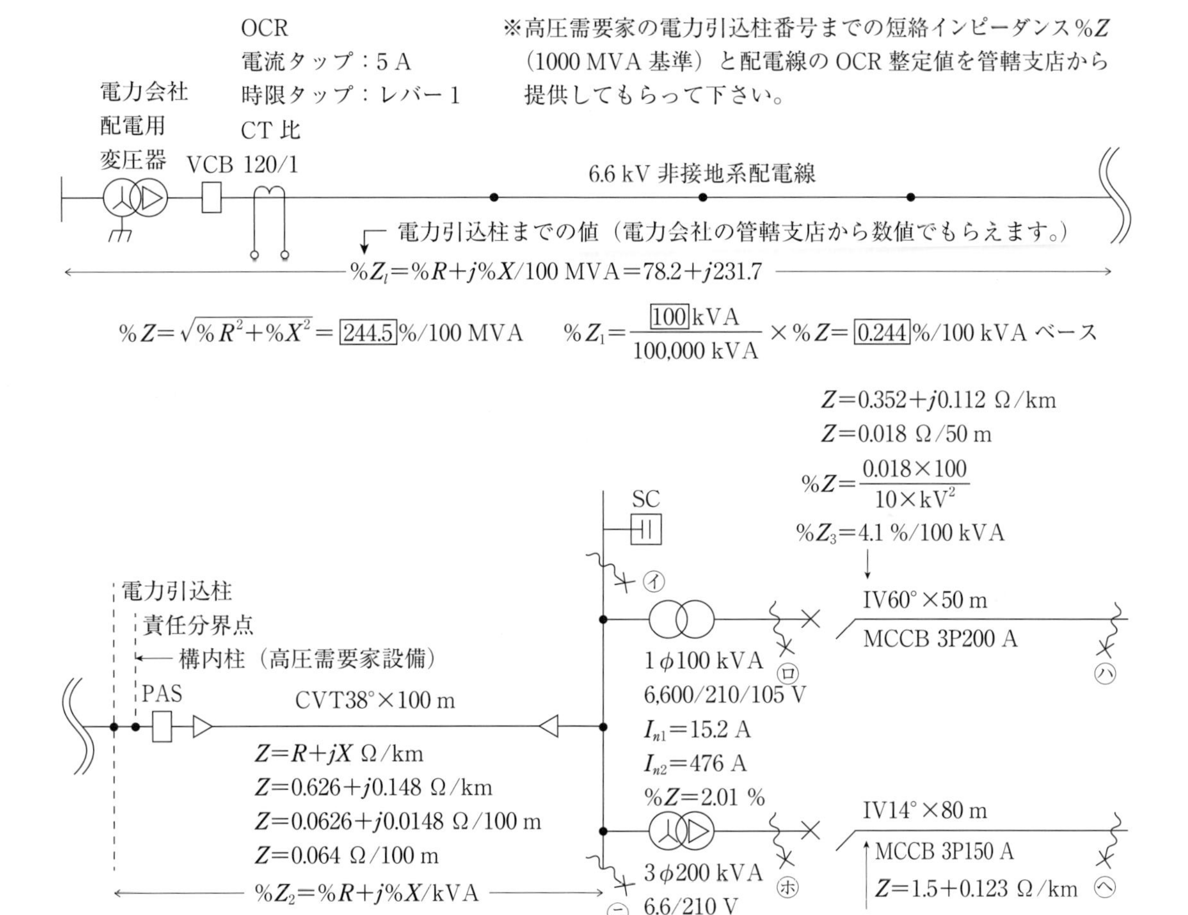

①　㋑点での三相短絡電流の計算は電力系統側の 100 MVA ベースの%Zを 100 kVA ベースに変換して計算しても、200 kVA ベースに変換して計算しても結果は同じです。

㋑点の三相短絡電流　$I_{3\phi s}=\dfrac{100}{\%Z_1+\%Z_2}\times I_n=\dfrac{100\times 8.75}{0.244+0.014}$ ← $I_n=\dfrac{100\text{ kVA}}{\sqrt{3}\times 6.6\text{ kV}}$

$I_{3\phi s}=\dfrac{100\times 8.75}{0.258}=3{,}391\text{ A}=3.4\text{ kA}$　　$P_s=\sqrt{3}\times I\times V=38.9\text{ MVA}$

∴　電力側のOCRへのRy入力電流　$I_{Ry}=3{,}391\times 1/120=28.3$ A…電力側OCR動作で波及事故となる。

②　㋺点での三相短絡電流　$I_{3\phi s}=\dfrac{100\times I_n}{0.244+0.014+2.01}=\dfrac{100\times 476}{2{,}268}=20{,}988\text{ A}$　　$I_n=\dfrac{100\text{ kVA}}{0.21\text{ kV}}$

$=21\text{ kA}$

∴　一次側に換算すると$I_{3\phi s}=20{,}988\times 210\text{ V}/6{,}600=668$ A…PCがある場合はPC内ヒューズが切れ事故除去される。

PCが無い場合

∴　電力側のOCRへの入力電流　$I_{Ry}=668\times\dfrac{1}{120}=5.6$ A…電力側のOCR動作で事故が除去されるが波及事故となる。

③　㋩での短絡（R−N−T相）電流

$$I_{3\phi s}=\frac{100\times 476\text{ A}}{\%Z_1+\%Z_2+\%Z_T+\%Z_3}=\frac{100\times 476\text{ A}}{0.244+0.014+2.01+4.1\times 2\text{倍}}=\frac{100\times 476}{10.47}=4{,}547\text{ A}=4.6\text{ kA}$$

一次側へ換算すると$I_{3\phi s}=4{,}547\times 210/6{,}600=145$ A　　$I_{Ry}=145\times 1/120=1.2$ A（電力側OCR不動作）

∴　1ϕ100 kVA二次側の負荷側（IV60°×50 m）での事故では

電力側のOCRは不動作となるため、需要家のMCCB　3P　200 Aで切る必要がある。

④　㋩点での（R−N相）短絡電流$I_{2\phi s}$を算出するには1ϕ100 kVAを50 kVAとし、%Zを$\dfrac{2}{3}$として計算して下さい。

∴　1ϕ50 kVAの$\%Z=2.01\times\dfrac{2}{3}=1.34$ %/50 kVAベース

100 kVA　6,600/210、105 V　$\%Z=2.01$ %

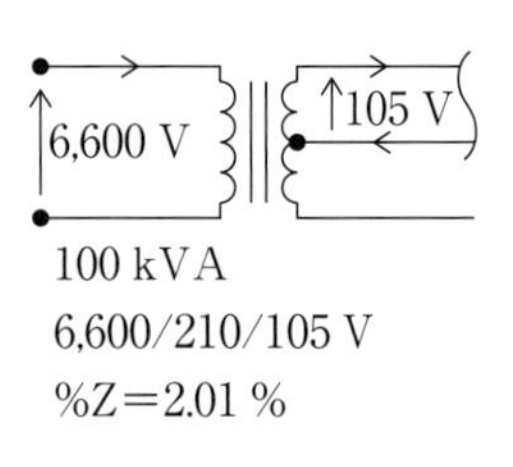

左図のような短絡事故のときは上述した通りに計算をして下さい。

まず、配電線及びIV60°×50 mの%Zを50 kVA/ベースに変換します。

$\%Z_1=\dfrac{50\text{ kVA}}{100{,}000\text{ kVA}}\times 244.5=0.122$ %　……責任分界点迄の%Z/50 kVA

$\%Z_1=\dfrac{50\text{ kVA}}{100\text{ kVA}}\times 0.244=0.122$ %　……上記と同じです%Z/50 kVA

$\%Z_2=\dfrac{50\text{ kVA}}{100\text{ kVA}}\times 0.014=0.007$ %

$\%Z_T=2.01\times\dfrac{2}{3}=1.34$ %　　$\%Z_3=\dfrac{0.018\times 50}{10\times 0.105^2}=8.2$ %

⑤　事故点㋩のR-N相二相短絡電流

$$I_{2\phi s}=\frac{100}{\%Z_1+\%Z_2+\%Z_T+\%Z_3}\times I_n=\frac{100\times 476}{0.122+0.007+1.34+8.2\times 2\text{倍}}\qquad \leftarrow \frac{50{,}000}{105\ \text{V}}=476\ \text{A}$$

$$=\frac{100\times 476}{17.86}=2{,}665\ \text{A}=2.7\ \text{kA}$$

∴　一次側　$I_{2\phi s}=2{,}665\times\dfrac{105\text{V}}{6{,}600}\text{V}=42.4\ \text{A}=\dfrac{2{,}665}{62.9}$　← 変圧比

電力側OCRへの入力電流　$I_{Ry}=42.4\times\dfrac{1}{120}=0.35\ \text{A}$

電力側のOCRの電流整定値が5 Aである為、電力側のOCRは不動作となる。

∴　よって自構内のMCCB　3P　200 Aブレーカにて事故除去をする。

⑥　事故点㊁の三相短絡電流は動力用変圧器3ϕ200 kVAベースにして計算した値は1ϕ100 kVAベースで計算した値と同じ値となります。

$\%Z_1=\dfrac{200\ \text{kVA}}{100\ \text{kVA}}\times 0.244=0.488\ \%/200\ \text{kVA}$　（0.244：100 MVAベースの%Zを100 kVAに換算した値）　$\%Z_2=\dfrac{200\ \text{kVA}}{100\ \text{kVA}}\times 0.014=0.028\ \%/200\ \text{kVA}$　（0.014：100 kVAをベースにした%Z）

∴　$I_{3\phi s}=\dfrac{100}{\%Z_1+\%Z_2}\times I_n=\dfrac{100\times 17.5\ \text{A}}{0.488+0.028}=\dfrac{1{,}750}{0.516}=3.391\ \text{A}=3.4\ \text{kA}$

$P_s=\sqrt{3}\times I\times \text{V}=\sqrt{3}\times 3.4\times 6.6=38.9\ \text{MVA}$

∴　電力側のOCRへの入力電流　$I_R=3{,}391\times\dfrac{1}{120}=28.3\ \text{A}$…電力側のOCR動作で事故除去されるが波及事故となる。

⑦　事故点㋭での短絡電流は3ϕ200 kVAの$\%Z_T=2.75\ \%$であるので

$$I_{3\phi s}=\frac{100\times I_n}{\%Z_1+\%Z_2+\%Z_T}=\frac{100\times 550\ \text{A}}{0.488+0.028+2.75}=\frac{55{,}000}{3.26}=16{,}871\ \text{A}=16.9\ \text{kA}$$

∴　一次側　$I_{3\phi s}=16{,}871\times\dfrac{210\text{V}}{6{,}600}=537\ \text{A}=\dfrac{16{,}871}{31.4}$　← 変圧比

電力側のOCRへの入力電流　$I_{Ry}=537\times\dfrac{1}{120}=4.5\ \text{A}$…電力側OCR電流タップ＝5 Aであるため、電力側OCRは不動作。

①PCがある場合はPCのヒューズ溶断で事故除去される。
②PCが無い場合は機器の損傷を招く。

⑧　事故点㋬での三相短絡電流　$I_{3\phi s}=\dfrac{100}{\%Z_1+\%Z_2+\%Z_T+\%Z_4}\times I_n$

$$=\frac{100\times 550\ \text{A}}{0.488+0.028+2.75+54.4}$$

$$=\frac{55{,}000}{57.66}=954\ \text{A}$$

$\therefore$　一次側　$I_{3\phi s} = 954 \times \dfrac{210\ \text{V}}{6{,}600\ \text{V}} = 30.3\ \text{A}$　　$I_{3\phi s} = \dfrac{954}{31.4} = 30.3\ \text{A}$　← 変圧比

電力側 OCR への入力電流　$I_R = 30.3 \times \dfrac{1}{120} = 0.25\ \text{A}$…Ry は動作せず。

$\therefore$　自構内の MCCB　3P　150 A で事故除去される。

考察

・高圧需要家構内での短絡事故電流算出から得られた知見

1．GR 付 PAS は高圧需要家構内での地絡事故時の I_0、V_0 要素を検出して動作させ事故点を切り離す。

2．GR 付 PAS は短絡事故電流を遮断する能力はありません。よって短絡事故時の事故除去には、設備の大小及び設備の状況にもよりますが、VCB＋OCR、LBS＋OCR の設置をお推め致します。

GR 付 PAS：地絡保護継電器付高圧交流気中負荷開閉器

VCB：高圧真空遮断器　　LBS：高圧交流負荷開閉器　　PC：高圧カットアウト

OCR：過電流保護継電器　　I_0：零相電流（A）　　V_0：零相電圧（V）

静止形過電流保護継電器(QH-OC1,QH-OC2)動作特性

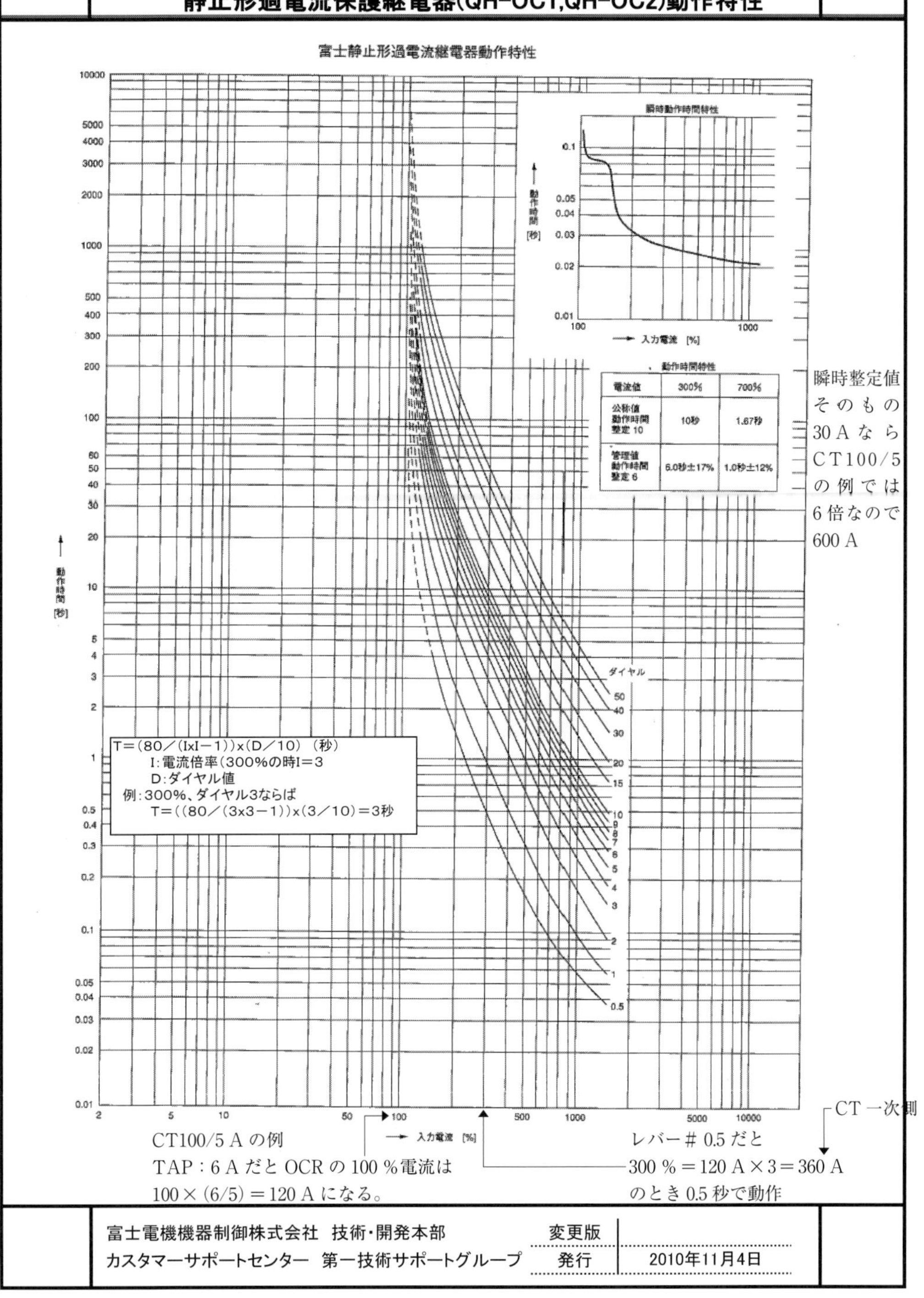

富士電機機器制御株式会社 技術・開発本部	変更版	
カスタマーサポートセンター 第一技術サポートグループ	発行	2010年11月4日

$T=\{80/(I\times I-1)\}\times(D/10)$(秒)

700 %のとき

$T=(80/(7\times 7-1))\times\frac{D}{10}=1.66\times 0.05=0.083$ 秒

← レバー 0.5

13. LBS 及び PC ヒューズ選定について

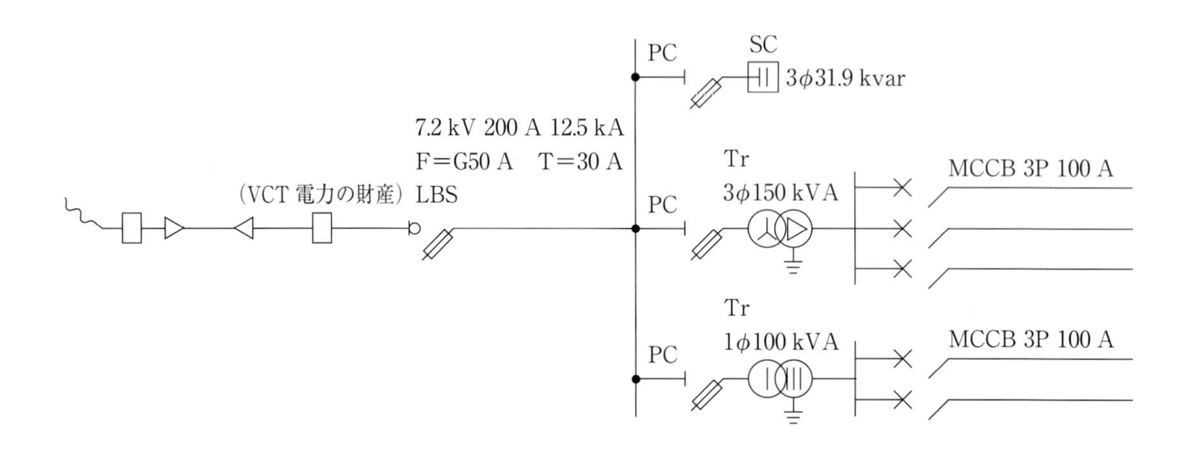

例①　LBS のヒューズ選定

	一次側定格電流		一次側定格電流	
1φ100 kVA	I_n＝15.2 A	3φ150 kVA	I_n＝13.1 A	合計：28.3 A
6,600/210/105 V		6,600/210 V		

1．設置されている高圧進相コンデンサーの容量が変圧器容量合計の 1/3 以内であれば高圧進相コンデンサーの電流は考慮しなくても良い←メーカ説明　理由は変圧器の遅れ励磁突入電流に対し、コンデンサーへの突入電流は進み電流だからである。

ただし 1/3 以上あれば、コンデンサー電流の半分を変圧器電流に加味して T の定格を選定した方が良い。

∴　LBS の選定は上記計算からコンデンサーの電流を無視すると T＝28.3⇒30 A としてヒューズ選定表より G＝50(T30 A) を選定します。メーカ選定表。

限流ヒューズ付き
高圧カットアウト

例②　PC のヒューズ選定……
①負荷電流が安全確実に流せること。
②励磁突入電流でヒューズが劣化しないこと
（電灯：定格電流×12 倍～15 倍　動力：定格電流×10 倍 0.1 s）
③変圧器の二次側短絡に対して変圧器の劣化以前にヒューズが切れること（定格電流×25 倍、2 s 以内）

1．1φ100 kVA　6,600/210/105 V　I_n＝15.2 A

定格電流 15.2×12 倍＝182.4 A/0.1 s

許容時間－電流特性曲線にプロットする。(変圧器の励磁突入電流でヒューズが劣化しないように励磁突入電流が許容時間－電流特性以内であること。(よって特性表上で電流値より右側のヒューズを選定する) 特性表は参考資料にあります。

定格電流 15.2×25 倍＝380 A

動作時間－電流特性曲線にプロットする。(変圧器二次側直下の短絡で変圧器定格電流の 25 倍の電流では 2 秒以内にヒューズが切れること。よってプロットした電流値より左側のヒューズ

を選定する）

結論：テンションヒューズはF＝30 Aを選定する。

……1ϕ100 kVA　6,600/210/105 V　I_{n1}＝15.2 A

※変圧器一次定格電流の2倍のヒューズを使えば概略OKです。

2．3ϕ150 kVA　6,600/210 V　I_n＝13.1 A

① 定格電流13.1×10倍＝131 A/0.1 s以内ではヒューズが劣化しないこと。
許容時間－電流特性曲線にプロットする。

② 定格電流13.1×25＝327.5 A/2 s以内にヒューズが切れること。
動作時間－電流特性曲線にプロットする。
結論：テンションヒューズF＝30 Aとする。

※変圧器一次定格電流の2倍のヒューズを使えば概略OKです。

LBSのヒューズ選定　一次側定格電流　一次側定格電流

1ϕ50 kVA　6,600/210/105 V　I_n＝7.6 A　3ϕ100 kVA　6,600/210 V　I_n＝8.7 A

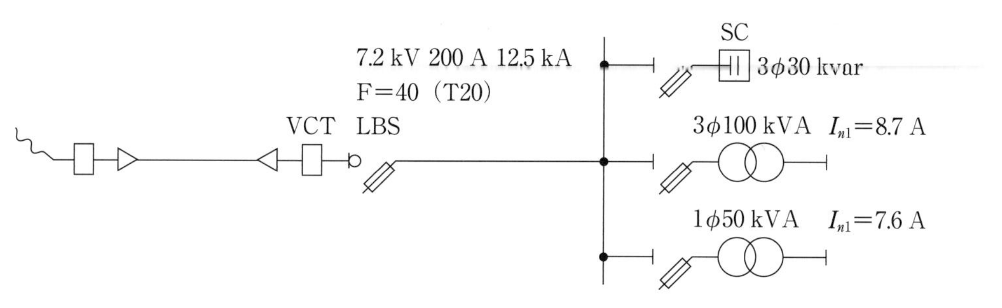

○現場で使用されているLBSの銘板

（参考）

① 3ϕ200 kVA　変圧器　JC－6/30　7.2/3.6 kV　30 A（G）
T：20 A　C：10 A 40 kA　500 MVA/250 MVA
LBS－6/200　7.2 kV 定格耐電圧：60 kV
負荷電流：200 A、ヒューズ部最大G75 A　励磁電流：10 A　充電電流：10 A
コンデンサー電流：30 A　定格投入遮断電流：40 kA
適用ヒューズリンク　JC－6/5～75 A

② 1ϕ200 kVA　変圧器
JC－6/40　7.2/3.6 kV　40 A（G）　T30　C15　40 kA（500 MVA/250 MVA）
PFS･S形キュービクル適合品

※　上図例②の設備の場合のヒューズ選定

設置されている高圧進相コンデンサーの容量が変圧器容量合計の1/3以下であれば高圧進相コンデンサーの電流は考慮しなくても良い。これは何故かと言うと、変圧器への励磁突入電流に対してコンデンサーへの突入電流は進み電流だからである。ただし1/3以上であればコンデンサー電流の半分を変圧器の合計電流に加味してTの定格を選定表から選定する。（メーカ説明）

① LBSのヒューズ選定

I_n＝7.6＋8.7＝16.3 A　T＝20としてヒューズ選定表よりG40（T20）Aを選定します。

②PCのヒューズ選定

(1)　1ϕ50 KVA　6,600/210/105 V　I_n＝7.6 A　%Z＝2.54 %

①　定格電流：7.6 A×12 倍＝91.2 A/0.1 s…この電流が 0.1 s 流れても使用するヒューズが劣化しないこと。

許容時間－電流特性曲線にプロットするとF＝15 A が選定される。

②　定格電流：7.6×25 倍＝190 A/2 s ←動作時間－電流特性曲線にプロットするとF＝30 A より左側のヒューズを選定する。よって 1－①及び1－②の検討結果からテンションヒューズF＝15 A を選定する。

結論：変圧器の一次定格電流の2倍のヒューズを選定すれば、前述したヒューズ選定条件がクリアできる。

(2)　3ϕ100 kVA　6,600/210 V　I_n＝8.7 A　%Z＝2.94 %

①　定格電流 8.7×10＝87 A/0.1 s ←この電流が 0.1 s 流れてもヒューズが劣化しないこと
この 87 A を許容時間－電流特性曲線にプロットするとF＝87 A より右側のヒューズを選定する。

②　定格電流 8.7×25 倍＝218 A ←この電流が流れたときヒューズが2 s 以内で切れること。
この 218 A を動作時間－電流特性曲線にプロットするとF＝30 A より左側のヒューズを選定すると、F＝15 A かF＝20 A が適正ヒューズと思われますが、I_n＝8.7×2 倍＝17.4 A でヒューズはF＝20 A 選定を推奨します。

結論：変圧器一次定格電流2倍のF＝20 A のテンションヒューズを選定すれば前述したヒューズ選定条件がクリアできる。

変圧器及びSCのヒューズ選定について

①負荷電流を安全確実に流せること。

②励磁突入電流でヒューズが劣化しないこと。

励磁投入電流：電灯用変圧器は定格電流×12～15 倍（0.1 秒）

励磁投入電流：動力用変圧器は定格電流×10 倍（0.1 秒）

③変圧器の二次側短絡事故に対してヒューズが切れること（定格電流×25 倍、2秒以内）

例－1　事業場：専門学校

設備容量：電灯用変圧器：200 kVA　6,600/210・105 V　I_{n1}＝30.3 A　I_{n2}＝952 A　%Z＝3.3 %

動力用変圧器：100 kVA　6,600/210 V　I_{n1}＝8.7 A　I_{n2}＝275 A　%Z＝2.99 %

①　電灯用変圧器　$I_{n1}=\dfrac{200,000}{6,600}=30.3\ \text{A}$

上記ヒューズ選定の3つの条件を満たすヒューズ

二次側短絡電流

$$I_{3\phi s}=\frac{100}{\%Z}\times I_{n2}=\frac{100\times 952}{3.3}=28.848\ \text{A}$$ ←電源側インピーダンスを無視

ヒューズ容量F＝30.3×2 倍＝61　F＝75 A とする。

② 動力用変圧変圧器　$I_n = \dfrac{100{,}000}{\sqrt{3} \times 6{,}600} = 8.7\ \text{A}$

$I_{3\phi s} = \dfrac{100 \times I_n}{\%Z} = \dfrac{100 \times 275}{2.99} = 9{,}195\ \text{A}$ ← 電源側インピーダンスを無視

ヒューズ容量 F＝8.7×2 倍＝17.4　F＝20 とする。

③ SC＝31.9 kvar　7,020 V/60 Hz　$I_n = 2.6\ \text{A}$

$I_n = \dfrac{31{,}900}{\sqrt{3} \times 6{,}600} = 2.79\ \text{A}$（6,600 V は使用電圧）

F＝2.6×2 倍＝5.2　F＝10 A とする。

例－2　事業場：コンクリート二次製品製造工場

設備容量：電灯用変圧器：30 kVA　6,600/210・105 V　　$I_{n1} = 4.5\ \text{A}$　$I_{n2} = 143\ \text{A}$

%Z＝1.6 %

動力用変圧器：75 kVA　6,600/210・105 V　　$I_{n1} = 6.5\ \text{A}$　$I_{n2} = 206\ \text{A}$

%Z＝4 %

① 電灯用変圧器　$I_n = \dfrac{30{,}000}{6{,}600} = 4.5\ \text{A}$　F＝4.5×2 倍＝9.0　　∴　F＝10 A とする。

② 動力用変圧器　$I_n = \dfrac{75{,}000}{\sqrt{3} \times 6{,}600} = 6.5\ \text{A}$　F＝6.5×2.5 倍＝16.4　　∴　F＝20 A とする。

③ SC　24 kvar　6,600 V　F＝60 Hz　$I_n = 2.1\ \text{A}$

$I_n = \dfrac{24{,}000}{\sqrt{3} \times 6{,}600} = 2.1\ \text{A}$　F＝2.1×2 倍＝4.2 A　　∴　F＝5 A とする。

∴　上記の選定したヒューズは、①負荷電流を安全確実に流せるし②許容時間－電流特性③動作時間－電流特性を満足します。よってヒューズ選定は使用する機器の定格電流の 2.0 ～ 2.5 倍の大きさのヒューズを使用する様にして下さい。

14. 高圧需要家設備：平常時運用での電灯回路、動力回路の対地静電容量成分 I_{0C} 及び対地抵抗成分（I_{0R}）漏洩電流の実測値

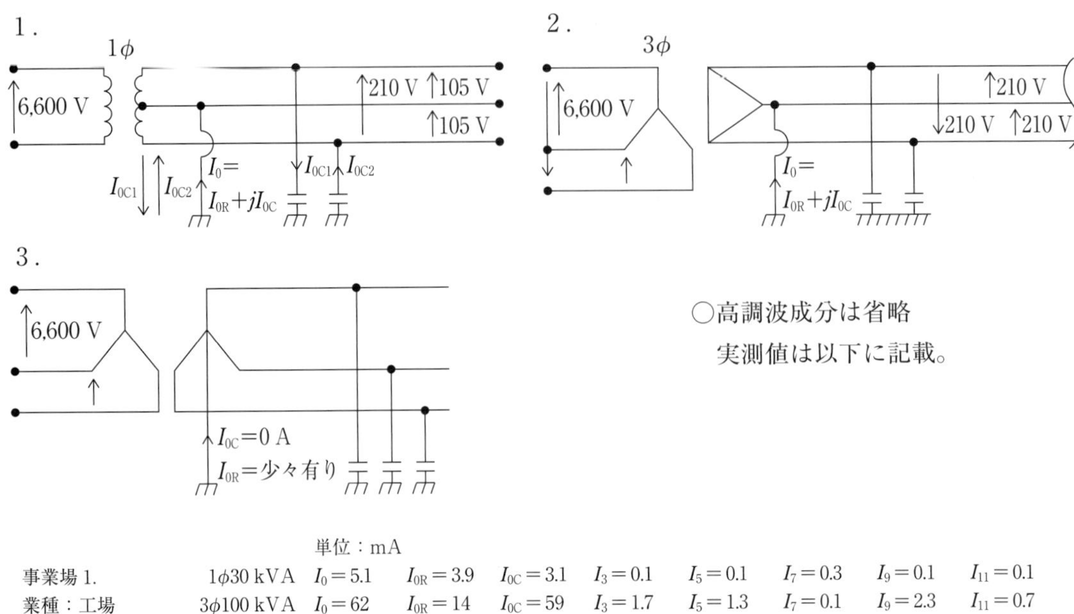

○高調波成分は省略
実測値は以下に記載。

単位：mA

事業場	容量	I_0	I_{0R}	I_{0C}	I_3	I_5	I_7	I_9	I_{11}
事業場 1.	1φ30 kVA	$I_0=5.1$	$I_{0R}=3.9$	$I_{0C}=3.1$	$I_3=0.1$	$I_5=0.1$	$I_7=0.3$	$I_9=0.1$	$I_{11}=0.1$
業種：工場	3φ100 kVA	$I_0=62$	$I_{0R}=14$	$I_{0C}=59$	$I_3=1.7$	$I_5=1.3$	$I_7=0.1$	$I_9=2.3$	$I_{11}=0.7$
事業場 2.	1φ30 kVA	$I_0=23$	$I_{0R}=11$	$I_{0C}=17$	$I_3=0.7$	$I_5=3.0$	$I_7=2.7$	$I_9=0.8$	$I_{11}=1.1$
業種：生コン工場	3φ500 kVA	$I_0=35$	$I_{0R}=11$	$I_{0C}=33$	$I_3=0.3$	$I_5=0.7$	$I_7=2.7$	$I_9=0.6$	$I_{11}=1.9$
事業場 3.	1φ100 kVA	$I_0=11$	$I_{0R}=9.6$	$I_{0C}=3.8$	$I_3=0.7$	$I_5=0.5$	$I_7=0.2$	$I_9=0.5$	$I_{11}=0.1$
業種：観光お産品店	3φ300 kVA	$I_0=126$	$I_{0R}=16$	$I_{0C}=99$	$I_3=1.9$	$I_5=3.9$	$I_7=9.9$	$I_9=0.7$	$I_{11}=1.9$
事業場 4.	1φ50 kVA	$I_0=11$	$I_{0R}=1.7$	$I_{0C}=10$	$I_3=0.3$	$I_5=0.3$	$I_7=0.2$	$I_9=0.1$	$I_{11}=0.2$
業種：保育園	3φ100 kVA	$I_0=32$	$I_{0R}=11$	$I_{0C}=30$	$I_3=2.1$	$I_5=4.1$	$I_7=1.3$	$I_9=0.4$	$I_{11}=1.3$
事業場 5.	3φ150 kVA	$I_0=30$	$I_{0R}=9.7$	$I_{0C}=27$	$I_3=2.1$	$I_5=1.3$	$I_7=1.9$	$I_9=0.6$	$I_{11}=0.3$

※ I_0：対地総合成分漏洩電流（mA）
I_{OR}：対地抵抗成分漏洩電流（mA）
I_{OC}：対地静電容量成分漏洩電流（mA）
$I_3 \sim I_{11}$：3次～11次高調波のそれぞれの高調波電流

電灯回路負荷：冷蔵庫、洗濯機、テレビ、パソコン、エアコン他
動力回路負荷：エレベータ、空調、消火ポンプ他

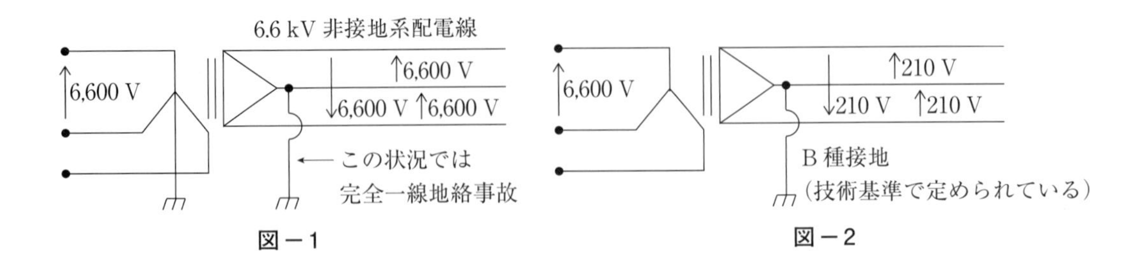

図－1　　図－2

実測値から得られた知見 6.6 kV 非接地系配電線（平常時）

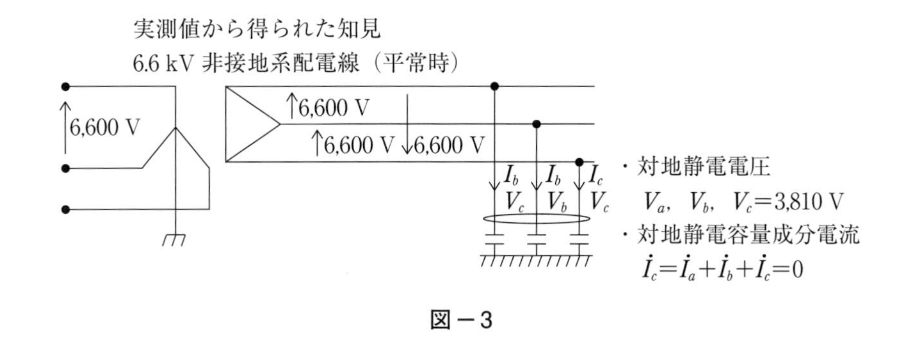

図－3

上図平常時は合計 $I_C = 0$

図－1での完全一線地絡事故では地絡相の対地電圧が零となり、地絡電流 I_g 及び地絡電圧が発生するが、線間電圧 6,600 V は、変わりません。覚えておいて下さい。

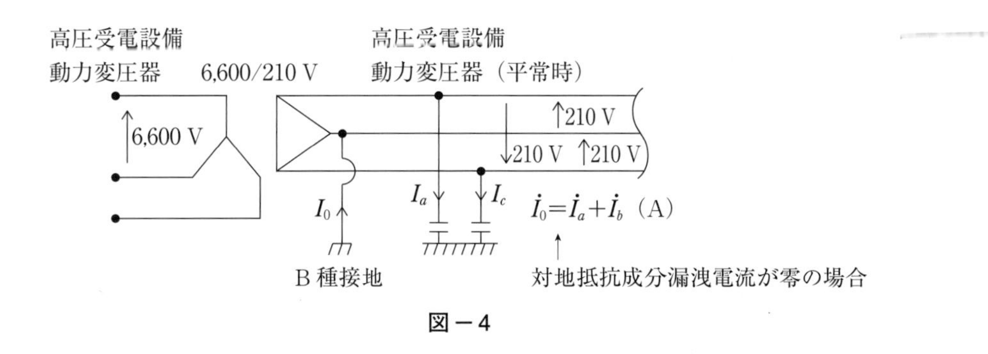

図－4

図－4でわかるように高圧需要家設備内の動力変圧器の低圧側は常時完全一線地絡事故状態であるが、問題なく運用しています。何故でしょうか。

※図－3では、電圧は 6,600 V の高圧で、しかも、複数フィーダーの配電線で構成されておりますので対地静電容量が大きいため、一端子接地となると 10 ～ 35 A 程度の地絡電流が流れるため一端子を接地して運用する事は出来ません。

図－4では低圧側は 210 V 系で使用電線も大体が IV8°～ 150°であるため、対地静電容量成分が小さいので、一端子をB種接地しても平常時、それほど大きな地絡電流は流れません（実測値を見て下さい）

だから低圧側（210 V 系）の一端子を接地して運用しても、線間電圧は変わらず正常に運用できる訳です。

15. PAS、キュービクル内写真及び機器台帳、単線結線図

LBS

① LBS：定格電流以内の負荷電流なら開閉可能です。

HPC

16. 高圧受電設備機器台帳（例）

機　器　台　帳　　　　調査日：2012.10.10

責任分界点	PAS（沖縄管内は PAS の電源側の接続点）						
機器名称	定格	型式	製造者	製造年	製造番号	用途	備考
PAS	7.2 kV　200 A　8 kA			2012.5	6642Q	耐重塩塵用	
SOG 制御装置	制定値　I_0＝0.2 A	DGCL－R3－J		2011.7	17362		
	V_0＝5 %　S＝0.2 秒						
避雷器	80.4 KV　2.5 KA	GL1－6C		2012	203B		
負荷開閉器	7.2 KV　200 A　40 KA	PFS－201M		2012	60125Q		LBS
電力ヒューズ	7.2 KV　G40 A　40 KA T30 A　M15 A　C20 A	PFG－1S					PF 予備有り
単相変圧器	75 KVA 2.8 %　67L　225 KG	SF－TN		2012	N183532		
三相変圧器	50 KVA 2.4 %　44L　225 KG	RA－N		2012	N203041		
		Y－Y 結線					
高圧進相コンデンサ	19.1 kvar 7020 V　15.7 A　9 KG				B12T1142		Y 結線
高圧ケーブル	38 mm^2 × 約 75 m						
高圧電源							
キュービクル	125 KVA　40 KA 6.6 KV　60 HZ	PF－S		2012.8	20N0058－1		
変流器（電灯）							
変流器（動力）							
電力メータ							
電柱 NO							

17. 高圧需要家受電設備単線結線図（例）

単線結線図（例）

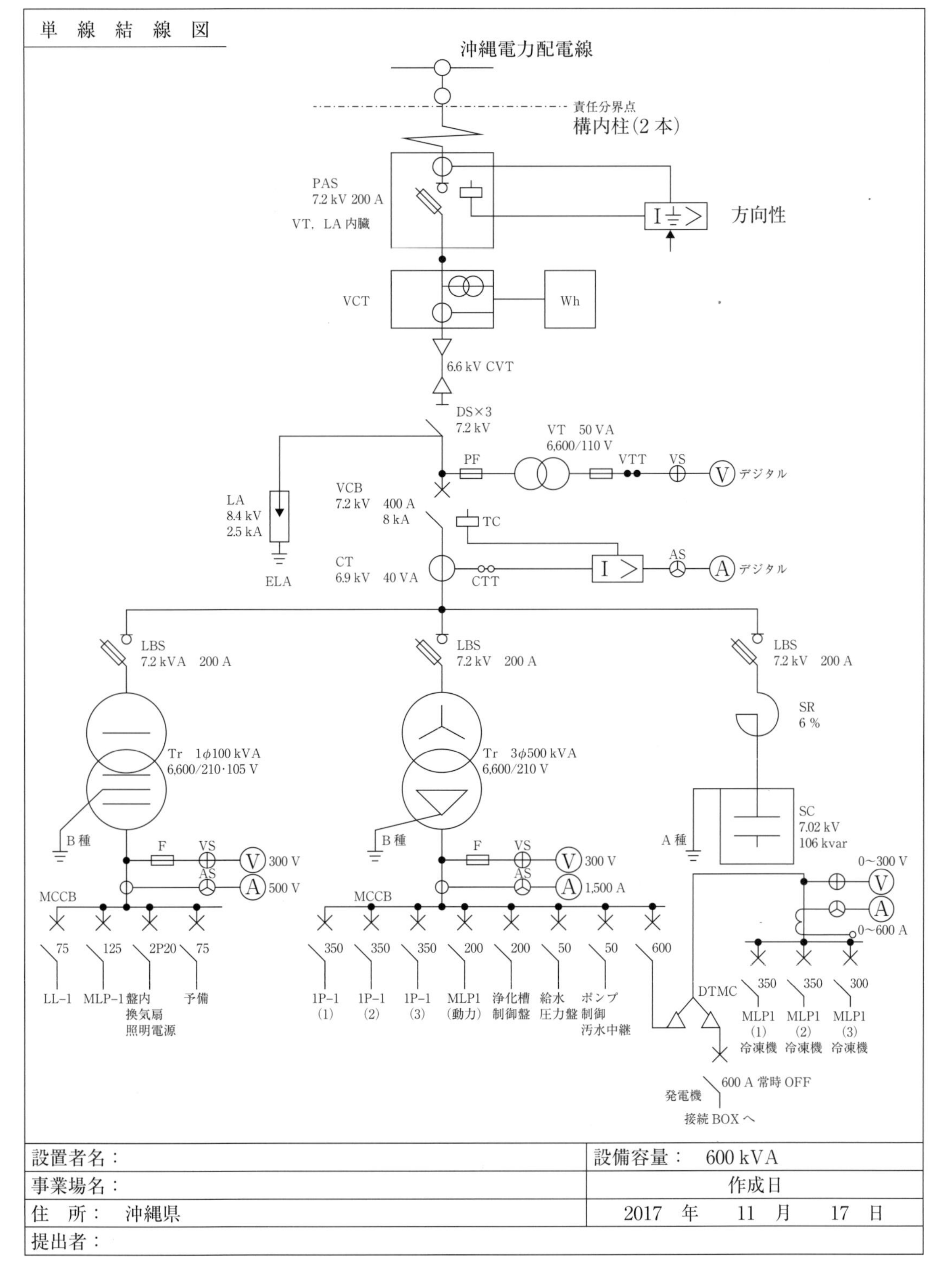

設置者名：	設備容量： 600 kVA
事業場名：	作成日
住 所： 沖縄県	2017 年 11 月 17 日
提出者：	

18. 高圧受電設備更新推奨時期一覧表

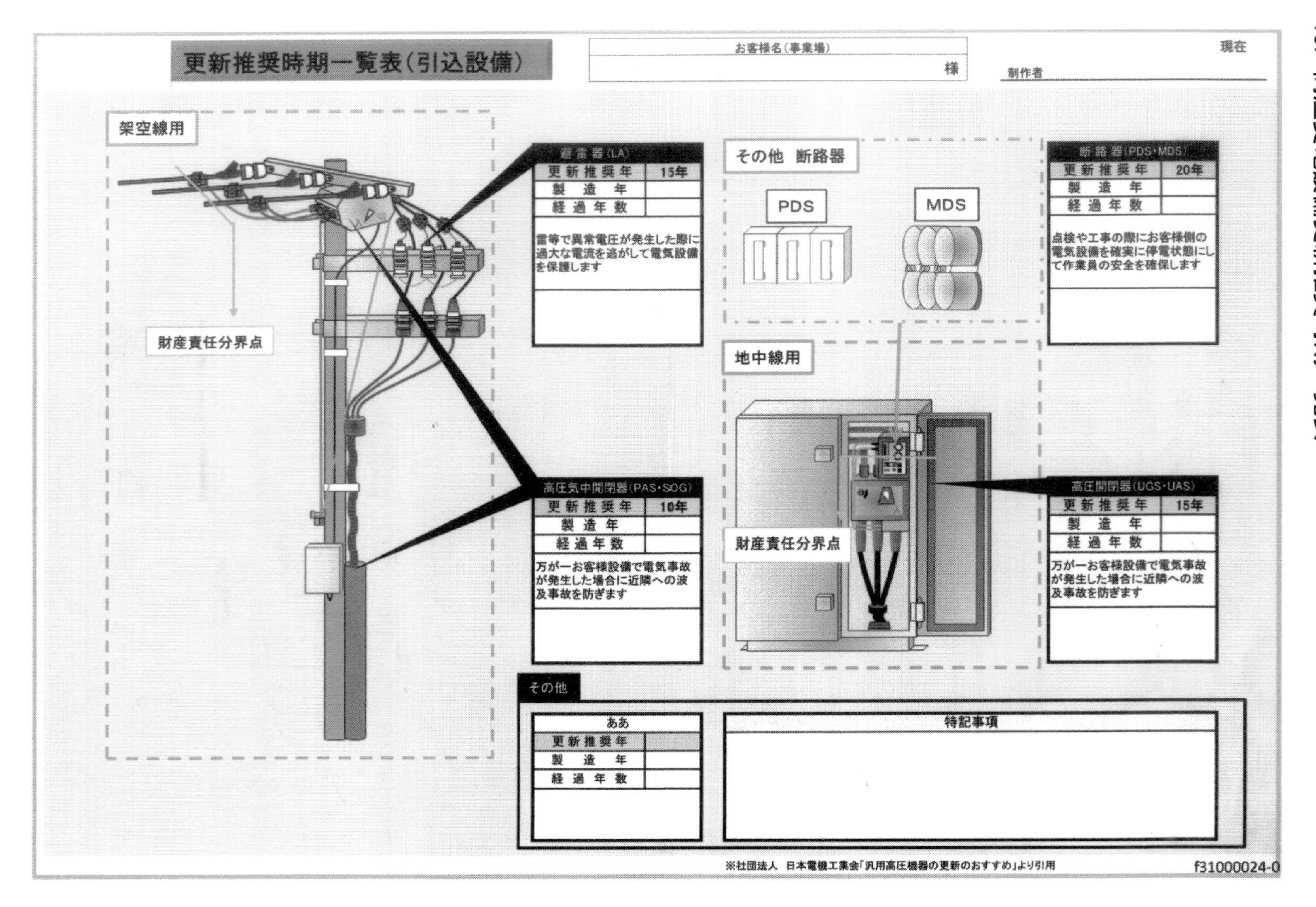

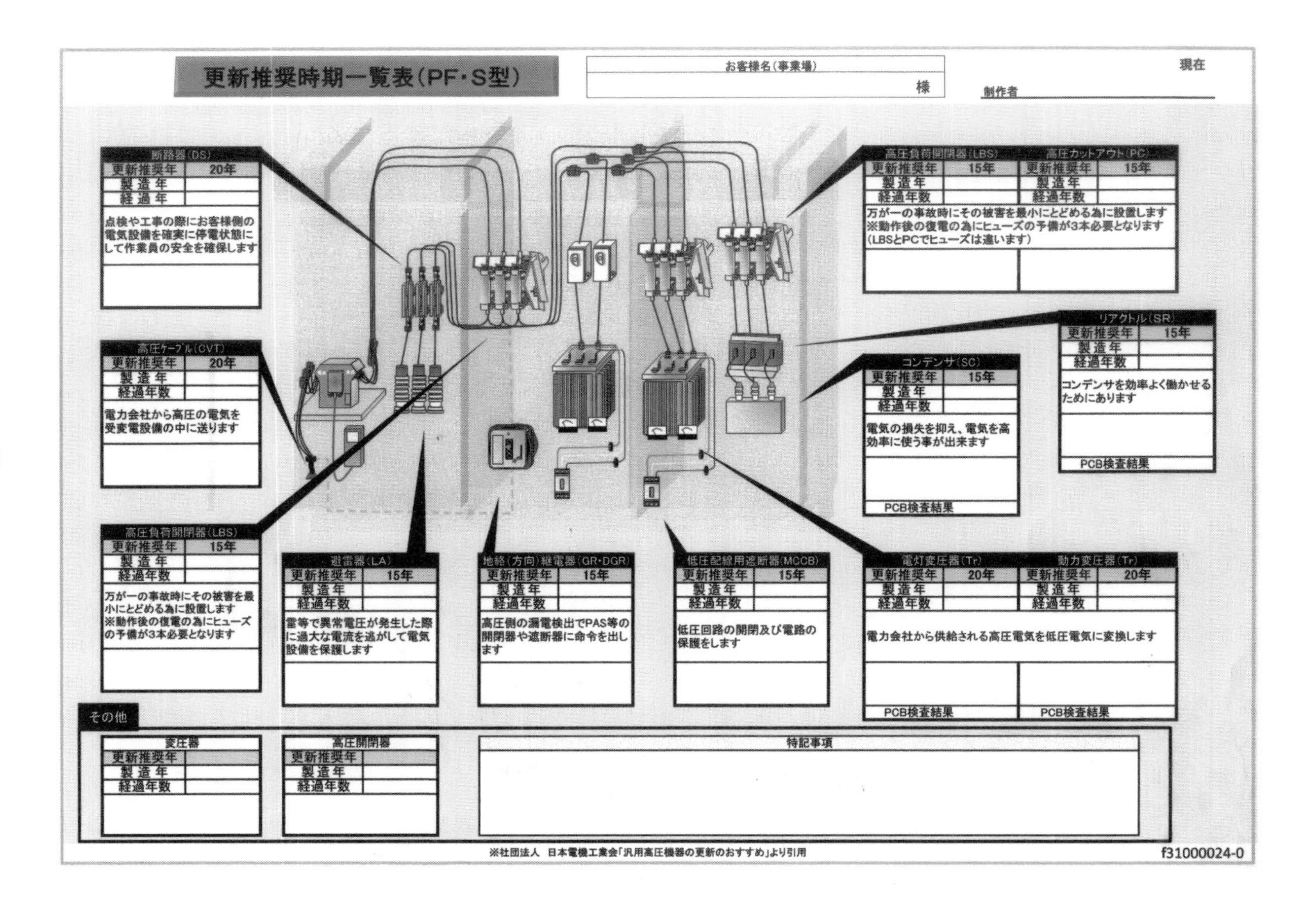

更新推奨時期一覧表（PF・S型）
お客様名（事業場）
様
現在
制作者
断路器（DS）
更新推奨年 20年
製造年
経過年
点検や工事の際にお客様側の電気設備を確実に停電状態にして作業員の安全を確保します
高圧ケーブル（CVT）
更新推奨年 20年
製造年
経過年数
電力会社から高圧の電気を受変電設備の中に送ります
高圧負荷開閉器（LBS）
更新推奨年 15年
製造年
経過年数
万が一の事故時にその被害を最小にとどめる為に設置します
※動作後の復電の為にヒューズの予備が3本必要となります
避雷器（LA）
更新推奨年 15年
製造年
経過年数
雷等で異常電圧が発生した際に過大な電流を逃がして電気設備を保護します
地絡（方向）継電器（GR・DGR）
更新推奨年 15年
製造年
経過年数
高圧側の漏電検出でPAS等の開閉器や遮断器に命令を出します
低圧配線用遮断器（MCCB）
更新推奨年 15年
製造年
経過年数
低圧回路の開閉及び電路の保護をします
高圧負荷開閉器（LBS）
更新推奨年 15年
製造年
経過年数
高圧カットアウト（PC）
更新推奨年 15年
製造年
経過年数
万が一の事故時にその被害を最小にとどめる為に設置します
※動作後の復電の為にヒューズの予備が3本必要となります
（LBSとPCでヒューズは違います）
リアクトル（SR）
更新推奨年 15年
製造年
経過年数
コンデンサを効率よく働かせるためにあります
PCB検査結果
コンデンサ（SC）
更新推奨年 15年
製造年
経過年数
電気の損失を抑え、電気を高効率に使う事が出来ます
PCB検査結果
電灯変圧器（Tr）
更新推奨年 20年
製造年
経過年数
動力変圧器（Tr）
更新推奨年 20年
製造年
経過年数
電力会社から供給される高圧電気を低圧電気に変換します
PCB検査結果
PCB検査結果
その他
変圧器
更新推奨年
製造年
経過年数
高圧開閉器
更新推奨年
製造年
経過年数
特記事項
※社団法人 日本電機工業会「汎用高圧機器の更新のおすすめ」より引用
f31000024-0

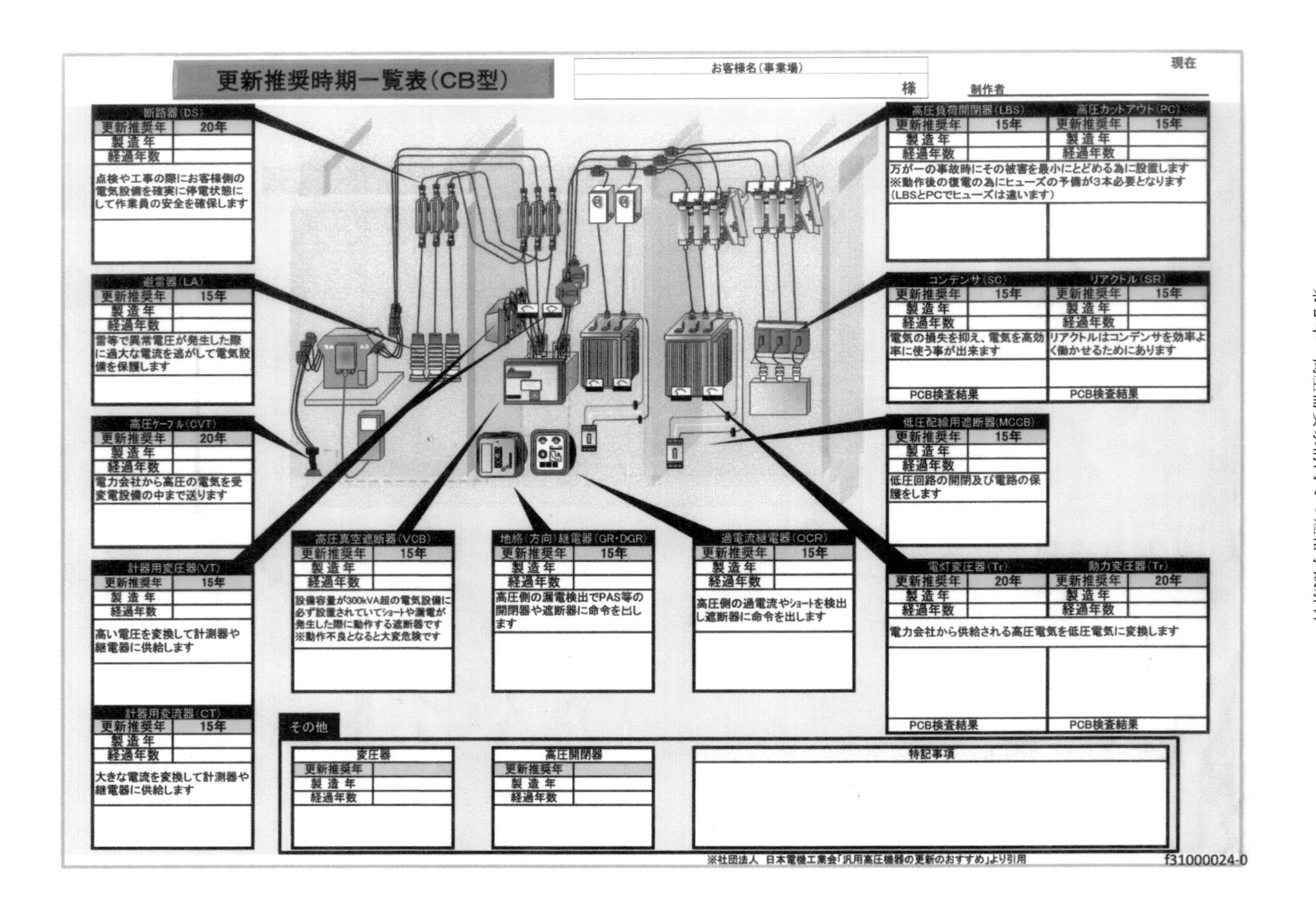

更新推奨時期一覧表（CB型）
お客様名（事業場）
様
制作者
現在
断路器（DS）
更新推奨年　20年
製造年
経過年数
点検や工事の際にお客様側の電気設備を確実に停電状態にして作業員の安全を確保します
避雷器（LA）
更新推奨年　15年
製造年
経過年数
雷等で異常電圧が発生した際に過大な電流を逃がして電気設備を保護します
高圧ケーブル（CVT）
更新推奨年　20年
製造年
経過年数
電力会社から高圧の電気を受変電設備の中まで送ります
計器用変圧器（VT）
更新推奨年　15年
製造年
経過年数
高い電圧を変換して計測器や継電器に供給します
計器用変流器（CT）
更新推奨年　15年
製造年
経過年数
大きな電流を変換して計測器や継電器に供給します
高圧真空遮断器（VCB）
更新推奨年　15年
製造年
経過年数
設備容量が300kVA超の電気設備に必ず設置されていてショートや漏電が発生した際に動作する遮断器です
※動作不良となると大変危険です
地絡（方向）継電器（GR・DGR）
更新推奨年　15年
製造年
経過年数
高圧側の漏電検出でPAS等の開閉器や遮断器に命令を出します
過電流継電器（OCR）
更新推奨年　15年
製造年
経過年数
高圧側の過電流やショートを検出し遮断器に命令を出します
高圧負荷開閉器（LBS）
更新推奨年　15年
製造年
経過年数
高圧カットアウト（PC）
更新推奨年　15年
製造年
経過年数
万が一の事故時にその被害を最小にとどめる為に設置します
※動作後の復電の為にヒューズの予備が3本必要となります
（LBSとPCでヒューズは違います）
コンデンサ（SC）
更新推奨年　15年
製造年
経過年数
電気の損失を抑え、電気を高効率に使う事が出来ます
PCB検査結果
リアクトル（SR）
更新推奨年　15年
製造年
経過年数
リアクトルはコンデンサを効率よく働かせるためにあります
PCB検査結果
低圧配線用遮断器（MCCB）
更新推奨年　15年
製造年
経過年数
低圧回路の開閉及び電路の保護をします
電灯変圧器（Tr）
更新推奨年　20年
製造年
経過年数
動力変圧器（Tr）
更新推奨年　20年
製造年
経過年数
電力会社から供給される高圧電気を低圧電気に変換します
PCB検査結果
PCB検査結果
その他
変圧器
更新推奨年
製造年
経過年数
高圧開閉器
更新推奨年
製造年
経過年数
特記事項
※社団法人　日本電機工業会「汎用高圧機器の更新のおすすめ」より引用
f31000024-0

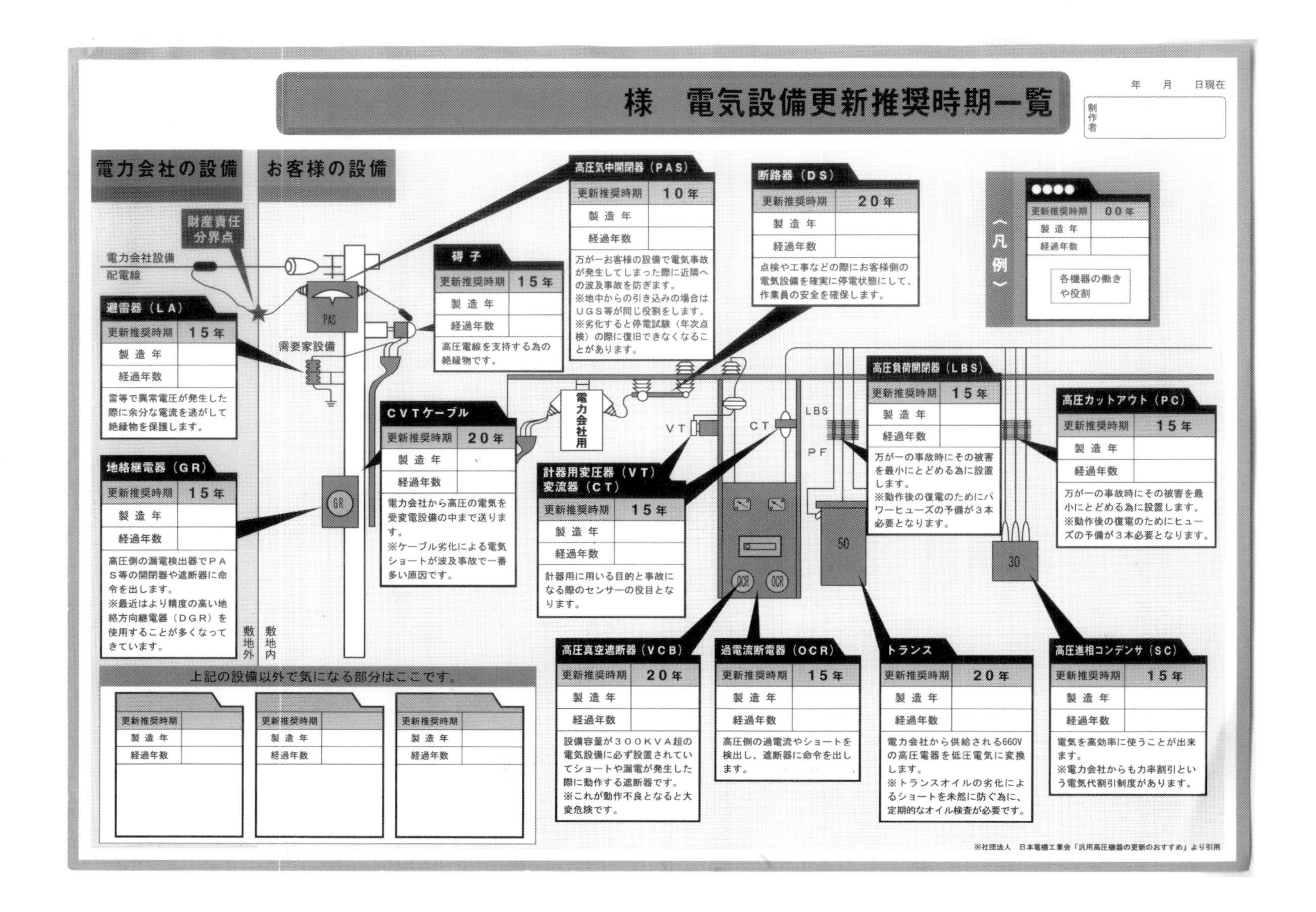
様　電気設備更新推奨時期一覧
年　月　日現在
制作者
電力会社の設備
お客様の設備
財産責任分界点
電力会社設備
配電線
需要家設備
敷地外
敷地内
避雷器（LA）
更新推奨時期　15年
製造年
経過年数
雷等で異常電圧が発生した際に余分な電流を逃がして絶縁物を保護します。
地絡継電器（GR）
更新推奨時期　15年
製造年
経過年数
高圧側の漏電検出器でPAS等の開閉器や遮断器に命令を出します。
※最近はより精度の高い地絡方向継電器（DGR）を使用することが多くなってきています。
碍子
更新推奨時期　15年
製造年
経過年数
高圧電線を支持する為の絶縁物です。
高圧気中開閉器（PAS）
更新推奨時期　10年
製造年
経過年数
万が一お客様の設備で電気事故が発生してしまった際に近隣への波及事故を防ぎます。
※地中からの引き込みの場合はUGS等が同じ役割をします。
※劣化すると停電試験（年次点検）の際に復旧できなくなることがあります。
CVTケーブル
更新推奨時期　20年
製造年
経過年数
電力会社から高圧の電気を受変電設備の中まで送ります。
※ケーブル劣化による電気ショートが波及事故で一番多い原因です。
電力会社用
VT
CT
LBS
PF
計器用変圧器（VT）
変流器（CT）
更新推奨時期　15年
製造年
経過年数
計器用に用いる目的と事故になる際のセンサーの役目となります。
断路器（DS）
更新推奨時期　20年
製造年
経過年数
点検や工事などの際にお客様側の電気設備を確実に停電状態にして、作業員の安全を確保します。
〈凡例〉
●●●●
更新推奨時期　00年
製造年
経過年数
各機器の働きや役割
高圧負荷開閉器（LBS）
更新推奨時期　15年
製造年
経過年数
万が一の事故時にその被害を最小にとどめる為に設置します。
※動作後の復電のためにパワーヒューズの予備が3本必要となります。
高圧カットアウト（PC）
更新推奨時期　15年
製造年
経過年数
万が一の事故時にその被害を最小にとどめる為に設置します。
※動作後の復電のためにヒューズの予備が3本必要となります。
50
30
高圧真空遮断器（VCB）
更新推奨時期　20年
製造年
経過年数
設備容量が300KVA超の電気設備に必ず設置されていてショートや漏電が発生した際に動作する遮断器です。
※これが動作不良となると大変危険です。
過電流継電器（OCR）
更新推奨時期　15年
製造年
経過年数
高圧側の過電流やショートを検出し、遮断器に命令を出します。
トランス
更新推奨時期　20年
製造年
経過年数
電力会社から供給される6600Vの高圧電気を低圧電気に変換します。
※トランスオイルの劣化によるショートを未然に防ぐ為に、定期的なオイル検査が必要です。
高圧進相コンデンサ（SC）
更新推奨時期　15年
製造年
経過年数
電気を高効率に使うことが出来ます。
※電力会社からも力率割引という電気代割引制度があります。
上記の設備以外で気になる部分はここです。
更新推奨時期
製造年
経過年数
※社団法人　日本電機工業会「汎用高圧機器の更新のおすすめ」より引用

第３章
6.6 kV 非接地系配電線の一線地絡事故解析

○高圧需要家構内での地絡電流、零相電圧算出

第3章　6.6 kV 非接地系配電線の一線地絡事故解析

1．地絡事故の故障計算（理論）（完全一線地絡事故及び不完全地絡事故）

地絡は、線路が断線や樹木接触、小動物などにより、大地とつながることで、これにより大地に地絡電流が流れる。地絡電流の大きさは接地方式により異なります。

1．6.6 kV 非接地系配電線

我々が管理している高圧需要家はこの方式で、一線地絡事故が発生すると、地絡点抵抗及び対地静電容量を通じて、図－1に示すように地絡点に地絡電流 I_g が流れる。

一線当たりの対地静電容量を $C(\mu F)$ 線間電圧 $V(V)$、線路や変圧器のインピーダンスは静電容量による容量リアクタンスに比べて非常に小さいので無視して計算しても影響はありません。一線地絡電流 I_g は図－2のように、三線を一括して対地間に相電圧を加えた回路から求める、これがホウ・テブナンの定理です。

図－1で三線一括の対地静電容量リアクタンスを $X_C(\Omega)$ とすると、$X_C=1/\omega 3C$（$\omega=2\pi f$、f: 周波数） C：一線当りの静電容量（μF）、V：線間電圧（V）、E：対地電圧（V）

$$I_g=\frac{V/\sqrt{3}}{X_C}=\frac{V/\sqrt{3}}{1/\omega 3C}=\sqrt{3}\omega CV(\mathrm{A}) \quad \cdots\cdots 式-1$$

対地静電容量として、三線一括の値を $C_0=3C$ とすると、上の式は

$I_g=V/\sqrt{3}/X_C=V/\sqrt{3}/1/\omega C_0=\omega C_0 V/\sqrt{3}(\mathrm{A})=\omega C_0 E(\mathrm{A})$ となる。なお地絡抵抗が $R_g(\Omega)$ の場合は図－3から

$I_g=V/\sqrt{3}/\sqrt{R_g^2+X_C^2}(\mathrm{A})$

一線地絡電流を求める回路として、図－2でよいことは図－1および図－4から次のように考えればよい。C相で一線地絡が起きると、C相の対地静電容量は短絡されるので、地絡電流 I_g は、A相とB相の対地電圧によって流れる I_a と I_b のベクトルの和 $I_g=I_a+I_b$ となる。C相の地絡によってA相の対地電圧 E_a は C_a（線間電圧 V_{ac}）となり、この電圧によってこれより90度進んだ I_a が流れる。同様にB相電圧はcbとなり、これより90度進んだ I_b が流れるこれらのベクトル和 I_a（または I_b）の大きさの $\sqrt{3}$ 倍である。

一線当たりの容量リアクタンスを $X(\Omega)$ とすれば $X=1/\omega C$ で $I_g=\sqrt{3}I_a=\sqrt{3}V/X=\sqrt{3}\omega CV(\mathrm{A})$ となり、式－1と一致する。従って図－2で求めてもよい事がわかります。$I_g=\omega C_0 E(\mathrm{A})$ でもよい。$C(\mu F)$：一線当たりの対地静電容量、$V(V)$：線間電圧、$E(V)$：対地電圧、$\omega=2\pi f$、$C_0(\mu F)$：三線一括対地静電容量

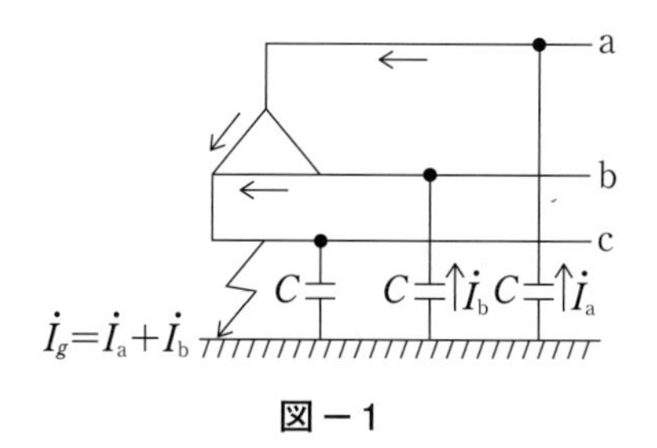

図－1

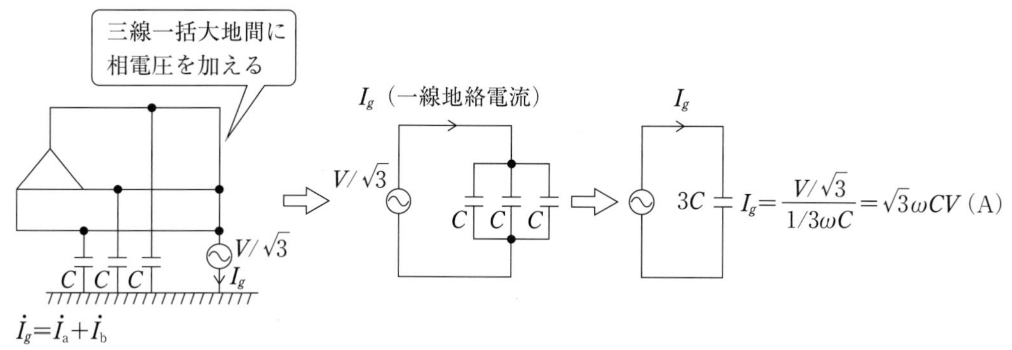

図－2　一線地絡電流の求め方

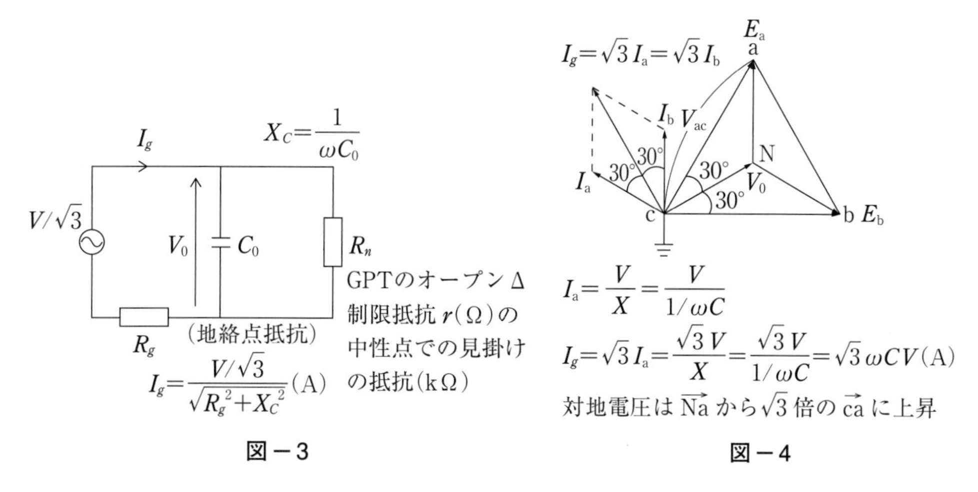

図－3　　　　図－4

2．ホウ・テブナンの定理

6.6 kV 非接地系配電線の地絡事故時の地絡電流、地絡電圧の算出に便利。三相回路網の任意の一端子に抵抗地絡事故が発生したとき、地絡点の抵抗に流れる地絡電流は事故前の対地電圧をその事故点から見た電源側インピーダンスと地絡点のインピーダンスの和で割った値となる。

1．事故前の電源側インピーダンス $X_C=1/j\omega C_0=1/j\omega(C_1+C_2+C_3)(\Omega)$

2．事故前の事故点対地電圧　$E_P=6{,}600\ \mathrm{V}/\sqrt{3}=3{,}810(\mathrm{V})$

3．事故点での地絡抵抗　完全一線地絡事故時は $R_g=0\ \Omega$

ホウ・テブナンの定理の応用

$R_g=0$ の時

$I_g=3{,}810\ \mathrm{V}/\sqrt{R_g^{\,2}+X_C^{\,2}}(\mathrm{A})$

$R_g=0$ なので

$I_g=3{,}810/X_C$(A)

ここで $X_C=1/j\omega C_0(\Omega)$　　C_0：三線一括対地静電容量(μF)

$I_g=\omega C_0\times 3{,}810$ V(A)　　$C_1=C_2=C_3$：一線当たりの対地静電容量

$=\sqrt{3}\omega C_1\times 6{,}600$ V(A)

※不完全地絡事故（抵抗を持った地絡事故）　例えば　① $R_g=2$ kΩ　$R_g=2.5$ kΩ　$R_g=5$ kΩ

$I_g=3{,}810/\sqrt{X_C^2+R_g^2}=3{,}810/\sqrt{X_C^2+2^2\,\text{k}\Omega}=\square$ A

$I_g=3{,}810/\sqrt{X_C^2+R_g^2}=3{,}810/\sqrt{X_C^2+2.5^2\,\text{k}\Omega}=\square$ A

$I_g=3{,}810/\sqrt{X_C^2+R_g^2}=3{,}810/\sqrt{X_C^2+5^2\,\text{k}\Omega}=\square$ A

但し：X_C は配電用変圧器1バンクからの複数のフィーダ合計の三線一括 C 分（①電力会社の1フィーダの人工地絡試験値から解る値、ホウ・テブナンの定理を使って算出する事も出来ます。）

$Z=\sqrt{X_C^2+R_g^2}$ は R_g が大の時は単純に $Z=X_C+R_g$ で計算しても大きな異いはありません。

零相電圧 V_0(V) と零相電流 I_0(A)、I_C との相差角

位相差 $\theta=\tan^{-1}\dfrac{I_C}{I_{Rn}}$（度）

位相差 $\theta=\cos^{-1}\dfrac{I_{Rn}}{\sqrt{I_C^2+I_{Rn}^2}}$（度）

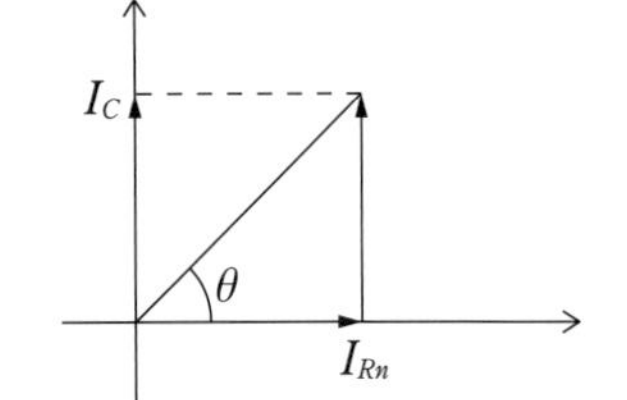

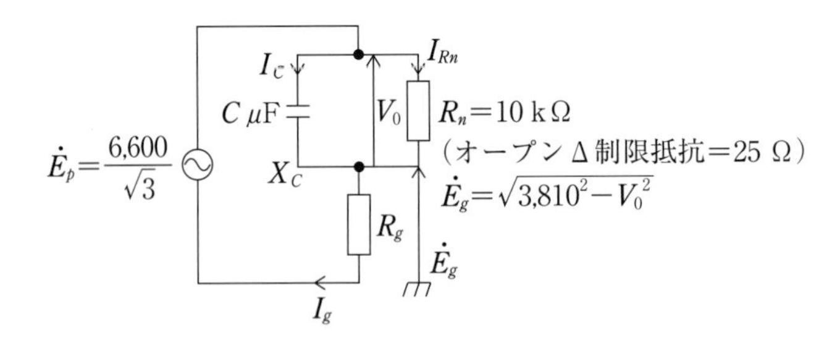

※本書の地絡事故解析は、6.6 kV 非接地系配電線の A 相、B 相、C 相対地静電容量は全てバランスしている事をベースに解析しています。

3．6.6 kV 非接地系配電線（三線結線図、単線結線図）での地絡事故の概要

1．三線結線図

フィーダ数：6〜7 フィーダ/1 バンク　約 30 MVA/1 バンク

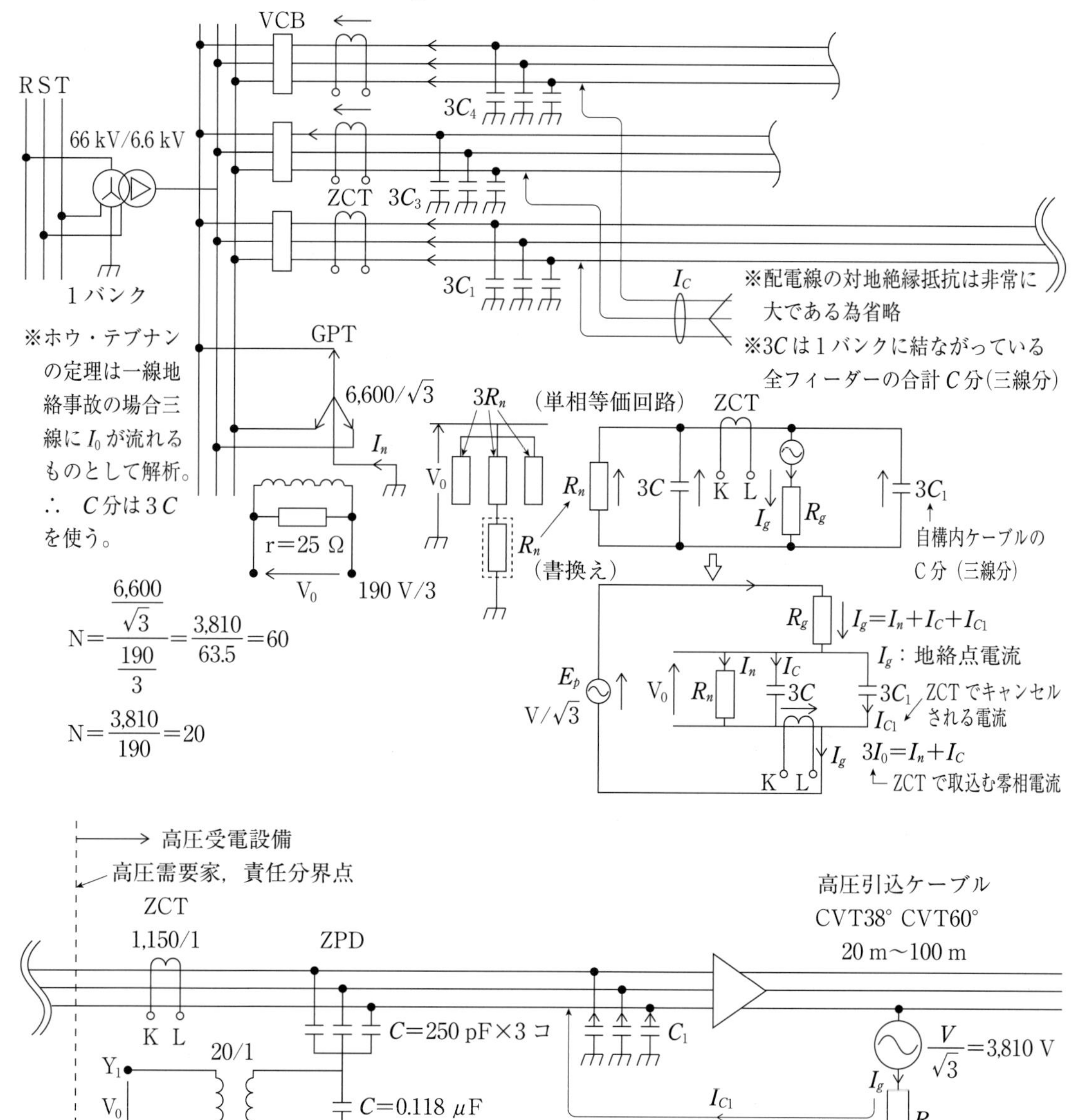

※零相電圧変成器（ZPD）は発生した零相電圧をコンデンサで分圧して出力（Y_1-Z_2）します。その出力を地絡方向継電器（DGR）に供給するものです。この ZPD を用いる理由は入力された零相電圧を基準として、零相電流の位相を DGR で判別し、自構内方向の地絡電流が流れたときのみ動作させるという、位相判別用です。

２．単線結線図

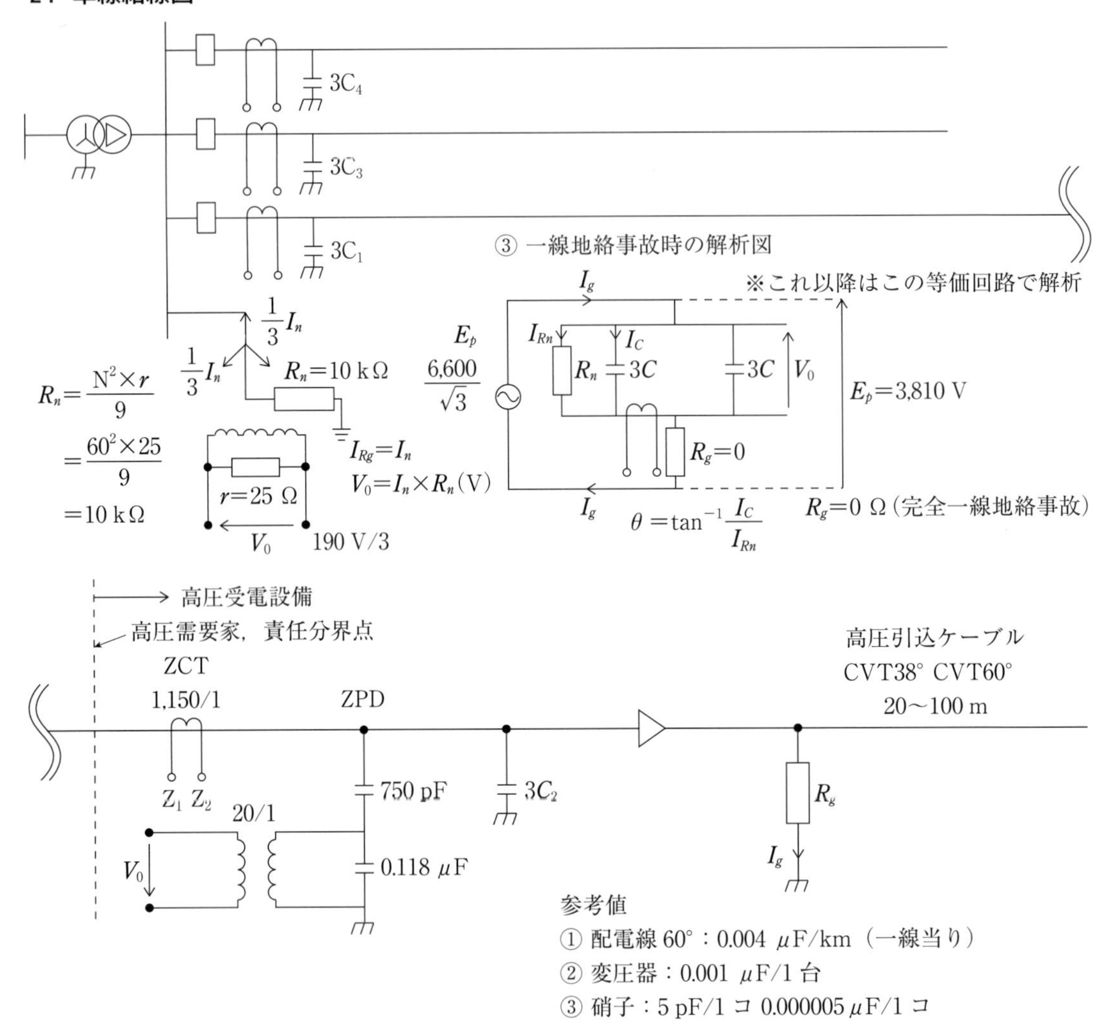
3C4
3C3
3C1
③ 一線地絡事故時の解析図
※これ以降はこの等価回路で解析
1/3 In
1/3 In
Rn=10 kΩ
Rn = N2×r / 9
= 60²×25 / 9
=10 kΩ
IRg=In
V0=In×Rn(V)
r=25 Ω
V0
190 V/3
Ep
6,600 / √3
Ig
IRn
IC
Rn
3C
3C
V0
Ep=3,810 V
Rg=0
Ig
θ =tan−1 IC / IRn
Rg=0 Ω(完全一線地絡事故)
高圧受電設備
高圧需要家，責任分界点
ZCT
1,150/1
ZPD
高圧引込ケーブル
CVT38° CVT60°
20～100 m
Z1 Z2
20/1
750 pF
3C2
Rg
V0
0.118 μF
Ig
参考値
① 配電線 60°：0.004 μF/km（一線当り）
② 変圧器：0.001 μF/1 台
③ 硝子：5 pF/1 コ 0.000005 μF/1 コ

4．ホウ・テブナンの定理からの値

1．人工地絡試験値と一致します。それ以降は概算値を基に解析しています。

※一般用配電用変圧器1バンクの任意のフィーダの一線地絡事故（約7フィーダ）架空とケーブル混在の配電系統（6.6 kV 非接地系）

※完全一線地絡事故時の地絡点電流　I_g＝30.25 A

地絡相　A相			□　10％と5％値は計算値			配電用変電所　GPT比：6,600 V/110/190 V/3					ZCT：200/3 mA		
%はV_0＝3,810 Vに対する比		12.5％	10％	6.20％	5％	4.10％	3％	2.40％	1.90％	1.40％	1.13％	0.90％	0.78％
地絡点抵抗	R_g＝0 Ω	R_g＝1 kΩ	R_g≒1.25 kΩ	R_g＝2 kΩ	R_g＝2.5 kΩ	R_g＝3 kΩ	R_g＝4 kΩ	R_g＝5 kΩ	R_g＝6 kΩ	R_g＝8 kΩ	R_g＝10 kΩ	R_g＝12 kΩ	R_g＝14 kΩ
一次側　V_0(V)	3,810	478	381	236	190.5	156.6	116.2	91.8	76	55.2	43.4	35.4	29.8
一次側　$3V_0$(V)	11,430	1,434	1,143	708	570	470	348.6	275	227	165.6	130.2	106.2	89.4
地絡点電流　I_g(A)	30.25	3.81	3.05	1.92	1.52	1.28	0.96	0.77	0.64	0.48	0.38	0.32	0.27
オープンΔ一相分(V_0)	63.9	7.96	6.35	3.96	3.17	2.61	1.94	1.53	1.26	0.92	0.72	0.59	0.49
オープンΔ V_0(V)	191.3	23.9	19.05	11.88	9.51	7.83	5.81	4.59	3.78	2.77	2.17	1.77	1.49

※高圧需要家のSOG整定値：方向性Ry　I_0＝0.2 A　V_0＝5％　s＝0.2 s　　非方向性　I_0＝0.2 A

地絡相　B相			□　10％と5％値は計算値										
%はV_0＝3810 Vに対する比		12.5％	10％	6.20％	5％	4.10％	3％	2.40％	1.90％	1.40％	1.13％	0.90％	0.78％
地絡点抵抗	R_g＝0 Ω	R_g＝1 kΩ	R_g＝1.25 kΩ	R_g＝2 kΩ	R_g＝2.5 kΩ	R_g＝3 kΩ	R_g＝4 kΩ	R_g＝5 kΩ	R_g＝6 kΩ	R_g＝8 kΩ	R_g＝10 kΩ	R_g＝12 kΩ	R_g＝14 kΩ
一次側　V_0(V)	3,810	481	381	240	190.5	159.2	118.8	94.4	78.2	58.2	46.2	38.2	32.6
一次側　$3V_0$(V)	11,430	1,442	1,143	720	570	477.6	356.4	283.2	234.6	174.6	138.6	114.6	97.8
地絡点電流　I_g(A)	30.38	3.83	3.05	1.93	1.52	1.29	0.96	0.77	0.64	0.48	0.39	0.32	0.28
オープンΔ一相分(V_0)	63.9	8.01	6.35	4	3.17	2.7	1.98	1.57	1.3	0.97	0.77	0.63	0.54
オープンΔ V_0(V)	191.3	24.03	19.05	12	9.51	7.96	5.94	4.72	3.91	2.91	2.31	1.91	1.63

地絡相　C相			□　10％と5％値は計算値										
%はV_0＝3810 Vに対する比		12.5％	10％	6.20％	5％	4.10％	3％	2.40％	1.90％	1.40％	1.13％	0.90％	0.78％
地絡点抵抗	R_g＝0 Ω	R_g＝1 kΩ	R_g＝1.25 kΩ	R_g＝2 kΩ	R_g＝2.5 kΩ	R_g＝3 kΩ	R_g＝4 kΩ	R_g＝5 kΩ	R_g＝6 kΩ	R_g＝8 kΩ	R_g＝10 kΩ	R_g＝12 kΩ	R_g＝14 kΩ
一次側　V_0(V)	3,810	493.2	381	252.8	190.5	171.8	131.2	106.8	90.6	70.4	58.2	50	44.2
一次側　$3V_0$(V)	11,430	1,480	1,143	758.4	570	515.4	393.6	320.4	271.8	211.2	174.6	150	132.6
地絡点電流　I_g(A)	30.25	3.82	3.05	1.92	1.52	1.28	0.96	0.77	0.64	0.48	0.38	0.32	0.27
オープンΔ一相分(V_0)	63.9	8.22	6.35	4.2	3.17	2.86	2.18	1.78	1.51	1.17	0.97	0.83	0.74
オープンΔ V_0(V)	191.3	24.66	19.05	12.64	9.51	8.59	6.56	5.34	4.53	3.52	2.91	2.5	2.21

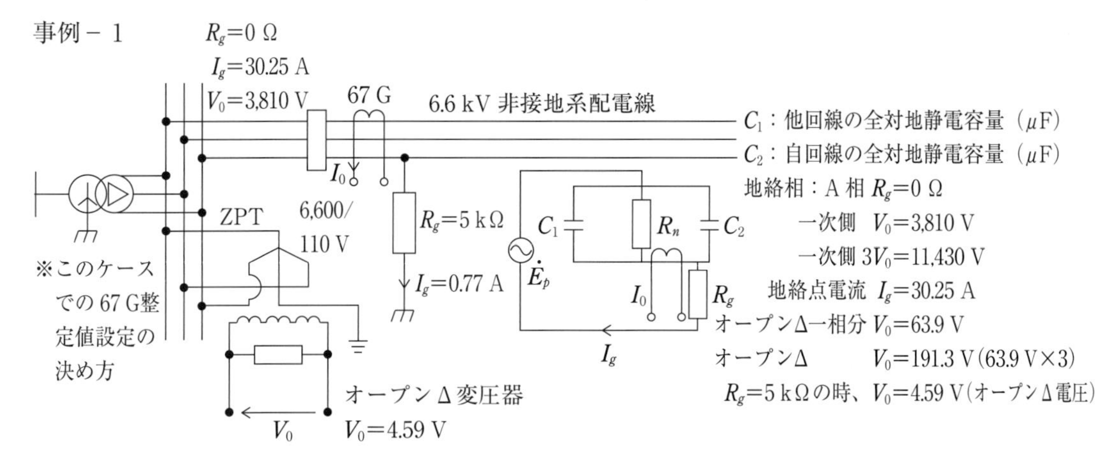

※67Gの整定値決定は人工地絡抵抗R_g＝5 kΩ時、V_0＝4.59 V発生することから整定値はV_0＝5 Vとしている。（高圧側V_0＝100 V/2.6％）I_0＝0.2 A、s＝0.9 sとしている。

オープンΔ変圧比：6,600/$\sqrt{3}$/190.5/3　ZCT 比 200 mA/3 mA　地絡点抵抗（R_g）

R_g＝6,000 Ω	地絡相	V_0(V)	I_0(mA)	位相(度)	I_g(A)
内部事故	A 相	3.78	8.71	265.4	0.64
	B 相	3.91	8.81	259.1	0.64
	C 相	4.53	9.52	262.8	0.64
外部事故	A 相	3.78	1.38	107.9	－
	B 相	3.91	1.32	57.2	－
	C 相	4.53	0.51	91.1	－

※上記データは R_g＝0 Ω 時　I_g＝30.25 A の完全一線地絡電流が流れる配電線で
R_g＝6,000 Ω 時の外部、内部事故時の位相特性試験値、I_0(mA) は ZCT で検出した値です。

2．位相特性試験値　内部事故（A 相 R_g＝6,000 Ω）

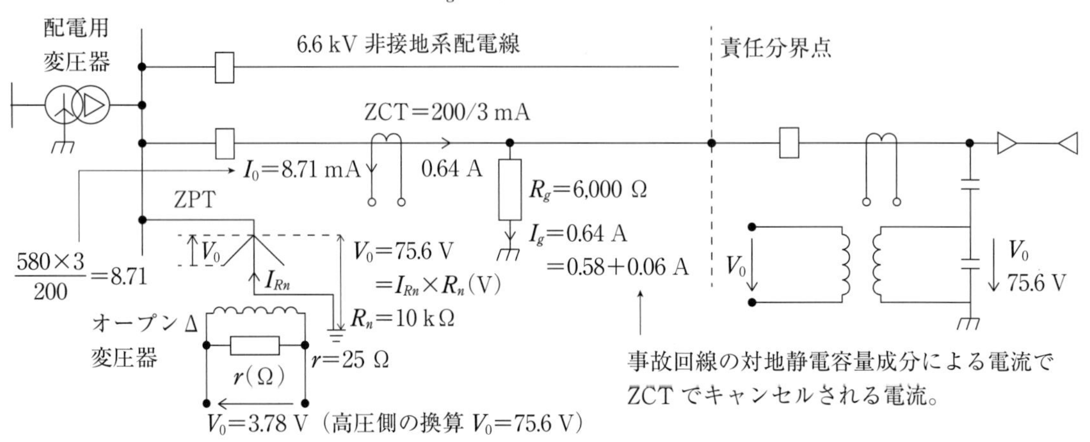

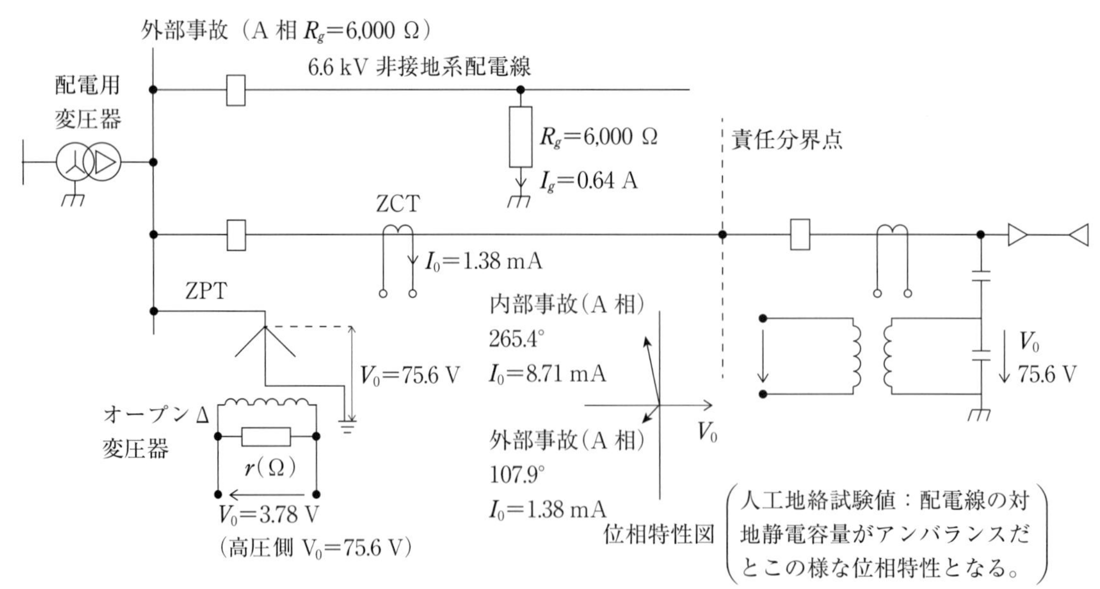

※配電線の A 相、B 相、C 相の対地静電容量がアンバランスだと、残留電流、残留電圧の値が大きくでます。測定の仕方は P90 に記述してあります。

3. 人工地絡試験結果より得られた知見

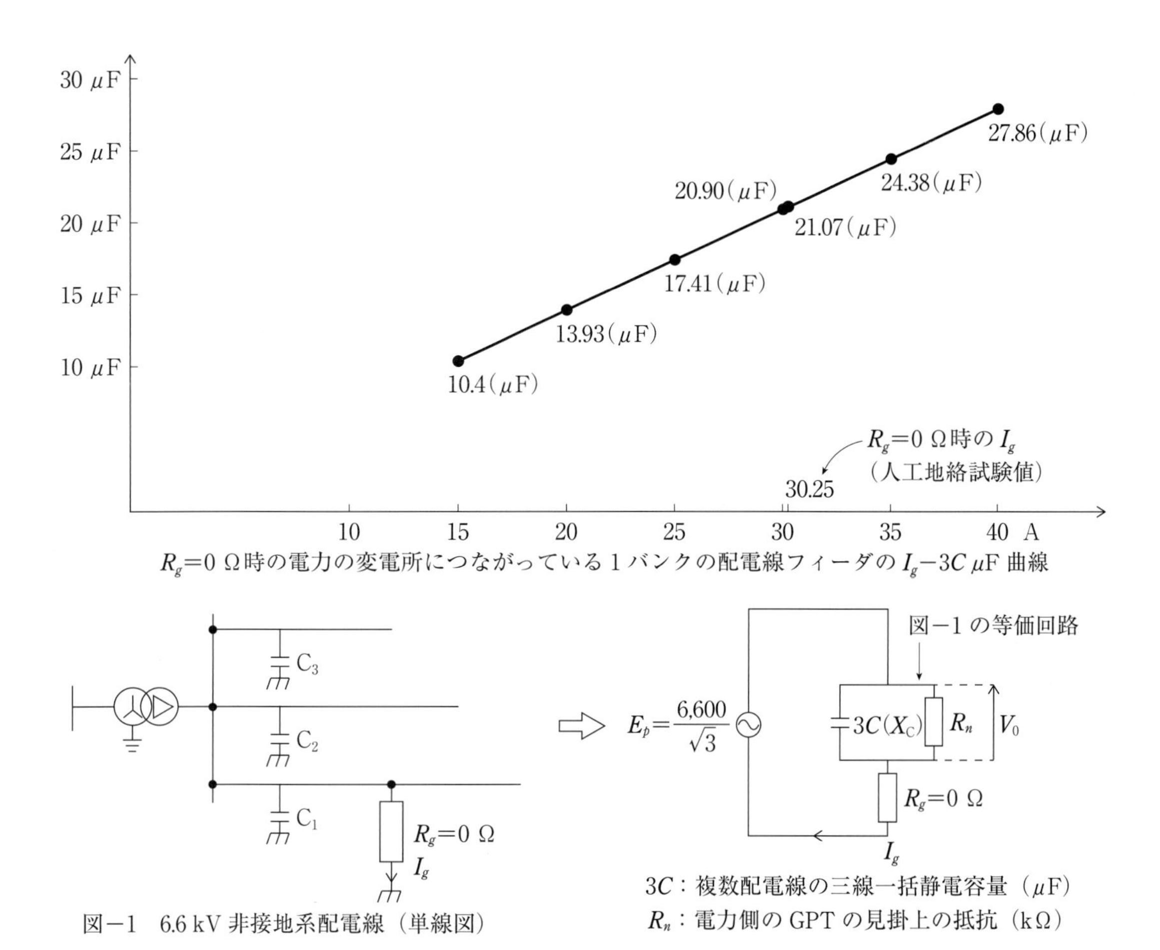

R_g=0 Ω時の電力の変電所につながっている１バンクの配電線フィーダの I_g−3C μF 曲線

図−1　6.6 kV 非接地系配電線（単線図）

3C：複数配電線の三線一括静電容量（μF）
R_n：電力側の GPT の見掛上の抵抗（kΩ）

※電力側の配電用変圧器１バンクに接がっている複数配電線の一配電線で完全一線地絡事故（R_g＝0 Ω）が発生した時の人工地絡試験データとホウ・テブナンの定理で計算した I_g(A)、V_0(V) の値がほとんど同じ値。電力会社の各変電所の配電線の状況によって、完全一線地絡電流が異なります。I_g＝30.25 A は変電所の健全配電線の人工地絡試験値です。その他の電流は、計算で出した電流値です。

条件 $R_g = 0\ \Omega$　$E_p = 6{,}600/\sqrt{3} = 3{,}810\ \mathrm{V}$　$f = 60\ \mathrm{Hz}$　I_g：変数

① $I_g = 15\ \mathrm{A}$　$I_C = \omega 3CV_0 \fallingdotseq I_g$　$3C = \dfrac{15\ \mathrm{A}}{376.8 \times 3{,}810} = 10.4\ \mu\mathrm{F}$

（↑ $\omega = 2\pi f$）

$$X_C = \frac{1}{376.8 \times 10.4 \times 10^{-6}} = 255\ \Omega$$

② $I_g = 20\ \mathrm{A}$　$I_C = \omega 3CV_0$　$3C = \dfrac{20}{376.8 \times 3{,}810} = 13.93\ \mu\mathrm{F}$

事故回路

E_p　X_C　V_0　R_n=10 kΩ　R_g=3,000 Ω

R_g=3,000 Ω時の不完全地絡事故等価回路

$X_C=\dfrac{1}{376.8\times 13.93\times 10^{-6}}=190.5\ \Omega$

③ $I_g=25$ A　　$I_C=\omega 3CV_0$　　$3C=\dfrac{25}{376.8\times 3{,}810}=17.41\ \mu\text{F}$

$X_C=\dfrac{1}{376.8\times 17.41\times 10^{-6}}=152.4\ \Omega$

④ $I_g=30$ A　　$I_C=\omega 3CV_0$　　$3C=\dfrac{30}{376.8\times 3{,}810}=20.9\ \mu\text{F}$

$X_C=\dfrac{1}{376.8\times 20.9\times 10^{-6}}=126.9\ \Omega$

⑤ $I_g=30.25$ A　　$I_C=\omega 3CV_0$　　$3C=\dfrac{30.25}{376.8\times 3{,}810}=21.07\ \mu\text{F}$

$X_C=\dfrac{1}{376.8\times 21.07\times 10^{-6}}=125.9\ \Omega$

⑥ $I_g=35$ A　　$I_C=\omega 3CV_0$　　$3\text{C}=\dfrac{35}{376.8\times 3{,}810}=24.38\ \mu\text{F}$

$X_C=\dfrac{1}{376.8\times 24.38\times 10^{-6}}=108.8\ \Omega$

⑦ $I_g=40$ A　　$I_C=\omega 3CV_0$　　$3C=\dfrac{40}{376.8\times 3{,}810}=27.86\ \mu\text{F}$

$X_C=\dfrac{1}{376.8\times 27.86\times 10^{-6}}=95.2\ \Omega$

※我々が管理している高圧需要家への供給配電線が上記条件のどちらかであった場合に、自構内に不完全地絡事故 $R_g=3$ kΩ での方向性 PAS 及び非方向性 PAS の動作状況を確認します。

上記①～⑦までの場合　$R_n=10$ kΩ は X_C に較べて非常に大きいため、それに流れる電流はごくわずかなため無視して計算します。GR：$I_0=0.2$ A、DGR：$I_0=0.2$ A、$V_0=5$ %、$s=0.2$ s

上記①～⑦までのケースの場合の動作検証　　GR　　DGR

① $Z=\sqrt{255^2+3{,}000^2}=3010\ \Omega$　　$\dfrac{321}{3{,}810}\times 100=8.4$ %

$V_0=I_c\times X_c\fallingdotseq I_g\times X_c$

∴　$I_g=\dfrac{3{,}810}{3{,}010}=1.26$ A　　$V_0=1.26\times 255=321$ V（8.4 %）……………… 動　作　　動　作

② $Z=\sqrt{190.5^2+3{,}000^2}=3{,}006\ \Omega$　　$\dfrac{240}{3{,}810}\times 100=6.2$ %

∴　$I_g=\dfrac{3{,}810}{3{,}006}=1.26$ A　　$V_0=1.26\times 190.5=240$ V（6.2 %）…………… 動　作　　動　作

③ $Z=\sqrt{152.4^2+3{,}000^2}=3{,}004\ \Omega$　　$\dfrac{192}{3{,}810}\times 100=5$ %

∴　$I_g=\dfrac{3{,}810}{3{,}004}=1.26$ A　　$V_0=1.26\times 152.4=192$ V（5 %）……………… 動　作　　動　作

④ $Z=\sqrt{126.9^2+3{,}000^2}=3{,}003\ \Omega$　　$\dfrac{160}{3{,}810}\times 100=4.2$ %

∴　$I_g=\dfrac{3{,}810}{3{,}003}=1.26$ A　　$V_0=1.26\times 126.9=160$ V（4.2 %）…………… 動　作　　不動作

⑤ $Z=\sqrt{125.9^2+3{,}000^2}=3{,}003\ \Omega$

$\dfrac{158}{3{,}810}\times 100=4.1\ \%$

$\therefore\quad I_g=\dfrac{3{,}810}{3{,}003}=1.26\ \text{A}\qquad V_0=1.26\times 125.9=158\ \text{V}$（4.1 %）…………… 動　作　　不動作

⑥ $Z=\sqrt{108.8^2+3{,}000^2}=3{,}002\ \Omega$

$\dfrac{137}{3{,}810}\times 100=3.6\ \%$

$\therefore\quad I_g=\dfrac{3{,}810}{3{,}002}=1.26\ \text{A}\qquad V_0=1.26\times 108.8=137\ \text{V}$（3.6 %）…………… 動　作　　不動作

⑦ $Z=\sqrt{95.2^2+3{,}000^2}=3{,}002\ \Omega$

$\dfrac{120}{3{,}810}\times 100=3.1\ \%$

$\therefore\quad I_g=\dfrac{3{,}810}{3{,}002}=1.26\ \text{A}\qquad V_0=1.26\times 95.2=120\ \text{V}$（3.1 %）……………… 動　作　　不動作

表－1　不完全地絡（$R_g=3{,}000\ \Omega$）事故時の I_g(A)、V_0(V) 及び PAS の動作状況

$R_g=3{,}000\ \Omega$	1バンク三線一括分の $X_C(\Omega)$	期待できる零相電圧 $V_0(0)$	非方向性 PAS	方向性 PAS
			$I_0=0.3$ A　$s=0.2$	$I_0=0.2$ A $V_0=5$ %　$s=0.2$ s
① $I_g=1.26$ A	$X_C=255$	$V_0=I_g\times X_C=321$ V	動作	動作
② $I_g=1.26$ A	$X_C=190.5$	$V_0=I_g\times X_C=240$ V	動作	動作
③ $I_g=1.26$ A	$X_C=152.4$	$V_0=I_g\times X_C=192$ V	動作	動作
④ $I_g=1.26$ A	$X_C=126.9$	$V_0=I_g\times X_C=160$ V	動作	不動作
⑤ $I_g=1.26$ A	$X_C=125.9$	$V_0=I_g\times X_C=158$ V	動作	不動作
⑥ $I_g=1.26$ A	$X_C=108.8$	$V_0=I_g\times X_C=137$ V	動作	不動作
⑦ $I_g=1.26$ A	$X_C=95.2$	$V_0=I_g\times X_C=120$ V	動作	不動作

※上記結果からわかる事は、不完全地絡事故の場合のPASの信頼度は非方向性のPASが信頼度は高いと言えます。ただし、非方向性PASを採用する場合には、間欠アーク地絡（水トリー現象時に発生する）など高調波を含む、地絡電流は通常のケーブル充電電流よりさらに大きくなるとの事で、裕度をみて、需要家構内の充電電流の2～3.5倍の整定値にすれば構外事故（外部事故）での「もらい動作」等の防止もでき、大体安心です。最大タップ $I_0=0.6$ A でも $R_g=6{,}000\ \Omega$ までの不完全地絡事故で動作します。(メーカ説明⇒地絡要素の違いや各メーカの地絡継電器の高調波に対する動作特性に違いがあるとの事です)

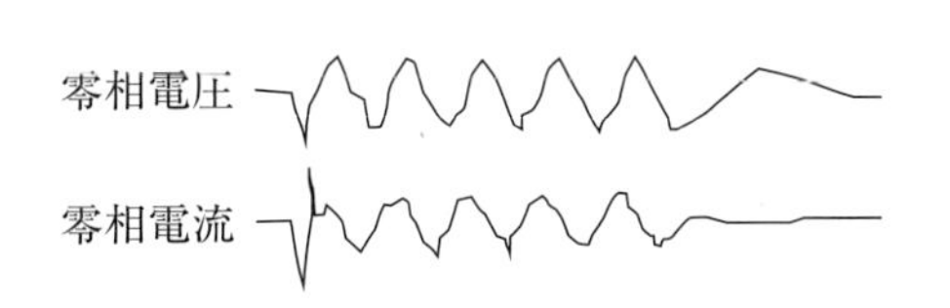

図１　完全地絡時の波形

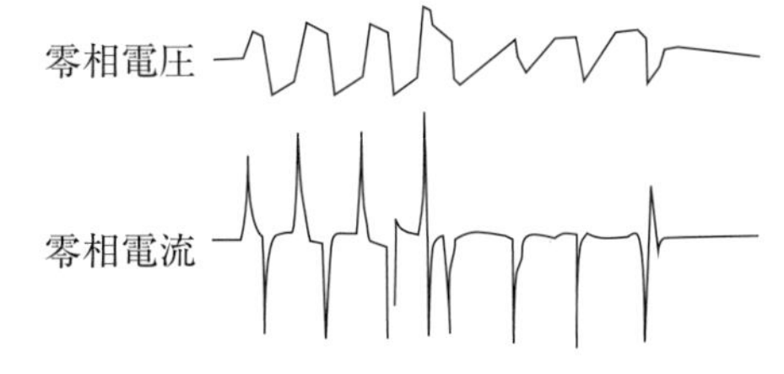

図２　高調波を含む間欠アーク地絡時の波形

※方向性PASの場合は①もらい動作の心配なし。

※都会での配電線は、ケーブル化の比重が高くなってきていますので配電線の三線一括分の対地静

電容量が大きくなり、完全一線地絡事故時の地絡電流 I_g(A) が大きくなってきています。対地静電容量が大きいため、X_C(Ω) は逆に小さくなります。
よって不完全地絡事故時は、零相電圧の発生が、そんなに期待できません。その事で方向性 PAS の不動作で波及事故発生のひん度が高まります。それで対策として V_0＝5 ％を V_0＝2 ％への変更をお推め致します（検討して下さい)。

5．不完全地絡時の V_0 のベクトル軌跡

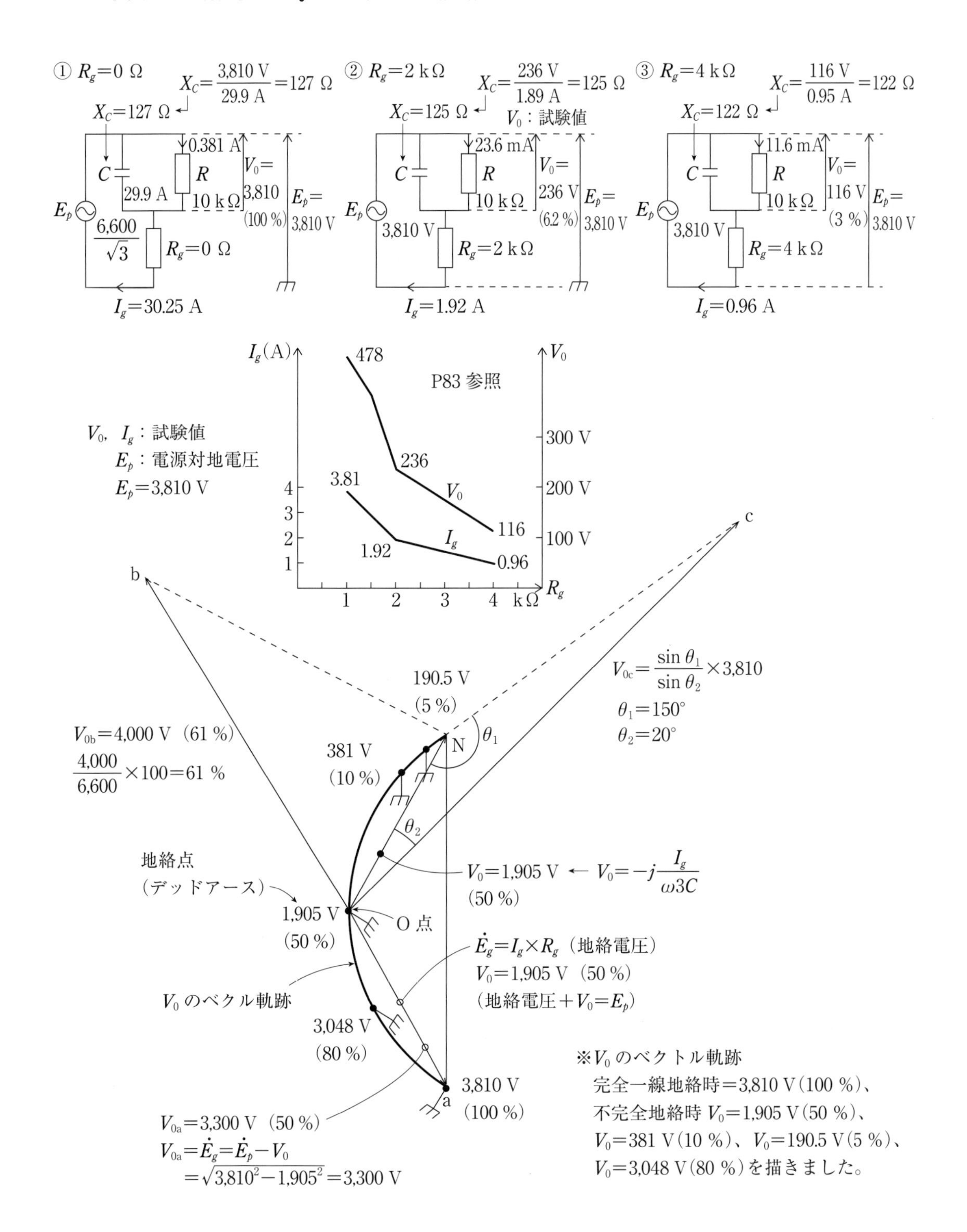

※V_0 のベクトル軌跡
完全一線地絡時＝3,810 V(100 %)、
不完全地絡時 V_0=1,905 V(50 %)、
V_0=381 V(10 %)、V_0=190.5 V(5 %)、
V_0=3,048 V(80 %)を描きました。

6．高圧需要家構内での完全、不完全一線地絡事故時の V_0、I_0 の大きさ及びベクトル

1．三線結線図　$R_g=0$ 時、$I_g=30.25$ A

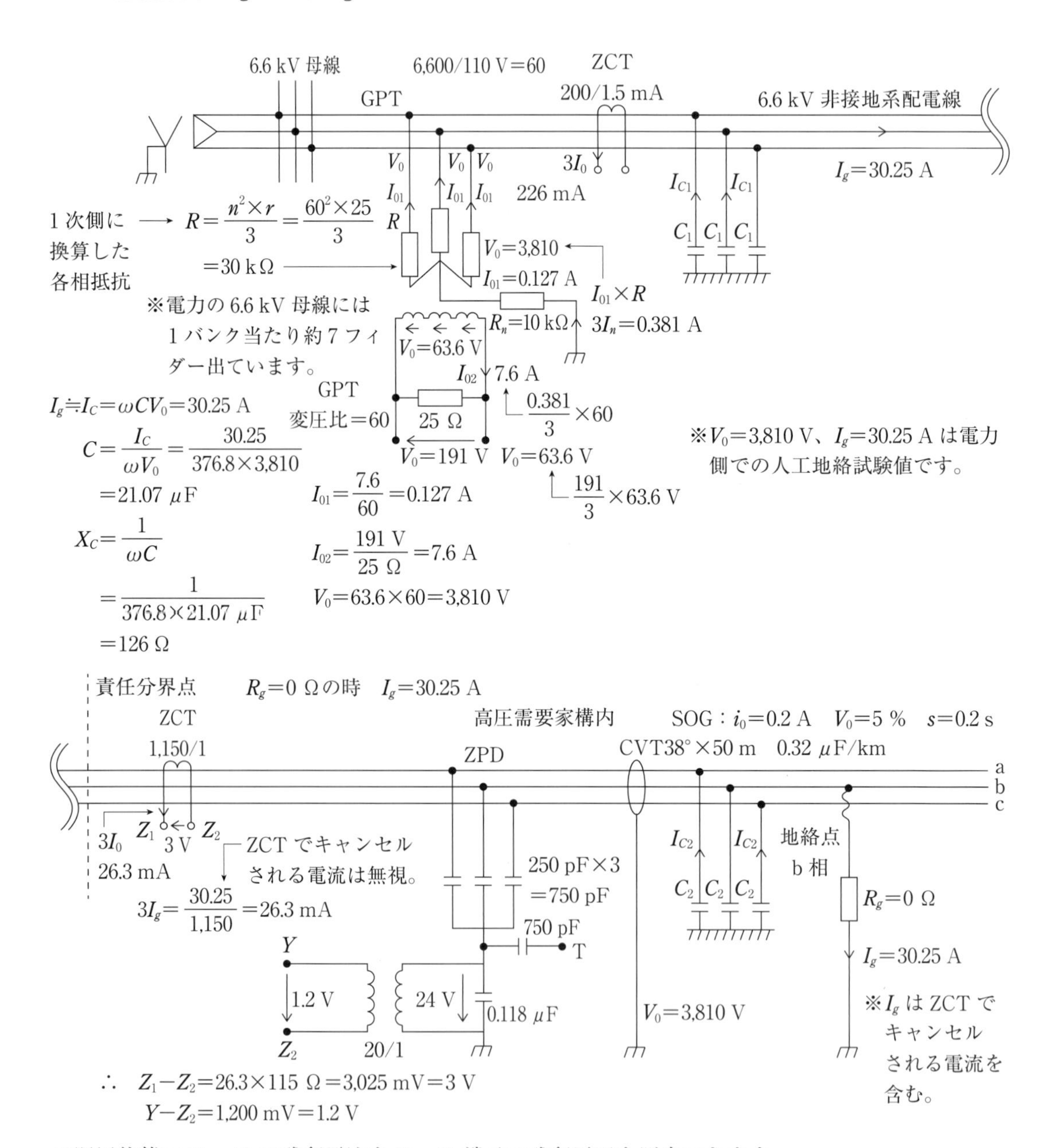

※運用状態で Z_1-Z_2 で残留電流を $Y-Z_2$ 端子で残留電圧を測定できます。

前ページの単線結線図

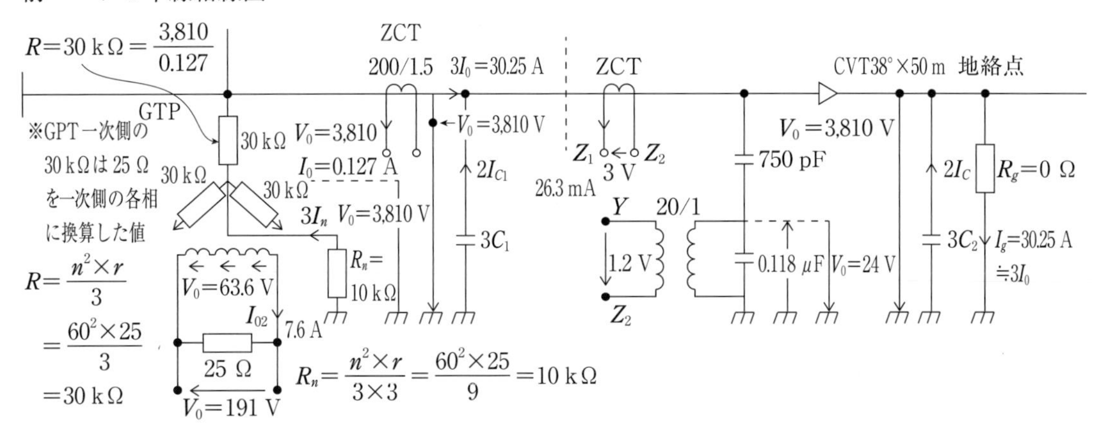

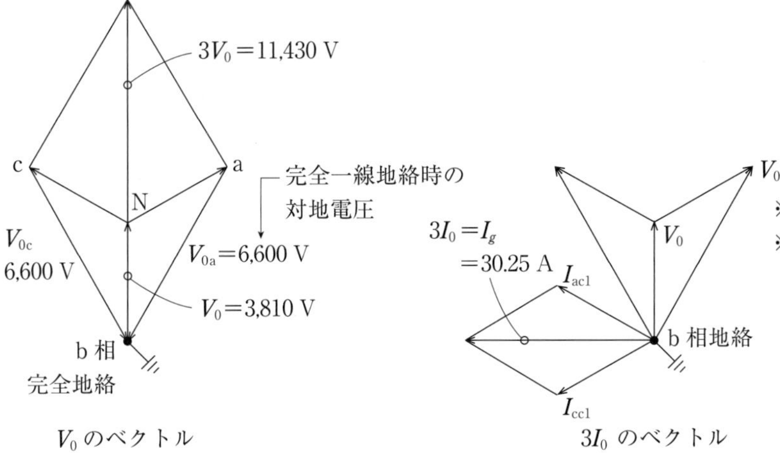

V_0 のベクトル　　　　$3I_0$ のベクトル

※$3I_0$ は V_0 に対して 90°進む

※1. $2I_{C2}$ 電流は ZCT でキャンセルされますので無視します。

2. GPT から吸い上がる $3I_n$ は非常に小さいため無視しています。

$Y-Z_2$ 間の V_0 を算出する。

$$V_0=\frac{750\times10^{-12}}{750\times10^{-12}+0.118\times10^{-6}}\times3{,}810=\frac{0.00075}{0.11875}\times3{,}810$$

$$=0.006315\times3{,}810=24\ \mathrm{V}$$

$$\therefore\quad Y-Z_2=V_0=24/20=1.2\ \mathrm{V}=1{,}200\ \mathrm{mV}$$

2．三線結線図　不完全地絡事故　$R_g = 1.5\ \mathrm{k\Omega}$ 時、$I_g = 2.54$ A

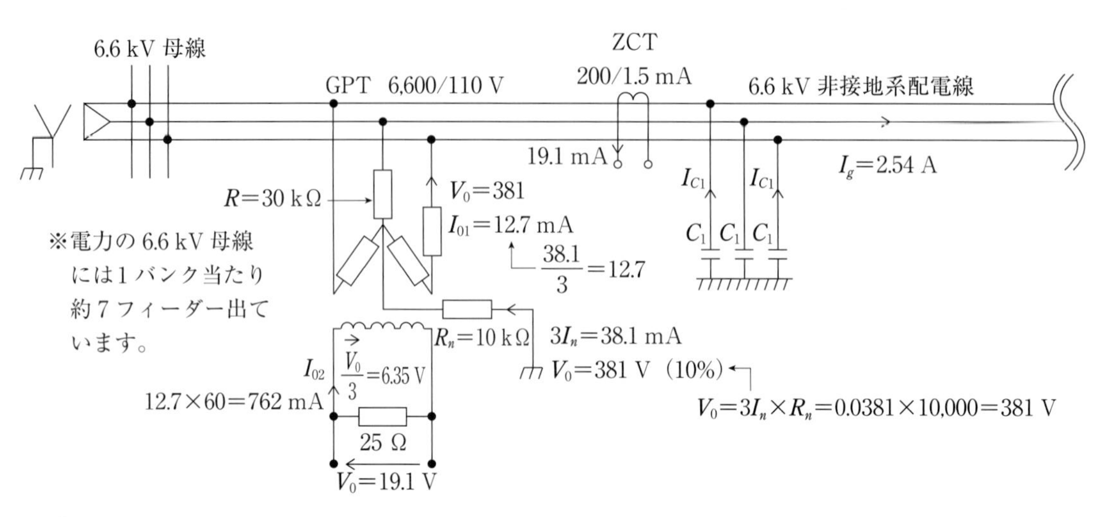

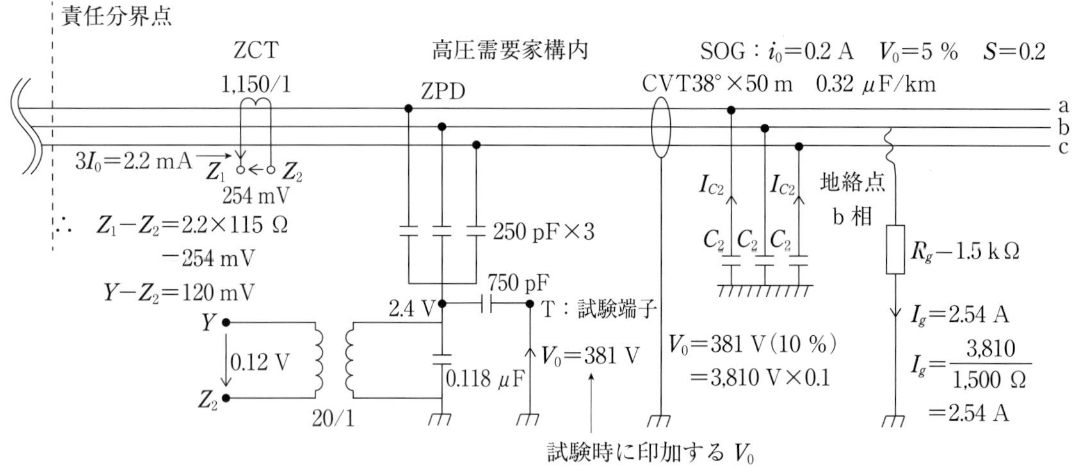

上図の単線結線図

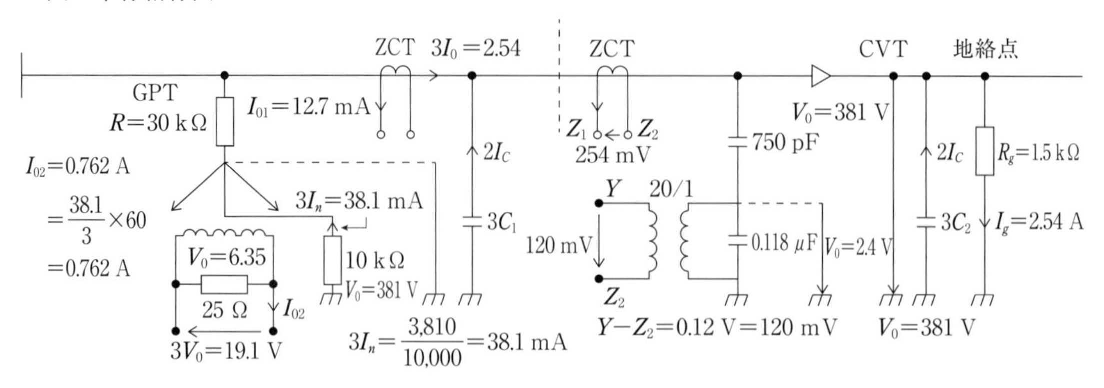

※運用状態で Z_1-Z_2 で残留電流を $Y-Z_2$ 端子で残留電圧を測定できます。

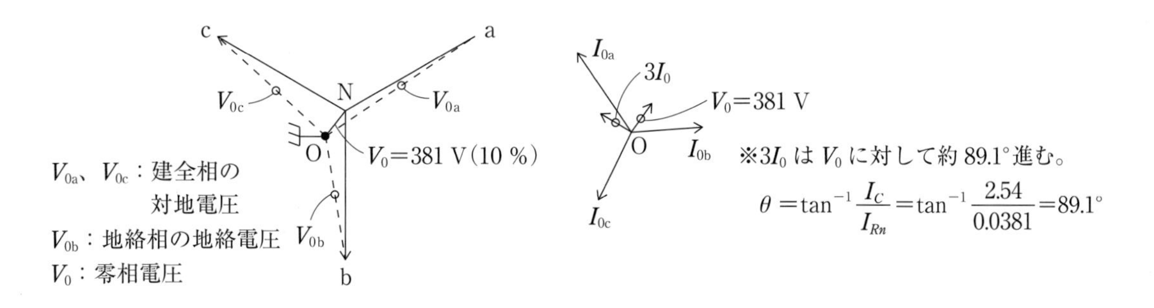

$Y-Z_2$ 間の V_0 を算出する。

$$V_0 = \frac{750\times10^{-12}}{750\times10^{-12}+0.118\times10^{-6}}\times381 = \frac{0.00075}{0.11875}\times381$$

$$= 0.006315\times381 = 2.4\ \text{V}$$

$$\therefore\quad \frac{2{,}400}{20} = 120\ \text{mV} = 0.12\ \text{V}$$

3．三線結線図　R_g＝2 kΩ 時、I_g＝1.92 A

高圧需要家構内で約 2 kΩ の高抵抗地絡事故時の V_0、I_0 の大きさ及びベクトル（R_g＝2 kΩ 時）

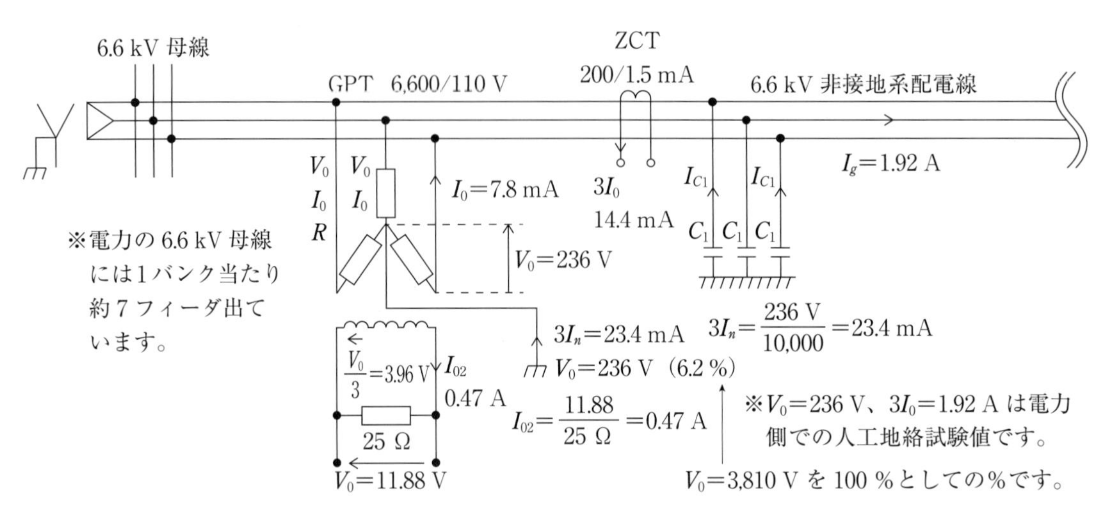

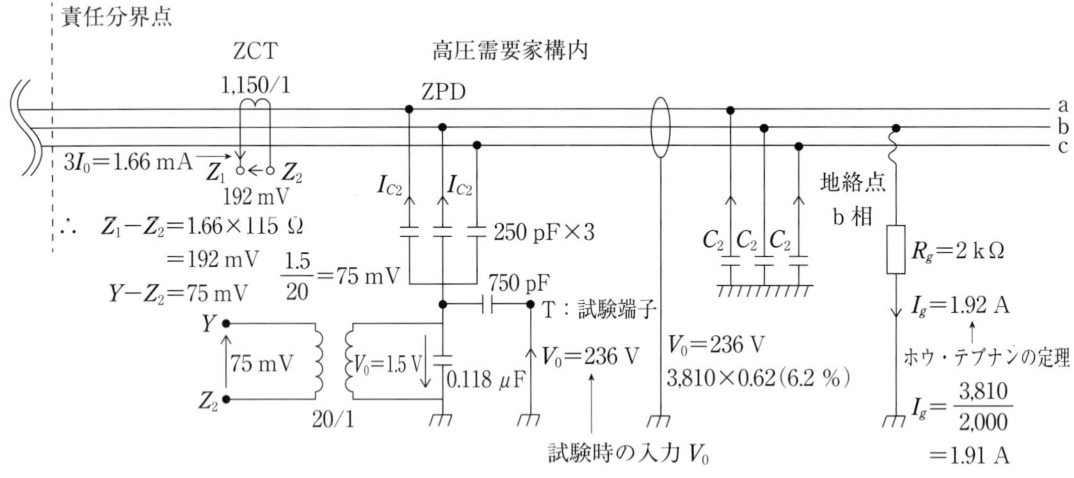

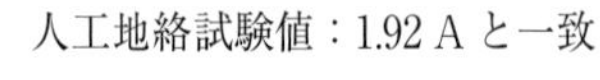

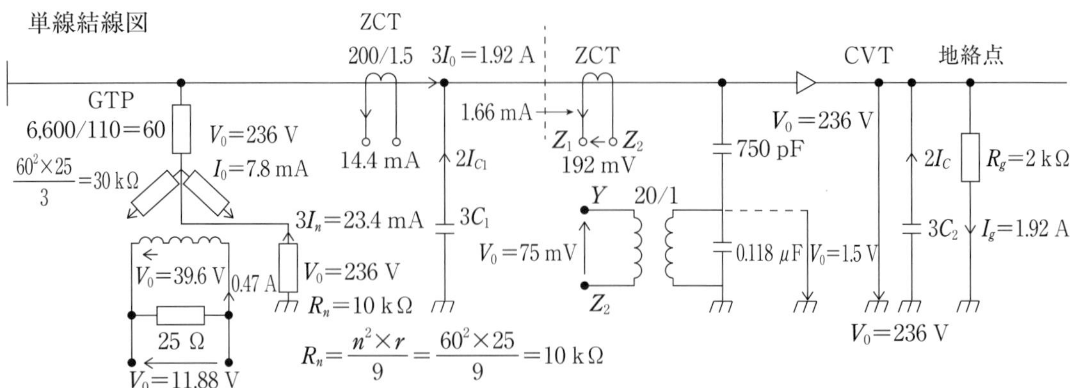

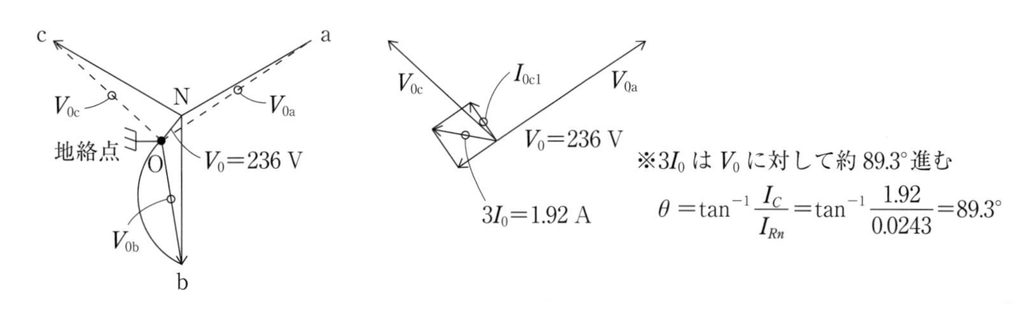

$Y-Z_2$ 間の V_0 を算出する。

$$V_0=\frac{750\times10^{-12}}{750\times10^{-12}+0.118\times10^{-6}}\times236\ \mathrm{V}=\frac{0.00075}{0.11875}\times236$$

$$=0.006315\times236=1.5\ \mathrm{V}$$

$$\therefore\quad \frac{1{,}500}{20}=75\ \mathrm{mV}$$

一線地絡事故の実際の計算

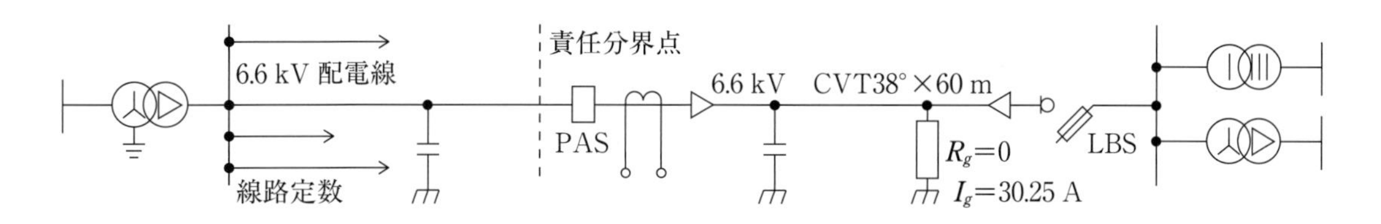

6.6 kV 配電線の三線一括分：21 μF ←人工地絡試験から得た複数配電線の平均の三線一括分

CVT38°　　$C=0.32\ \mu\mathrm{F/km}$（一線当りの C 分）

$3C=3\times0.32=0.96\ \mu\mathrm{F/km}$（三線一括分）

$I_g=30.25\ \mathrm{A}=\omega C_0\times3{,}810\ \mathrm{V}$　　$C_0=\dfrac{30.25}{2\pi f\times3{,}810}=21\ \mu\mathrm{F}$　……複数配電線の三線一括対地静電容量

（$f=60$ Hz）

$$\therefore\quad X_C=\frac{1}{\omega C_0}=\frac{1}{2\pi f\times21\times10^{-6}}=126.4\ \Omega$$

$$\therefore\quad I_g=\omega C_0\times6{,}600/\sqrt{3}=2\pi f\times(21+0.96\times60\ \mathrm{m}/1{,}000\ \mathrm{m})\times3{,}810$$

（0.96×60 m/1,000 m：0.0576 μF/60 m（三線分）、括弧内：三線一括分）

$$=376.8\times21.058\times10^{-6}\times3{,}810=30.2\ \mathrm{A}$$

$$I_g=\sqrt{3}\omega C\times6{,}600=\sqrt{3}\times2\pi f\times(21/3+0.058/3)\times10^{-6}\times6{,}600$$

$$=1.732\times376.8\times7.02\times10^{-6}\times6{,}600=30.2\ \mathrm{A}$$

（括弧内：一線当りの C 分）

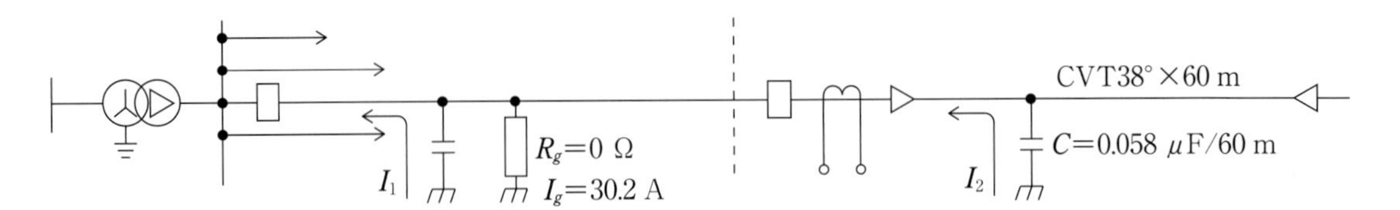

$$I_2 = \omega 3C\frac{6{,}600}{\sqrt{3}} = 2\pi f \times 0.058 \times 10^{-6} \times 3{,}810 = 83.2\ \text{mA}$$

$$I_2 = 30.2\ \text{A} \times \frac{0.058}{21+0.058} = 30.2 \times \frac{0.058}{21.058} = 83.2\ \text{mA}$$

※高圧需要家の高圧引込用ケーブルがCVT38°、CVT60°×100 mの場合

①CVT38°×100 m

$$I_2 = \omega 3C \times 100/1000 \times 10^{-6} \times 3{,}810 = 376.8 \times \underset{(0.32\times 3)}{0.96} \times \frac{1}{10} \times 10^{-6} \times 3{,}810 = 138\ \text{mA}$$

②CVT60°×100 m

$$I_2 = \omega 3C \times 100/1000 \times {}^{-6} \times 3{,}810 = 376.8 \times 3 \times 0.37 \times \frac{1}{10} \times 10^{-6} \times 3{,}810 = 159\ \text{mA}$$

③需要家ケーブルの充電電流

$$I_2 = \omega C6600/\sqrt{3} = 376.8 \times \underset{(三線一括分)}{0.0576} \times 10^{-6} \times 3{,}810 = 82.7\ \text{mA} \leftarrow 376.8 \times 0.058 \times 10^{-6} \times 3{,}810 = 83.2\ \text{mA}$$

$$I_2 = \sqrt{3}\omega C_0 \times 6600 = 1.732 \times 376.8 \times 0.0576/3 \times 10^{-6} \times 6{,}600 = 82.7\ \text{mA}$$

（$1.732 \times 376.8 \times 0.058/3 \times 10^{-6} \times 6{,}600 = 83.2$ mA）

SOGのTAP　$I_0 = 2 \times 82.7 = 165$ mA　（2：余裕係数（もらい事故防止の為の係数）、2倍～3.5倍）

∴　$I_0 = 200$ mA > 165 mA　$I_0 = 0.2$ AでOK（GRのTAP値：$I_0 = 0.2$ Aとする）

④CVT60°×100 m　$C = 0.37$ μF/kmの場合のもらい事故時I_g

$$I_2 = \omega \cdot 3C \times 6600/\sqrt{3} = 376.8 \times 3 \times 0.37 \times 100/1000 \times 10^{-6} \times 3{,}810 = 159\ \text{mA}$$

SOGのTAP値$I_0 = 159 \times 2 = 320$ mA ≒ 0.4 Aとすれば

※もらい事故時の誤動作も防止でき、構内での高抵抗地絡事故時でも確実に動作し事故点を切り離す。

※方向性RyならV_0の発生が小さく不動作となる可能性が高い

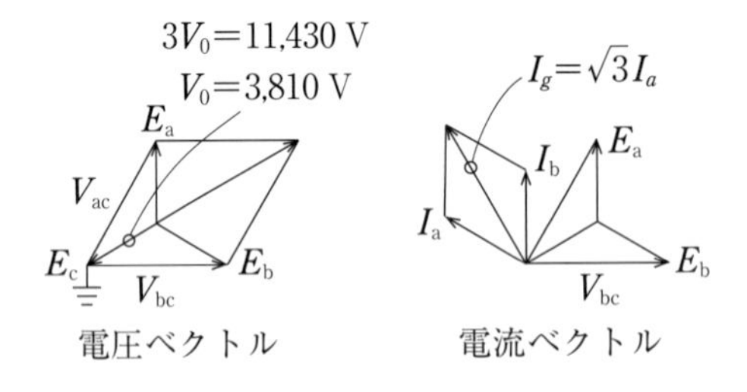

7．一線地絡事故時の実際の計算

1．各種地絡事故計算

完全一線地絡 I_g＝10 A 時の総合 C 分及び完全一線地絡時の
V_0＝3,810 V の 50 %、10 %、5 %、4 %、2 %時の地絡点電流、地絡抵抗を求めます。

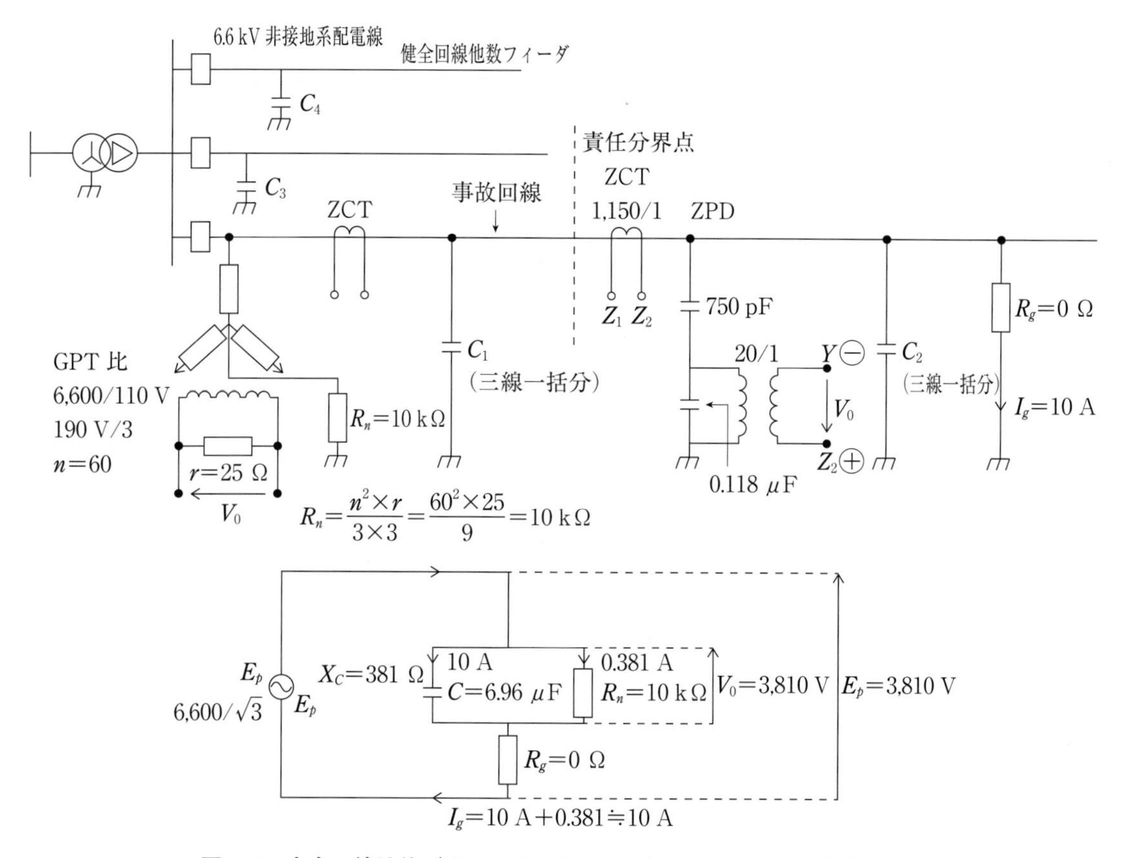

図－1　完全一線地絡（R_g＝0 Ω、I_g＝10 A）　V_0＝3,810 V（100 %）

図－1 の C 分（三線一括分）を算出：

① $I_C=\omega CV_0$　　$C=\dfrac{10\ \text{A}}{\omega V_0}=\dfrac{10}{376.8\times 3{,}810}=6.96\ \mu\text{F}$

$$\therefore\quad X_C=\frac{1}{\omega C}=\frac{1}{376.8\times 6.96\times 10^{-6}}=381\ \Omega$$

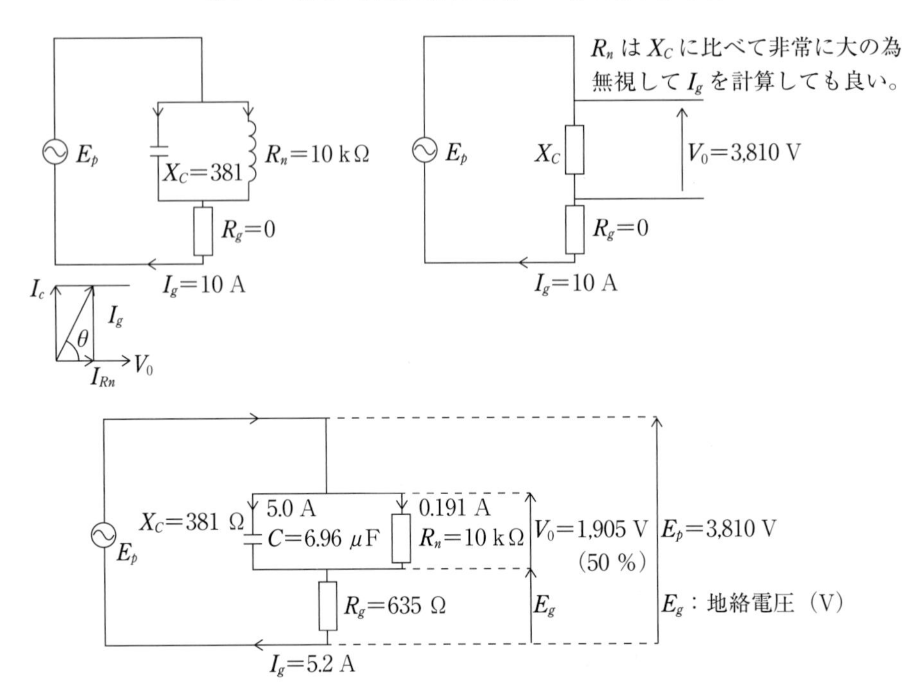

図－２　完全一線地絡時の V_0 が 50 %の時（７－１の自構内事故）

$\underset{(50\%)}{V_0=1905\ \mathrm{V}}$ の時 I_g、R_g を算出する。

$$I_C=\omega CV_0=376.8\times6.96\times10^{-6}\times1{,}905=5.0\ \mathrm{A}$$

② $I_{Rn}=\dfrac{1{,}905\ \mathrm{V}}{10{,}000\ \Omega}=0.191(\mathrm{A})$

$$\therefore\quad \dot{I}_g=\dot{I}_C+\dot{I}_{Rn}=\sqrt{5^2+0.191^2}=5.2\ \mathrm{A}$$

X_C, R_n, V_0：$\theta=\cos^{-1}\dfrac{I_{Rn}}{I_C}$　$\theta=\tan^{-1}\dfrac{I_C}{I_{Rn}}$

$$R_g=\frac{\sqrt{3{,}810^2-1{,}905^2}}{5.2\ \mathrm{A}}=635\ \Omega$$

V_0 と $3I_C$ とのθ

$$\theta=\tan^{-1}\frac{5}{0.191}=87.8^\circ$$

$I_g=5+0.191=5.2$ A　　$\theta=\cos^{-1}\dfrac{0.191}{5.0}=87.8^\circ$

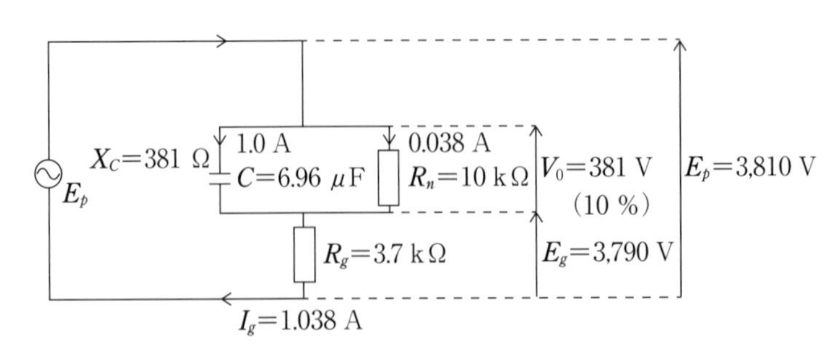

図－３　完全一線地絡時の $V_0=10$ %の時（７－１の自構内事故）

$V_0 = 381$ V の時の I_g、R_g を算出する。
（10%）

③ $I_C = \omega C V_0 = 376.8 \times 6.96 \times 10^{-6} \times 381 = 1.0$ A

$$I_{Rn} = \frac{381\ \text{V}}{10{,}000} = 0.038\ \text{A}$$

$$\dot{I}_g = \dot{I}_C + \dot{I}_{Rn} = \sqrt{1^2 + 0.038^2} = 1.0\ \text{A}$$

$$E_g = \sqrt{3{,}810^2 - 381^2} = 3{,}790\ \text{V}$$

$$R_g = \frac{3{,}790\ \text{V}}{1.038\ \text{A}} = 3{,}651\ \Omega = 3.7\ \text{k}\Omega$$

I_g　$I_C = 1.0$

$I_{Rn} = 0.038$　V_0　$\theta = \tan^{-1}\dfrac{1.0}{0.038}$

$= 87.8°$

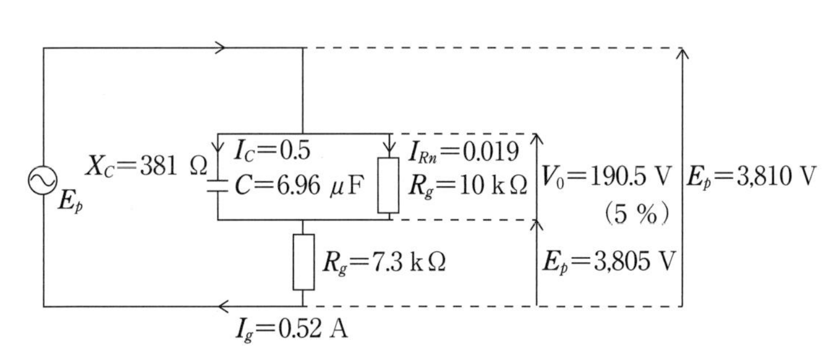

図－4　完全一線地絡時の V_0＝5 %の時（7－1 の自構内事故）

$V_0 = 190.5$ V（5 %）の時の I_g、R_g を算出

$$I_C = \omega C V_0 = 376.8 \times 6.96 \times 10^{-6} \times 190.5 = 0.5\ \text{A}$$

$$I_C = \frac{V_0}{X_C} = \frac{190.5}{381} = 0.5\ \text{A}$$

$$I_{Rn} = \frac{190.5\ \text{V}}{10{,}000\ \Omega} = 0.019\ \text{A}$$

$$\dot{I}_g = \dot{I}_C + \dot{I}_{Rn} = \sqrt{0.5^2 + 0.019^2} = 0.5\ \text{A}$$

$$E_g = \sqrt{3{,}810^2 - 190.5^2} = 3{,}805\ \text{V}$$

$$R_g = \frac{3{,}805}{0.52} = 7{,}317\ \Omega = 7.3\ \text{k}\Omega$$

$$\theta = \tan^{-1}\frac{I_C}{I_{Rn}} = \tan^{-1}\frac{0.5}{0.019} = 87.8°$$

④　完全一線地絡　I_g＝10 A 時の総合 C 分（7－1の自構内事故で完全一線地絡時の4％と2％時の事故解析）

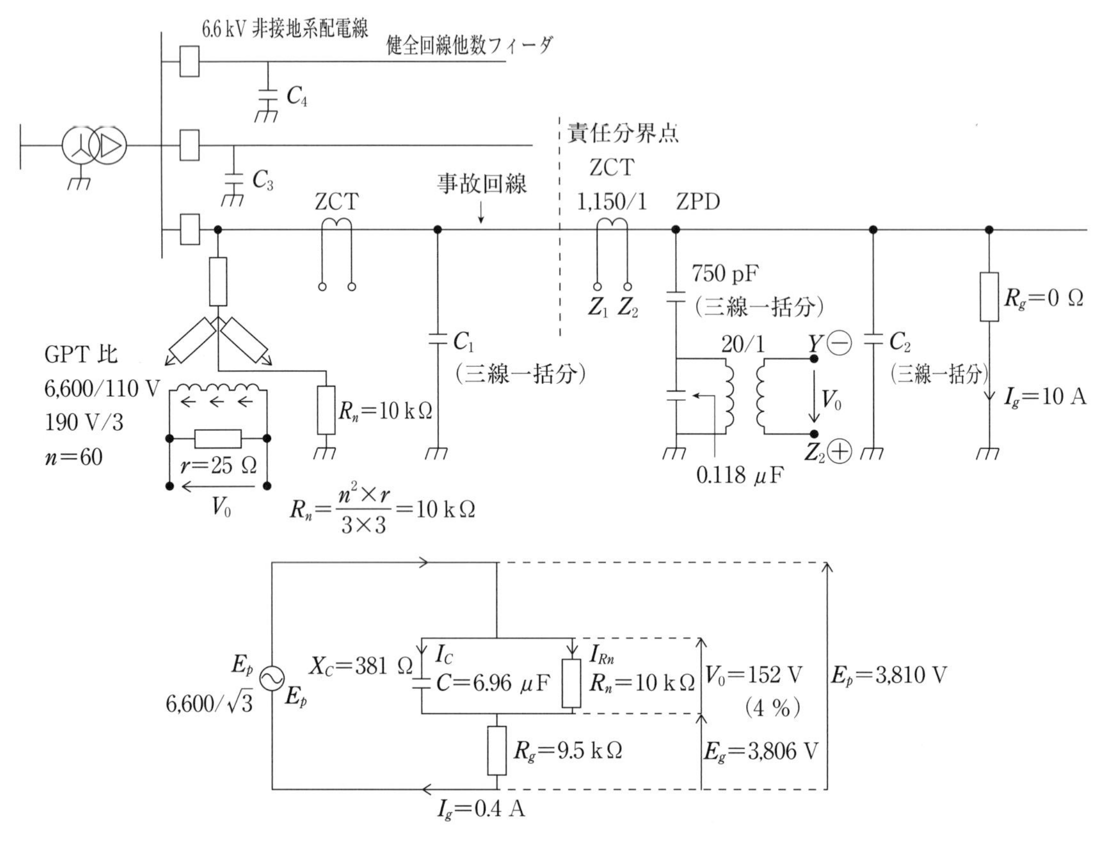

図－1　完全一線地絡時の4％の時（7－1の自構内事故）

V_0＝152 V の時の $I_g \cdot R_g$ を算出する。
（3,810 V × 4 ％ ＝ 152 V）

⑤ $I_C=\omega CV_0=376{,}8\times 6.96\times 10^{-6}\times 152\ \text{V}=0.4\ \text{A}$

$$I_C=\frac{152}{381\ \Omega}=0.4\ \text{A}$$

$$I_{Rn}=\frac{152}{10{,}000}=0.015\ \text{A}$$

$$\therefore\quad I_g=\sqrt{I_C{}^2+I_{Rn}{}^2}=\sqrt{0.4^2+0.015^2}=0.4$$

$$\therefore\quad R_g=\frac{3{,}806}{0.4\ \text{A}}=9{,}515\ \Omega=9.5\ \text{k}\Omega$$

$$\dot{E}_g=\sqrt{3{,}810^2-152^2}=3{,}806\ \text{V}$$

$$\theta=\tan^{-1}\frac{I_C}{I_{Rn}}=\tan^{-1}\frac{0.4}{0.015}=87.8^\circ$$

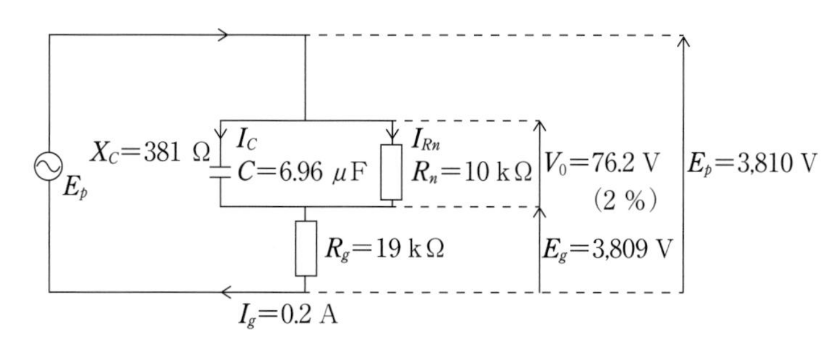

図－2　完全一線地絡時の V_0 が２％の時（７－１の自構内事故）

$V_0=76.2$ V 時の I_g、R_g を算出
(3,810 V × 2 % = 76.2 V)

⑥ $I_C=\omega CV_0=376.8\times6.96\times10^{-6}\times76.2\text{ V}=0.2\text{ A}$

$$I_C=\frac{76.2}{381}=0.2\text{ A}$$

$$I_{Rn}=\frac{76.2}{10{,}000}=0.0076\text{ A}$$

$$\therefore\quad I_g=\sqrt{{I_C}^2+{I_{Rn}}^2}=0.2\text{ A}$$

$$\therefore\quad R_g=\frac{3{,}809}{0.2}=19{,}045\ \Omega=19\text{ k}\Omega$$

$$\dot{E}_g=\sqrt{3{,}810^2-76.2^2}=3{,}809\text{ V}$$

$$\theta=\tan^{-1}\frac{I_C}{I_{Rn}}=\frac{0.2}{0.0076}=87.8^\circ$$

２．完全一線地絡

$I_g=15$ A 時の総合 C 分及び $V_0=3{,}810$ V の 50 %、10 %、5 %、4 %、2 %時の地絡点電流、地絡抵抗を求めます。

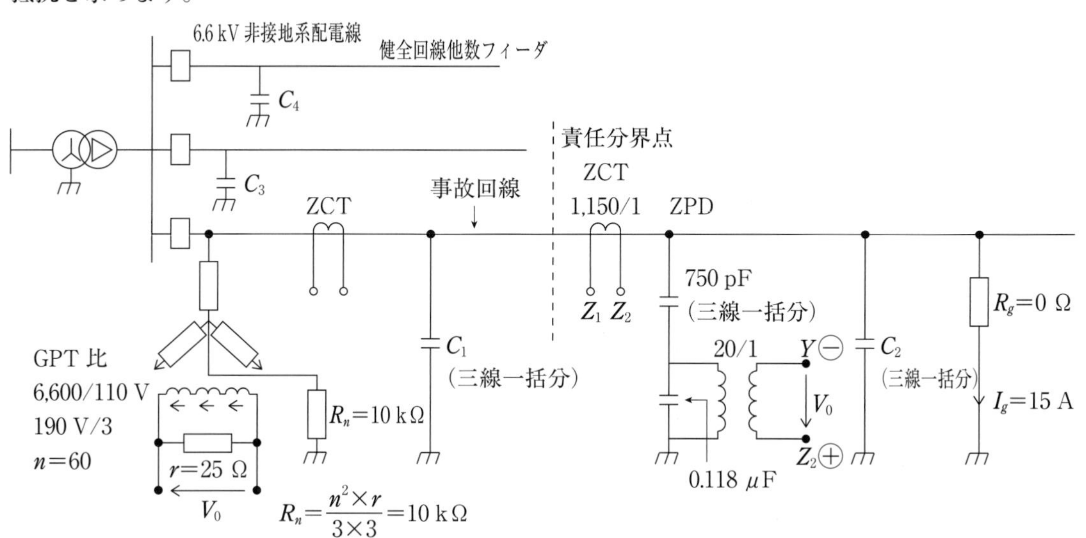

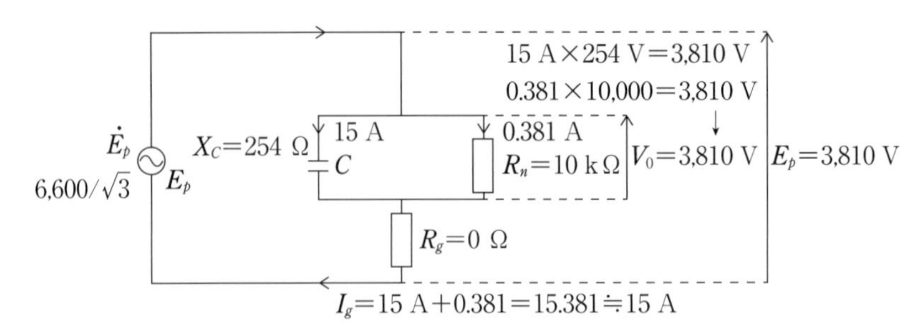

図－1　完全一線地絡（$R_g=0\ \Omega$、$I_g=15\ \mathrm{A}$）　$V_0=3{,}810\ \mathrm{V}$（100 %）

図1の C 分（三線一括分）を算出する。

① $I_C=\omega CV_0$　　$C=\dfrac{15\ \mathrm{A}}{376.8\times 3{,}810}=10.44\ \mu\mathrm{F}$

$$X_C=\frac{1}{\omega C}=\frac{1}{376.8\times 10.44\times 10^{-6}}=254\ \Omega$$

$$\dot{E}_g=\dot{E}_p-V_0$$

$$\theta=\tan^{-1}\frac{I_C}{I_{Rn}}$$

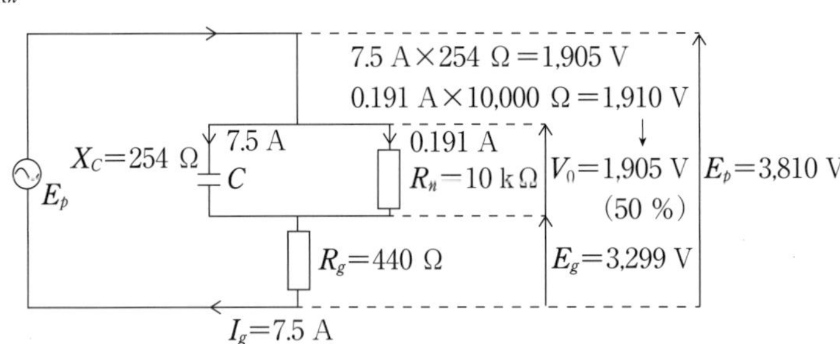

図－2　完全一線地絡時の V_0 が 50 %の時

$V_0=1{,}905\ \mathrm{V}$（50 %）時の I_g、R_g を算出する。

② $I_C=\omega CV_0=376.8\times 10.44\times 10^{-6}\times 1{,}905=7.5\ \mathrm{A}$

$$I_{Rn}=\frac{1{,}905}{10{,}000\ \Omega}=0.191\ \mathrm{A}$$

$$I_g=\sqrt{7.5^2+0.191^2}=7.5\ \mathrm{A}$$

$$\dot{E}_g=\dot{E}_p-\dot{V}_0$$

$$R_g=\frac{E_g}{I_g}=\frac{3{,}299}{7.5}=440\ \Omega$$

$$E_g=\sqrt{3{,}810^2-V_0^2}=\sqrt{3{,}810^2-1{,}905^2}=3{,}299\ \mathrm{V}$$

$$\theta=\tan^{-1}\frac{I_C}{I_{Rn}}=\tan^{-1}\frac{7.5}{0.191}=88.5^\circ$$

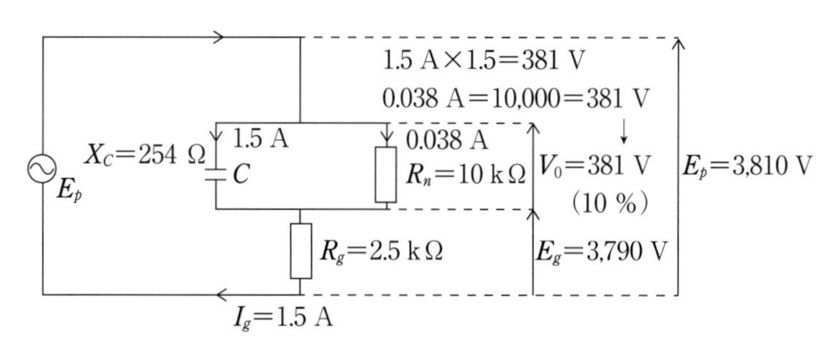

図－3　完全一線地絡時の V_0＝10 %の時

$V_0 = 381$ V（10 %）時の I_g、R_g を算出する。

③ $I_C = \omega CV_0 = 376.8 \times 10.44 \times 10^{-6} \times 381 = 1.5$ A

$$I_{Rn} = \frac{381}{10{,}000} = 0.038 \text{ A}$$

$$I_g = \sqrt{1.5^2 + 0.038^2} = 1.5 \text{ A}$$

$$R_g = \frac{\sqrt{3{,}810^2 - 381^2}}{1.5 \text{ A}} = 2{,}526\ \Omega = 2.5\ \text{k}\Omega$$

$$\dot{E}_g = \dot{E}_p - \dot{V}_0$$

$$\theta = \tan^{-1}\frac{I_C}{I_{Rn}} = \tan^{-1}\frac{1.5}{0.038} = 88.5°$$

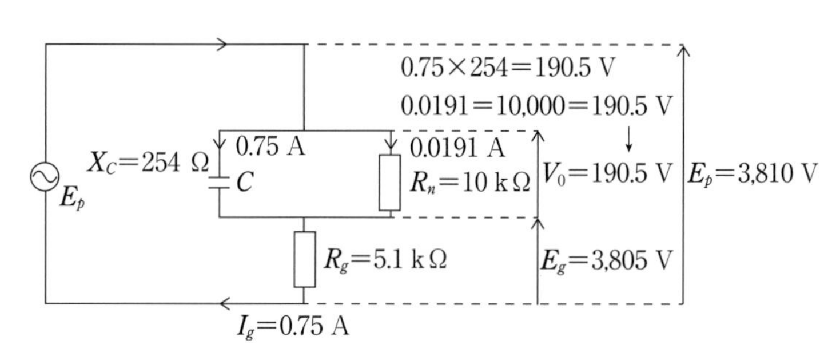

図－4　完全一線地絡時の V_0＝5 %の時

$V_0 = 190.5$ V（5 %）時の I_g、R_g

④ $I_C = \omega CV_0 = 376.8 \times 10.44 \times 10^{-6} \times 190.5 = 0.75$ A

$$I_{Rn} = \frac{190.5}{10{,}000} = 0.0191 \text{ A}$$

$$I_g = \sqrt{0.75^2 + 0.0191^2} = 0.75 \text{ A}$$

$$R_g = \frac{\sqrt{3{,}810^2 - 190.5^2}}{I_g} = \frac{3{,}805}{0.75} = 5{,}074\ \Omega = 5.1\ \text{k}\Omega$$

$$\dot{E}_g = \dot{E}_p - \dot{V}_0$$

$$\theta = \tan^{-1}\frac{I_C}{I_{Rn}}$$

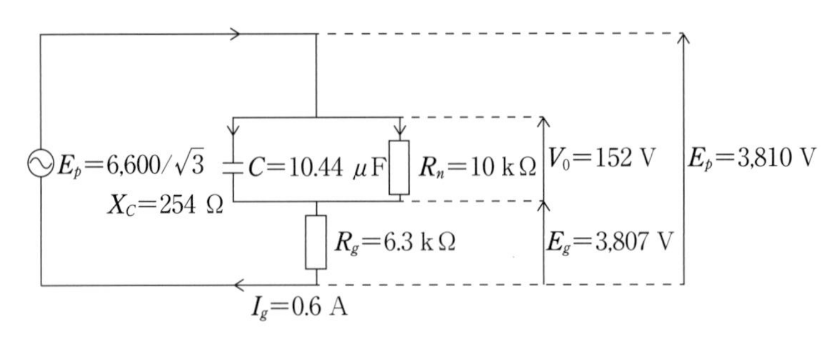

図－1　完全一線地絡時の４％の時

$V_0 = 152$ V の時の I_g、R_g を算出する。
(3,810 V × 4 % = 152 V)

⑤ $I_C = \omega C V_0 = 376.8 \times 10.44 \times 10^{-6} \times 152\ \mathrm{V} = 0.6\ \mathrm{A}$　　$I_C = \dfrac{152\ \mathrm{V}}{254\ \Omega} = 0.6\ \mathrm{A}$

$$I_{Rn} = \frac{152}{10{,}000} = 0.015\ \mathrm{A}$$

$$\therefore\quad I_g = \sqrt{{I_C}^2 + {I_{Rn}}^2} = 0.6\ \mathrm{A}$$

$$\therefore\quad R_g = \frac{\sqrt{3{,}810^2 - 152^2}}{I_g} = 6{,}345\ \Omega = 6.3\ \mathrm{k\Omega}$$

$$\dot{E}_g = \dot{E}_p - \dot{V}_0$$

$$\theta = \tan^{-1}\frac{I_C}{I_{Rn}}$$

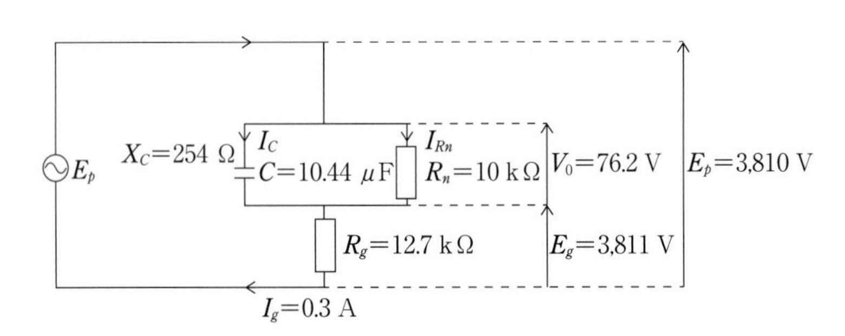

図－2　完全一線地絡時の V_0 が２％の時

$V_0 = 76.2$ の時の I_g、R_g を算出する。
(3,810 V × 2 % = 76.2 V)

⑥ $I_C = \omega C V_0 = 376.8 \times 10.44 \times 10^{-6} \times 76.2\ \mathrm{V} = 0.3\ \mathrm{A}$　　$I_C = \dfrac{76.2}{254\ \Omega} = 0.3\ \mathrm{A}$

$$I_{Rn} = \frac{76.2\ \mathrm{V}}{10{,}000\ \Omega} = 0.0076\ \mathrm{A}$$

$$\therefore\quad I_g = \sqrt{{I_C}^2 + {I_{Rn}}^2} = 0.3\ \mathrm{A}$$

$$\therefore\quad R_g = \frac{\sqrt{3{,}810^2 - 76.2^2}}{I_g} = 12{,}703\ \Omega = 12.7\ \mathrm{k\Omega}$$

$$\dot{E}_g = \dot{E}_p - \dot{V}_0 \qquad \theta = \tan^{-1}\frac{I_C}{I_{Rn}}$$

3．完全一線地絡時

（20 に付した注：フィーダーが架空配電線の場合のみの場合は I_g は小さくなります）

$I_g = 20$(A) 時の C 分（北部地区○○変電所）及び $V_0 = 3{,}810$ V の 50 %、10 %、5 %、4 %、2 %時の地絡点電流、地絡抵抗を求めます。

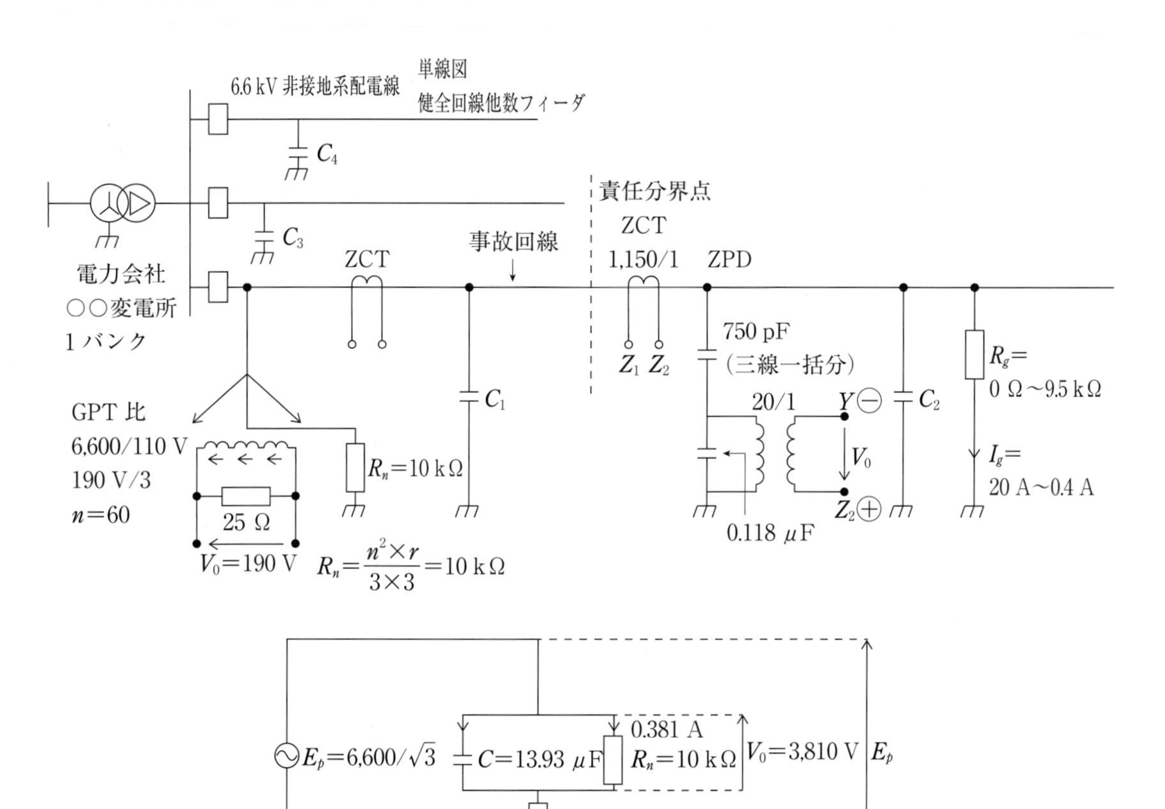

図－1　完全一線地絡

$I_g = 20\ \text{A} \fallingdotseq I_C$

上図 C を算出（三線一括分）

① $I_C = \omega C V_0 (100\ \%\text{時}) = 376.8 \times 13.93 \times 10^{-6} \times 3{,}810 = 19.99 \fallingdotseq 20\ \text{A}$

$$C = \frac{20(\text{A})}{\omega V_0} = \frac{20}{376.8 \times 3{,}810} = 13.93\ \mu\text{F} \qquad \therefore \quad X_C = \frac{1}{\omega C} = \frac{1}{376.8 \times 13.93 \times 10^{-6}} = 190.5\ \Omega$$

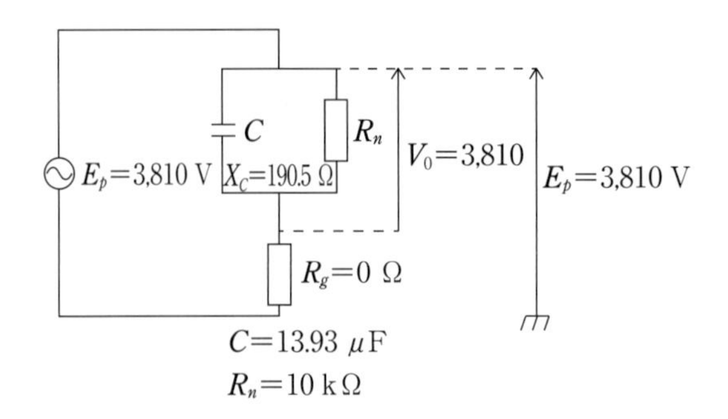

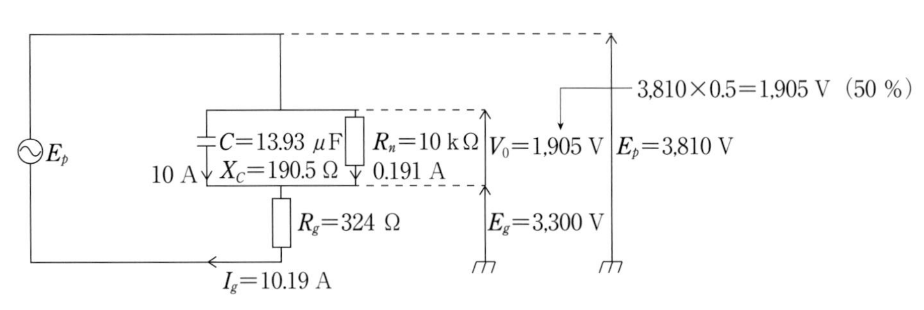

図－2　完全一線地絡時の 50 %

② $I_C = \omega C V_0 = 376.8 \times 13.93 \times 10^{-6} \times 1{,}905 = 9.98\ \mathrm{A} = 10\ \mathrm{A}$

$$I_{Rn} = \frac{1{,}905}{10{,}000} = 0.191\,(\mathrm{A})$$

$I_g = 10.19\ \mathrm{A}$

$$\therefore\quad R_g = \frac{\sqrt{3{,}810^2 - 1{,}905^2}}{10.19\ \mathrm{A}} = 324\ \Omega$$

$$\dot{E}_g = \dot{E}_p - \dot{V}_0$$

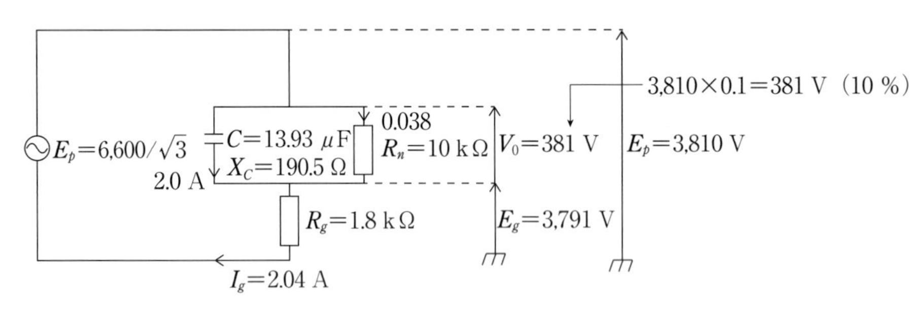

図－3　完全一線地絡時の 10 %

③ $I_C = \omega CV_0 = 376.8 \times 13.9 \times 10^{-6} \times 381 = 2.0$ A

$$I_{Rn} = \frac{381\ \text{V}}{10{,}000} = 0.038$$

$$I_g = 2.0 + 0.038 = 2.04\ \text{A}$$

$$R_g = \frac{\sqrt{3{,}810^2 - 381^2}}{2.04} = 1.858 = 1.8\ \text{k}\Omega$$

$$E_g = \sqrt{3{,}810^2 - 381^2} = 3{,}791\ \text{V}$$

$$\dot{E}_g = \dot{E}_p - \dot{V}_0$$

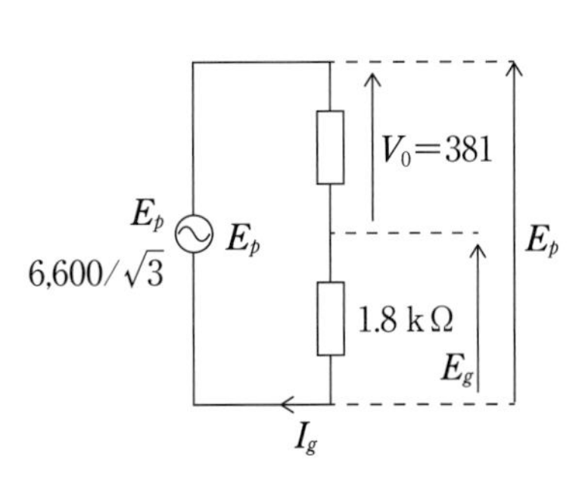

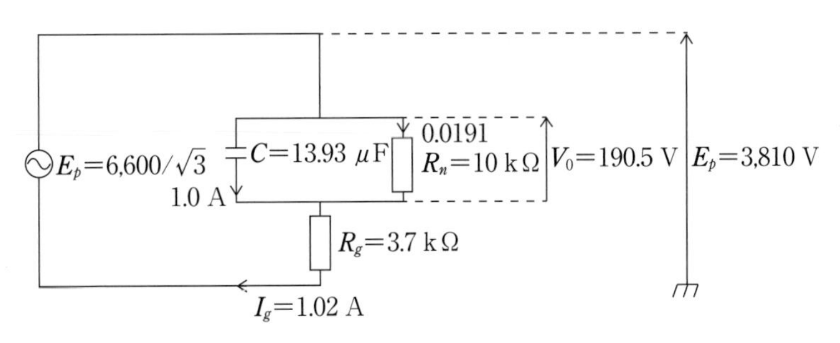

図－4　完全一線地絡時の５％

④ $I_C = \omega CV_0 = 376.8 \times 13.93 \times 10^{-6} \times 190.5 = 0.998\ \text{A} = 1.0\ \text{A}$

$$I_{Rn}\ \frac{190.5}{10{,}000} = 0.0191\ \text{A}$$

$$I_g = 1.0 + 0.0191 = 1.02\ \text{A}$$

$$R_g = \frac{\sqrt{3{,}810^2 - 190.5^2}}{1.02} = 3{,}730\ \text{k}\Omega = 3{,}7\ \text{k}\Omega$$

$$\dot{E}_g = \dot{E}_p - \dot{V}_0$$

$$E_g = \sqrt{3{,}810^2 - 190.5^2} = 3{,}805\ \text{V}$$

$$E_p = 3{,}810\ \text{V}$$

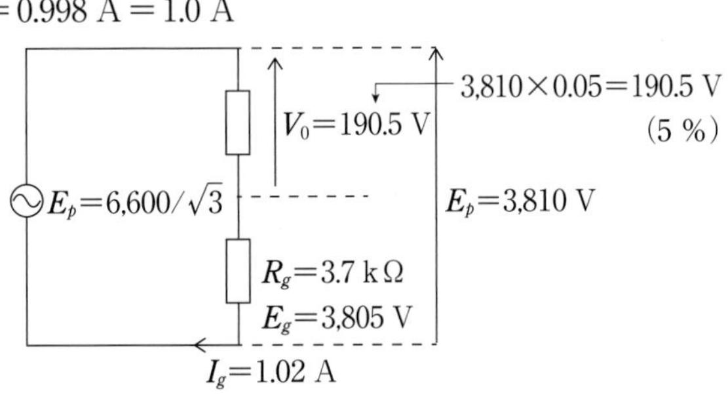

$V_0 = 152$ V の時の I_g、R_g を算出する。
（3,810 V × 4 % = 152 V）

⑤ $I_C = \omega CV_0 = 376.8 \times 13.93 \times 10^{-6} \times 152\ \text{V} = 0.8\ \text{A}$

$$I_{Rn} = \frac{152\ \text{V}}{10{,}000} = 0.0152\ \text{A}$$

$$I_g = \sqrt{I_C{}^2 + I_{Rn}{}^2} = 0.8\ \text{A}$$

$$R_g = \frac{\sqrt{3{,}810^2 - 152^2}}{0.8} = 4{,}758\ \Omega = 4.7\ \text{k}\Omega$$

$$\dot{E}_g = \dot{E}_p - \dot{V}_0 = \sqrt{3{,}810^2 - 152} = 3{,}807\ \text{V}$$

$$\theta = \tan^{-1}\frac{I_C}{I_{Rn}}$$

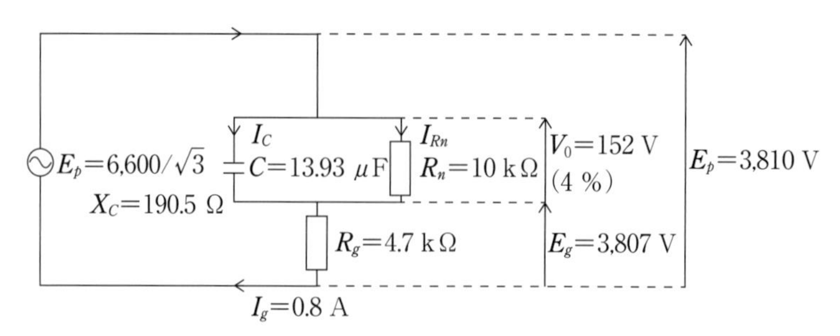

図－1　完全一線地絡時の 4 %の時

$V_0 = 76.2$ V の時の I_g、R_g を算出する。
（3,810 V × 2 % = 76.2 V）

⑥ $I_C = \omega C V_0 = 376.8 \times 13.93 \times 10^{-6} \times 76.2\ \text{V} = 0.4\ \text{A}$　　$I_C = \dfrac{76.2}{190.5} = 0.4\ \text{A}$

$$I_{Rn} = \frac{76.2}{10{,}000} = 0.076\ \text{A}$$

$$I_g = \sqrt{{I_C}^2 + {I_{Rn}}^2} = 0.4\ \text{A}$$

$$R_g = \frac{\sqrt{3{,}810^2 - 76.2^2}}{0.4\ \text{A}} = 9{,}522\ \Omega = 9.5\ \text{k}\Omega$$

$$\dot{E}_g = \dot{E}_p - \dot{V}_0 = \sqrt{3{,}810^2 - 76.2^2} = 3{,}809\ \text{V}$$

$$\theta = \tan^{-1}\frac{I_C}{I_{Rn}}$$

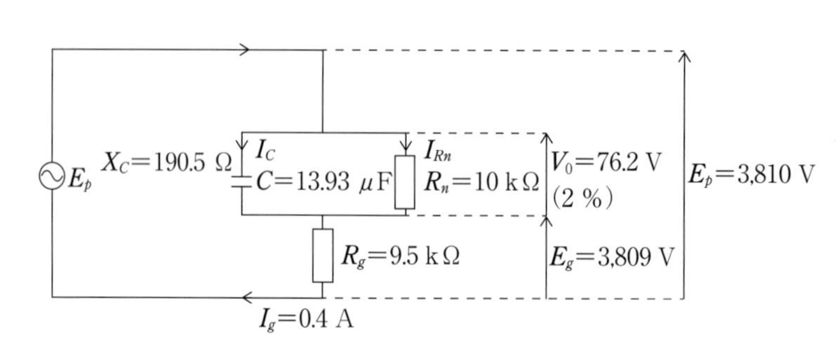

図－2　完全一線地絡時の V_0 が 2 %の時

4．完全一線地絡時

※架空＋ケーブルの混在配電線

$I_g = 25$(A) 時の C 分及び $V_0 = 3{,}810$ V の 50 %、10 %、5 %、4 %、2 %時の地絡点電流、地絡抵抗を求めます。

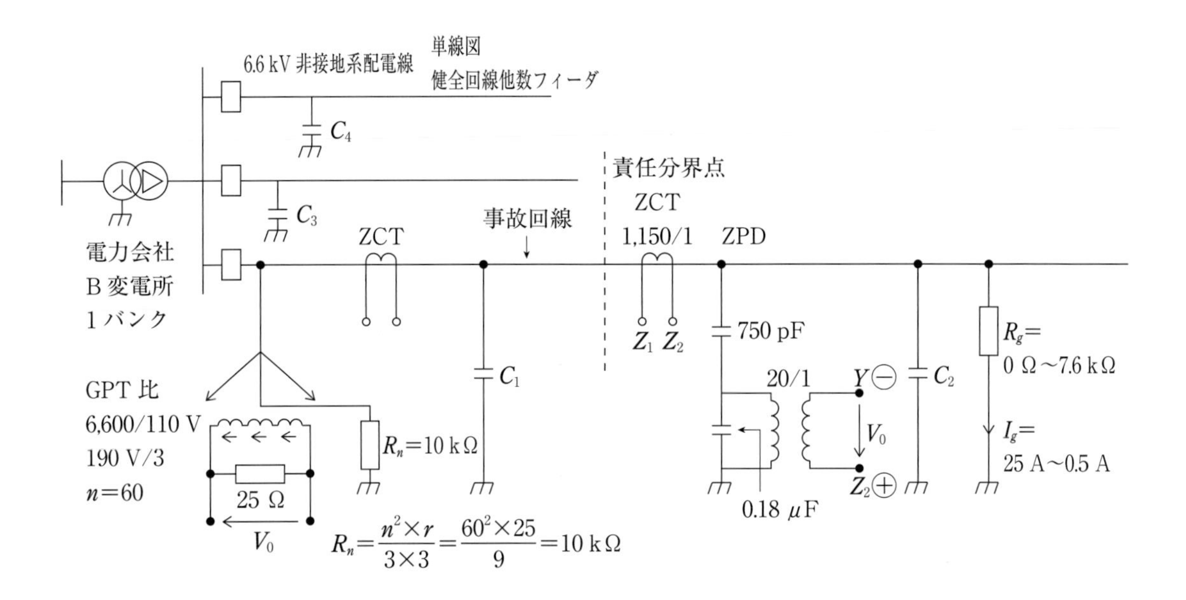

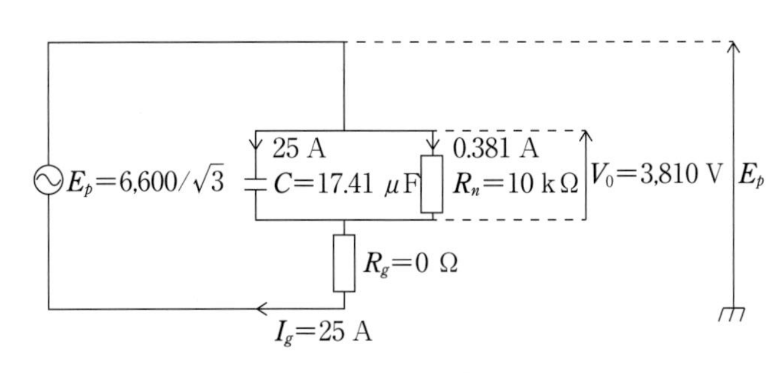

図－1　完全一線地絡

Cの算出（三線一括分）$I_g = 25\ \mathrm{A} \fallingdotseq I_C$

① $C = \dfrac{25\ \mathrm{A}}{\omega \mathrm{V}_0} = \dfrac{25}{376.8 \times 3{,}810} = 17.41\ \mu\mathrm{F}$　　$X_C = \dfrac{1}{376.8 \times 17.41 \times 10^{-6}} = 152.4\ \Omega$

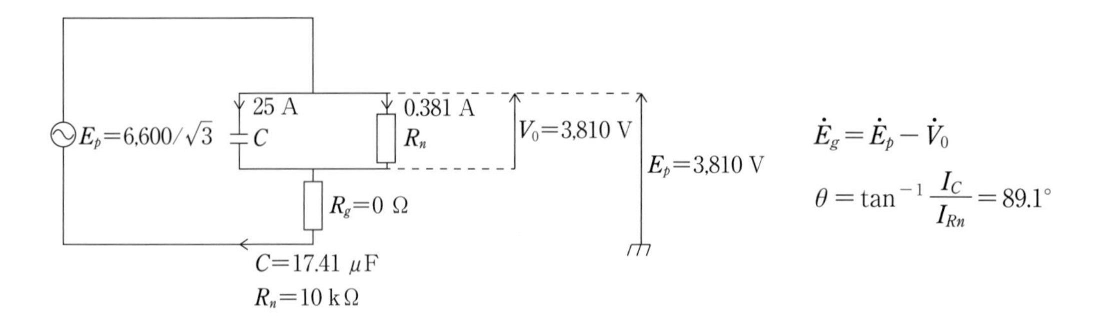

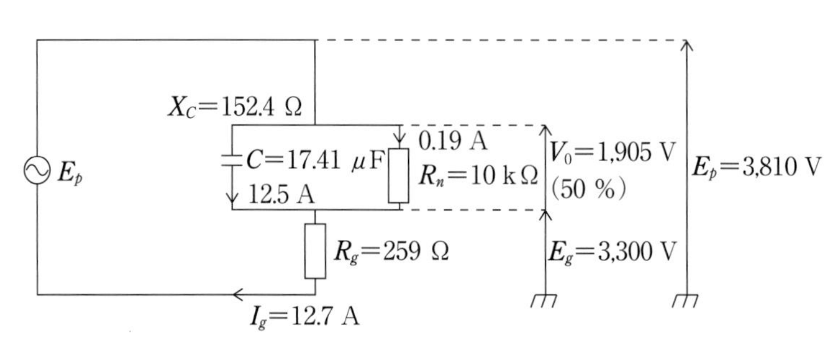

図－2　完全一線地絡時の 50 %

② $I_C=\omega CV_0=376.8\times17.41\times10^{-6}\times1{,}905=12.5\ \mathrm{A}$

$$I_{Rn}=\frac{1{,}905}{10{,}000}=0.191\ \mathrm{A}$$

$$I_g=12.7\ \mathrm{A}\qquad\therefore\quad R_g=\frac{\sqrt{3{,}810^2-1{,}905^2}}{12.7\ \mathrm{A}}=259\ \Omega\qquad\frac{3{,}300}{12.7}=259\ \Omega$$

$$\theta=\tan^{-1}\frac{I_C}{I_{Rn}}=\tan^{-1}\frac{12.5}{0.191}=89.1°$$

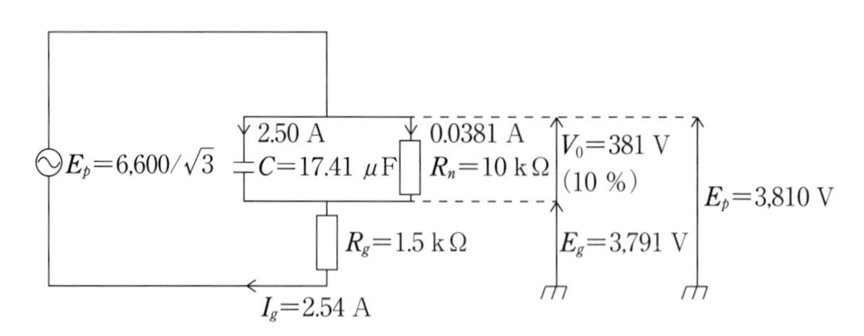

図－3　完全一線地絡時の 10 %

③ $I_C=\omega CV_0=376.8\times17.41\times10^{-6}\times381=2.50\ \mathrm{A}$

$$I_{Rn}=\frac{381}{10{,}000}=0.0381\ \mathrm{A}$$

$$I_g=2.54\ \mathrm{A}\qquad\therefore\quad R_g=\frac{\sqrt{3{,}810^2-381^2}}{2.54}=\frac{3{,}791}{2.54}=1{,}492\ \Omega=1.5\ \mathrm{k}\Omega$$

$\dot{E}_g = \dot{E}_p - \dot{V}_0$

$\theta = \tan^{-1}\dfrac{I_C}{I_{Rn}}$

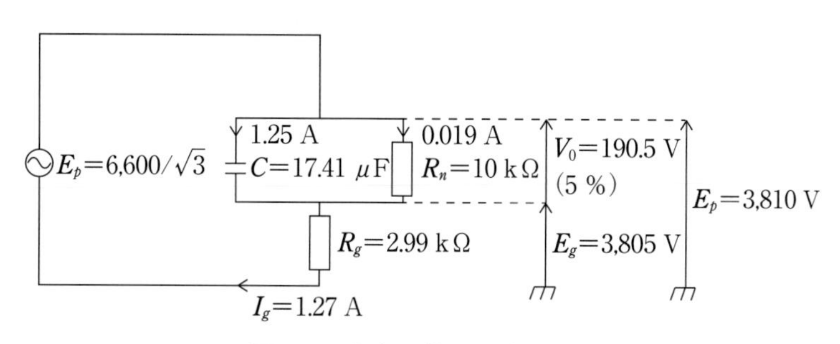

図－4　完全一線地絡時の５％

④ $I_C = \omega C V_0 = 376.8 \times 17.41 \times 10^{-6} \times 190.5 = 1.25$ A

$I_{Rn} = \dfrac{190.5}{10{,}000} = 0.0191$ A

$I_g = 1.27$ A

$\therefore \quad R_g = \dfrac{\sqrt{3{,}810^2 - 190.5^2}}{1.27} = \dfrac{3{,}805}{1.27} = 2{,}990 = 2.99$ kΩ

$\dot{E}_g = \dot{E}_p - \dot{V}_0$

$\theta = \tan^{-1}\dfrac{I_C}{I_{Rn}} = \tan^{-1}\dfrac{1.25}{0.0191} = 89.1°$

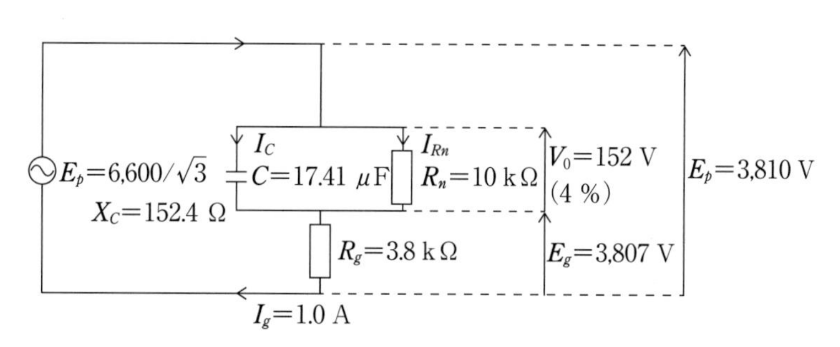

図－１　完全一線地絡時の４％の時

$V_0 = 152$ V 時の I_g、R_g を算出する。
（$V_0 = 3{,}810 \times 4\ \% = 152$ V）

⑤ $I_C = \omega C V_0 = 376.8 \times 17.41 \times 10^{-6} \times 152 = 1.0$ A　　$I_C = \dfrac{152}{152.4} = 1.0$ A

$I_{Rn} = \dfrac{152}{10{,}000\ \Omega} = 0.015$ A

$\therefore \quad I_g = \sqrt{I_C{}^2 + I_{Rn}{}^2} = 1.0$ A

$$\therefore \quad R_g = \frac{\sqrt{3{,}810^2 - 152^2}}{1.0} = \frac{3{,}807}{1.0} = 3{,}807\ \Omega = 3.8\ \text{k}\Omega$$

$$\dot{E}_g = \dot{E}_p - \dot{V}_0$$

$$\theta = \tan^{-1}\frac{I_C}{I_{Rn}} = \tan^{-1}\frac{1.0}{0.015} = 89.1^\circ$$

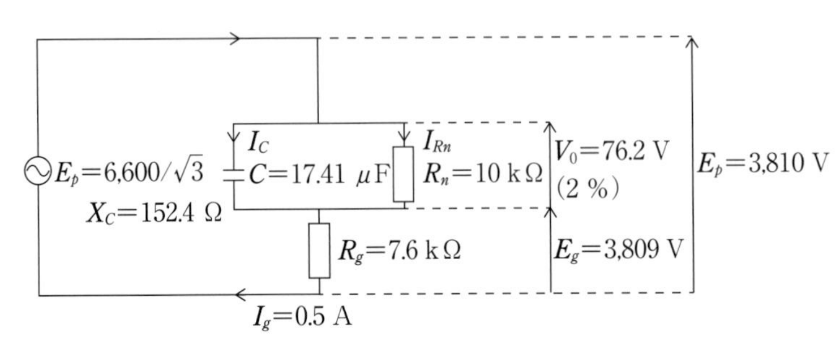

図－2　完全一線地絡時の V_0 が 2 %の時

⑥ $V_0 = 76.2$ V 時の I_g、R_g を算出する。
（$V_0 = 3{,}810 \times 2\ \% = 76.2$ V）

$$I_C = \omega C V_0 = 376.8 \times 17.41 \times 10^{-6} \times 76.2 = 0.5\ \text{A} \qquad I_C = \frac{76.2}{152.4} = 0.5\ \text{A}$$

$$I_{Rn} = \frac{76.2}{10{,}000} = 0.0076\ \text{A}$$

$$I_g = \sqrt{{I_C}^2 + {I_{Rn}}^2} = 0.5\ \text{A}$$

$$R_g = \frac{\sqrt{3{,}810^2 - 76.2^2}}{0.5} = \frac{3{,}809}{0.5} = 7{,}618\ \Omega = 7.6\ \text{k}\Omega$$

$$\dot{E}_g = \dot{E}_p - \dot{V}_0$$

$$\theta = \tan^{-1}\frac{I_C}{I_{Rn}}$$

5. 完全一線地絡時

電力側変電所での人工地絡試験データ
※フィーダが架空とケーブルの混在配電線

I_g＝30.25 A 時の C 分（中部地区 A 変電所）及び V_0＝3,810 V の 50 %、10 %、5 %、4 %、2 %時の地絡点電流、地絡抵抗を求めます。

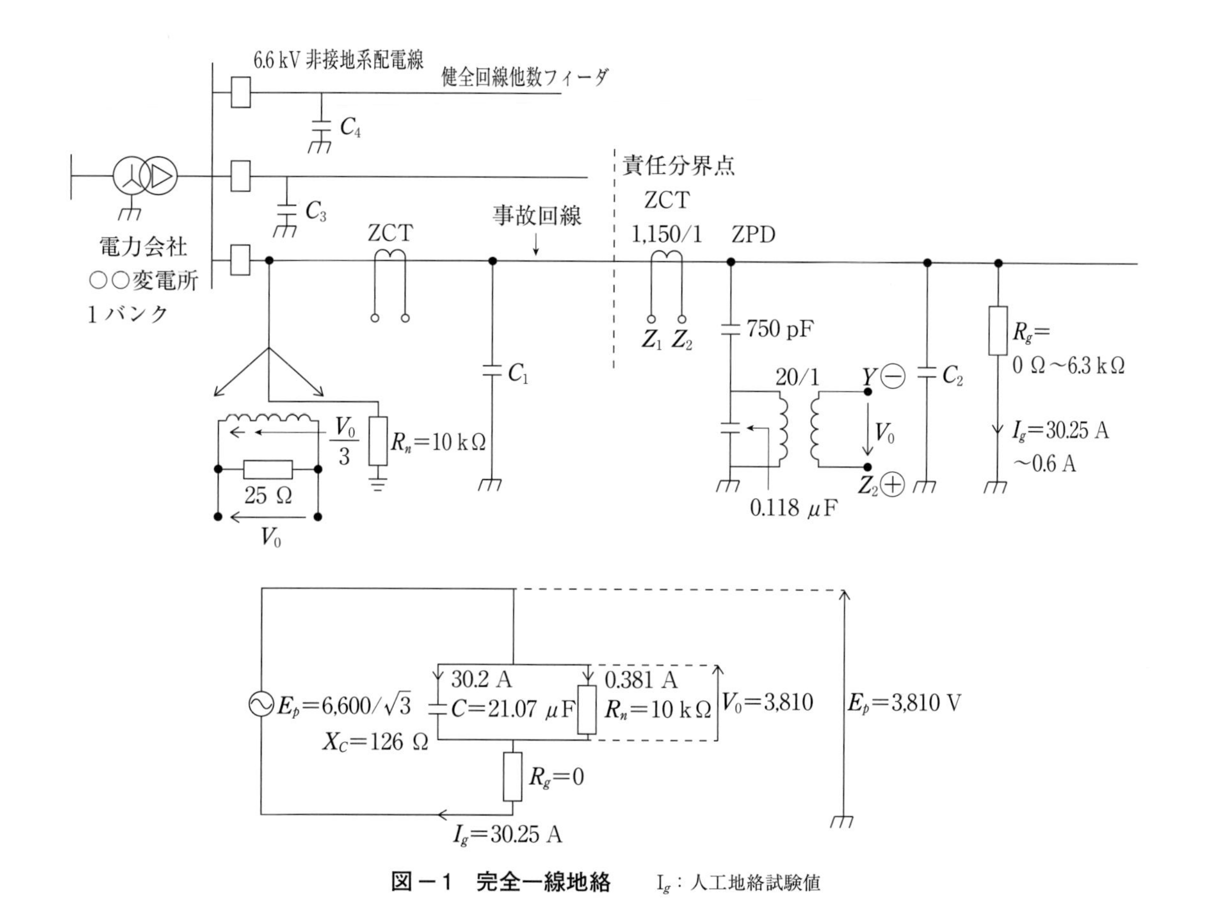

図－1 完全一線地絡　I_g：人工地絡試験値

上図 C を算出（三線一括分）$I_C \fallingdotseq I_g$

① $I_C = \omega C V_0$(100 %時)

$$C = \frac{30.25}{\omega V_0} = \frac{30.25\ \mathrm{A}}{376.8 \times 3{,}810} = 21.07\ \mu\mathrm{F}$$

$$X_C = \frac{1}{\omega C} = \frac{1}{376.8 \times 21.07 \times 10^{-6}} = 126\ \Omega$$

$$\dot{E}_g = \dot{E}_p - \dot{V}_0 = \sqrt{3{,}810^2 - 3{,}810^2} = 0$$

$$\theta = \tan^{-1}\frac{I_C}{I_{Rn}} = \tan^{-1}\frac{30.2}{0.381} = 89.3°$$

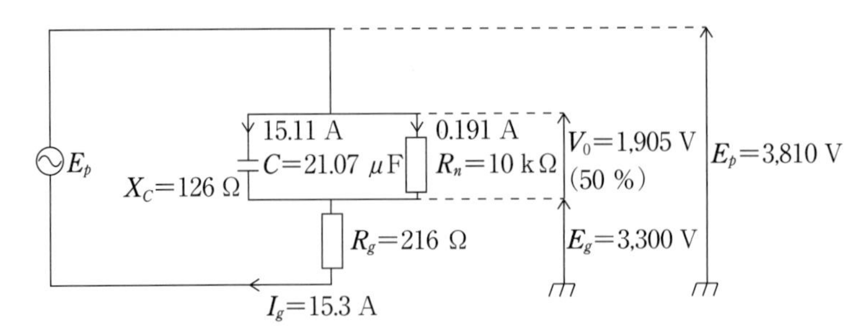

図－2　完全一線地絡時の 50 %　　I_g：ホウ・テブナンの定理での値

② $I_C=\omega CV_0$(50 %時)

$$C=\frac{15.11\ \mathrm{A}}{376.8\times 1{,}905}=21.07\ \mu\mathrm{F}$$

$$I_C=\omega CV_0=376.8\times 21.07\times 10^{-6}\times 1{,}905=15.11\ \mathrm{A}$$

$$I_{Rn}=\frac{1{,}905}{10{,}000}=0.191\ \mathrm{A}$$

$$I_g=15.30\ \mathrm{A}\qquad R_g=\frac{\sqrt{3{,}810^2-1{,}905^2}}{15.3}=\frac{3{,}300}{15.3}=216\ \Omega$$

$$\theta=\tan^{-1}\frac{I_C}{I_{Rn}}=\tan^{-1}\frac{15.11}{0.191}=89.3^\circ$$

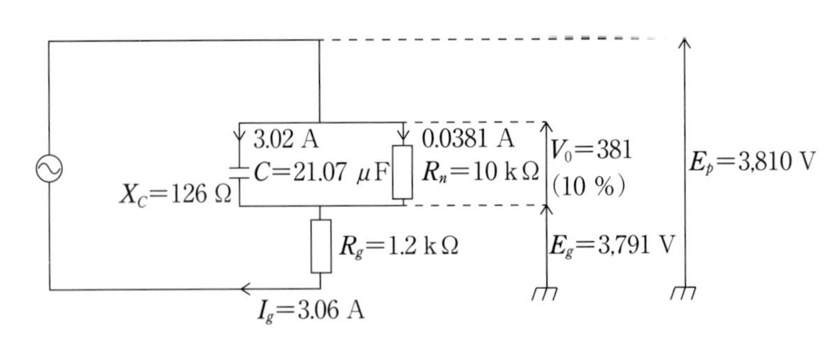

図－3　完全一線地絡時の 10 %　　I_g：ホウ・テブナンの定理での値

③ $I_C=\omega CV_0$(10 %時)

$$C=\frac{3.06\ \mathrm{A}}{376.8\times 381}=21.07\ \mu\mathrm{F}$$

$$I_C=\omega CV_0=376.8\times 21.07\times 10^{-6}\times 381=3.02\ \mathrm{A}$$

$$I_{Rn}=\frac{381}{10{,}000}=0.0381\ \mathrm{A}$$

$$I_g=3.06\ \mathrm{A}\qquad R_g=\frac{\sqrt{3{,}810^2-381^2}}{3.06}=\frac{3{,}791}{3.06}=1{,}239\ \Omega=1.2\ \mathrm{k}\Omega$$

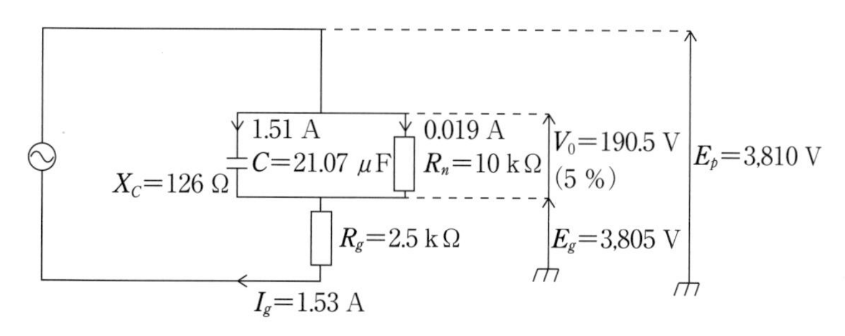

図－4　完全一線地絡時の５％　　I_g：ホウ・テブナンの定理での値（5 %時）

④ $I_C=\omega CV_0$(5 %時)

$$C=\frac{1.52\ \mathrm{A}}{376.8\times190.5}=21.07\ \mu\mathrm{F}$$

$$I_C=\omega CV_0=376.8\times21.07\times10^{-6}\times190.5=1.51\ \mathrm{A}$$

$$I_{Rn}=\frac{190.5}{10{,}000}=0.0191\ \mathrm{A}$$

$$I_g=1.53\ \mathrm{A}\qquad R_g=\frac{\sqrt{3{,}810^2-190.5^2}}{1.53\ \mathrm{A}}=\frac{3{,}805}{1.53}=2{,}487\ \Omega=2.5\ \mathrm{k}\Omega$$

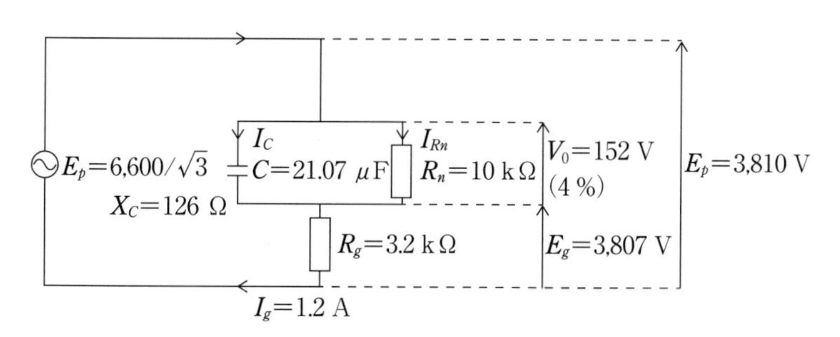

図－１　完全一線地絡時の４％の時

$V_0=152$ V 時の I_g、R_g を算出する。
（$V_0=3{,}810$ V × 4 % = 152 V）

⑤ $I_C=\omega CV_0=376.8\times21.07\times10^{-6}\times152\ \mathrm{V}=1.2\ \mathrm{A}\qquad I_C=\frac{152}{126}=1.2\ \mathrm{A}$

$$I_{Rn}=\frac{152}{10{,}000}=0.0152\ \mathrm{A}$$

$$I_g=\sqrt{I_C{}^2+I_{Rn}{}^2}=1.2\ \mathrm{A}$$

$$I_g=\frac{\sqrt{3{,}810^2-152^2}}{1.2}=\frac{3{,}807}{1.2}=3{,}172\ \Omega=3.2\ \mathrm{k}\Omega$$

V_0 と I_0 の位相角　$\theta=\tan^{-1}\dfrac{I_C}{I_{Rn}}$

$$\theta=\tan^{-1}\frac{1.2}{0.0152}=89.3^\circ\qquad\theta=\cos^{-1}\frac{I_{Rn}}{I_g}=\cos^{-1}\frac{0.0152}{1.2}=89.3^\circ$$

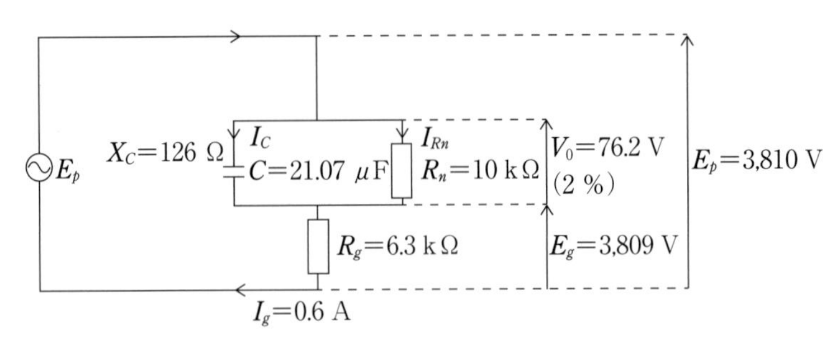

図－２　完全一線地絡時の V_0 が２％の時

V_0＝76.2 V 時の I_g、R_g を算出する。
（V_0＝3,810 V × 2 ％＝76.2 V）

⑥ $I_C=\omega CV_0=376.8\times 21.07\times 10^{-6}\times 76.2\ \mathrm{V}=0.6\ \mathrm{A}$　　$I_C=\dfrac{76.2}{126}=0.6\ \mathrm{A}$

$$I_{Rn}=\frac{76.2}{10{,}000}=0.0076\ \mathrm{A}$$

$$I_g=\sqrt{{I_C}^2+{I_{Rn}}^2}=0.6\ \mathrm{A}$$

$$R_g=\frac{\sqrt{3{,}810^2-76.2^2}}{0.6}=\frac{3{,}809}{0.6}=6{,}348\ \Omega=6.3\ \mathrm{k\Omega}$$

$$\theta=\tan^{-1}\frac{I_C}{I_{Rn}}=\tan^{-1}\frac{0.6}{0.0076}=89.3^\circ$$

$$\theta=\cos^{-1}\frac{I_{Rn}}{I_g}=\cos^{-1}\frac{0.0076}{0.6}-89.3^\circ$$

６．完全一線地絡時

※フィーダがケーブルと少々の架空がある中部地区配電線の場合

I_g＝35 A 時の C 分及び V_0＝3,810 V の 50 ％、10 ％、5 ％、4 ％、2 ％時の地絡点電流、地絡抵抗を求めます。

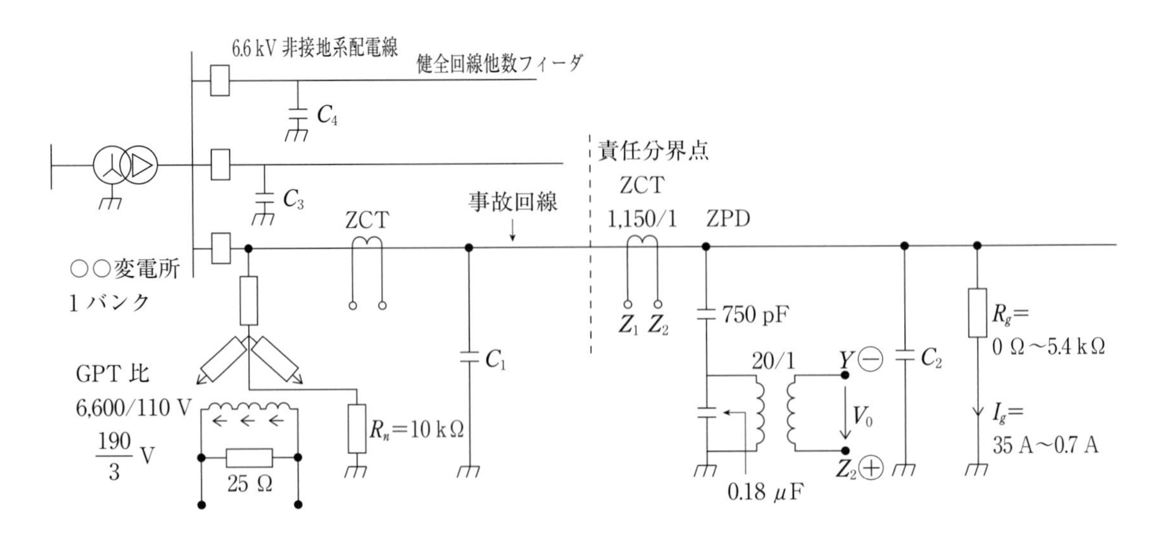

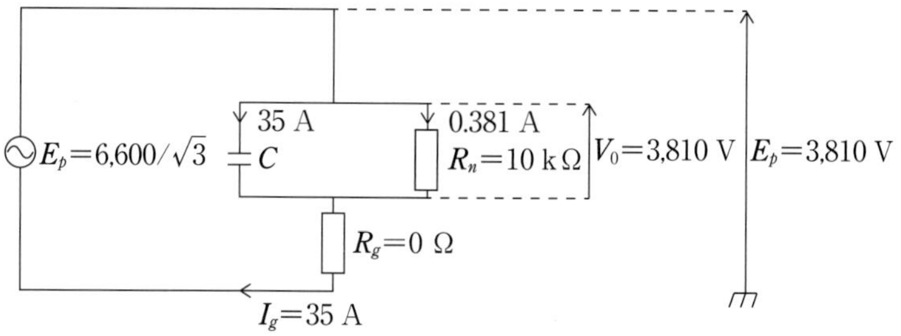

図－1　完全一線地絡（100 %）

$I_g = 35\ \mathrm{A} \fallingdotseq I_C$

上図 C を算出（三線一括分)(100 %の時)

① $I_C = \omega C V_0$

$$C = \frac{35\ \mathrm{A}}{2\pi f V_0} = \frac{35\ \mathrm{A}}{376.8 \times 3{,}810} = 24.38\ \mu\mathrm{F}$$

$$X_C = \frac{1}{\omega C} = \frac{1}{376.8 \times 24.38 \times 10^{-6}} = 108.86\ \Omega \fallingdotseq 109\ \Omega$$

$$\dot{E}_g = \dot{E}_p - \dot{V}_0 = 0$$

$$\theta = \tan^{-1}\frac{I_C}{I_{Rn}} = \tan^{-1}\frac{35}{0.381} = 89.4^\circ$$

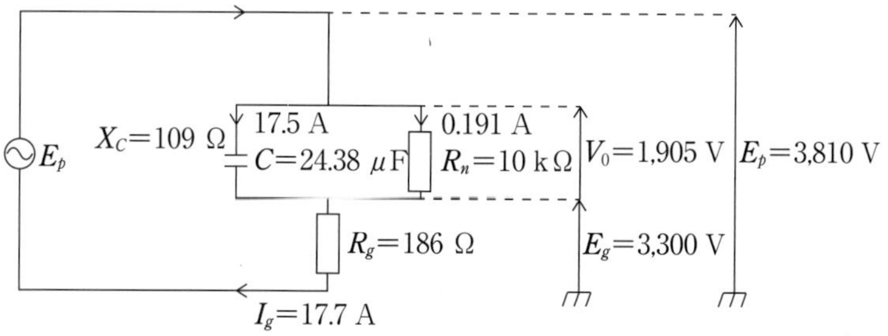

図－2　完全一線地絡時の 50 %

② $I_C = \omega C V_0 = 376.8 \times 24.38 \times 10^{-6} \times 1{,}905 = 17.5\ \mathrm{A}$

$$I_{Rn} = \frac{1{,}905}{10{,}000} = 0.191\ \mathrm{A}$$

$$I_g = 17.7\ \mathrm{A} \qquad \therefore\ R_g = \frac{\sqrt{3{,}810^2 - 1{,}905^2}}{17.7\ \mathrm{A}} = \frac{3{,}300}{17.7} = 186\ \Omega$$

V_0 と I_0 の位相角　　$\theta = \tan^{-1}\dfrac{I_C}{I_{Rn}}$

$$\theta = \tan^{-1}\frac{17.5}{0.191} = 89.4^\circ$$

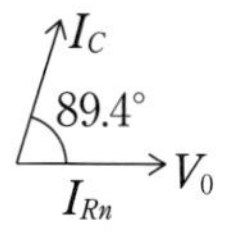

$\therefore$ I_0 が V_0 より 89.4° 進み

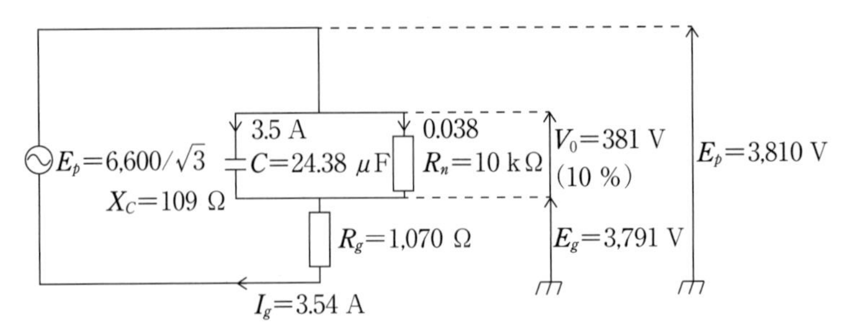

図－3　完全一線地絡時の 10 %

③ $I_C = \omega CV_0 = 376.8 \times 24.38 \times 10^{-6} \times 381 = 3.5\ \mathrm{A}$

$I_{Rn} = \dfrac{381}{10{,}000} = 0.0381\ \mathrm{A}$

$I_g = 3.54\ \mathrm{A} \quad R_g = \dfrac{\sqrt{3{,}810^2 - 381^2}}{3.54} = \dfrac{3{,}791}{3.54} = 1{,}070\ \Omega$

$\theta = \tan^{-1}\dfrac{I_C}{I_{Rn}} = \tan^{-1}\dfrac{3.5}{0.038} = 89.3^\circ$

∴　I_0 が V_0 より 89.3° 進み

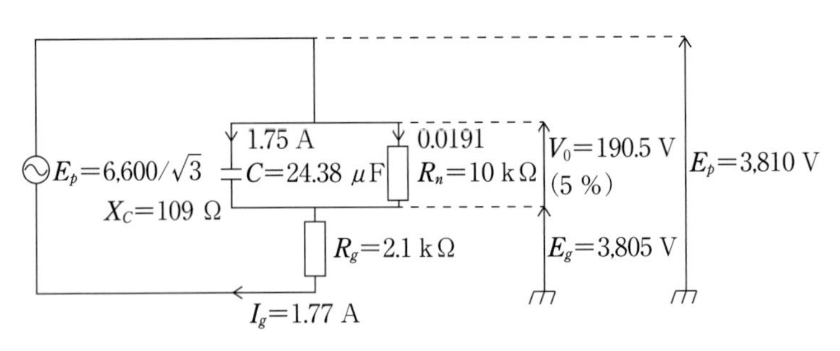

図－4　完全一線地絡時の 5 %

④ $I_C = \omega CV_0 = 376.8 \times 24.38 \times 10^{-6} \times 190.5 = 1.75\ \mathrm{A}$

$I_{Rn} = \dfrac{190.5}{10{,}000} = 0.0191\ \mathrm{A}$

$I_g = 1.77\ \mathrm{A} \qquad \therefore\quad R_g = \dfrac{\sqrt{3{,}810^2 - 190.5^2}}{1.77} = \dfrac{3{,}805}{1.77} = 2.149\ \mathrm{k}\Omega$

$\theta = \tan^{-1}\dfrac{I_C}{I_{Rn}} = \dfrac{1.75}{0.0191} = 89.3^\circ$

∴　I_0 が V_0 より 89.3° 進み

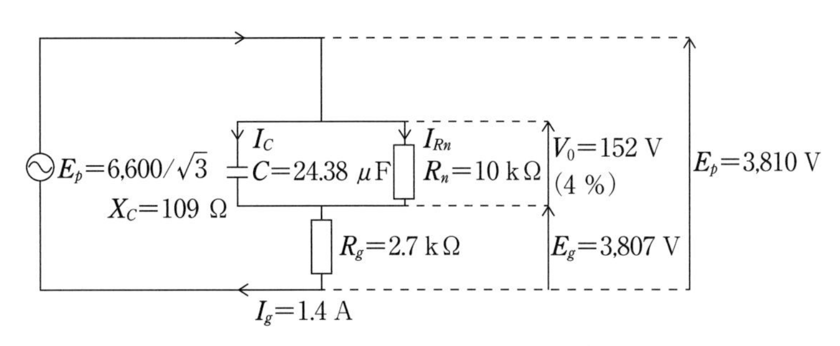

図－1　完全一線地絡時の4％の時

$V_0=152$ V 時の I_g、R_g を算出する。
（$V_0=3{,}810$ V × 4 % ＝ 152 V）

⑤ $I_C=\omega CV_0=376.8\times24.38\times10^{-6}\times152\ \text{V}=1.4\ \text{A}$　　$I_C=\dfrac{152}{109}=1.4\ \text{A}$

$$X_C=\frac{1}{376.8\times2.438\times10^{-6}}=109\ \Omega$$

$$I_{Rn}=\frac{152}{10{,}000}=0.0152\ \text{A}$$

$$I_g=\sqrt{I_C{}^2+I_{Rn}{}^2}=1.4\ \text{A}$$

$$R_g=\frac{\sqrt{3{,}810^2-152^2}}{1.4}=\frac{3{,}807}{1.4}=2{,}719\ \Omega$$

$$\theta=\tan^{-1}\frac{I_C}{I_{Rn}}=\tan^{-1}\frac{1.4}{0.0152}=89.4^\circ$$

$$\theta=\cos^{-1}\frac{I_{Rn}}{I_g}=\cos^{-1}\frac{0.0152}{1.4}=89.4^\circ$$

∴　I_0 は V_0 より 89.4° 進み

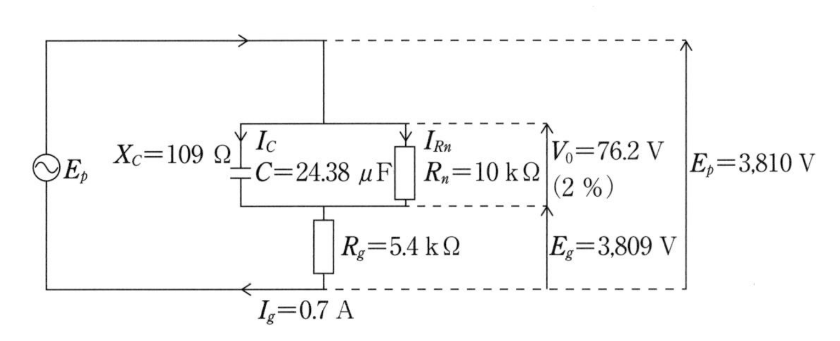

図－2　完全一線地絡時の V_0 が2％の時

$V_0=76.2$ V 時の I_g、R_g を算出する
（$V_0=3{,}810\times2\%=76.2$ V）

⑥ $I_C=\omega CV_0=376.8\times24.38\times10^{-6}\times76.2=0.7\ \text{A}$　　$I_C=\dfrac{76.2}{109}=0.7\ \text{A}$

$$I_{Rn}=\frac{76.2}{10{,}000}=0.00762\ \text{A}$$

$$I_g=\sqrt{I_C^{\,2}+I_{Rn}^{\,2}}=0.7\ \mathrm{A}$$

$$R_g=\frac{\sqrt{3{,}810^2-76.2^2}}{0.7}=\frac{3{,}809}{0.7}=5{,}441\ \Omega$$

$$\theta=\tan^{-1}\frac{I_C}{I_{Rn}}=\tan^{-1}\frac{0.7}{0.0076}=89.4^\circ$$

$$\theta=\cos^{-1}\frac{I_{Rn}}{I_g}=\cos^{-1}\frac{0.0076}{0.7}=89.4^\circ$$

7．完全一線地絡

$I_g=40$ A 時の総合 C 分及び $V_0=3{,}810$ V の 50 %、10 %、5 %時の地絡点電流、地絡抵抗を求めます。

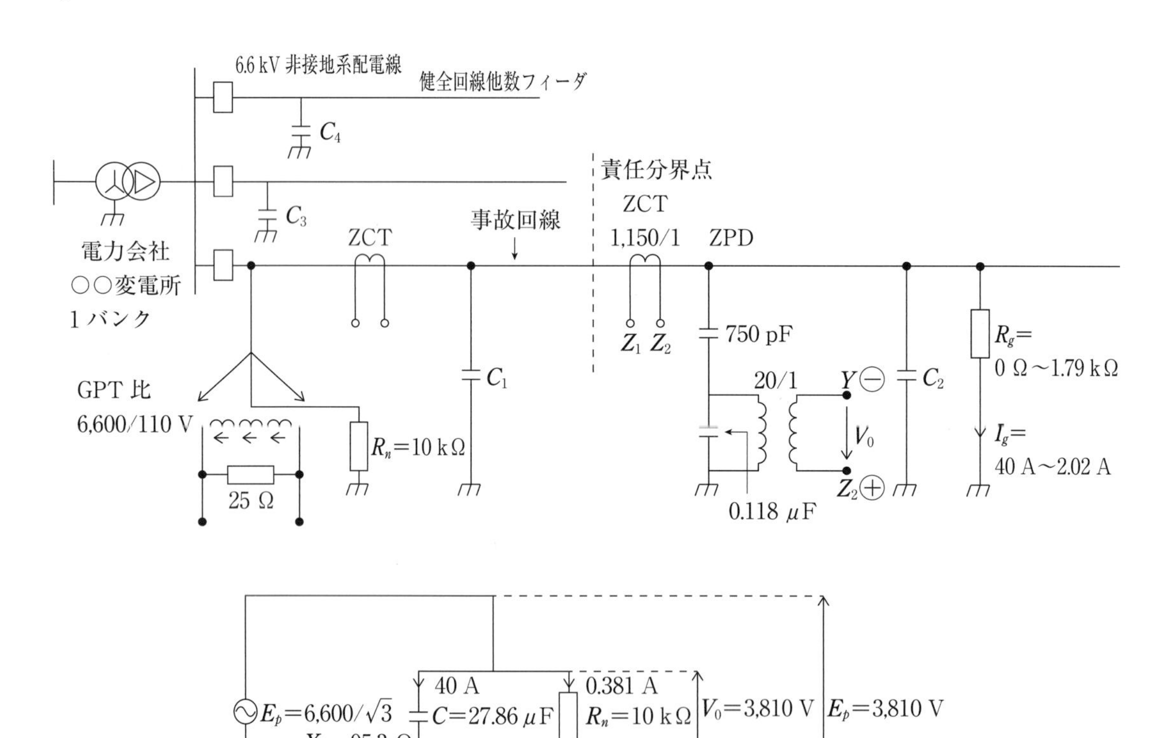

図－1　完全一線地絡（100 %）

C の算出（三線一括分）$I_g \fallingdotseq I_C$

① $I_C=\omega CV_0$

$$C=\frac{40\ \mathrm{A}}{376.8\times 3{,}810}=27.86\ \mu\mathrm{F}$$

$$X_C=\frac{1}{\omega C}=\frac{1}{376.8\times 27.86\times 10^{-6}}=95.3\ \Omega$$

$\dot{E}_g = \dot{E}_p - \dot{V}_0 = 0$

$\theta = \tan^{-1}\dfrac{I_C}{I_{Rn}} = \tan^{-1}\dfrac{40}{0.381} = 89.5°$

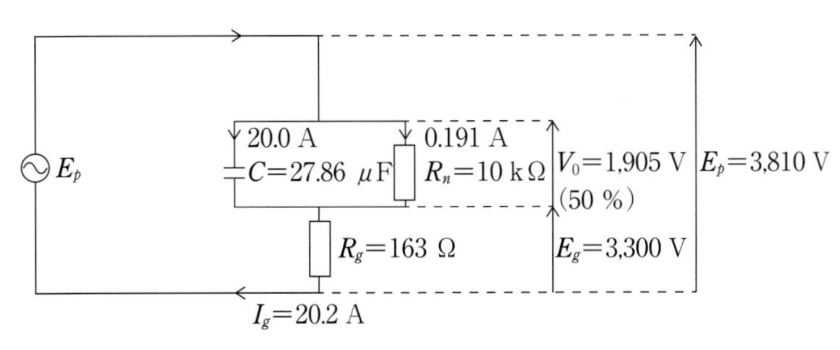

図－2　完全一線地絡時の 50 %

② $I_C = \omega C V_0 = 376.8 \times 27.86 \times 10^{-6} \times 1{,}905 = 20.0$ A

$I_{Rn} = \dfrac{1{,}905}{10{,}000} = 0.191$ A

$I_g = 20.2$ A　　$R_g = \dfrac{\sqrt{3{,}810^2 - 1{,}905^2}}{20.2} = \dfrac{3{,}300}{20.2} = 163\ \Omega$

$\dot{E}_g = \dot{E}_p - \dot{V}_0$

$\theta = \tan^{-1}\dfrac{I_C}{I_{Rn}} = \tan^{-1}\dfrac{20}{0.191} = 89.5°$

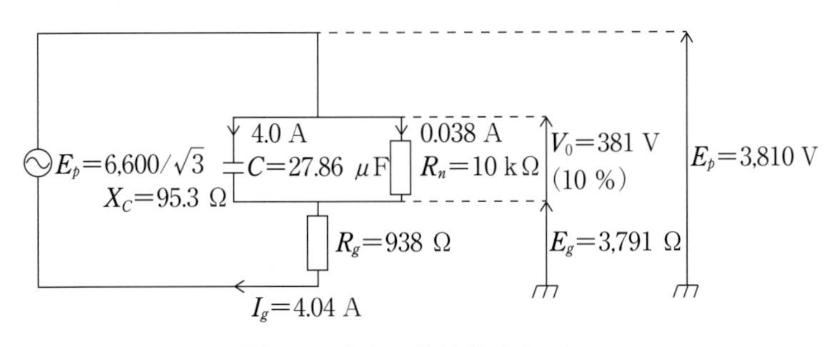

図－3　完全一線地絡時の 10 %

③ $I_C = \omega C V_0 = 376.8 \times 27.86 \times 10^{-6} \times 381 = 4.0$ A

$I_{Rn} = \dfrac{381}{10{,}000} = 0.0381$ A

$I_g = 4.04$ A　　$R_g = \dfrac{\sqrt{3{,}810^2 - 381^2}}{4.04} = \dfrac{3{,}791}{4.04} = 938\ \Omega$

$\theta = \tan^{-1}\dfrac{I_C}{I_{Rn}} = \tan^{-1}\dfrac{4.0}{0.038} = 89.4°$

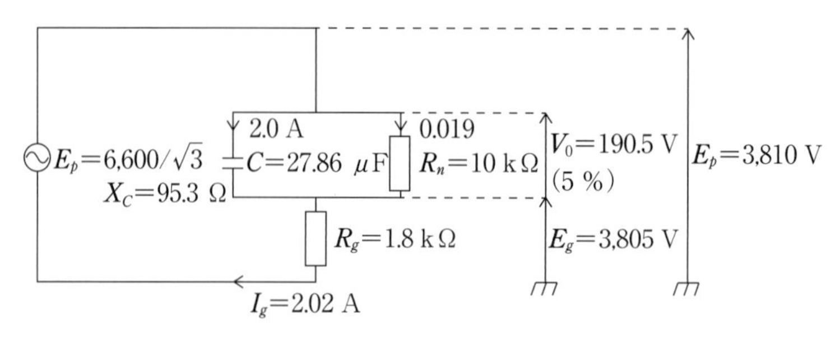

図－4　完全一線地絡時の5％

④ $I_C = \omega CV_0 = 376.8 \times 27.86 \times 10^{-6} \times 190.5 = 2.0\ \mathrm{A}$

$$I_{Rn} = \frac{190.5}{10{,}000} = 0.0191\ \mathrm{A}$$

$$I_g = 2.02\ \mathrm{A}$$

$$R_g = \frac{\sqrt{3{,}810^2 - 190.5^2}}{2.02\ \mathrm{A}} = \frac{3{,}805}{2.02} = 1.884\ \Omega$$

$$\theta = \tan^{-1}\frac{I_C}{I_{Rn}} = \tan^{-1}\frac{2.0}{0.019} = 89.4^\circ$$

8．各事業場の各種地絡計算（人工地絡試験値を基に計算）

1．完全一線地絡　I_{g0}＝21.7 A（R_g＝0）、C_0＝3C（μF）

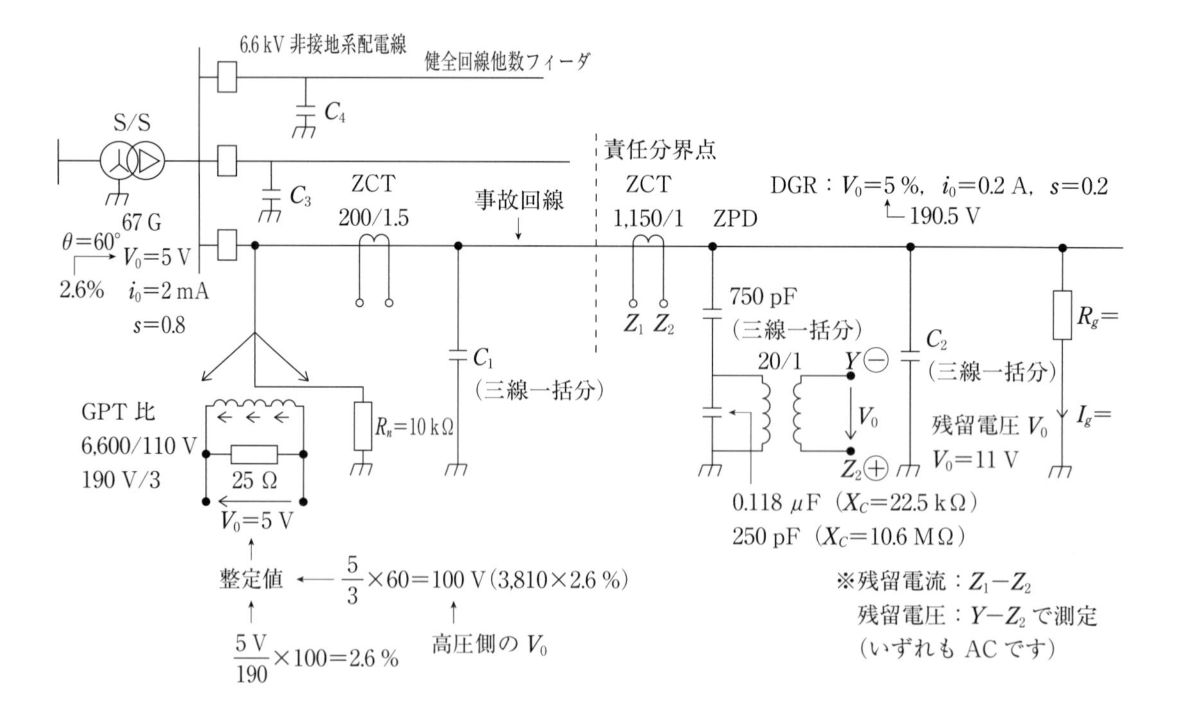

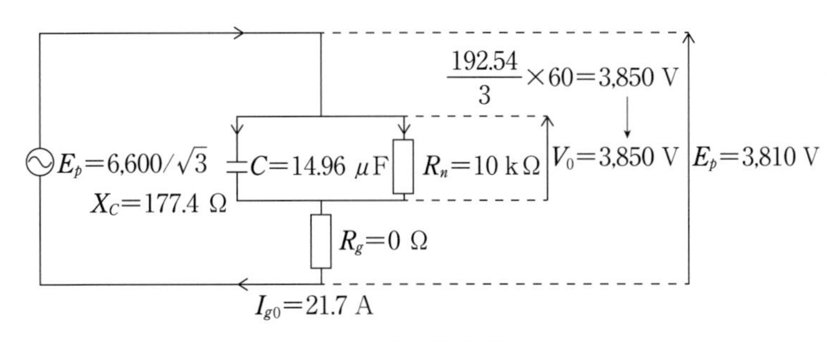

図－1　完全一線地絡事故時 $R_g = 0\ \Omega$

$V_0 = 3{,}810V$（100 %）　$I_{g0} = 21.7$ A　　I_{g0}：供給配電線の完全一線地絡時の地絡点電流
※人工地絡試験値

$I_C = \omega 3CV_0$

$3C = 21.7/376.8 \times 3850 = 14.96\ \mu\text{F}$

$X_C = 1/376.8 \times 14.96 \times 10^{-6} = 177.4\ \Omega$

※ $3C = 14.96\ \mu$F は同一バンクに繋がっている配電線の合計対地静電容量

図－1の事故では高圧需要家側のDGRが確実に動作し、事故点を切り離す。

※ V_0 と I_0 の位相角の計算

①完全一線地絡事故時は I_0 が約90度進む。ベクトルで説明しています。

②図－2の場合：中性点に流れる $IR_n = V_0/R_n = 220/10{,}000 = 0.022$ A、対地静電容量成分による

$$I_C = \omega 3CV_0 = 376.8 \times 14.96 \times 10^{-6} \times 220 = 1.24\ \text{A}$$

位相角　$\theta = \tan^{-1} 1.268/0.022 = 89$ 度（I_0 が V_0 より89度進み）

図－3も同じようにして計算してください。

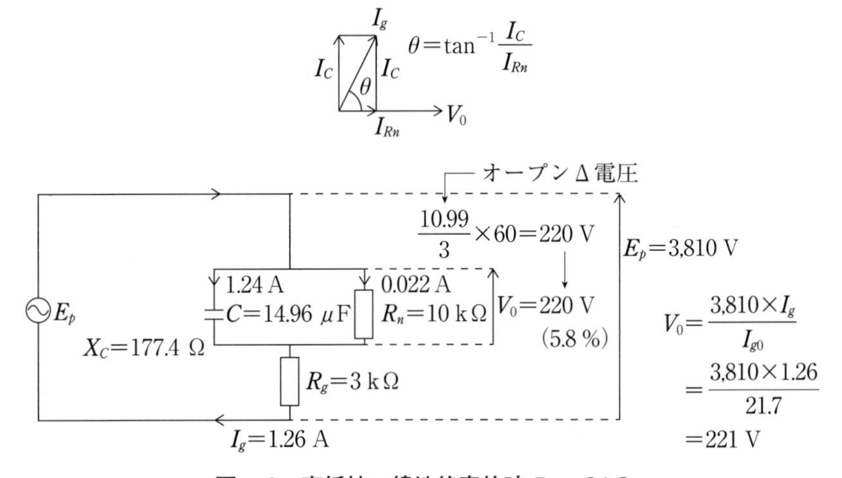

図－2　高抵抗一線地絡事故時 $R_g = 3\ \text{k}\Omega$

$V_0 = 220V$（5,8 %）　$I_g = 1.26A$

※人工地絡試験値

$I_C = \omega 3CV_0$

$3C = 21.7/376.8 \times 3{,}850 = 14.96\ \mu F$

$X_C = 1/376.8 \times 14.96 \times 10^{-6} = 177.4\ \Omega$

$I_g = 3{,}810/\sqrt{177.4^2 + 3{,}000^2} = 1.26\ A$　　計算値

$V_0 = 1.24\ A \times 177.4\ \Omega = 220\ V$　（5.8 %）　計算値

※試験値と計算値の違いは試験時の対地電圧の差とGPTの中性点の抵抗が10 kΩと大きいため、それに流れるI_0を無視して計算した為。

図－2の事故でも高圧需要家側のDGRが確実に動作し、事故点を切り離す。

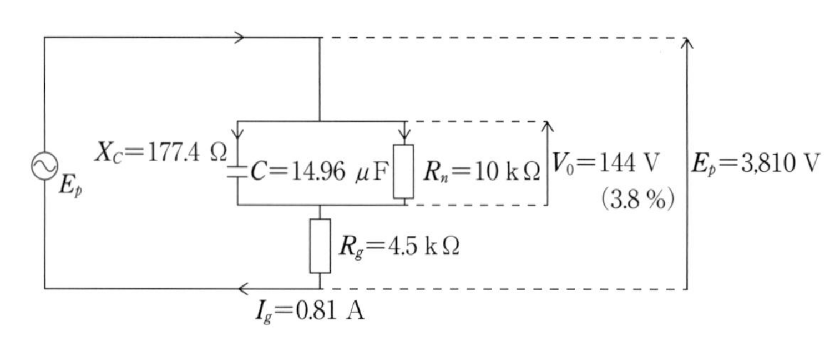

図－3　高抵抗一線地絡事故時 R_g = 4.5 kΩ

$V_0 = 144\ V$（3,8 %）　$I_g = 0.81\ A$

※ホウ・テブナンの定理での計算値

$I_C = \omega 3CV_0$

$3C = 21.7/376.8 \times 3{,}850 = 14.96\ \mu F$

$X_C = 1/376.8 \times 14.96 \times 10^{-6} = 177.4\ \Omega$

$I_g = 3{,}810/\sqrt{177.4^2 + 4{,}500^2} = 0.81\ A$

$V_0 = 0.81\ A \times 177.4\ \Omega = 144\ V$　（3.8 %）

※ I_gを計算するのに$Z = R + jX = \sqrt{R^2 + X^2}(\Omega)$は単純に和で計算しても大きな違いはありません。他の資料では単純に和でもって計算しています。

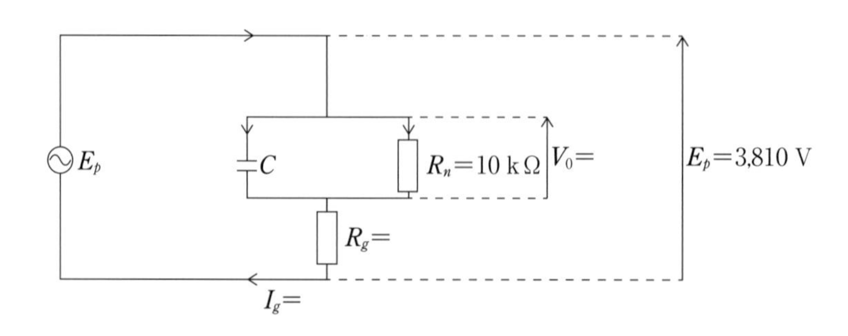

※下記は重要事項

図－３の事故の場合（前ページ R_g＝4.5 kΩ 時）

図－３の事故では需要家側の DGR の I_0＝0.2 A の電流要素は動作、V_0 要素は不動作、自構内の事故であるが事故点を切り離せない、電力側の 67G 動作で事故点を切り離し波及事故となる、非方向性の GR なら動作で問題なし。

対策：V_0＝2 %への変更、非方向性の GR への取り換えを推奨

※非方向性の「もらい動作防止」として I_0 整定値を引込みケーブルの充電電流の 2 ～ 3.5 倍の整定値とすれば、心配なし。

提案：V_0 を動作要素に採用せず、位相判別のみに採用したらどうでしょうか。

２．高抵抗地絡事故時の DGR 動作、不動作検証

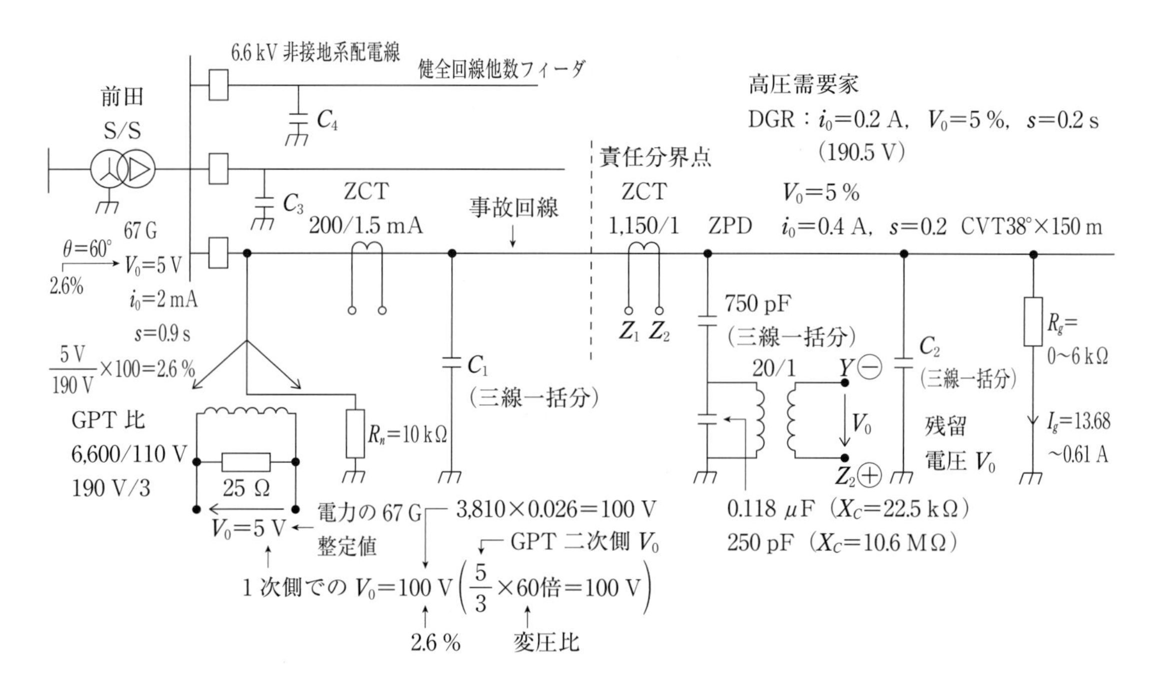

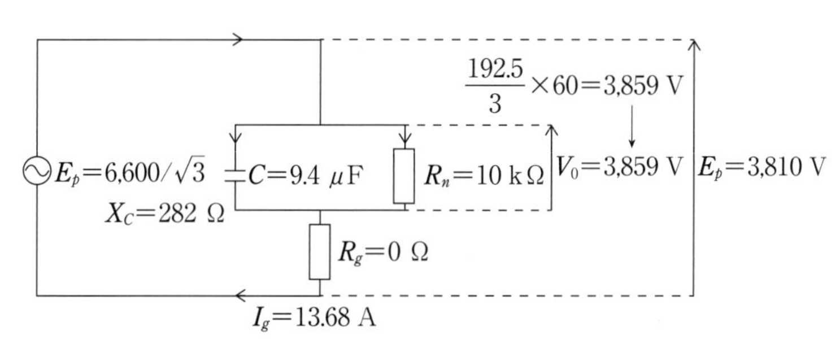

図－１　完全一線地絡事故時 R_g＝0 Ω

※　　V_0＝3,859 V（100 %）　I_g＝13.68 A

※ 上記　I_g, V_0 は人工地絡試験値

$I_C = \omega 3CV_0$(A)

$3C = 13.68/376.8 \times 3{,}859 = 9.4\ \mu$F

$X_C = 1/376.8 \times 9.4 \times 10^{-6} = 282\ \Omega$

※ $3C = 9{,}4\ \mu$F は同一バンクに繋がっている配電線の合計対地静電容量

図－1の事故では高圧需要家側の DGR が確実に動作し、事故点を切り離す。

※ V_0 と I_0 の位相角の計算

①完全一線地絡事故時は I_0 が約 90 度進む。ベクトルで説明しています。

②図－2の場合：GPT の中性点に流れる $IR_n = V_0/R_n = 366/10{,}000 = 0.0366$ A，対地静電容量成分に流れる $I_C = \omega 3C \cdot V_0 = 376.8 \times 9.4 \times 10^{-6} \times 366 = 1.28$ A

位相角　$\theta = \tan^{-1} 1.243/0.0361 = 88.3$ 度（I_0 が V_0 より 88.3 度進み）

図－3、図－4の位相角も同じように計算してください。

$$\theta = \tan^{-1}\frac{I_C}{I_{Rn}} = \tan^{-1}\frac{1.28}{0.0366} = 88.3^\circ$$

$$\theta = \cos^{-1}\frac{0.0366}{1.27} = 88.3^\circ$$

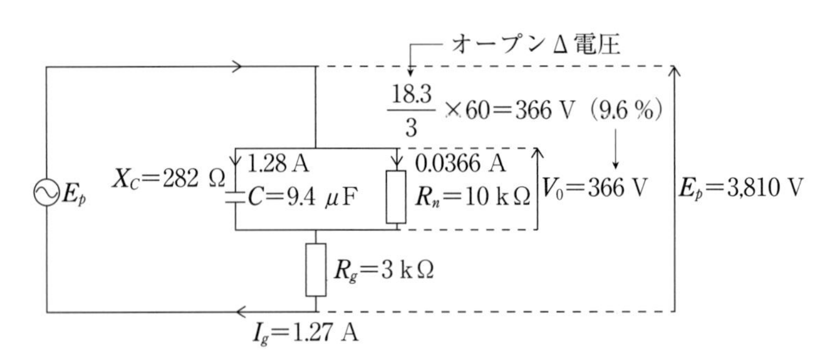

図－2　高抵抗一線地絡事故時 $R_g = 3$ kΩ

$V_0 = 366$ V（9.6 %）　$I_g = 1.27$ A

※人工地絡試験値

$I_C = \omega 3CV_0$(A)

$3C = 13.68/376.8 \times 3{,}859 = 9.4\ \mu$F

$X_C = 1/376.8 \times 9.4 \times 10^{-6} = 282\ \Omega$

$I_g = 3{,}859/\sqrt{282^2 + 3{,}000^2} = 1.28$ A　　計算値

$V_0 = 1.28\ \text{A} \times 282\ \Omega = 361$ V　(9.5 %)　計算値

※試験値と計算値の違いは試験時の対地電圧の差と GPT の中性点の抵抗が 10 kΩ と大きいため、それに流れる I_0 を無視して計算したため。(大きな差はありません)

図－2の事故でも高圧需要家側の DGR が確実に動作し、事故点を切り離す。

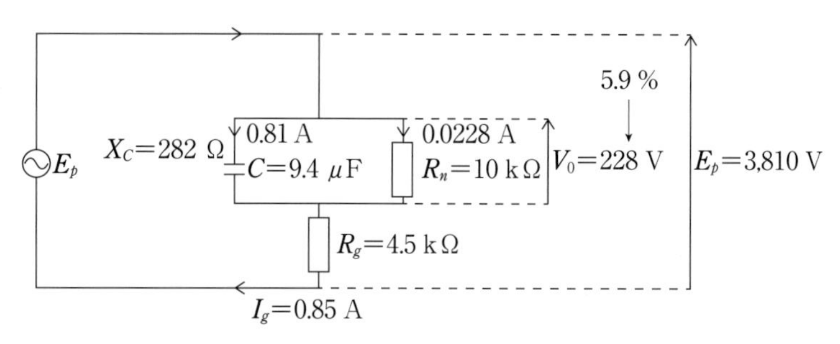

図－3　高抵抗一線地絡事故時 $R_g = 4.5$ kΩ

$V_0 = 228$ V（5.9 %）　$I_g = 0.85$ A

上記の値はホウ・テブナンの定理での計算値

$I_C = \omega 3CV_0$(A)

$3C = 13.68/376.8 \times 3{,}859 = 9.4\ \mu$F

$X_C = 1/376.8 \times 9.4 \times 10^{-6} = 282\ \Omega$

$I_g = 3{,}859/\sqrt{282^2 + 4{,}500^2} = 0.85$ A

$V_0 = 0.81$ A $\times 282\ \Omega = 228$ V　(5.9 %)

図－3の事故でも高圧需要家側のDGRが確実に動作し、事故点を切り離す。

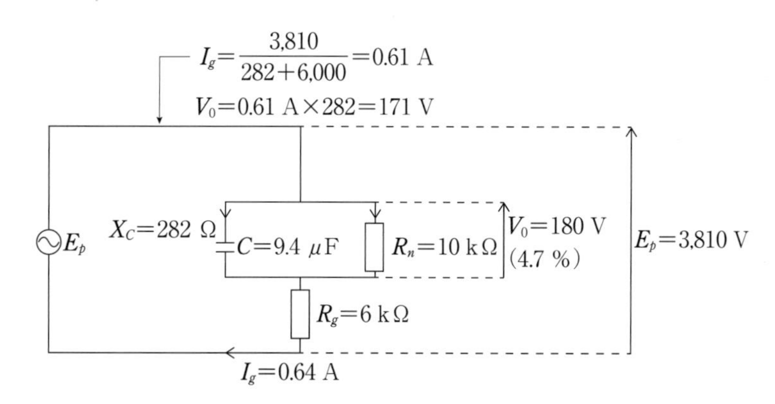

図－4　高抵抗一線地絡事故時 $R_g = 6$ kΩ

$V_0 = 180$ V（4.7 %）　$I_g = 0.64$ A

※ホウ・テブナンの定理での計算値

$I_C = \omega 3CV_0$(A)

$3C = 13.68/376.8 \times 3{,}859 = 9.4\ \mu$F

$X_C = 1/376.8 \times 9.4 \times 10^{-6} = 282\ \Omega$

$I_g = 3{,}859/\sqrt{282^2 + 6{,}000^2} = 0.64$ A

$V_0 = 0.64$ A $\times 282\ \Omega = 180$ V　(4.7 %)

※下記は重要事項

図－4の事故では需要家側のDGRの $I_0 = 0.4$ Aの電流要素は動作、V_0 要素は不動作、自構内の事故であるが事故点を切り離せないが、電力側の67G動作で事故点を切り離し波及事故となる、非方向性のGRなら動作で問題なし。

対策：V_0＝2％への変更、非方向性のGRへの取り換えを推奨

※非方向性の「もらい動作防止」としてI_0整定値を上げれば問題なし。(自構内ケーブル充電電流の2～3.5倍とする)

提案：V_0を動作要素に採用せず、方向性判別のみに採用したらどうでしょうか。

$$I_{Rn}=\frac{180}{10{,}000}=0.018\ \text{A} \qquad I_C=0.63\ \text{A}$$

$$\theta=\tan^{-1}\frac{I_C}{I_{Rn}}=\tan^{-1}\frac{0.63}{0.018}=88.3^\circ$$

3．事故解析

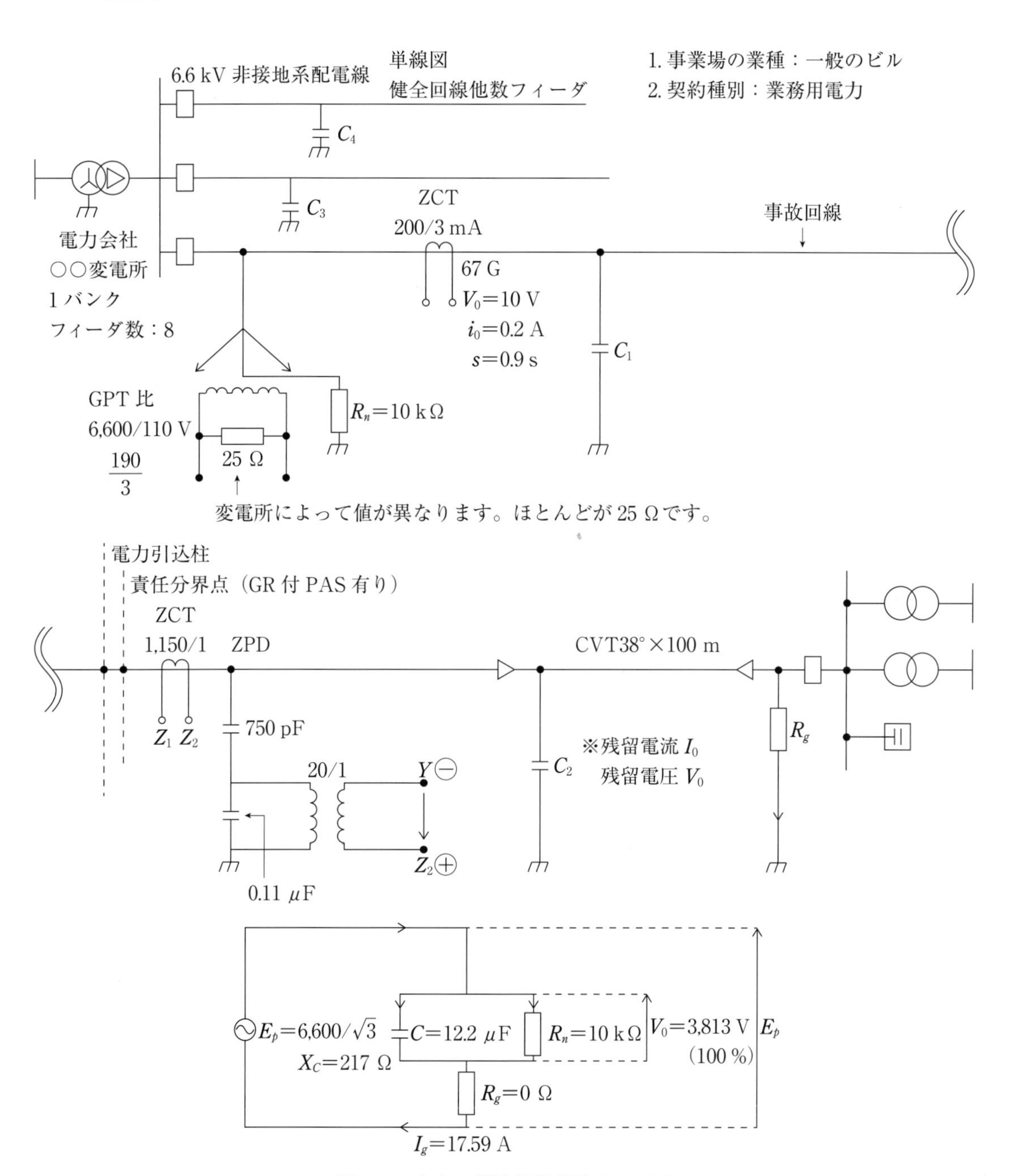

図－1　完全一線地絡事故時 R_g＝0 Ω

※ V_0＝3,813 V（100 %）　I_g＝17.59 A

※人工地絡試験値

$I_C = \omega 3CV_0$

$3C = 17.59/376.8 \times 3{,}813 = 12.2\ \mu\mathrm{F}$

$X_C = 1/376.8 \times 12.2 \times 10^{-6} = 217\ \Omega$

※ $3C = 12.2\ \mu F$ は電力側の配電用変圧器の 1 バンクにつながっている 8 フィーダの合計対地静電容量三線一括分。

①図－1の事故ケースの考察

高圧需要家の DGR が確実に動作し、事故点を切り離す。

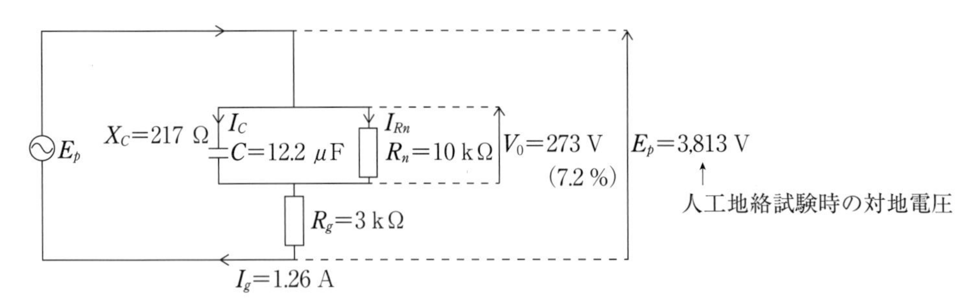

図－2　不完全一線地絡事故時 $R_g = 3\ k\Omega$

ホウ・テブナンの定理で計算

$V_0 = 273$ V（5.8 %）　$I_g = 1.26$ A

$I_C = \omega 3CV_0$　　$Z = R_g + jX_C = \sqrt{3{,}000^2 + 217^2} = 3{,}008\ \Omega$

$I_g = 3{,}813/3{,}008 = 1.26$ A　　計算値

$V_0 = 1.26\ A \times 217\ \Omega = 273$ V　（7.2 %）　計算値

※ GPT の中性点の抵抗が 10 kΩ と大きいため、それに流れる I_n を無視して計算しています。

図－2の事故ケースの考察

高圧需要家の DGR が確実に動作し、事故点を切り離す。

※ I_0 と V_0 の位相差 θ　　$I_{Rn} = \dfrac{V_0}{R_n}$ (A)

$\theta = \tan^{-1}\dfrac{I_C}{I_{Rn}}$ (°)　　$I_C = \dfrac{V_0}{X_C}$ (A)

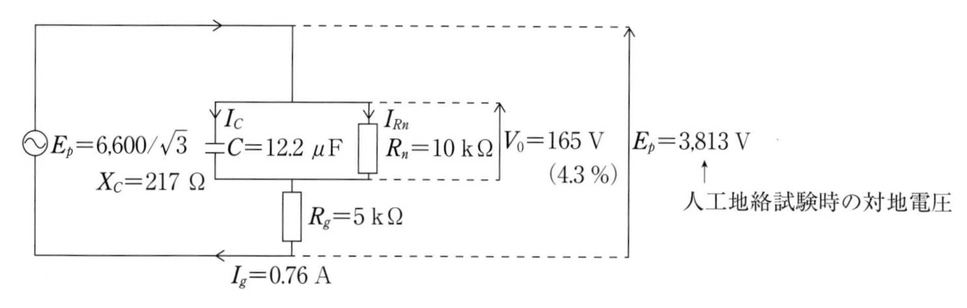

図－3　不完全一線地絡事故時 $R_g = 5$ kΩ

ホウ・テブナンの定理で計算

$V_0 = 165$ V（4.3 %）　　$I_g = 0.76$ A

$I_C = \omega 3CV_0$　　　　$Z = R_g + jX_C = \sqrt{5{,}000^2 + 217^2} = 5{,}005\ \Omega$

$I_g = 3{,}813/5{,}005 = 0.76$ A　　　計算値

$V_0 = 0.76\ \mathrm{A} \times 217\ \Omega = 165$ V　(4.3 %)　計算値

※ GPT の中性点の抵抗が 10 kΩ と大きい為、それに流れる I_n を無視して計算しています。

図－３の事故ケースの考察

自構内で $R_g = 5$ kΩ の高抵抗地絡発生では、PAS 及び電力側の 67G も不動作となり、事故除去が出来ない。非方向性なら確実に動作し、問題なし。

対策：$V_0 = 5$ %を２%へ変更する。(ただし残留電圧を考慮すること)

提案：①方向性の場合 V_0 を動作要素に採用せず方向性判別のみに採用したらどうでしょうか。

4．事故解析(2)

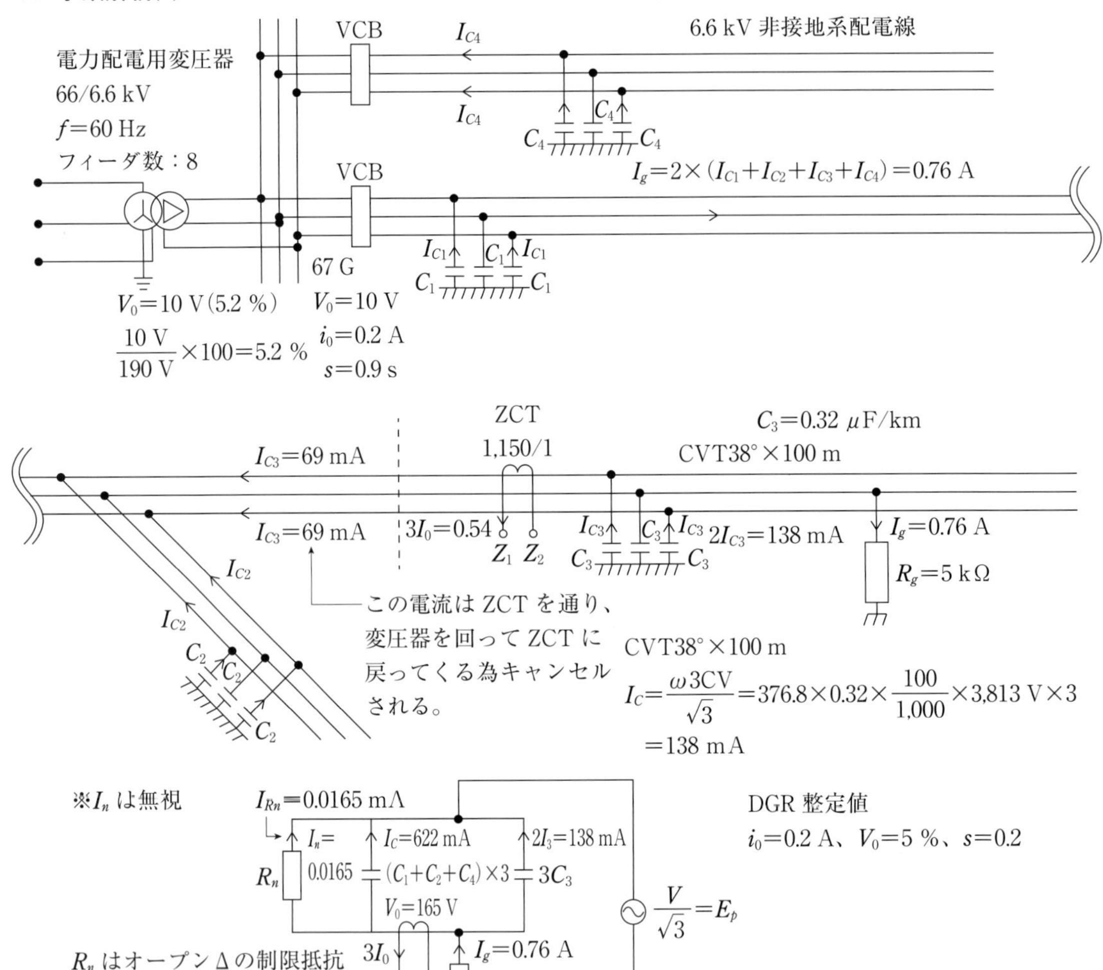

高圧受電設備構内で $R_g = 5\,\mathrm{k\Omega}$ 事故時の等価回路

I_0 と V_0 の位相差$\theta = \tan^{-1}\dfrac{I_C}{I_{Rn}} = \tan^{-1}\dfrac{0.622}{0.0165} = 88.5^\circ$

I_0 が V_0 より約 88.5° 進み

事故解析の解説

①自構内で完全一線地絡事故（$R_g = 0\,\Omega$）時 $I_0 = 17.59$ A、$V_0 = 3{,}813$ V の場合、DGR は確実に動作、$R_g = 3\,\mathrm{k\Omega}$ では $I_0 = 1.26$ A、$V_0 = 273$ V であるため、自構内の PAS は確実に動作し、事故を除去します。

②事故が不完全で $R_g = 5\,\mathrm{k\Omega}$ だと $3I_0 = 760 - 138 = 662$ mA（整定値 $I_0 = 0.2$ A の 300 %）
$V_0 = 165$ V なので（整定値 $V_0 = 190.5$ V の 86 %）自構内 PAS は不動作で、電力側の 67G も不動作で事故除去ができない。このケースの場合 I_0 要素は動作しますので非方向性の PAS なら問題なく事故を除去。

対策：既設の場合なら V_0 の整定値を 5 %から 2 %へ変更する。ただし残留電圧を考慮すること。

提案：① PAS の新設か更新の場合は非方向性の方が安価でかつ信頼性が高いので非方向性 PAS の採用をお勧めいたします。(各人で検討されることをお勧めいたします)

※非方向性の PAS を採用した場合、「もらい動作」の心配がありますが、自構内引き込みケーブルの充電電流の 2 ～ 3.5 倍の整定値にすれば、「もらい動作」の心配はありません。

この設備の場合、充電電流が約 138 mA なので 138 mA × 2.5 倍 = 345 mA となり I_0 のタップ値を 0.4 A とすれば良い。自構内にはケーブルの他、変圧器、SC、LA、LBS 等の高圧機器が設置されていますがそれらによる充電電流は微々たる値です。

② PAS の役割は自構内での不完全地絡事故でも、速やかに事故を除去する事を目的にした機器です。よって DGR の V_0 要素は動作要素には採用せず、方向性判別のみに採用したらどうでしょうか。

5. 事故解析(3)

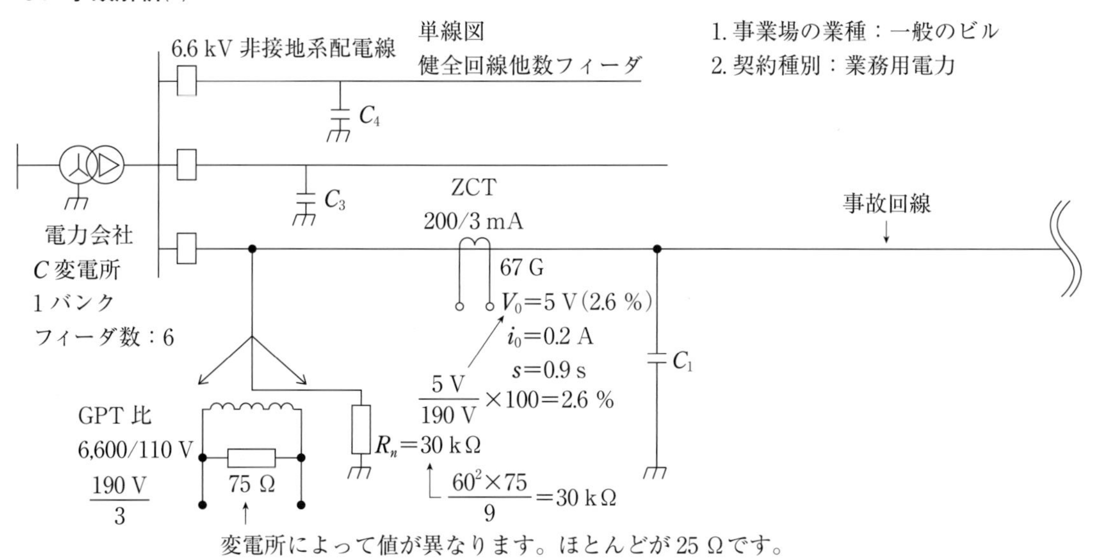

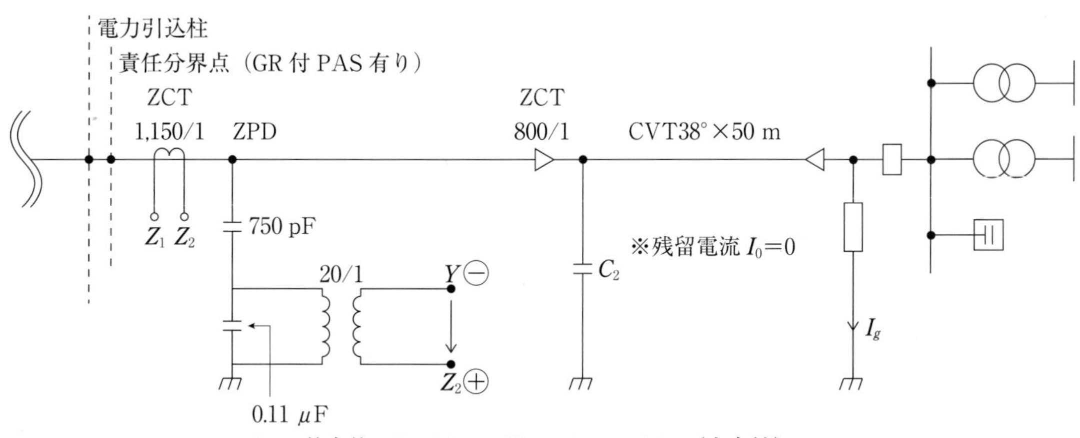

DGR：整定値：I_0=0.2 A　V_0=5 %　s=0.2 s（方向性）
GR：整定値：I_0=0.2 A　（非方向性）

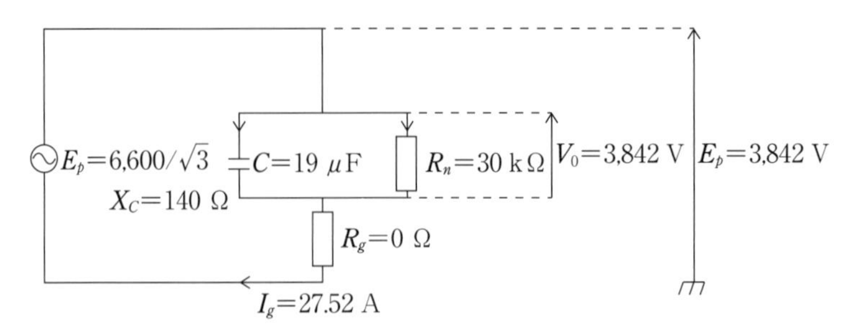

図－1　完全一線地絡事故時 $R_g=0\ \Omega$

※ $V_0=3,842$ V（100 %）　$I_g=27.52$ A

※上記　I_g, V_0 は人工地絡試験値

$I_C=\omega 3CV_0$(A)

$3C=27.52/376.8\times 3,842=19.0\ \mu$F

$X_C=1/376.8\times 19\times 10^{-6}=140\ \Omega$

※ $3C=19\ \mu$F は上記変電所の配電用変圧器の1バンクにつながっている、6フィーダの合計対地静電容量（三線一括分）

①図－1の事故ケースの考察で

①高圧需要家側のDGRが確実に動作し、事故点を切り離す。

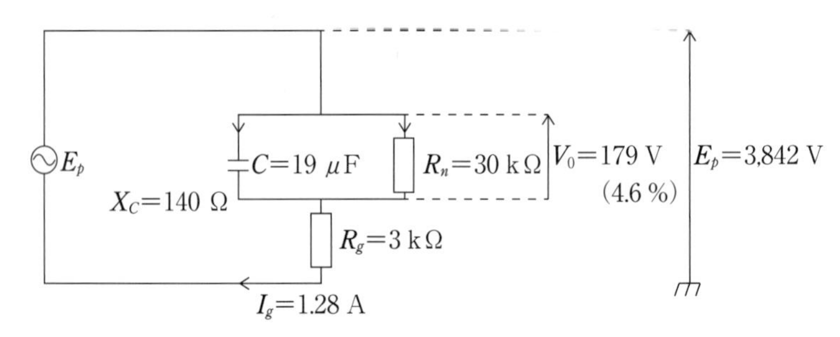

図－2　高抵抗一線地絡事故時 $R_g=3\ \text{k}\Omega$

※下記の値はホウ・テブナンの定理での I_g、V_0

$V_0=179$ V（4.6 %）　$I_g=1.28$ A

$I_C=\omega 3CV_0$(A)

$3C=27.52/376.8\times 3,842=19.0\ \mu$F

$X_C=1/376.8\times 19\times 10^{-6}=140\ \Omega$

$$I_g=\frac{E_p}{R_g+jX_C}=\frac{3,842}{3,000+j140}=1.28\text{ A}$$

$V_0=I_C\times X_C=1.28\times 140=179$ V（4.6 %）

※不完全地絡事故、R_g が kΩ 以上と想定された時の I_g を求める場合、R_g+X_C として計算しても大きな違いはありません。

図－２の事故ケースの考察

①自構内で不完全地絡事故（$R_g = 3$ kΩ）時、自構内のPASは不動作、電力側の67G動作で事故除去となるが波及事故となる。

②対策：$V_0 = 5$ %を $V_0 = 2$ %整定値に変更する。ただし残留電圧を考慮すること。

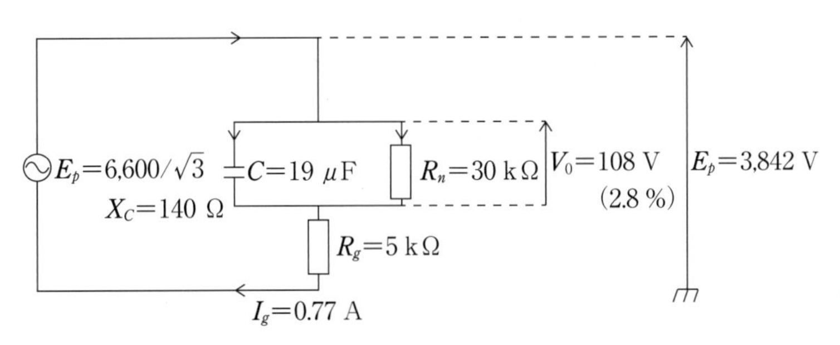

図－３　高抵抗一線地絡事故時 $R_g = 5$ kΩ

※下記の値はホウ・テブナンの定理での I_g、V_0

$V_0 = 108$ V（2.8 %）　$I_g = 0.77$ A

$I_C = \omega 3CV_0$(A)

$3C = 27.52/376.8 \times 3{,}842 = 19.0\ \mu$F

$X_C = 1/376.8 \times 19 \times 10^{-6} = 140\ \Omega$

$I_g = 3{,}842/\sqrt{5{,}000^2 + 140^2} = 0.77$ A

$V_0 = 0.77\ \text{A} \times 140\ \Omega = 108$ V　(2.8 %)

図－３の事故ケースの考察

①自構内で不完全地絡事故（$R_g = 5$ kΩ）時、自構内のPASは不動作、電力側の67Gの V_0 整定値が $V_0 = 5$ V（2,6 %）である為、67Gも不動作の可能性がある。

②対策：$V_0 = 5$ %を $V_0 = 2$ %整定値に変更する。残留電圧を考慮すること。

６．事故解析⑷

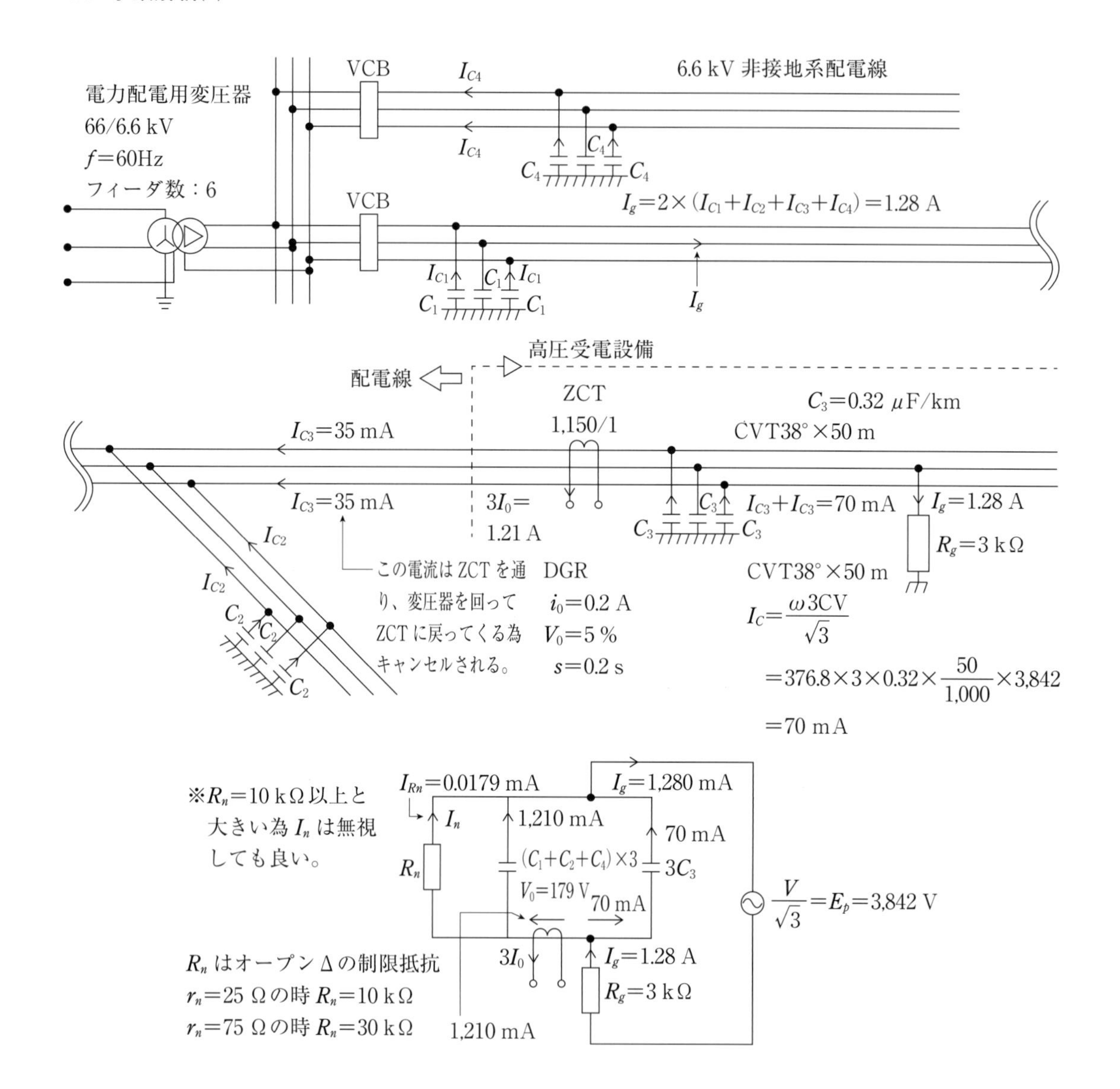

$$I_C=\frac{\omega 3CV}{\sqrt{3}}$$
$$=376.8\times3\times0.32\times\frac{50}{1{,}000}\times3{,}842$$
$$=70\ \text{mA}$$

事故解析の解説

①自構内で完全一線地絡事故（$R_g=0\,\Omega$）時 $I_0=27.52$ A、$V_0=3{,}842$ V であるため、自構内のPAS は確実に動作し、事故を除去します。

② $R_g=3$ kΩ 時は $I_0=1.28$ A、$V_0=179$ V なので、自構内 PAS は不動作で、電力側の 67G 動作で事故を除去しますが、波及事故となる。

③事故が不完全で $R_g=5$ kΩ だと、$3I_0=770$ mA（整定値 $I_0=0.2$ A の 385 %）、$V_0=108$ V（整定値 $V_0=190.5$ V の 57 %）となるため、I_0 要素は動作しますが、V_0 要素は動作しません。よって、PAS は不動作、電力側の 67G も不動作の可能性があります。
何故なら $V_0=5$ V の整定値は高圧側に換算すると $V_0=100$ V（2.6 %）だからです。
※このケースなら、非方向性の PAS なら問題なく事故を除去できます。

対策：①既設の場合ならV_0の整定値を5％から2％へ変更する。

提案：① PASの新設か更新の場合は非方向性の方が安価でかつ信頼性が高いので非方向性PASの採用をお勧めいたします。(各人で検討されることをお勧めいたします)

※非方向性のPASを採用した場合、「もらい動作」の心配がありますが、自構内引き込みケーブルの充電電流の2～3.5倍の整定値にすれば、「もらい動作」の心配はありません。

この設備の場合、充電電流が約70 mAなので70 mA×2.5倍＝175 mAとなりI_0のタップ値を0.2 Aとすれば良い。自構内にはケーブルの他、変圧器、SC、LA、LBS等の高圧機器が設置されていますがそれらによる充電電流は微々たる値です。

② PASの役割は自構内での不完全地絡事故でも、速やかに事故を除去する事を目的にした機器です。よってDGRのV_0要素は動作要素には採用せず、方向性判別のみに採用したらどうでしょうか。

7．事故解析(5)

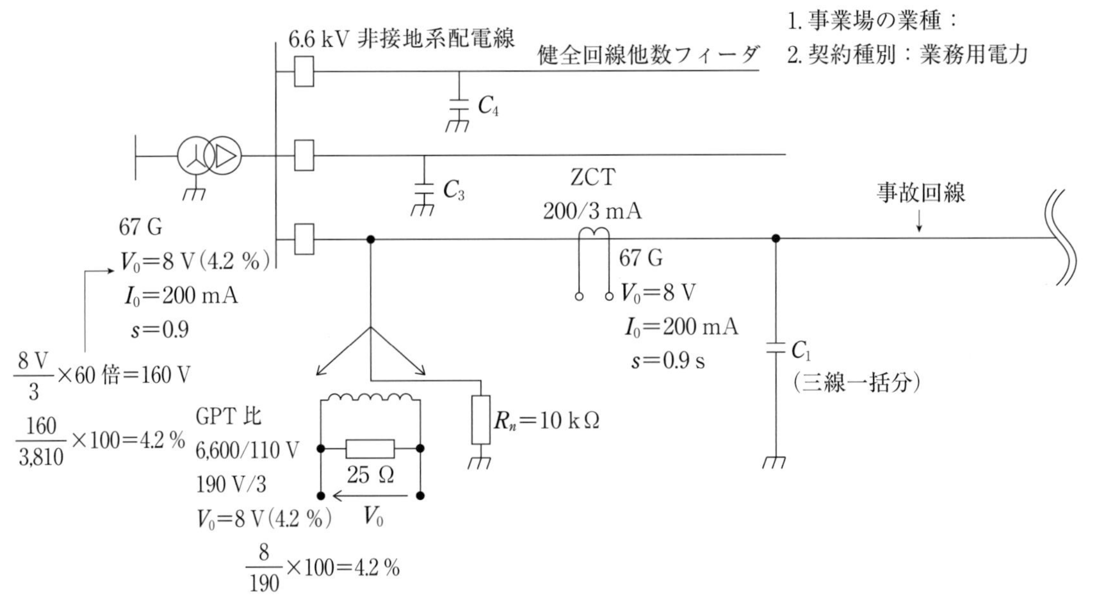

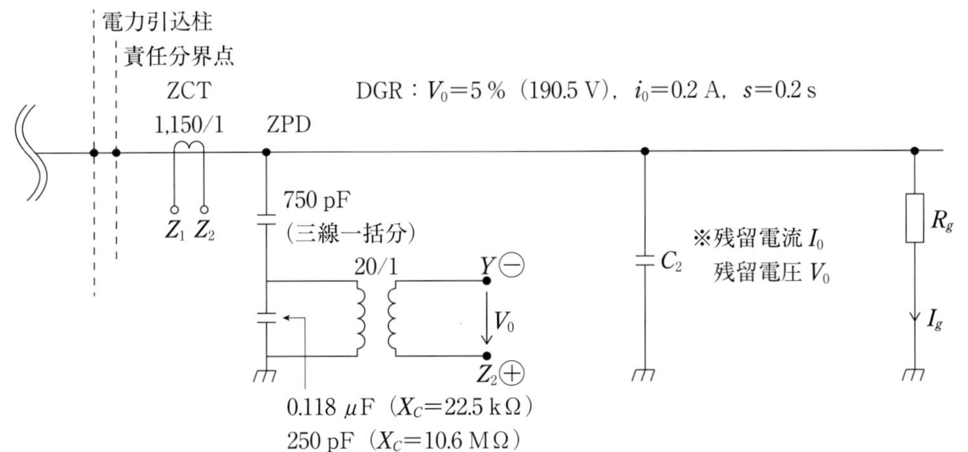

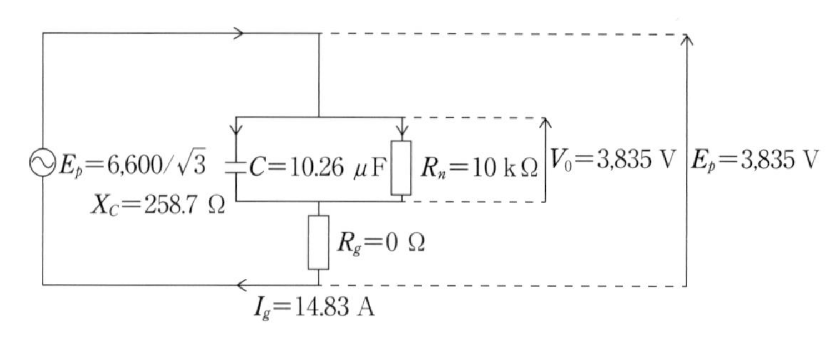

図－1　完全一線地絡事故時 $R_g=0\,\Omega$

$V_0=3{,}835$ V（100 %）　$I_g=14.83$ A

※人工地絡試験値

$I_C=\omega 3CV_0$(A)

$3C=14.83/376.8\times 3{,}835=10.26\ \mu$F

$X_C=1/376.8\times 10.26\times 10^{-6}=258.7\ \Omega$

※ホウ・テブナンの定理での地絡電流（I_g）

$I_g=\dfrac{V/\sqrt{3}}{\sqrt{R_g{}^2+X_C{}^2}}=$(A)　　　$V/\sqrt{3}$ は対地電圧（V）

※高抵抗地絡時の $I_g=\dfrac{V/\sqrt{3}}{R_g+X_C}$

で計算しても大きな違いはありません。

図－1の事故では高圧需要家側の DGR が確実に動作し、事故点を切り離す。

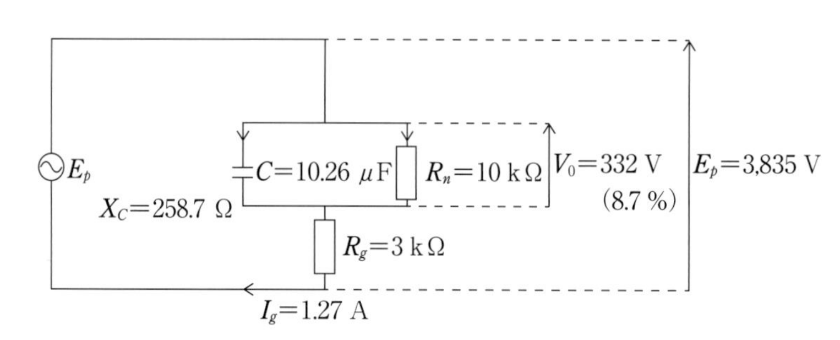

図－2　高抵抗一線地絡事故時 $R_g=3\,\mathrm{k}\Omega$

$V_0=332$ V（8.7 %）　$I_g=1.27$ A

※人工地絡試験値 ← 電力会社からの提供値、以下同じです。計算値はホウ・テブナンの定理での計算

$I_C=\omega 3CV_0$(A)

$3C=14.83/376.8\times 3{,}835=10.26\ \mu$F

$X_C=1/376.8\times 10.26\times 10^{-6}=258.7\ \Omega$

$I_g=3{,}835/\sqrt{258^2+3{,}000^2}=1.27$ A　　計算値

$V_0=1.27\ \mathrm{A}\times 258.7\ \Omega=329$ V　（8.6 %）　計算値

※試験値と計算値の違いは試験時の対地電圧の差と GPT の中性点の抵抗が 10 kΩ と大きいため、

それに流れる I_{Rn} を無視して計算したため。

図－２の事故でも高圧需要家側の DGR が確実に動作し、事故点を切り離す。

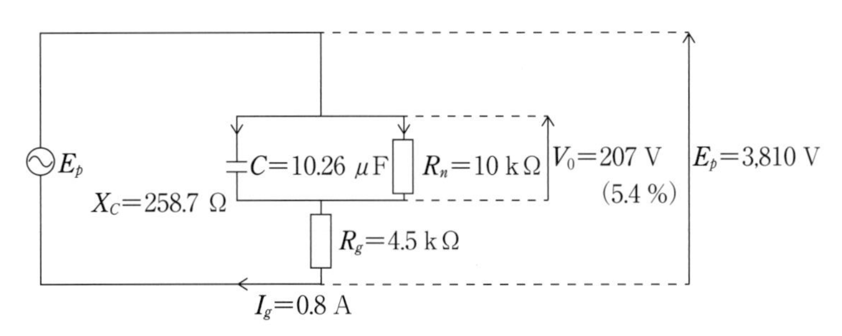

図－３　高抵抗一線地絡事故時 $R_g=4{,}5$ kΩ

$V_0=207$ V（5.4 %）　$I_g=0.8$ A

※ホウ・テブナンの定理での計算値

$I_C=\omega 3CV_0(\mathrm{A})$

$3C=14.83/376.8\times 3{,}835=10.26\ \mu\mathrm{F}$

$X_C=1/376.8\times 10.26\times 10^{-6}=258.7\ \Omega$

$I_g=3{,}810/\sqrt{258^2+4{,}500^2}=0.8\ \mathrm{A}$

$V_0=0.8\ \mathrm{A}\times 258.7\ \Omega=207\ \mathrm{V}$　(5.4 %)

図－３の事故でも高圧需要家側の DGR が確実に動作し、事故点を切り離す。

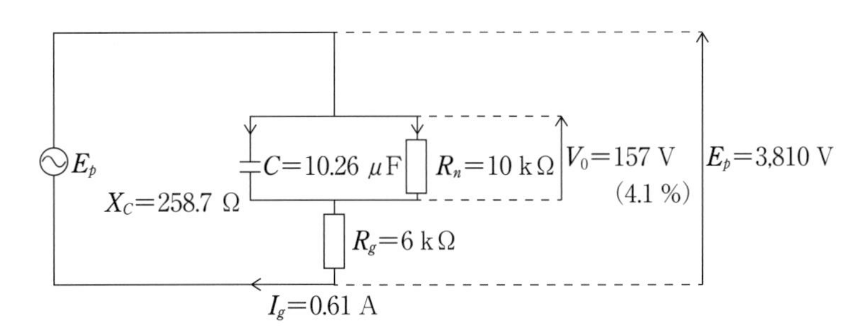

図－４　高抵抗一線地絡事故時 $R_g=6$ kΩ

$V_0=157$ V（4.6 %）　$I_g=0.61$ A

※人工地絡試験値

$I_C=\omega 3CV_0(\mathrm{A})$

$3C=14.83/376.8\times 3{,}835=10.26\ \mu\mathrm{F}$

$X_C=1/376.8\times 10.26\times 10^{-6}=258.7\ \Omega$

$I_g=3{,}810/\sqrt{285^2+6{,}000^2}=0.60\ \mathrm{A}$

$V_0=0.60\ \mathrm{A}\times 285\ \Omega=157\ \mathrm{V}$　(4.1 %)

※下記は重要事項

図－４の事故では需要家側の DGR の $I_0=0.2$ A の電流要素は動作、V_0 要素は不動作、自構内の事故であるが事故点を切り離せないし、電力側の67Gでも事故点を切り離せない。非方向性のGRなら動作で問題なし。

対策：V_0＝2％への変更、PAS更新の際は非方向性を推奨。V_0＝0.2％への変更の際は残留電圧を考慮すること。

非方向性の「もらい動作防止」としてI_0整定値を引込みケーブルの充電電流の2～3.5倍の整定値にすれば問題なし。

提案：V_0を動作要素に採用せず、方向性判別のみに採用したらどうでしょうか。

8．事故解析(6)

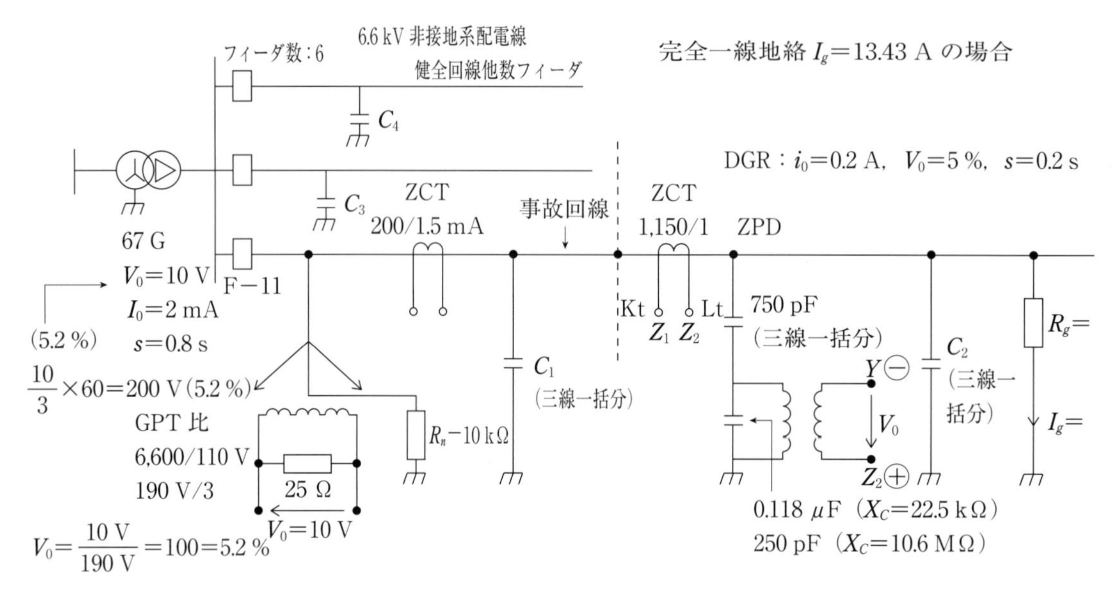

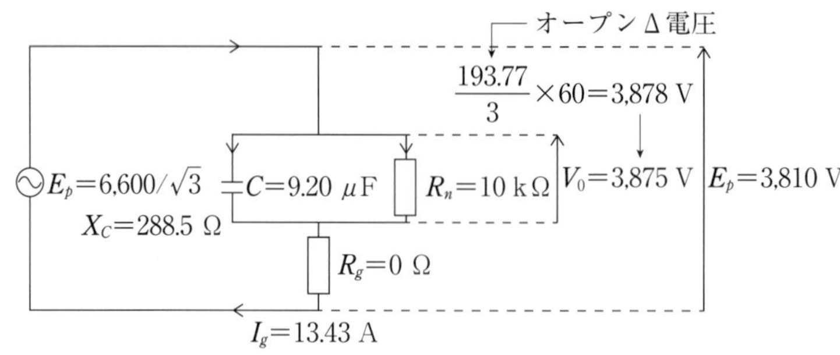

図－1　完全一線地絡事故時 R_g＝0 Ω

V_0＝3,875 V（100％）　I_g＝13.43 A

※人工地絡試験値

$I_C=\omega 3CV_0$(A)

$3C=13.43/376.8\times 3{,}875=9.2\ \mu$F

$X_C=1/376.8\times 9.2\times 10^{-6}=288.5\ \Omega$

図－1の事故では高圧需要家側のDGRが確実に動作し、事故点を切り離す。

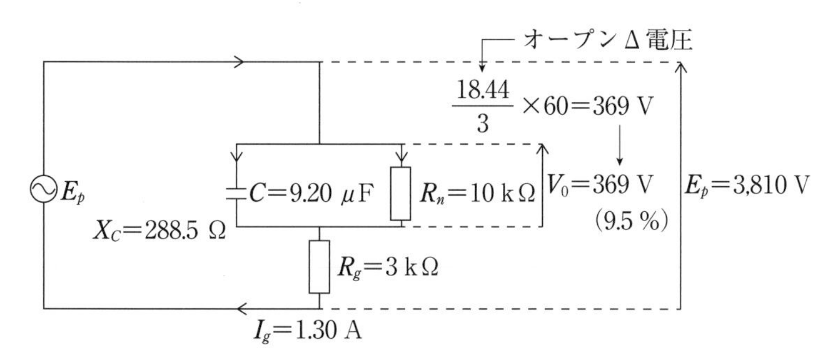

図－2　高抵抗一線地絡事故時 $R_g=3$ kΩ

$V_0=369$ V（9.5 %）　$I_g=1.30$ A

※人工地絡試験値

$I_C=\omega 3CV_0$(A)

$3C=13.43/376.8\times 3{,}875=9.2\ \mu$F

$X_C=1/376.8\times 9.2\times 10^{-6}=288.5\ \Omega$

$I_g=3{,}875/\sqrt{288.5^2+3{,}000^2}=1.29$ A　　計算値

$V_0=1.29\ \text{A}\times 288.5\ \Omega=372$ V　(9.7 %)　計算値

※試験値と計算値の違いは試験時の対地電圧の差とGPTの中性点の抵抗が10 kΩと大きいため、それに流れるI_0を無視して計算したため。

図－2の事故でも高圧需要家側のDGRが確実に動作し、事故点を切り離す。

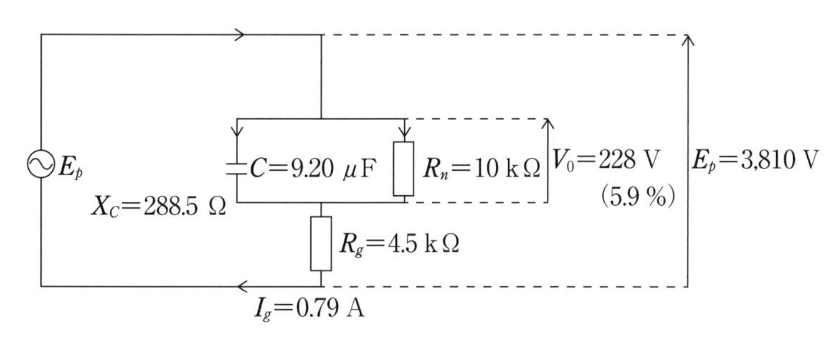

図－3　高抵抗一線地絡事故時 $R_g=4.5$ kΩ

$V_0=228$ V（5.9 %）　$I_g=0.79$ A

※人工地絡試験値

$I_C=\omega 3CV_0$(A)

$3C=13.43/376.8\times 3{,}875=9.2\ \mu$F

$X_C=1/376.8\times 9.2\times 10^{-6}=288.5\ \Omega$

$I_g=3{,}810/\sqrt{288.5^2+4{,}500^2}=0.79$ A

$V_0=0.79\ \text{A}\times 288.5\ \Omega=228$ V　(5.9 %)

図－3の事故でも高圧需要家側のDGRが確実に動作し、事故点を切り離す。

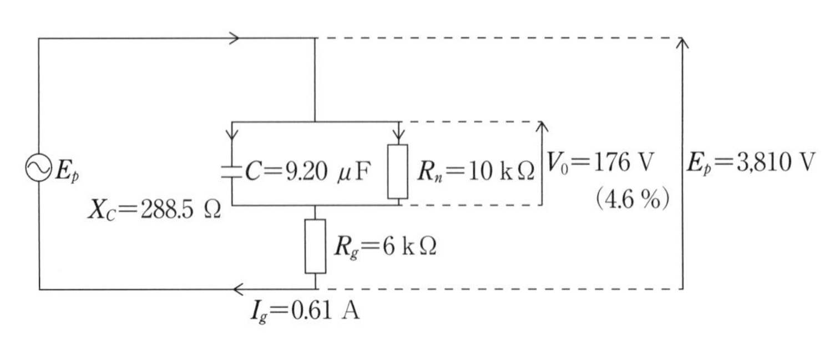

図－4　高抵抗一線地絡事故時 $R_g=6$ kΩ

$V_0=175.9$ V（4.6 %）　$I_g=0.61$ A

※人工地絡試験値

$I_C=\omega 3CV_0$(A)

$3C=13.43/376.8\times 3{,}810=9.2\ \mu$F

$X_C=1/376.8\times 9.2\times 10^{-6}=288.5\ \Omega$

$I_g=3{,}810/\sqrt{288.5^2+6{,}000^2}=0.61$ A

$V_0=0.61\ \text{A}\times 288.5\ \Omega=175.9$ V　(4.6 %)

※下記は重要事項

図－4の事故では需要家側のDGRの$I_0=0.2$ Aの電流要素は動作、V_0要素は不動作、自構内の事故であるが事故点を切り離せないし、電力側の67Gも不動作で事故点を切り離せない。波及事故となる、非方向性のGRなら動作で問題なし。

対策：$V_0=2$ %への変更、非方向性のGRへの取り換えを推奨

※非方向性の「もらい動作防止」としてI_0整定値を上げれば問題なし。

提案：V_0を動作要素に採用せず、位相判別のみに採用したらどうでしょうか。

9．事故解析(7)

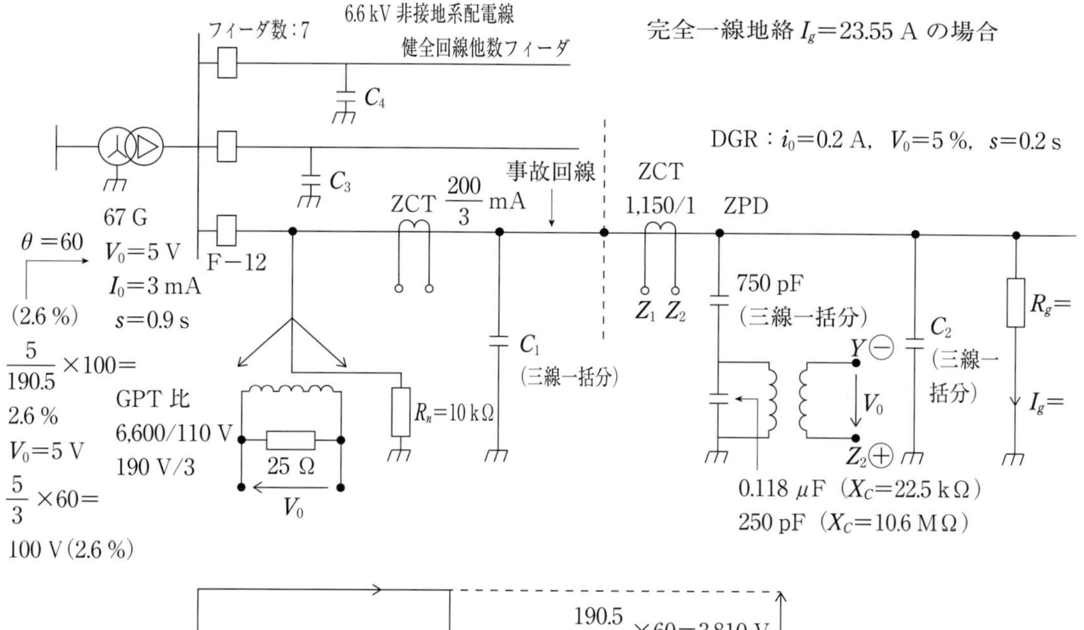

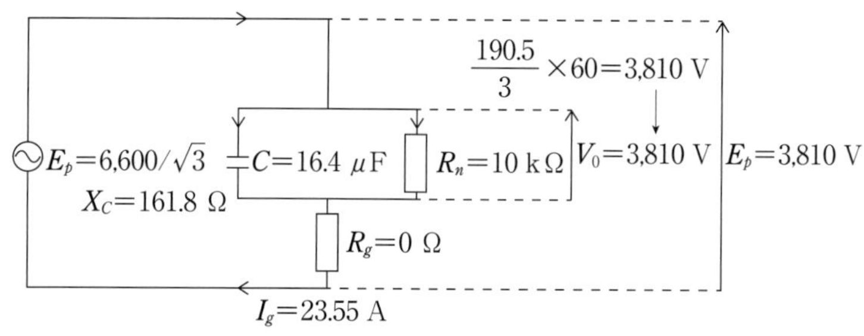

図－1　完全一線地絡事故時 $R_g=0\,\Omega$

$V_0=3{,}810$ V（100 %）　$I_g=23.55$ A

※人工地絡試験値

$I_C=\omega 3CV_0$

$3C=23.55/376.8\times 3{,}810=16.4\ \mu$F

$X_C=1/376.8\times 16.4\times 10^{-6}=161.8\ \Omega$

図－1の事故では高圧需要家側のDGRが確実に動作し、事故点を切り離す。

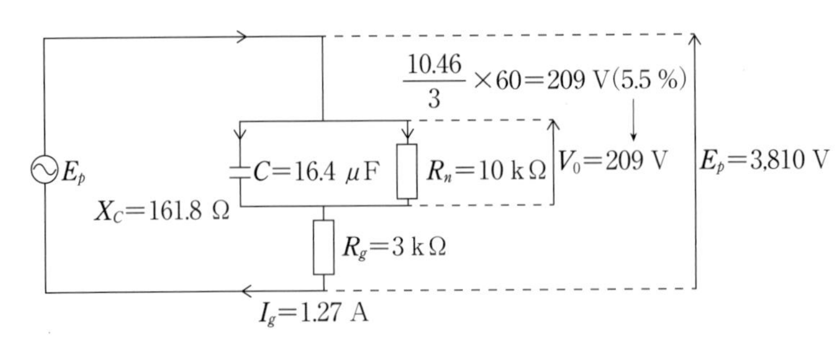

図－2　高抵抗一線地絡事故時 R_g = 3 kΩ

V_0 = 209 V（5.5 %）　I_g = 1.27 A

※人工地絡試験値

$I_C = \omega 3CV_0$

$3C = 23.55/376.8 \times 3{,}810 = 16.4\ \mu\mathrm{F}$

$X_C = 1/376.8 \times 16.4 \times 10^{-6} = 161.8\ \Omega$

$I_g = 3{,}810/\sqrt{161.8^2 + 3{,}000^2} = 1.27\ \mathrm{A}$　　計算値

$V_0 = 1.27\ \mathrm{A} \times 161.8\ \Omega = 205\ \mathrm{V}$　（5.4 %）　計算値

※試験値と計算値の違いは試験時の対地電圧の差と GPT の中性点の抵抗が 10 kΩ と大きいため、それに流れる I_0 を無視して計算したため。

図－2の事故でも高圧需要家側の DGR が確実に動作し、事故点を切り離す。

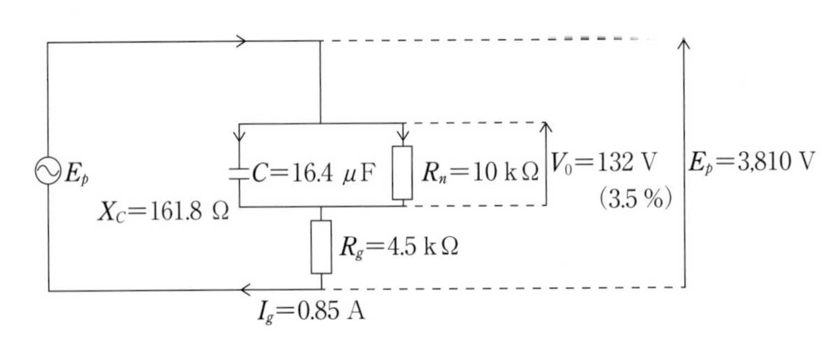

図－3　高抵抗一線地絡事故時 R_g = 4,5 kΩ

V_0 = 132 V（3.5 %）　I_g = 0.82 A

※人工地絡試験値

$I_C = \omega 3CV_0$

$3C = 23.55/376.8 \times 3{,}810 = 16.4\ \mu\mathrm{F}$

$X_C = 1/376.8 \times 16.4 \times 10^{-6} = 161.8\ \Omega$

$I_g = 3{,}810/161.8 + 4{,}500 = 0.82\ \mathrm{A}$　……（$R_g + X_C$ の単純和で計算しました）

$V_0 = 0.82\ \mathrm{A} \times 161.8\ \Omega = 132\ \mathrm{V}$　（3.5 %）

※下記は重要事項

図－3の事故では需要家側の DGR の I_0 = 0.2 A の電流要素は動作、V_0 要素は不動作、自構内の事故であるが事故点を切り離せない。電力側の 67G 動作で事故点を切り離し波及事故となる。

非方向性の GR なら動作で問題なし。
対策：V_0＝2％への変更、非方向性の GR への取り換えを推奨
※非方向性の「もらい動作防止」として I_0 整定値を上げれば問題なし。
提案：V_0 を動作要素に採用せず、位相判別のみに採用したらどうでしょうか。

10. 事故解析(8)

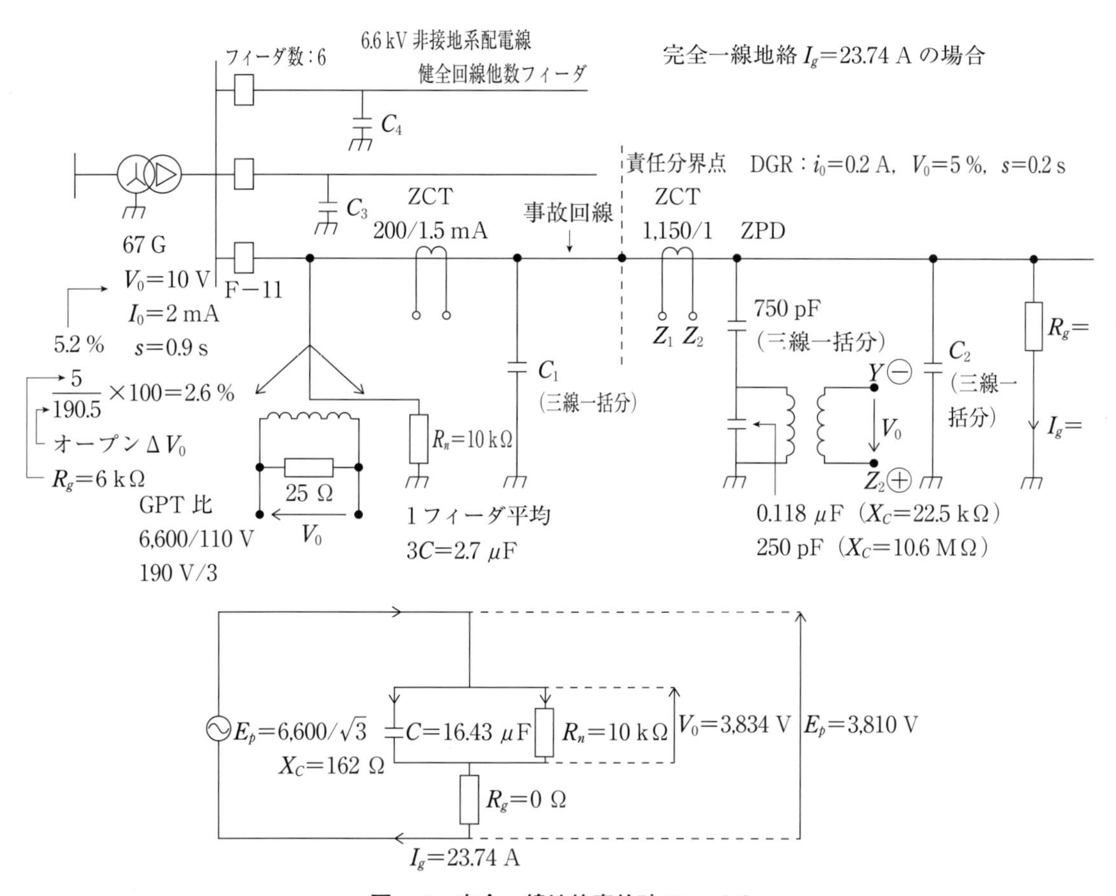

図−1　完全一線地絡事故時 R_g＝0 Ω

V_0＝3,834 V（100％）　I_g＝23.74 A

※人工地絡試験値 ← 管轄支店より提供してもらった値です。

$I_C = \omega 3CV_0$(A)

$3C = 23.74/376.8 \times 3{,}834 = 16.43\ \mu$F

$X_C = 1/376.8 \times 16.43 \times 10^{-6} = 162\ \Omega$

図−1の事故では高圧需要家側の DGR が確実に動作し、事故点を切り離す。

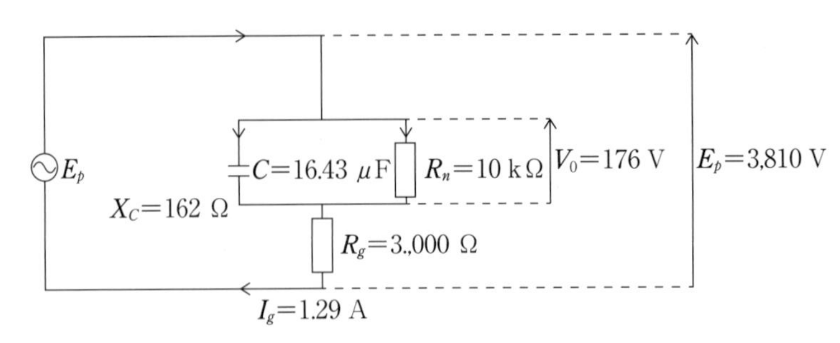

図－2　高抵抗一線地絡事故時 $R_g=3\ k\Omega$

$V_0=176$ V（4.6 %）　$I_g=1.29$ A

※人工地絡試験値

$I_C=\omega 3CV_0$(A)

$3C=23.74/376.8\times 3{,}834=16.43\ \mu$F

$X_C=1/376.8\times 16.43\times 10^{-6}=162\ \Omega$

$I_g=3{,}834/\sqrt{162^2+3{,}000^2}=1.27$ A　　計算値

$V_0=1.27\ \text{A}\times 162\ \Omega=205$ V　(5.4 %)　計算値

※試験値と計算値の違いは試験時の対地電圧の差とGPTの中性点の抵抗が10 kΩと大きいため、それに流れるI_0を無視して計算したため。

図－2の事故では高圧需要家側のDGRがかろうじて動作し、事故点を切り離す。

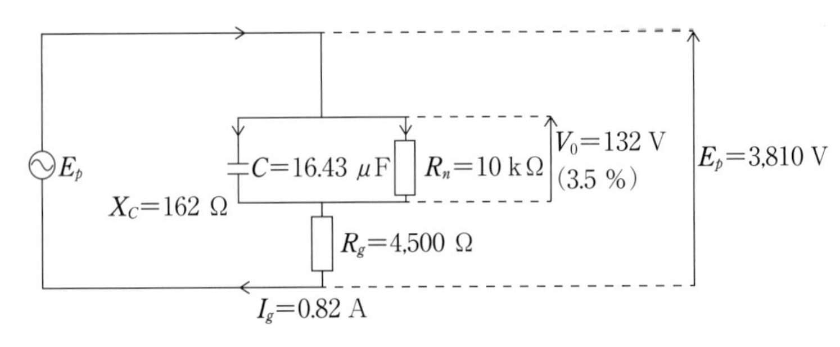

図－3　高抵抗一線地絡事故時 $R_g=4.5\ k\Omega$

$V_0=132$ V（3.5 %）　$I_g=0.82$ A

※人工地絡試験値

$I_C=\omega 3CV_0$(A)

$3C=23.74/376.8\times 3{,}834=16.43\ \mu$F

$X_C=1/376.8\times 16.43\times 10^{-6}=162\ \Omega$

$I_g=3{,}810/\sqrt{162^2+4{,}500^2}=0.82$ A

$V_0=0.82\ \text{A}\times 162\ \Omega=132$ V　(3.5 %)

※下記は重要事項

図－3の事故では需要家側のDGRの$I_0=0.2$ Aの電流要素は動作、V_0要素は不動作、自構内の事故であるが事故点を切り離せない、電力側の67Gも不動作で事故点を切り離せない。波及事

故となる、非方向性の GR なら動作で問題なし。
対策：V_0＝2 %への変更、非方向性の PAS への取り換えを推奨
※非方向性の「もらい動作防止」として I_0 整定値を上げれば問題なし。
提案：V_0 を動作要素に採用せず、位相判別のみに採用したらどうでしょうか。

11. 事故解析(9)

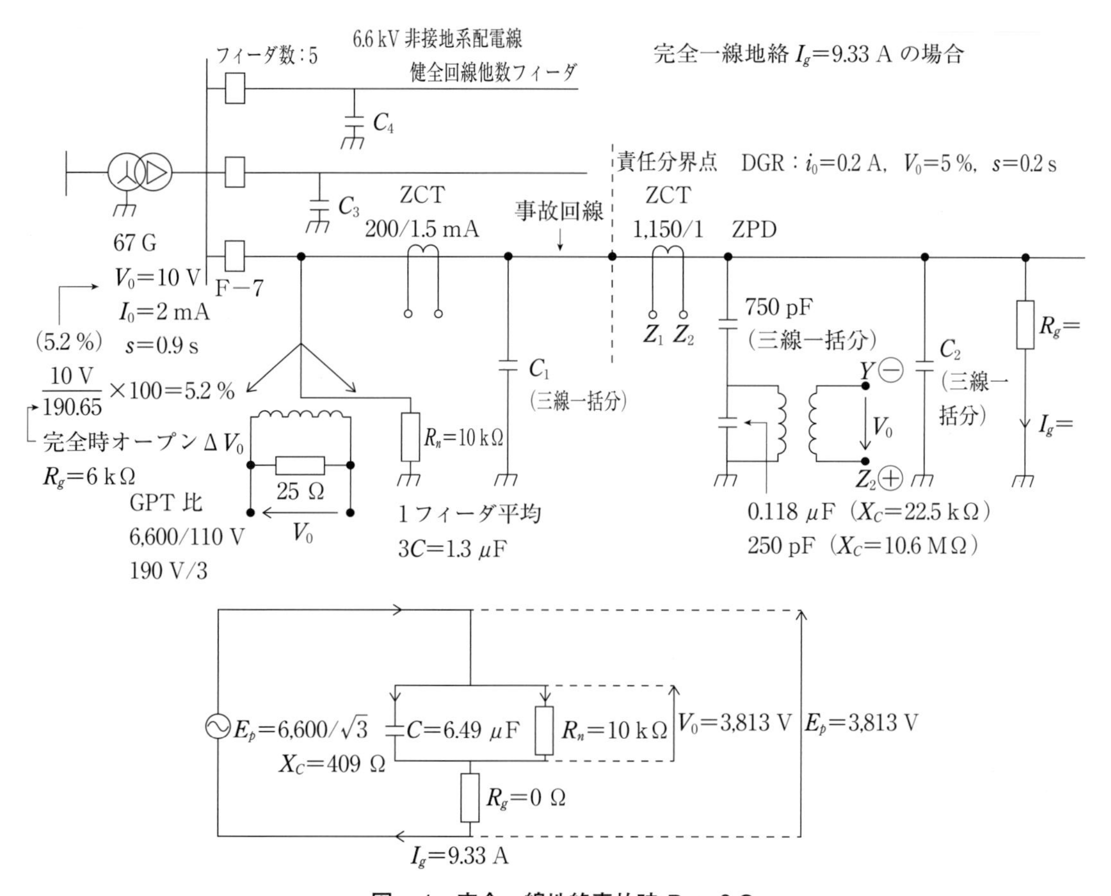

図－1　完全一線地絡事故時 $R_g=0\ \Omega$

$V_0=3{,}813$ V（100 %）　$I_g=9.33$ A

※人工地絡試験値

$I_C=\omega 3CV_0$(A)

$3C=9.33/376.8\times3{,}813=6.49\ \mu$F

$X_C=1/376.8\times6.49\times10^{-6}=409\ \Omega$

図－1の事故では高圧需要家側の DGR が確実に動作し、事故点を切り離す。

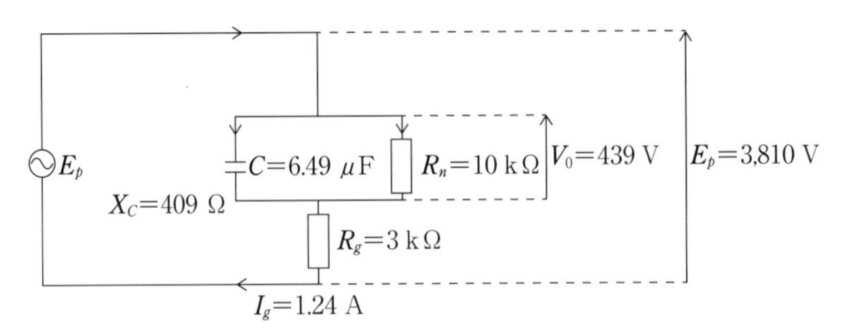

図－２　高抵抗一線地絡事故時 $R_g=3\ k\Omega$

$V_0=439\ V$（11.5 %）　$I_g=1.24\ A$

※人工地絡試験値

$I_C=\omega 3CV_0(A)$

$3C=9.33/376.8\times 3{,}813=6.49\ \mu F$

$X_C=1/376.8\times 6.49\times 10^{-6}=409\ \Omega$

$I_g=3{,}813/\sqrt{409^2+3{,}000^2}=1.25\ A$　　計算値

$V_0=1.25\ A\times 409\ \Omega=511\ V$　（13 %）　計算値

※試験値と計算値の違いは試験時の対地電圧の差と GPT の中性点の抵抗が 10 kΩ と大きいため、それに流れる I_0 を無視して計算したため。

図－２の事故でも高圧需要家側の DGR が確実に動作し、事故点を切り離す。

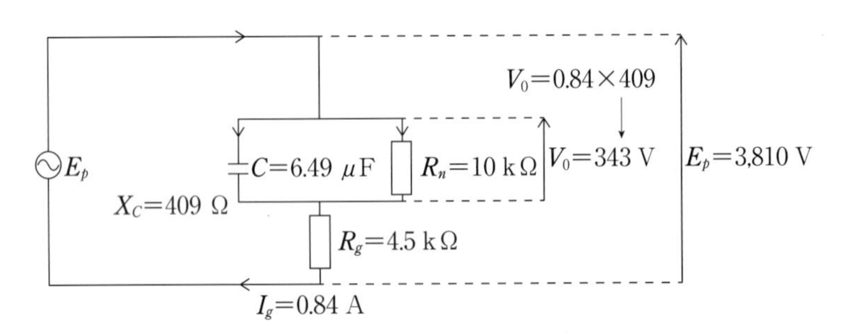

図－３　高抵抗一線地絡事故時 $R_g=4.5\ k\Omega$

$V_0=319\ V$（8.4 %）　$I_g=0.78\ A$

※人工地絡試験値

$I_C=\omega 3CV_0(A)$

$3C=9.33/376.8\times 3{,}813=6.49\ \mu F$

$X_C=1/376.8\times 6.49\times 10^{-6}=409\ \Omega$

$I_g=3{,}810/\sqrt{409^2+4{,}500^2}=0.84\ A$

$V_0=0.84\ A\times 409\ \Omega=343\ V$　（9 %）

図－３の事故でも高圧需要家側の DGR が確実に動作し、事故点を切り離す。

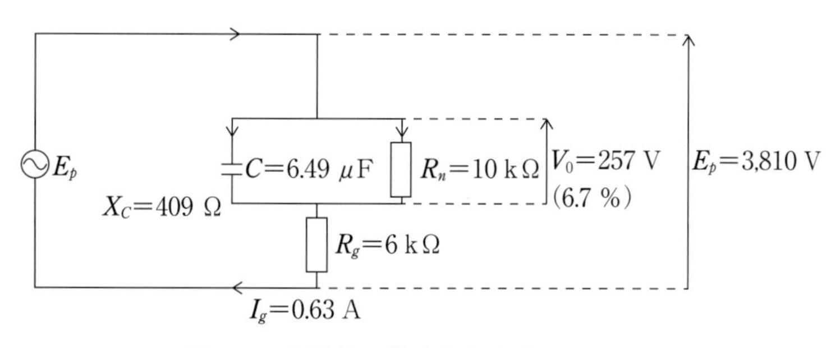

図－4　高抵抗一線地絡事故時 $R_g=6\ k\Omega$

$V_0=243\ V$（6.3 %）　$I_g=0.59\ A$

※人工地絡試験値

$I_C=\omega 3CV_0$(A)

$3C=9.33/376.8\times 3{,}813=6.49\ \mu F$

$X_C=1/376.8\times 6.49\times 10^{-6}=409\ \Omega$

$I_g=3{,}810/\sqrt{409^2+6{,}000^2}=0.63\ A$

$V_0=0.63\ A\times 409\ \Omega=257\ V$　(6.7 %)

図－3の事故でも高圧需要家側のDGRが確実に動作し、事故点を切り離す。

12. 事故解析⑽

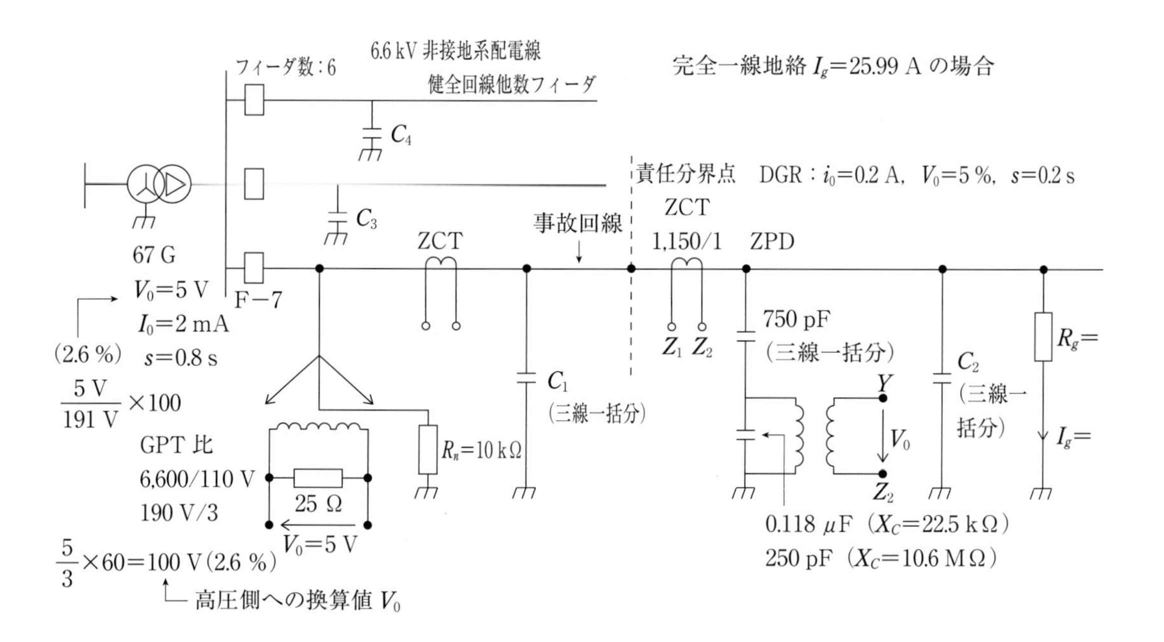

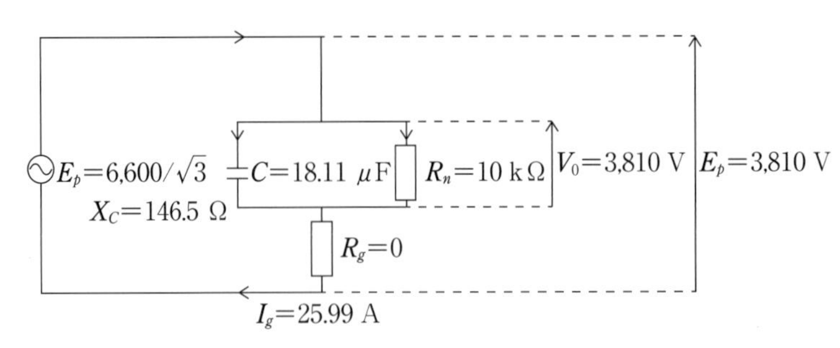

図－1　完全一線地絡事故時 $R_g = 0\ \Omega$

$V_0 = 3{,}810$ V（100 %）　$I_g = 25.99$ A

※人工地絡試験値

$I_C = \omega 3 C V_0$

$3C = 25.99/376.8 \times 3{,}810 = 18.11\ \mu$F

$X_C = 1/376.8 \times 18.11 \times 10^{-6} = 146.5\ \Omega$

図－1の事故では高圧需要家側の DGR が確実に動作し、事故点を切り離す。

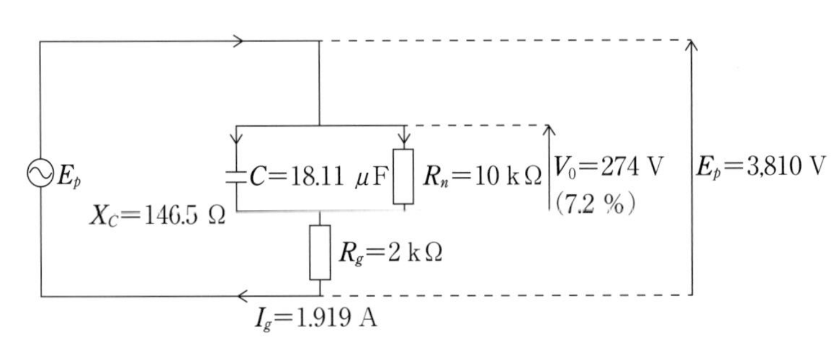

図－2　高抵抗一線地絡事故時 $R_g = 2$ kΩ

$V_0 = 274$ V（7.2 %）　$I_g = 1{,}919$ A

※人工地絡試験値

$I_C = \omega 3 C V_0$

$3C = 25.99/376.8 \times 3{,}810 = 18.11\ \mu$F

$X_C = 1/376.8 \times 16.4 \times 10^{-6} = 146.5\ \Omega$

$I_g = 3{,}810/\sqrt{146.5^2 + 2{,}000^2} = 1.90$ A　　計算値

$V_0 = 1.9\ \text{A} \times 146.5\ \Omega = 278$ V　(7.2 %)　計算値

※試験値と計算値の違いは試験時の対地電圧の差と GPT の中性点の抵抗が 10 kΩ と大きいため、それに流れる I_0 を無視して計算したため。

図－2の事故でも高圧需要家側の DGR が確実に動作し、事故点を切り離す。

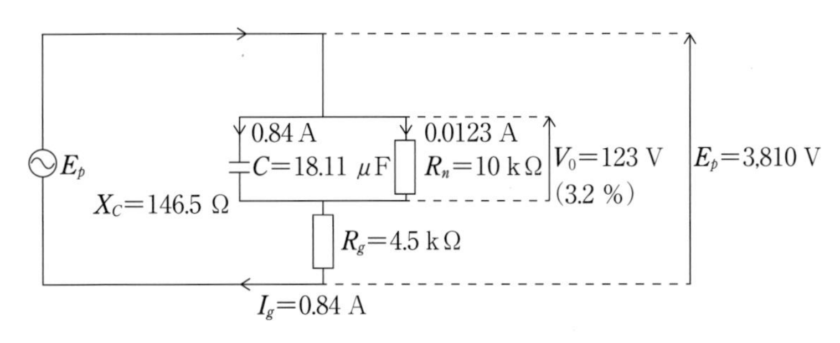

図－3　高抵抗一線地絡事故時 $R_g=4.5$ kΩ

$V_0=120$ V（3.1 %）　$I_g=0.82$ A

※人工地絡試験値

$I_C=\omega 3CV_0$

$3C=25.99/376.8\times 3{,}810=18.11\ \mu\mathrm{F}$

$X_C=1/376.8\times 16.4\times 10^{-6}=146.5\ \Omega$

$I_g=3{,}810/\sqrt{146.5^2+4{,}500^2}=0.84\ \mathrm{A}$

$V_0=0.84\ \mathrm{A}\times 146.5\ \Omega=123\ \mathrm{V}$　（3.2 %）

$$\theta=\tan^{-1}\frac{I_C}{I_{Rn}}=\tan^{-1}\frac{0.84}{0.0123}=89.2^\circ$$

※下記は重要事項

図－3の事故では需要家側のDGRの$I_0=0.2$ Aの電流要素は動作、V_0要素は不動作、自構内の事故であるが事故点を切り離せない、電力側の67G動作で事故点を切り離し波及事故となる、非方向性のGRなら動作で問題なし。

対策：$V_0=2$ %への変更、PAS更新時はGRを推奨

※非方向性の「もらい動作防止」としてI_0整定値を引込ケーブルの充電電流の2～3.5倍にする。

提案：V_0を動作要素に採用せず、方向性判別のみに採用したらどうでしょうか。

13. 事故解析⑾

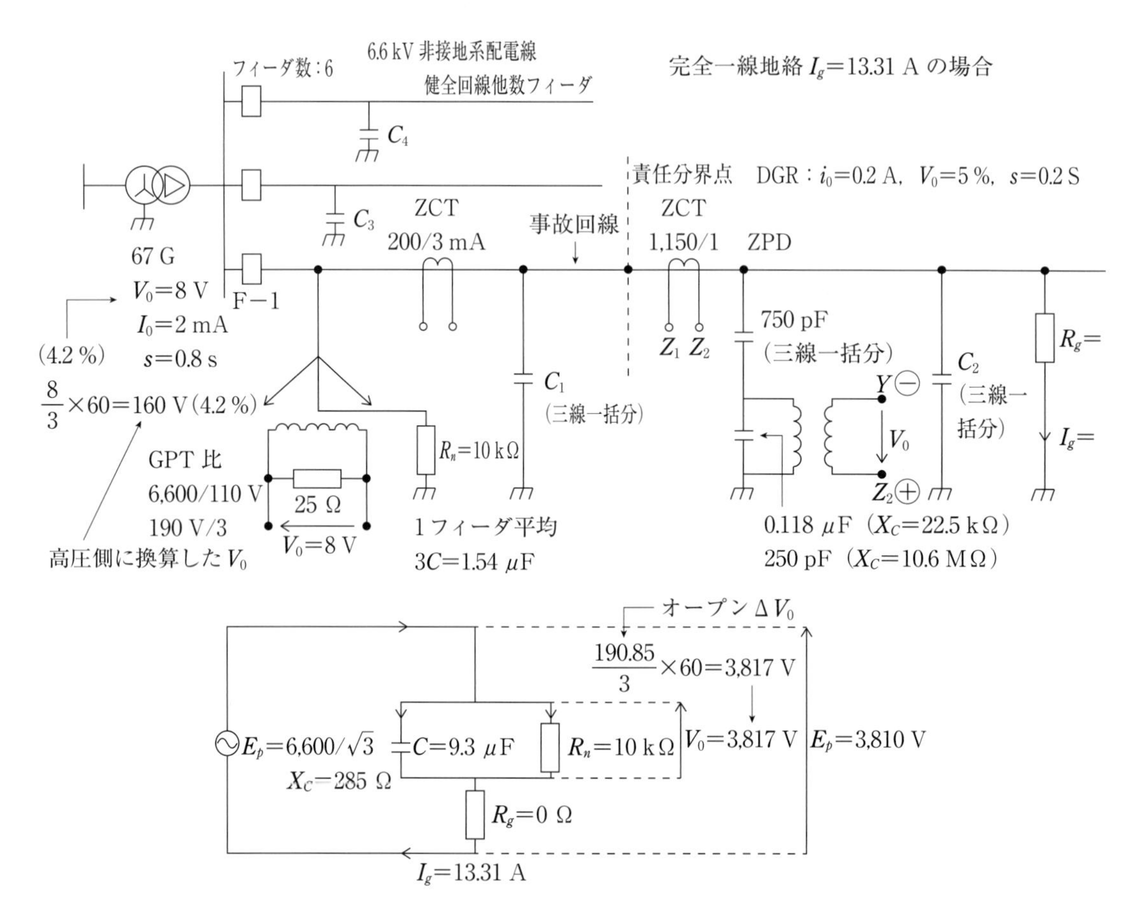

図−1　完全一線地絡事故時 R_g＝0 Ω

V_0＝3,817 V（100 %）　I_g＝13.31 A

※人工地絡試験値

$I_C = \omega 3CV_0$(A)

$3C = 13.31/376.8 \times 3{,}817 = 9.3\ \mu$F

$X_C = 1/376.8 \times 9.3 \times 10^{-6} = 285\ \Omega$

図−1の事故では高圧需要家側のDGRが確実に動作し、事故点を切り離す。

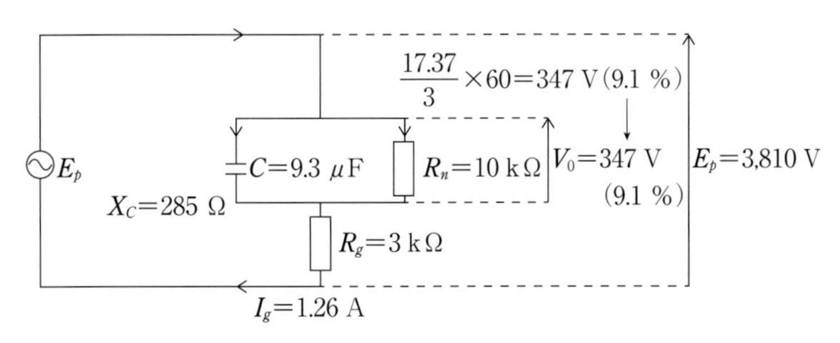

図－2　高抵抗一線地絡事故時 $R_g = 3$ kΩ

$V_0 = 347$ V（9.1 %）　$I_g = 1.26$ A

※人工地絡試験値

$I_C = \omega 3CV_0$(A)

$3C = 13.31/376.8 \times 3{,}817 = 9.3\ \mu$F

$X_C = 1/376.8 \times 9.3 \times 10^{-6} = 285\ \Omega$

$I_g = 3{,}810/285 + 3{,}000 = 1.20$ A　　計算値　……単純和で計算しました。

$V_0 = 1.20$ A × 285 Ω = 342 V　(8.9 %)　計算値

※試験値と計算値の違いは試験時の対地電圧の差と GPT の中性点の抵抗が 10 kΩ と大きいため、それに流れる I_0 を無視して計算したため。

図－2の事故でも高圧需要家側の DGR が確実に動作し、事故点を切り離す。

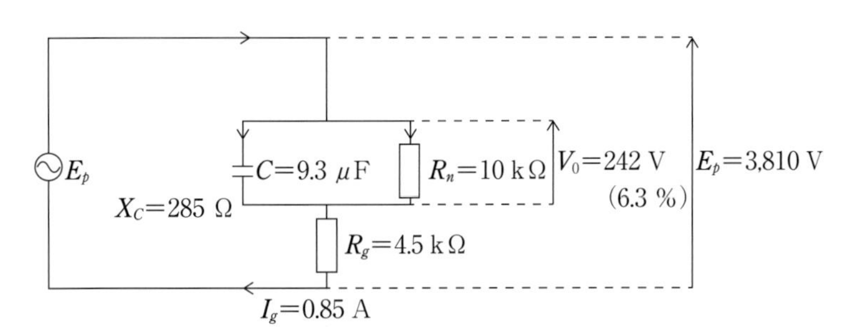

図－3　高抵抗一線地絡事故時 $R_g = 4.5$ kΩ

$V_0 = 242$ V（6.3 %）　$I_g = 0.85$ A

※人工地絡試験値

$I_C = \omega 3CV_0$(A)

$3C = 13.31/376.8 \times 3{,}817 = 9.3\ \mu$F

$X_C = 1/376.8 \times 9.3 \times 10^{-6} = 285\ \Omega$

$I_g = 3{,}810/\sqrt{285^2 + 4{,}500^2} = 0.85$ A

$V_0 = 0.85$ A × 285 Ω = 242 V　(6.3 %)

図－3の事故でも高圧需要家側の DGR が確実に動作し、事故点を切り離す。

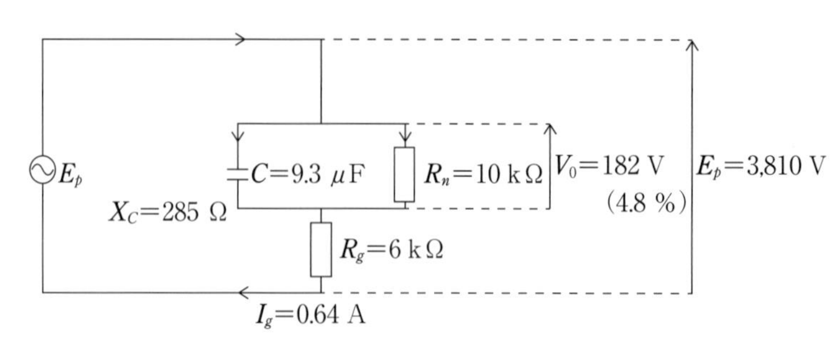

図－4　高抵抗一線地絡事故時 $R_g = 6\ \mathrm{k\Omega}$

$V_0 = 171$ V（4.6 %）　$I_g = 0.60$ A

※人工地絡試験値

$I_C = \omega 3CV_0$(A)

$3C = 13.31/376.8 \times 3{,}817 = 9.3\ \mu\mathrm{F}$

$X_C = 1/376.8 \times 9.3 \times 10^{-6} = 285\ \Omega$

$I_g = 3{,}810/\sqrt{285^2 + 6{,}000^2} = 0.64$ A

$V_0 = 0.64\ \mathrm{A} \times 285\ \Omega = 182$ V　(4.8 %)

※下記は重要事項

図－4の事故では需要家側の DGR の $I_0 = 0.2$ A の電流要素は動作、V_0 要素は不動作、自構内の事故であるが事故点を切り離せない、電力側の 67G 動作で事故点を切り離すが波及事故となる、非方向性の GR なら動作で問題なし。

対策：$V_0 = 2$ %への変更、非方向性の GR への取り換えを推奨

※非方向性の「もらい動作防止」として I_0 整定値を上げれば問題なし。

提案：V_0 を動作要素に採用せず、位相判別のみに採用したらどうでしょうか。

14. 事故解析(12)

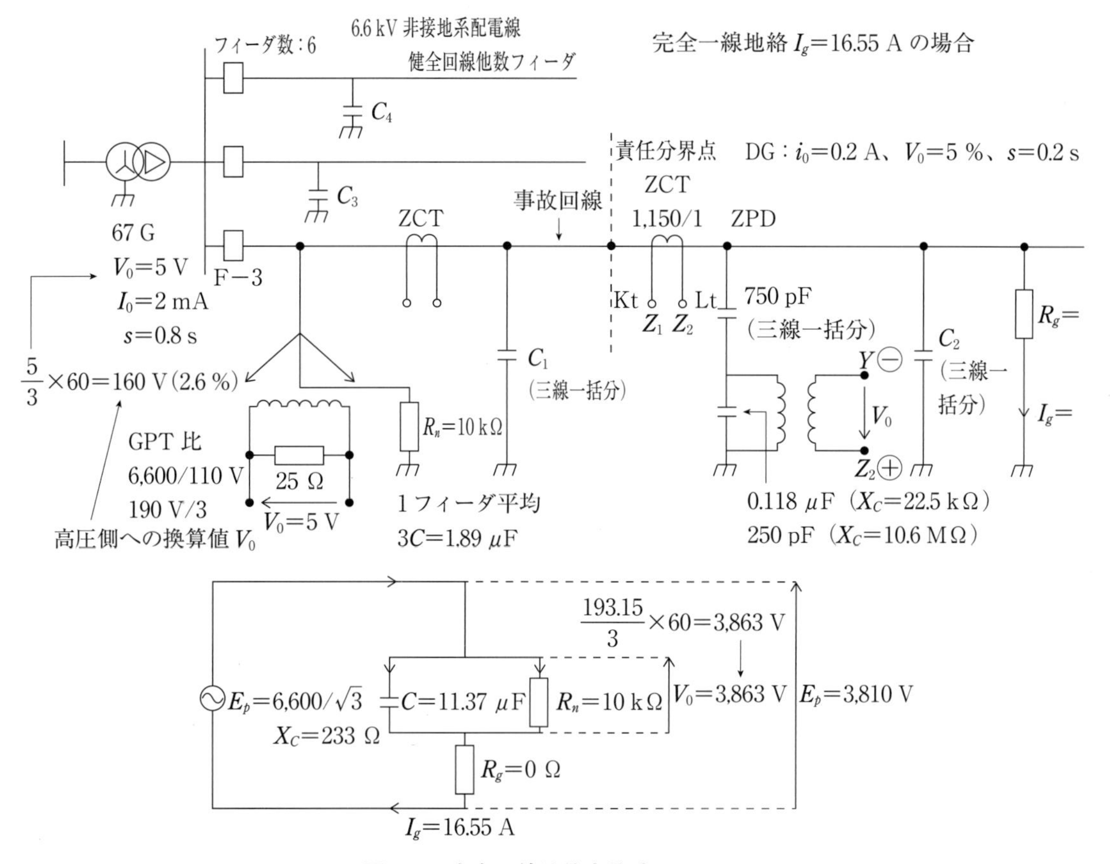

図－1　完全一線地絡事故時 $R_g=0\ \Omega$

$V_0 = 3{,}863$ V（100 %）　$I_g = 16.55$ A

※人工地絡試験値

$I_C = \omega 3CV_0$

$3C = 16.55/376.8 \times 3{,}863 = 11.37\ \mu\text{F}$

$X_C = 1/376.8 \times 11.37 \times 10^{-6} = 233\ \Omega$

図－1の事故では高圧需要家側のDGRが確実に動作し、事故点を切り離す。

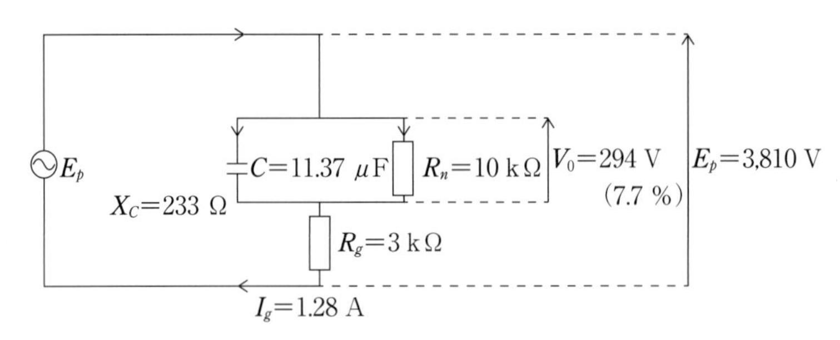

図－2　高抵抗一線地絡事故時 $R_g = 3\ \mathrm{k\Omega}$

$V_0 = 294$ V（7.7 %）　$I_g = 1.28$ A
※人工地絡試験値

$I_C = \omega 3CV_0$
$3C = 16.55/376.8 \times 3{,}863 = 11.37\ \mu$F
$X_C = 1/376.8 \times 11.37 \times 10^{-6} = 233\ \Omega$
$I_g = 3{,}863/233 + 3{,}000 = 1.20$ A　　計算値　$\rightarrow I_g = \dfrac{3{,}863}{\sqrt{233^2 + 3{,}000^2}} = \dfrac{3{,}863}{3{,}009} = 1.28$ A
$V_0 = 1.28$ A $\times 233\ \Omega = 298$ V　(7.8 %)　計算値

※試験値と計算値の違いは試験時の対地電圧の差と GPT の中性点の抵抗が 10 kΩ と大きいため、それに流れる I_0 を無視して計算したため。

図－2の事故でも高圧需要家側の DGR が確実に動作し、事故点を切り離す。

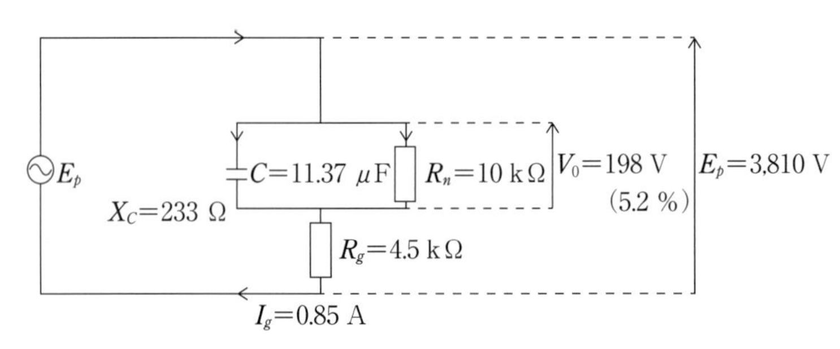

図－3　高抵抗一線地絡事故時 $R_g = 4.5\ \mathrm{k\Omega}$

$V_0 = 186$ V（4.9 %）　$I_g = 0.80$ A
※人工地絡試験値

$I_C = \omega 3CV_0$
$3C = 16.55/376.8 \times 3{,}863 = 11.37\ \mu$F
$X_C = 1/376.8 \times 11.37 \times 10^{-6} = 233\ \Omega$
$I_g = 3{,}810/\sqrt{233^2 + 4{,}500^2} = 0.85$ A
$V_0 = 0.80$ A $\times 233\ \Omega = 198$ V　(5.2 %)

※下記は重要事項

図－3の事故では DGR の I_0 要素は確実に動作するが V_0 要素はかろうじて動作する。

9．零相電圧と地絡電流の関係

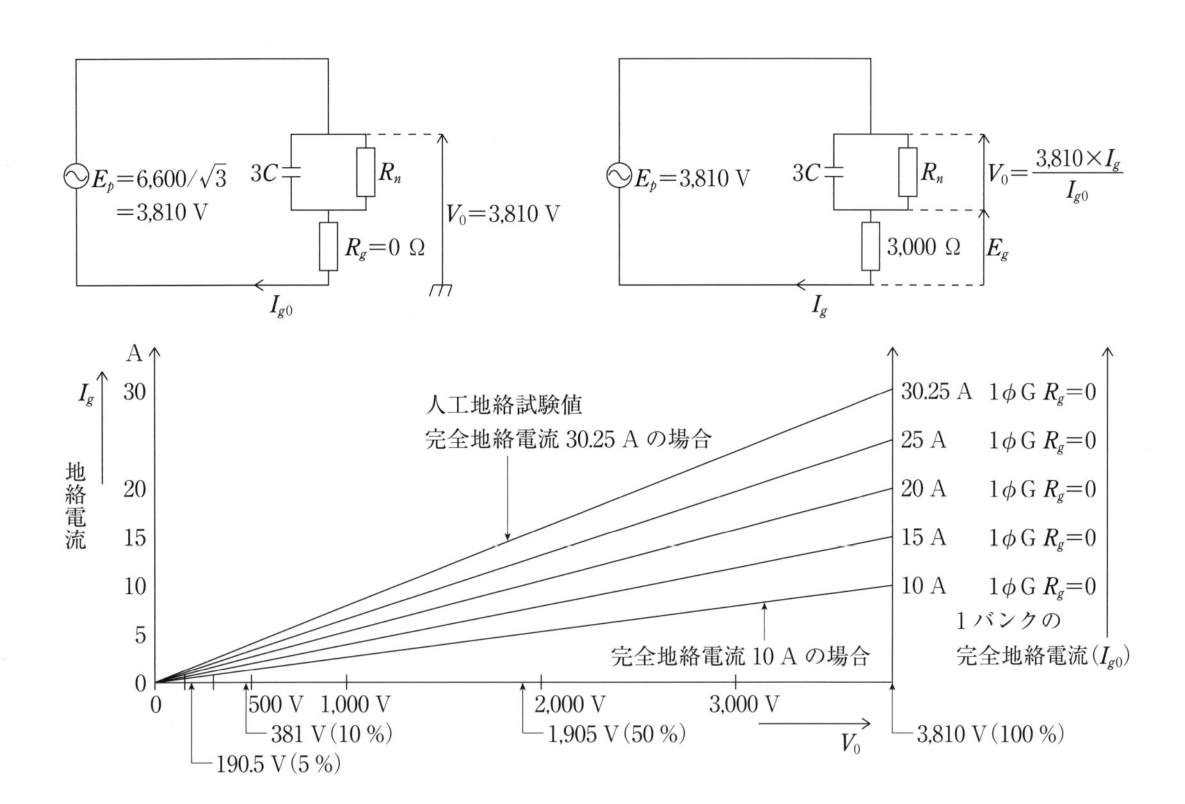

零相電圧　$V_0(\mathrm{V})=\dfrac{3{,}810\times I_g}{\text{当該1バンクにつながる全配電線の完全一線地絡電流 } I_{g0}}$

例－1　$R_g=0\,\Omega$ のとき完全一線地絡電流　$I_{g0}=30.25$ A

$I_g=3.06$ A のときの $V_0=\dfrac{3{,}810\times3.06}{30.25}=385$ V（不完全地絡事故）

例－2　$I_g=1.53$ A のときの $V_0=\dfrac{3{,}810\times1.53}{30.25}=192$ V（不完全地絡事故）

10．CVT　高圧需要家構内の引き込みケーブルの長さと充電電流（3 線一括分）

単位：A　f：60 Hz

	10 m	20	30	40	50	60	70	80	90	100	静電容量一線分
8 mm²	0.009	0.018	0.027	0.036	0.045	0.054	0.063	0.072	0.081	0.90	0.21 μF/km
14	0.010	0.021	0.03	0.04	0.05	0.06	0.07	0.08	0.09	0.10	0.24 〃
22	0.012	0.023	0.035	0.047	0.058	0.070	0.081	0.093	0.099	0.11	0.27 〃
38	0.014	0.028	0.042	0.056	0.07	0.083	0.098	0.112	0.124	0.14	0.32 〃
60	0.015	0.032	0.45	0.06	0.075	0.09	0.105	0.12	0.135	0.15	0.37 〃
100	0.019	0.039	0.058	0.077	0.097	0.116	0.136	0.155	0.174	0.194	0.45 〃
150	0.022	0.044	0.067	0.089	0.111	0.134	0.157	0.179	0.201	0.224	0.52 〃

竣工試験（実績値）　　　　　　$f=60$ Hz

耐圧試験時の充電電流　試験電圧：10,350 V		
1φ75 kVA 3φ300 kVA SC：19.1 kVA	機器一括 55 mA	CVT60 mm² 35 mA/15 m
1φ75 kVA 3φ50 kVA SC：19.1 kVA	機器一括 25 mA	CVT38 mm² 255 mA/105 m
1φ50 kVA 3φ100 kVA SC：12 kVA	機器一括 20 mA	CVT38 mm² 123 mA/50 m
1φ100 kVA 3φ150 kVA SC：19.1 kVA	機器一括 35 mA	CVT38 mm² 190 mA/80 m

$I_C=\omega\cdot 3C\cdot E=2\pi f\times 3C\times L(\mathrm{m})\times 3{,}810(\mathrm{V})$　　$f=60$ Hz

計算例－１

CVT38 mm^2 × 60 m　$I_g=376.8\times 3\times 0.32\times 60\ \mathrm{m}/1{,}000\ \mathrm{m}\times 10^{-6}\times 3{,}810=0.083(\mathrm{A})$

計算例－２

CVT60 mm^2 × 60 m　$I_g=376.8\times 3\times 0.37\times 60\ \mathrm{m}/1{,}000\ \mathrm{m}\times 10^{-6}\times 3{,}810=0.095(\mathrm{A})$

例－１：CVT38 mm^2 × 60 m の場合　　GR 整定値設定

$I_0=0.083\times 3$ 倍（余裕係数）$=0.249$ A　　0.3 A の整定値とする。

例－２：CVT60 mm^2 × 60 m の場合

$I_0=0.095\times 3$ 倍（余裕係数）$=0.285$ A　　0.3 A の整定値とする。

例－３：CVT38 mm^2 × 20 m の場合

$I_0=0.028\times 3$ 倍（余裕係数）$=0.084$　　0.1 A の整定値とする。

最小タップが 0.2 A なら 0.2 A タップ値でも問題なしです。

何故なら、高圧需要家構内で高抵抗（10 kΩ）地絡事故でも $I_0=0.2$ A 以上は確実に流れるからです。

人工地絡試験及びホウ・テブナンの定理でも証明できます。

※SOG の I_0 の整定値を前ページの□の値×２倍～ 3.5 倍の整定値にすれば「もらい事故動作（誤動作）」の心配はありません。

だからといって、あまり大きくすることは控えて下さい、何故なら非方向性 PAS の場合、メーカによっては高調波成分に対して動作感度の鈍い GR があるようなので、もし、自構内で高調波成分の低い事故が発生した場合は事故を拾えない事が在るようです。

11. 非方向性 PAS の最大使用可能ケーブルの長さと整定値の推奨値

$$I_0 = \frac{3{,}810}{R_g} = \frac{3{,}810}{5{,}000} = 0.762\ \mathrm{A}$$

I_0：ZCT で拾える零相電流

※ $R_g = 5\ \mathrm{k\Omega}$ 迄の地絡事故を拾える推奨整定値及びケーブル長

公称断面積(mm^2) CV 及び CVT ケーブル	60 Hz			
	$I_0 = 0.2$ A	$I_0 = 0.3$ A	$I_0 = 0.4$ A	$I_0 = 0.6$ A
22 C = 0.27 μF/Km 一線当り	50 m	80 m	110 m	130 m
	$I_C = 58.1$ mA $I_0 = 762 - 58.1$ $= 704$ mA	$I_C = 92.6$ mA $I_0 = 762 - 92.6$ $= 669$ mA	$I_C = 127.9$ mA $I_0 = 762 - 127.9$ $= 634$ mA	$I_C = 151.1$ mA $I_0 = 762 - 151.1$ $= 611$ mA
38 C = 0.32 μF/Km 一線当り	45 m	70 m	90 m	110 m
	$I_C = 62$ mA $I_0 = 762 - 62$ $= 700$ mA	$I_C = 96{,}46$ mA $I_0 = 762 - 96{,}46$ $= 665$ mA	$I_C = 124$ mA $I_0 = 762 - 124$ $= 638$ mA	$I_C = 151.5$ mA $I_0 = 762 - 151.5$ $= 611$ mA
60 C = 0.37 μF/Km 一線当り	40 m	60 m	80 m	100 m
	$I_C = 67.3$ mA $I_0 = 762 - 67.3$ $= 695$ mA	$I_C = 95.6$ mA $I_0 = 762 - 95.6$ $= 666$ mA	$I_C = 127.5$ mA $I_0 = 762 - 127.5$ $= 634$ mA	$I_C = 159.3$ mA $I_0 = 762 - 159.3$ $= 603$ mA
100 C = 0.45 μF/Km 一線当り	30 m	45 m	65 m	80 m
	$I_C = 58.14$ mA $I_0 = 762 - 58.14$ $= 704$ mA	$I_C = 87.2$ mA $I_0 = 762 - 87.2$ $= 675$ mA	$I_C = 126$ mA $I_0 = 762 - 126$ $= 636$ mA	$I_C = 155$ mA $I_0 = 762 - 155$ $= 607$ mA

50 Hz				備　考
$I_0 = 0.2$ A	$I_0 = 0.3$ A	$I_0 = 0.4$ A	$I_0 = 0.6$ A	①もらい動作防止策：充電電流の 3 倍の整定
60 m	100 m	130 m	150 m	② $R_g = 5\ \mathrm{k\Omega}$ の地絡事故でも動作 上記の条件を満たす整定値とした。
$I_C = 58.14$ mA $I_0 = 762 - 58.14$ $= 703$ mA	$I_C = 96.9$ mA $I_0 = 762 - 96.9$ $= 665$ mA	$I_C = 125.97$ mA $I_0 = 762 - 125.97$ $= 636$ mA	$I_C = 145$ mA $I_0 = 762 - 145$ $= 617$ mA	$Ic = \omega 3C \times$ ケーブル長 $\times 6{,}600/\sqrt{3}$ $I_g = 3{,}810\ \mathrm{V}/5{,}000\ \Omega = 762$ mA I_0 は ZCT で拾える零相電流
50 m	80 m	110 m	130 m	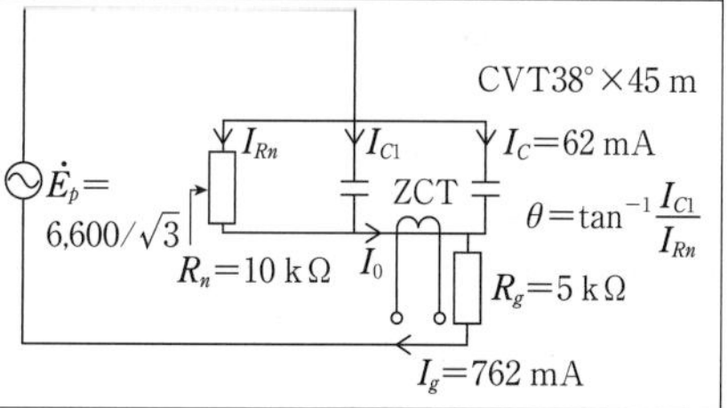 CVT38°×45 m I_{Rn}　I_{C1}　$I_C = 62$ mA $\dot{E}_p = 6{,}600/\sqrt{3}$ ZCT　$\theta = \tan^{-1}\frac{I_{C1}}{I_{Rn}}$ $R_n = 10\ \mathrm{k\Omega}$　I_0　$R_g = 5\ \mathrm{k\Omega}$ $I_g = 762$ mA
$I_C = 57{,}42$ mA $I_0 = 762 - 57.42$ $= 704$ mA	$I_C = 91.8$ $I_0 = 762 - 91.8$ $= 670$ mA	$I_C = 126.3$ mA $I_0 = 762 - 126.3$ $= 635$ mA	$I_C = 149.3$ mA $I_0 = 762 - 149.3$ $= 613$ mA	
45 m	73 m	100 m	115 m	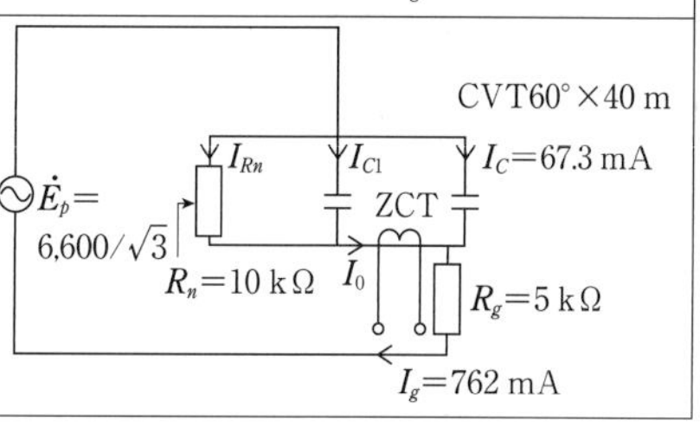 CVT60°×40 m I_{Rn}　I_{C1}　$I_C = 67.3$ mA $\dot{E}_p = 6{,}600/\sqrt{3}$ ZCT $R_n = 10\ \mathrm{k\Omega}$　I_0　$R_g = 5\ \mathrm{k\Omega}$ $I_g = 762$ mA
$I_C = 59.7$ mA $I_0 = 762 - 59.7$ $= 702$ mA	$I_C = 96.3$ $I_0 = 762 - 96.3$ $= 666$ mA	$I_C = 126.3$ mA $I_0 = 762 - 132.8$ $= 629$ mA	$I_C = 152.7$ mA $I_0 = 762 - 152.7$ $= 609$ mA	

f: 50 Hz　CVT：100 mm^2　C＝0.45 μF/km　一線当り

40 m	60 m	80 m	95 m	
I_C＝64.6 mA I_0＝762－64.6 ＝697 mA	I_C＝96.9 I_0＝762－96.9 ＝665 mA	I_C＝129.2 mA I_0＝762－129.2 ＝633 mA	I_C＝153.4 mA I_0＝762－153.4 ＝609 mA	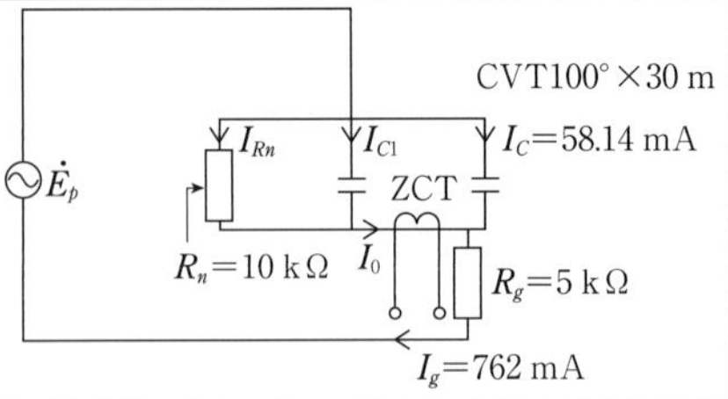 CVT100°×30 m $\dot{E}_p$　I_{Rn}　I_{C1}　I_C＝58.14 mA ZCT R_n＝10 kΩ　I_0　R_g＝5 kΩ I_g＝762 mA

I_0＝0.2 A 整定値の根拠　22 mm^2、38 mm^2 の場合、その他は同じようにして計算してください。

① 22 mm^2×50 m　f＝60 Hz $I_C=\omega 3C\times$長さ$\times 6{,}600/\sqrt{3}\times 10^{-6}=376.8\times 3\times 0.27\times 50/1{,}000\times 3{,}810\times 10^{-6}=58.1\times 3$ 倍＝174 mA　整定値＝0.2 A
① 22 mm^2×60 m　f＝50 Hz $I_C=\omega 3C\times$長さ$\times 6{,}600/\sqrt{3}\times 10^{-6}=314\times 3\times 0.27\times 50/1{,}000\times 3{,}810\times 10^{-6}=58.14\times 3$ 倍＝174.4 mA　整定値＝0.2 A
② 38 mm^2×45 m　f＝60 Hz $I_C=\omega 3C\times$長さ$\times 6{,}600/\sqrt{3}\times 10^{-6}=376.8\times 3\times 0.32\times 45/1{,}000\times 3{,}810\times 10^{-6}=62\times 3$ 倍＝186 mA　整定値＝0.2 A
② 38 mm^2×50 m　f＝50 Hz $I_C=\omega 3C\times$長さ$\times 6{,}600/\sqrt{3}\times 10^{-6}=314\times 3\times 0.32\times 50/1{,}000\times 3{,}810\times 10^{-6}=57.42\times 3$ 倍＝172 mA　整定値＝0.2 A

12. 方向性 PAS の整定値、決定の根拠

○　方向性 PAS の場合は「もらい動作」の心配はありませんが、配電線の状況と、事故の状況により零相電圧（V_0）の大きさが違ってきます。近年の配電線は架空とケーブルの混在、特に都心部ではケーブル化が進み、配電線の対地静電容量（$3C\mu$F）が大きく、逆に $X_C=1/\omega 3C(\Omega)$ が小さくなってきています。

それで、完全一線地絡事故時の地絡電流は所によっては 40 A 流れる箇所もあるようです。(完全一線地絡事故時の地絡電流は大体 10 A ～ 40 A)。

配電用変圧器の 1 バンクに繋がっているフィダー数及び供給配電線の状況によっては $X_C(\Omega)$ が小さく、不完全地絡事故の場合は期待通りの零相電圧（V_0）が出ません。

1．方向性 PAS の動作検証（R_g＝2 kΩ 想定）

配電用変電所	電力側の 67G 整定値：I_0＝0.2 A　V_0＝5 V　s＝0.8 ～ 0.9		
供給配電線の状況 6.6 kV 非接地系配電線	※高圧側に換算すると　5/3×60 倍＝100 V　（100 V/3,810＝0.026　2.6 %） オープン Δ 内の制限抵抗　r＝25 Ω（高圧側に換算すると R_n＝10 kΩ）、 r＝50 Ω だと R_n＝20 kΩ となります。GPT：6,600/110 V、190/3 ○ I_{g0} は複数フィダーの内の一供給配電線、完全一線地絡事故時の地絡電流です、その時の V_0 は 3,810 V です。※ 67G の V_0＝5 V 整定値はオープン Δ 側の電圧です。		
※高圧需要家の方向性 PAS　DGR　I_0＝0.2 A　V_0＝5 %　s＝0.2　CVT38 mm^2　45 m f＝60 Hz　　I_C＝62 mA（引き込みケーブルの充電電流）			
1.　1 バンクにつながっている複数フィーダの状況 ※架空配電線 ① $I_{g0}=\omega 3CV_0$ $3C=\dfrac{I_{g0}}{\omega V_0}$（$\mu$F） ② $X_C=\dfrac{1}{\omega 3C}$（Ω） 以下同じ	I_{g0}＝10 A $3C$＝6.96 μF X_C＝381 Ω f＝60 Hz	R_g＝2 kΩ （自構内での不完全地絡事故を想定） $Z=\sqrt{2{,}000^2+381^2}=2{,}035.9\ \Omega$ I_g＝3,810/2,035.9＝1.87 A $V_0=\dfrac{3{,}810\times I_g}{I_{g0}}=\dfrac{3{,}810\times 1.87}{10\text{ A}}=712$ V ※ V_0＝381×1.87＝712 V（18.7 %） PAS 内の ZCT で検出できる I_0＝1,870－62＝1,808 mA I_0, V_0 は整定値以上のため　正常動作。	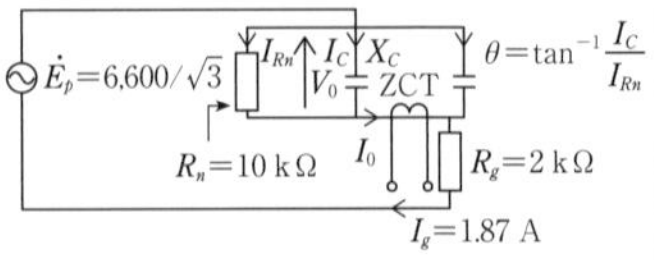 $\dot{E}_p=6{,}600/\sqrt{3}$　I_{Rn}　I_C　X_C　V_0　ZCT　$\theta=\tan^{-1}\dfrac{I_C}{I_{Rn}}$ R_n＝10 kΩ　I_0　R_g＝2 kΩ I_g＝1.87 A

2. 1バンクにつながっている複数フィーダの状況 ※架空配電線	$I_{g0}=15$ A $3C=10.44$ μF $X_C=254$ Ω	$R_g=2$ kΩ （自構内での不完全地絡事故を想定） $Z=\sqrt{2{,}000^2+254^2}=2{,}016$ Ω $I_g=3{,}810/2{,}016=1.88$ A $V_0=\dfrac{3{,}810\times I_g}{I_{g0}}=\dfrac{3{,}810\times 1.88}{15\text{ A}}=477.5$ V ※ $V_0=254\times 1.88=477.5$ V（12.5 %） PAS 内の ZCT で検出できる $I_0=1{,}880-62=1{,}818$ mA I_0，V_0 は整定値以上のため　正常動作。	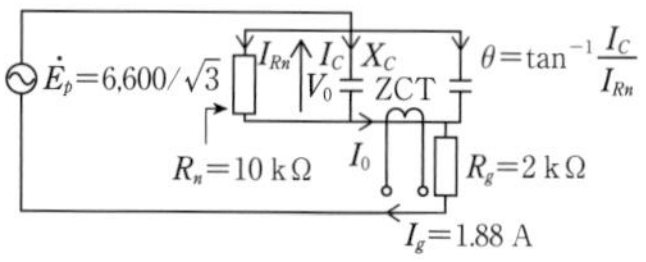 $\dot{E}_p=6{,}600/\sqrt{3}$ I_{Rn} I_C X_C V_0 ZCT $\theta=\tan^{-1}\dfrac{I_C}{I_{Rn}}$ $R_n=10$ kΩ I_0 $R_g=2$ kΩ $I_g=1.88$ A
3. 1バンクにつながっている複数フィーダの状況 ※架空配電線＋ケーブル	$I_{g0}=20$ A $3C=13.93$ μF $X_C=190$ Ω	$R_g=2$ kΩ （自構内での不完全地絡事故を想定） $Z=\sqrt{2{,}000^2+190^2}=2{,}009$ Ω $I_g=3{,}810/2{,}009=1.89$ A $V_0=\dfrac{3{,}810\times I_g}{I_{g0}}=\dfrac{3{,}810\times 1.89}{20\text{ A}}=360$ V ※ $V_0=190\times 1.89=360$ V（9.4 %） PAS 内の ZCT で検出できる $I_0=1{,}890-62=1{,}828$ mA I_0 は動作 V_0 も動作。	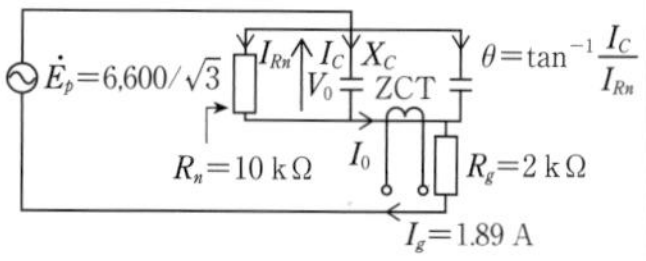 $\dot{E}_p=6{,}600/\sqrt{3}$ I_{Rn} I_C X_C V_0 ZCT $\theta=\tan^{-1}\dfrac{I_C}{I_{Rn}}$ $R_n=10$ kΩ I_0 $R_g=2$ kΩ $I_g=1.89$ A
4. 1バンクにつながっている複数フィーダの状況 ※架空配電線＋ケーブル	$I_{g0}=25$ A $3C=17.41$ μF $X_C=152$ Ω	$R_g=2$ kΩ （自構内での不完全地絡事故を想定） $Z=\sqrt{2{,}000^2+152^2}=2{,}005$ Ω $I_g=3{,}810/2{,}005=1.90$ A $V_0=\dfrac{3{,}810\times I_g}{I_{g0}}=\dfrac{3{,}810\times 1.90}{25\text{ A}}=289$ V ※ $V_0=152\times 1.90=289$ V（7.5 %） PAS 内の ZCT で検出できる $I_0=1{,}900-62=1{,}838$ mA I_0 は動作 V_0 も動作。	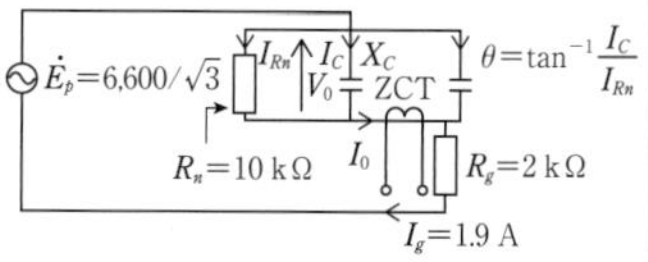 $\dot{E}_p=6{,}600/\sqrt{3}$ I_{Rn} I_C X_C V_0 ZCT $\theta=\tan^{-1}\dfrac{I_C}{I_{Rn}}$ $R_n=10$ kΩ I_0 $R_g=2$ kΩ $I_g=1.9$ A
5. 1バンクにつながっている複数フィーダの状況 ※架空配電線 ① $I_{g0}=\omega 3CV_0$ $3C=\dfrac{I_{g0}}{\omega V_0}$（μF） ② $X_C=\dfrac{1}{\omega 3C}$（Ω） 以下同じ	$I_{g0}=30$ A $3C=20.8$ μF $X_C=127.5$ Ω $f=60$ Hz	$R_g=2$ kΩ （自構内での不完全地絡事故を想定） $Z=\sqrt{2{,}000^2+127.5^2}=2{,}004$ Ω $I_g=3{,}810/2{,}004=1.90$ A $V_0=\dfrac{3{,}810\times I_g}{I_{g0}}=\dfrac{3{,}810\times 1.9}{30\text{ A}}=241.3$ V ※ $V_0=27.5\times 1.90=242$ V（6.3 %） PAS 内の ZCT で検出できる $I_0=1{,}900-62=1{,}838$ mA I_0 は動作、V_0 も整定値以上のため　正常動作。	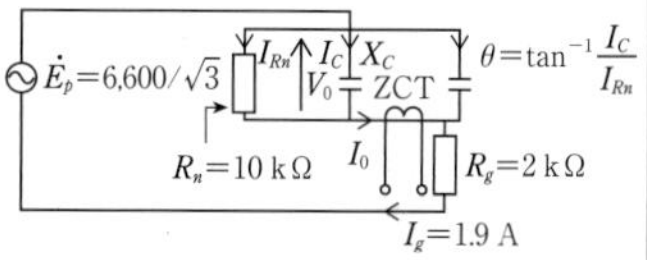 $\dot{E}_p=6{,}600/\sqrt{3}$ I_{Rn} I_C X_C V_0 ZCT $\theta=\tan^{-1}\dfrac{I_C}{I_{Rn}}$ $R_n=10$ kΩ I_0 $R_g=2$ kΩ $I_g=1.9$ A
6. 1バンクにつながっている複数フィーダの状況 ※架空配電線	$I_{g0}=30.25$ A $3C=21.07$ μF $X_C=125.9$ Ω	$R_g=2$ kΩ （自構内での不完全地絡事故を想定） $Z=\sqrt{2{,}000^2+125.9}=2{,}003.9$ Ω $I_g=3{,}810/2{,}003.9=1.9$ A $V_0=\dfrac{3{,}810\times I_g}{I_{g0}}=\dfrac{3{,}810\times 1.9}{30.25\text{ A}}=240$ V ※ $V_0=125.9\times 1.9=239$ V（6.2 %） PAS 内の ZCT で検出できる $I_0=1{,}900-62=1{,}838$ mA I_0 は動作、V_0 も整定値以上のため　正常動作。	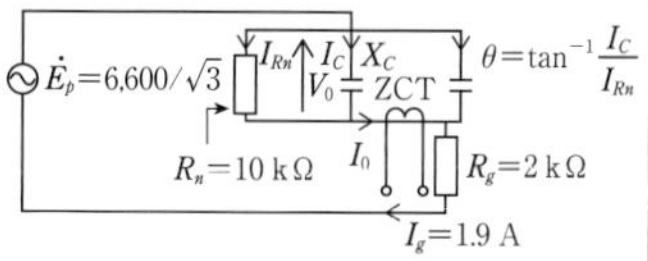 $\dot{E}_p=6{,}600/\sqrt{3}$ I_{Rn} I_C X_C V_0 ZCT $\theta=\tan^{-1}\dfrac{I_C}{I_{Rn}}$ $R_n=10$ kΩ I_0 $R_g=2$ kΩ $I_g=1.9$ A

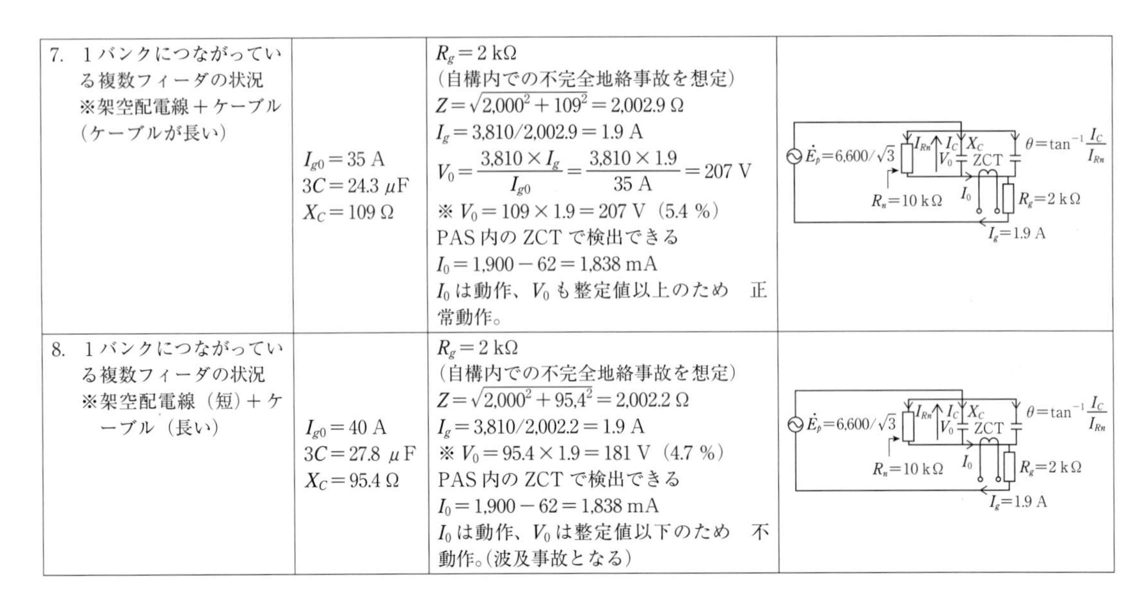

7. 1バンクにつながっている複数フィーダの状況 ※架空配電線＋ケーブル（ケーブルが長い）	$I_{g0}=35$ A $3C=24.3\ \mu$F $X_C=109\ \Omega$	$R_g=2$ kΩ （自構内での不完全地絡事故を想定） $Z=\sqrt{2{,}000^2+109^2}=2{,}002.9\ \Omega$ $I_g=3{,}810/2{,}002.9=1.9$ A $V_0=\dfrac{3{,}810\times I_g}{I_{g0}}=\dfrac{3{,}810\times 1.9}{35\ \text{A}}=207$ V ※ $V_0=109\times 1.9=207$ V（5.4 %） PAS内のZCTで検出できる $I_0=1{,}900-62=1{,}838$ mA I_0は動作、V_0も整定値以上のため　正常動作。	
8. 1バンクにつながっている複数フィーダの状況 ※架空配電線（短）＋ケーブル（長い）	$I_{g0}=40$ A $3C=27.8\ \mu$F $X_C=95.4\ \Omega$	$R_g=2$ kΩ （自構内での不完全地絡事故を想定） $Z=\sqrt{2{,}000^2+95{,}4^2}=2{,}002.2\ \Omega$ $I_g=3{,}810/2{,}002.2=1.9$ A ※ $V_0=95.4\times 1.9=181$ V（4.7 %） PAS内のZCTで検出できる $I_0=1{,}900-62=1{,}838$ mA I_0は動作、V_0は整定値以下のため　不動作。（波及事故となる）	

※自構内不完全地絡事故時の地絡抵抗をどの程度まで検出する事にするか、それは、電気管理技術者の判断によると思います。参考に電力側は地絡抵抗を6 kΩまで検出できるように整定しています。	
上記の状況では非方向性のPASは問題なし、方向性PASは問題あり、既設の場合、解決策としてV_0整定値を5 %から2 %へ変更した方が良いと思います。ただし残留電圧を考慮すること。	
※ただし非方向性を選択する場合「もらい事故動作防止策」として、PAS以降の引き込みケーブルの充電電流（三線分）の2～3.5倍の整定値として下さい。	
V_0計算方法	I_gは地絡事故時の地絡電流（A） $V_0-X_C\times I_g$(V)　又は　$V_0=\dfrac{3{,}810\times I_g}{\text{当該バンクにつながっている全配電線の完全一線地絡電流}(I_{g0})}$ (V)

2．方向性PASの動作検証（$R_g=3$ kΩ想定）

方向性PASの場合は「もらい動作」の心配はありませんが、配電線の状況と、事故の状況により零相電圧（V_0）の大きさが違ってきます。近年の配電線は架空とケーブルの混在。

特に都心部ではケーブル化が進み、配電線の対地静電容量（$3C\mu$F）が大きく、逆に$X_C=1/\omega 3C$（Ω）が小さくなってきています。

それで、完全一線地絡事故時の地絡電流は所によっては40 A流れる箇所もあるようです。（完全一線地絡事故時の地絡電流は大体10 A～40 A）

配電用変圧器の1バンクにつながっているフィダー数及び供給配電線の状況によってはX_C(Ω)が小さく、不完全地絡事故の場合は期待通りの零相電圧（V_0）が出ません。

（$R_g=3$ kΩ想定）

配電用変電所	電力側の67G整定値：$I_0=0.2$ A　$V_0=5$ V　$s=0.8\sim0.9$
供給配電線の状況 6.6 kV 非接地系配電線	※高圧側に換算すると　5/3×60倍＝100 V　（100 V/3,810＝0.026　2.6 %） オープンΔ内の制限抵抗　$r=25\ \Omega$（高圧側に換算すると$R_n=10$ kΩ）、 $r=50\ \Omega$だと$R_n=20$ kΩとなります。GPT：6,600/110 V、190/3 V ○I_{g0}は複数フィダーの内の1供給配電線、完全一線地絡事故時の地絡電流です、その時のV_0は3,810 Vです。
※高圧需要家の方向性PAS　DGR　$I_0=0.2$ A　$V_0=5$ %　$s=0.2$　CVT38 mm²　45 m $f=60$ Hz　$I_C=62$ mA（引き込みケーブルの充電電流）	

1. 1バンクにつながっている複数フィーダの状況 ※架空配電線 ① $I_{g0}=\omega 3CV_0$ $3C=\dfrac{I_{g0}}{\omega V_0}$ (μF) ② $X_C=\dfrac{1}{\omega 3C}$ (Ω) 以下同じ	$I_{g0}=10$ A $3C=6.96$ μF $X_C=381$ Ω $f=60$ Hz	$R_g=3$ kΩ (自構内での不完全地絡事故を想定) $Z=\sqrt{3{,}000^2+381^2}=3{,}024$ Ω $I_g=3{,}810/3{,}024=1.26$ A $V_0=\dfrac{3{,}810\times I_g}{I_{g0}}=\dfrac{3{,}810\times 1.26}{10\text{ A}}=480$ V ※ $V_0=381\times 1.26=480$ V (12.5 %) PAS内のZCTで検出できる $I_0=1{,}260-62=1{,}198$ mA I_0, V_0 は整定値以上のため　正常動作。	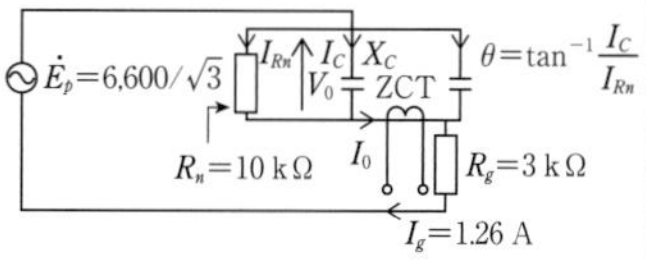 $\dot{E}_p=6{,}600/\sqrt{3}$, I_{Rn}, I_C, X_C, V_0, ZCT, $\theta=\tan^{-1}\dfrac{I_C}{I_{Rn}}$, $R_n=10$ kΩ, I_0, $R_g=3$ kΩ, $I_g=1.26$ A
2. 1バンクにつながっている複数フィーダの状況 ※架空配電線	$I_{g0}=15$ A $3C=10.44$ μF $X_C=254$ Ω	$R_g=3$ kΩ (自構内での不完全地絡事故を想定) $Z=\sqrt{3{,}000^2+254^2}=3{,}010.7$ Ω $I_g=3{,}810/3{,}010.7=1.26$ A $V_0=\dfrac{3{,}810\times I_g}{I_{g0}}=\dfrac{3{,}810\times 1.26}{15\text{ A}}=320$ V ※ $V_0=254\times 1.26=320$ V (8.3 %) PAS内のZCTで検出できる $I_0=1{,}260-62=1{,}198$ mA I_0, V_0 は整定値以上のため　正常動作。	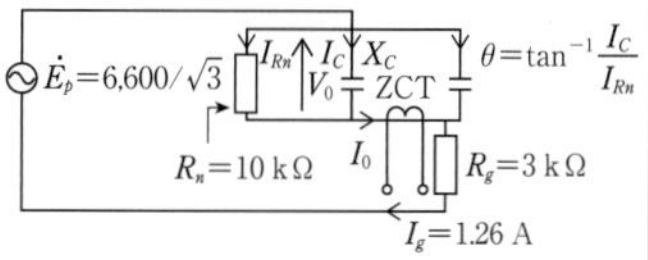 $\dot{E}_p=6{,}600/\sqrt{3}$, I_{Rn}, I_C, X_C, V_0, ZCT, $\theta=\tan^{-1}\dfrac{I_C}{I_{Rn}}$, $R_n=10$ kΩ, I_0, $R_g=3$ kΩ, $I_g=1.26$ A
3. 1バンクにつながっている複数フィーダの状況 ※架空配電線＋ケーブル	$I_{g0}=20$ A $3C=13.93$ μF $X_C=190$ Ω	$R_g=3$ kΩ (自構内での不完全地絡事故を想定) $Z=\sqrt{3{,}000^2+190^2}=3{,}006$ Ω $I_g=3{,}810/3{,}006=1.26$ A $V_0=\dfrac{3{,}810\times I_g}{I_{g0}}=\dfrac{3{,}810\times 1.26}{20\text{ A}}=240$ V ※ $V_0=190\times 1.26=240$ V (6.2 %) PAS内のZCTで検出できる $I_0=1{,}260-62=1{,}198$ mA I_0 は動作、V_0 は整定値以上のため　正常動作。	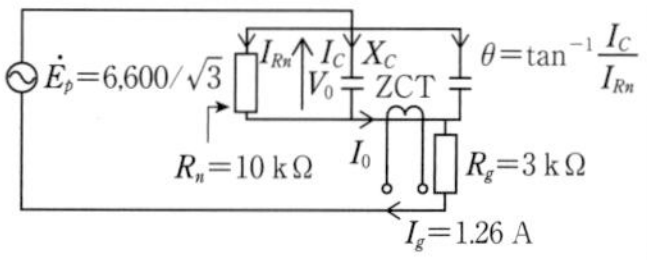 $\dot{E}_p=6{,}600/\sqrt{3}$, I_{Rn}, I_C, X_C, V_0, ZCT, $\theta=\tan^{-1}\dfrac{I_C}{I_{Rn}}$, $R_n=10$ kΩ, I_0, $R_g=3$ kΩ, $I_g=1.26$ A
4. 1バンクにつながっている複数フィーダの状況 ※架空配電線＋ケーブル	$I_{g0}=25$ A $3C=17.41$ μF $X_C=152$ Ω	$R_g=3$ kΩ (自構内での不完全地絡事故を想定) $Z=\sqrt{3{,}000^2+152^2}=3{,}003.8$ Ω $I_g=3{,}810/3{,}003.8=1.26$ A $V_0=\dfrac{3{,}810\times I_g}{I_{g0}}=\dfrac{3{,}810\times 1.26}{25\text{ A}}=192$ V ※ $V_0=152\times 1.26=191.5$ V (5.0 %) PAS内のZCTで検出できる $I_0=1{,}260-62=1{,}198$ mA I_0 は動作、V_0 は整定値の値でかろうじて動作。	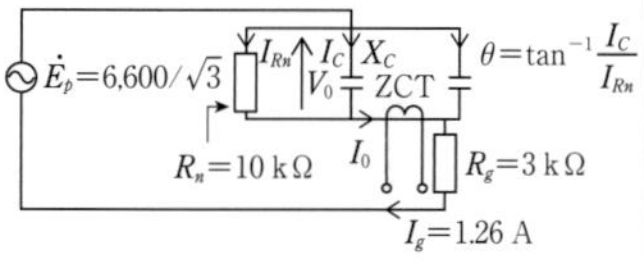 $\dot{E}_p=6{,}600/\sqrt{3}$, I_{Rn}, I_C, X_C, V_0, ZCT, $\theta=\tan^{-1}\dfrac{I_C}{I_{Rn}}$, $R_n=10$ kΩ, I_0, $R_g=3$ kΩ, $I_g=1.26$ A
5. 1バンクにつながっている複数フィーダの状況 ※架空配電線 ① $I_{g0}=\omega 3CV_0$ $3C=\dfrac{I_{g0}}{WV_0}$ (μF) ② $X_C=\dfrac{1}{W3C}$ (Ω) 以下同じ	$I_{g0}=30$ A $3C-20.80$ μF $X_C=127.5$ Ω $f=60$ Hz	$R_g=3$ kΩ (自構内での不完全地絡事故を想定) $Z=\sqrt{3{,}000^2+127.5^2}=3{,}002.7$ Ω $I_g=3{,}810/3{,}002.7=1.26$ A $V_0=\dfrac{3{,}810\times I_g}{I_{g0}}=\dfrac{3{,}810\times 1.26}{30\text{ A}}=160$ V ※ $V_0=127.5\times 1.26=160$ V (4.2 %) PAS内のZCTで検出できる $I_0=1{,}260-62=1{,}198$ mA I_0 は動作、V_0 は整定値以下のため　不動作（波及事故となる）	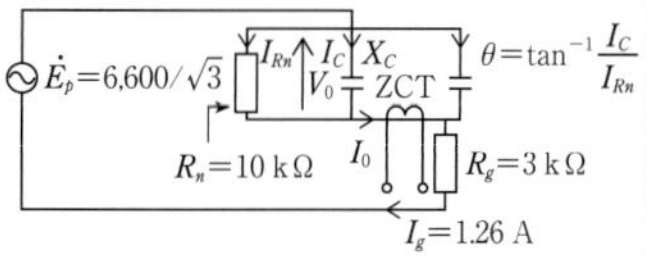 $\dot{E}_p=6{,}600/\sqrt{3}$, I_{Rn}, I_C, X_C, V_0, ZCT, $\theta=\tan^{-1}\dfrac{I_C}{I_{Rn}}$, $R_n=10$ kΩ, I_0, $R_g=3$ kΩ, $I_g=1.26$ A

6.　1バンクにつながっている複数フィーダの状況 ※架空配電線	$I_{g0}=30.25$ A $3C=21.07\ \mu$F $X_C=125.9\ \Omega$	$R_g=3$ kΩ （自構内での不完全地絡事故を想定） $Z=\sqrt{3{,}000^2+125.9^2}=3{,}002.6\ \Omega$ $I_g=3{,}810/3{,}002.6=1.26$ A $V_0=\dfrac{3{,}810\times I_g}{I_{g0}}=\dfrac{3{,}810\times 1.26}{30.25}$ 159 V ※ $V_0=125.9\times1.26=159$ V（4.2 %） PAS 内の ZCT で検出できる $I_0=1{,}260-62=1{,}198$ mA I_0 は動作、V_0 は整定値以下のため　不動作（波及事故となる）	$\dot{E}_p=6{,}600/\sqrt{3}$　I_{Rn}　I_C　X_C　V_0　ZCT　$\theta=\tan^{-1}\dfrac{I_C}{I_{Rn}}$ $R_n=10$ kΩ　I_0　$R_g=3$ kΩ $I_g=1.26$ A
7.　1バンクにつながっている複数フィーダの状況 ※架空配電線＋ケーブル（ケーブルが長い）	$I_{g0}=35$ A $3C=24.3\ \mu$F $X_C=109\ \Omega$	$R_g=3$ kΩ （自構内での不完全地絡事故を想定） ※この状況では波及事故となる $Z=\sqrt{3{,}000^2+109^2}=3{,}001.9\ \Omega$ $I_g=3{,}810/3{,}001.9=1.26$ A $V_0=\dfrac{3{,}810\times I_g}{I_{g0}}=\dfrac{3{,}810\times 1.26}{35\text{ A}}=137$ V ※ $V_0=109\times1.26=137$ V（3.6 %） PAS 内の ZCT で検出できる $I_0=1{,}260-62=1{,}198$ mA I_0 は動作、V_0 は整定値以下のため　不動作（波及事故となる）	$\dot{E}_p=6{,}600/\sqrt{3}$　I_{Rn}　I_C　X_C　V_0　ZCT　$\theta=\tan^{-1}\dfrac{I_C}{I_{Rn}}$ $R_n=10$ kΩ　I_0　$R_g=3$ kΩ $I_g=1.26$ A
8.　1バンクにつながっている複数フィーダの状況 ※架空配電線（短）＋ケーブル（長い）	$I_{g0}=40$ A $3C=27.8\ \mu$F $X_C=95.4\ \Omega$	$R_g=3$ kΩ （自構内での不完全地絡事故を想定） ※この状況では波及事故となる $Z=\sqrt{3{,}000^2+95.4^2}=3{,}001.5\ \Omega$ $I_g=3{,}810/3{,}003.8=1.26$ A $V_0=\dfrac{3{,}810\times I_g}{I_{g0}}=\dfrac{3{,}810\times 1.26}{40\text{ A}}=120$ V ※ $V_0=95.4\times1.26=120$ V（3.1 %） PAS 内の ZCT で検出できる $I_0=1{,}260-62=1{,}198$ mA I_0 は動作 V_0 は整定値以下のため　不動作（波及事故となる）	$\dot{E}_p=6{,}600/\sqrt{3}$　I_{Rn}　I_C　X_C　V_0　ZCT　$\theta=\tan^{-1}\dfrac{I_C}{I_{Rn}}$ $R_n=10$ kΩ　I_0　$R_g=3$ kΩ I_g−1.26 A

※自構内不完全地絡事故時の地絡抵抗をどの程度まで検出する事にするか、それは、電気管理技術者の判断によると思います。参考に電力側は地絡抵抗を 6 kΩ まで検出できるように整定しています。	
上記の状況では非方向性の PAS は問題なし、方向性 PAS は問題あり、既設の場合、解決策として V_0 整定値を 5 % から 2 % へ変更した方が良いと思います。ただし残留電圧を考慮すること。	
※ただし非方向性を選択する場合「もらい事故動作防止策」として、PAS 以降の引き込みケーブルの充電電流（三線分）の 2 〜 3.5 倍の整定値として下さい。	
V_0 計算方法	I_g は地絡事故時の地絡電流（A） $V_0=X_C\times I_g$(V)　又は　$V_0=\dfrac{3{,}810\times I_g}{\text{当該バンクにつながっている全配電線の完全一線地絡電流}\ (I_{g0})}$（V）

3．方向性 PAS の動作検証（$R_g=5$ kΩ 想定）

方向性 PAS の場合は「もらい動作」の心配はありませんが、配電線の状況と、事故の状況により零相電圧（V_0）の大きさが違ってきます。近年の配電線は架空とケーブルの混在、特に都心部ではケーブル化が進み、配電線の対地静電容量（$3C\mu$F）が大きく、逆に $X_C=1/\omega 3C$(Ω）が小さくなってきています。

それで、完全一線地絡事故時の地絡電流は所によっては 40 A 流れる箇所もあるようです。(完全一線地絡事故時の地絡電流は大体 10 A 〜 40 A)

配電用変圧器の1バンクにつながっているフィダー数及び供給配電線の状況によっては$X_C(\Omega)$が小さく、不完全地絡事故の場合は期待通りの零相電圧（V_0）が出ません。

$R_g = 5\ \mathrm{k}\Omega$ 想定

配電用変電所	電力側の 67G 整定値：$I_0 = 0.2$ A　$V_0 = 5$ V　$s = 0.8 \sim 0.9$
供給配電線の状況 6.6 kV 非接地系配電線	※高圧側に換算すると　5/3 × 60 倍 = 100 V　（100 V × /3,810 = 0.026　2.6 %） オープン Δ 内の制限抵抗　$r = 25\ \Omega$（高圧側に換算すると $R_n = 10\ \mathrm{k}\Omega$）、 $r = 50\ \Omega$ だと $R_n = 20\ \mathrm{k}\Omega$ となります。EVT：6,600/110 V、190/3 V ○ I_{g0} は複数フィダーの内の 1 供給配電線、完全一線地絡事故時の地絡電流です、その時の V_0 は 3,810 V です。

※高圧需要家の方向性 PAS　DGR　$I_0 = 0.2$ A　$V_0 = 5$ %　$s = 0.2$　CVT38 mm²　45 m
$f = 60$ Hz　　$Ic = 62$ mA（引き込みケーブルの充電電流）

状況	条件	計算	回路
1.　1バンクにつながっている複数フィーダの状況 ※架空配電線 ① $I_{g0} = \omega 3CV_0$ $3C = \dfrac{I_{g0}}{\omega V_0}$（μF） ② $X_C = \dfrac{1}{\omega 3C}$（Ω） 以下同じ	$I_{g0} = 10$ A $3C = 6.96\ \mu$F $X_C = 381\ \Omega$ $f = 60$ Hz	$R_g = 5\ \mathrm{k}\Omega$ （自構内での不完全地絡事故を想定） $Z = \sqrt{5{,}000^2 + 381^2} = 5{,}014\ \Omega$ $I_g = 3{,}810/5{,}014 = 0.759$ A $V_0 = \dfrac{3{,}810 \times I_g}{I_{g0}} = \dfrac{3{,}810 \times 0.759}{10} = 289(\mathrm{V})$ $I_C = \dfrac{289}{381} = 0.759$　$I_{Rn} = \dfrac{289}{10{,}000} = 0.028$ ※ $V_0 = 381 \times 0.759 = 289$ V（7.6 %） PAS 内の ZCT で検出できる $I_0 = 759 - 62 = 697$ mA I_0, V_0 は整定値以上のため　正常動作。	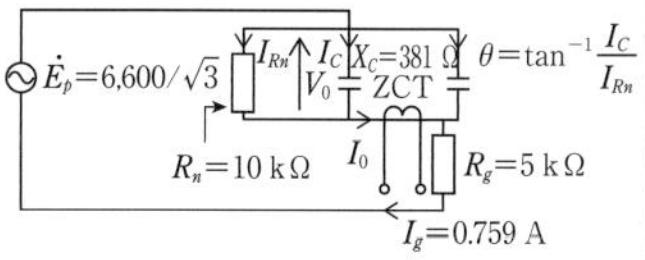 $\dot{E}_p = 6{,}600/\sqrt{3}$　I_{Rn}　I_C　$X_C = 381\ \Omega$　V_0　ZCT　$\theta = \tan^{-1}\dfrac{I_C}{I_{Rn}}$　$R_n = 10\ \mathrm{k}\Omega$　I_0　$R_g = 5\ \mathrm{k}\Omega$　$I_g = 0.759$ A
2.　1バンクにつながっている複数フィーダの状況 ※架空配電線	$I_{g0} = 15$ A $3C = 10.44\ \mu$F $X_C = 254\ \Omega$	$R_g = 5\ \mathrm{k}\Omega$ （自構内での不完全地絡事故を想定） $Z = \sqrt{5{,}000^2 + 254^2} = 5{,}006\ \Omega$ $I_g = 3{,}810/5{,}006 = 0.761$ A $V_0 = \dfrac{3{,}810 \times I_g}{I_{g0}} = \dfrac{3{,}810 \times 0.761}{15} = 193(\mathrm{V})$ $I_C = \dfrac{193}{254} = 0.759$　$I_{Rn} = \dfrac{193}{10{,}000} = 0.0193$ ※ $V_0 = 254 \times 0.761 = 193$ V（5.1 %） PAS 内の ZCT で検出できる $I_0 = 759 - 62 = 697$ mA I_0, V_0 は整定値以上のため　正常動作。	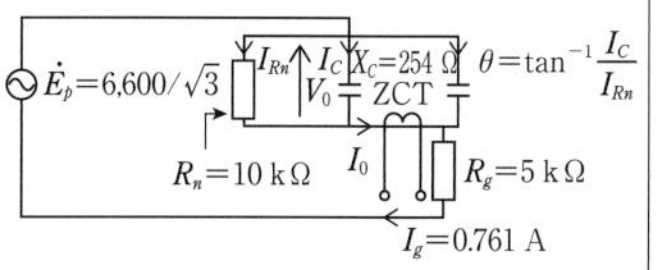 $\dot{E}_p = 6{,}600/\sqrt{3}$　I_{Rn}　I_C　$X_C = 254\ \Omega$　V_0　ZCT　$\theta = \tan^{-1}\dfrac{I_C}{I_{Rn}}$　$R_n = 10\ \mathrm{k}\Omega$　I_0　$R_g = 5\ \mathrm{k}\Omega$　$I_g = 0.761$ A
3.　1バンクにつながっている複数フィーダの状況 ※架空配電線＋ケーブル	$I_{g0} = 20$ A $3C = 13.93\ \mu$F $X_C = 190\ \Omega$	$R_g = 5\ \mathrm{k}\Omega$ （自構内での不完全地絡事故を想定） ※この状況では波及事故となる $Z = \sqrt{5{,}000^2 + 190^2} = 5{,}003\ \Omega$ $I_g = 3{,}810/5{,}003.6 = 0.761$ A ※ $V_0 = 190 \times 0.761 = 145$ V（3.8 %） PAS 内の ZCT で検出できる $I_0 = 761 - 62 = 699$ mA I_0は動作､V_0は整定値以下のため　不動作。	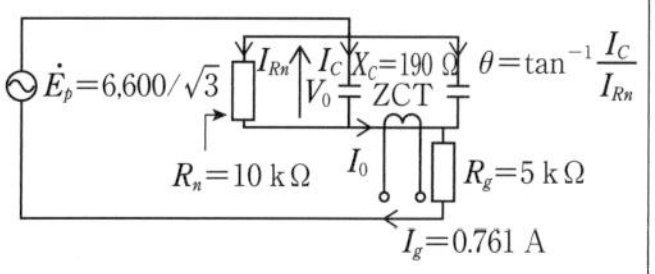 $\dot{E}_p = 6{,}600/\sqrt{3}$　I_{Rn}　I_C　$X_C = 190\ \Omega$　V_0　ZCT　$\theta = \tan^{-1}\dfrac{I_C}{I_{Rn}}$　$R_n = 10\ \mathrm{k}\Omega$　I_0　$R_g = 5\ \mathrm{k}\Omega$　$I_g = 0.761$ A
4.　1バンクにつながっている複数フィーダの状況 ※架空配電線＋ケーブル	$I_{g0} = 25$ A $3C = 17.41\ \mu$F $X_C = 152\ \Omega$	$R_g = 5\ \mathrm{k}\Omega$ （自構内での不完全地絡事故を想定） ※この状況では波及事故となる $Z = \sqrt{5{,}000^2 + 152^2} = 5{,}002\ \Omega$ $I_g = 3{,}810/5{,}002 = 0.761$ A ※ $V_0 = 152 \times 0.761 = 116$ V（3 %） PAS 内の ZCT で検出できる $I_0 = 761 - 62 = 699$ mA I_0は動作､V_0は整定値以下のため　不動作。	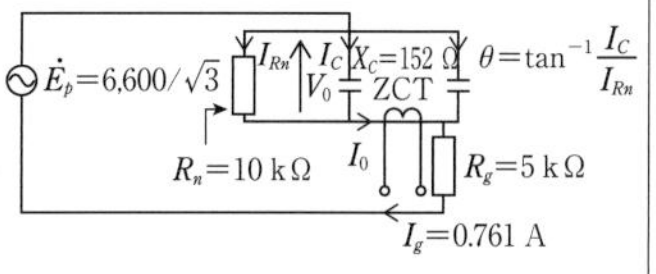 $\dot{E}_p = 6{,}600/\sqrt{3}$　I_{Rn}　I_C　$X_C = 152\ \Omega$　V_0　ZCT　$\theta = \tan^{-1}\dfrac{I_C}{I_{Rn}}$　$R_n = 10\ \mathrm{k}\Omega$　I_0　$R_g = 5\ \mathrm{k}\Omega$　$I_g = 0.761$ A

5.　1バンクにつながっている複数フィーダの状況 ※架空配電線	$I_{g0}=30$ A $3C=20.8\ \mu$F $X_C=127.5\ \Omega$	$R_g=5$ kΩ （自構内での不完全地絡事故を想定） $Z=\sqrt{5{,}000^2+127.5^2}=5{,}001.6=5{,}014\ \Omega$ $I_g=3{,}810/5{,}001.6=0.761$ A $V_0=\dfrac{3{,}810\times I_g}{I_{g0}}=\dfrac{3{,}810\times 0.761}{30\ \text{A}}=97$ V ※ $V_0=127.5\times 0.761=97$ V（2.5 %） PAS内のZCTで検出できる $I_0=761-62=699$ mA I_0は動作、V_0は整定値以下のため　不動作。（波及事故）	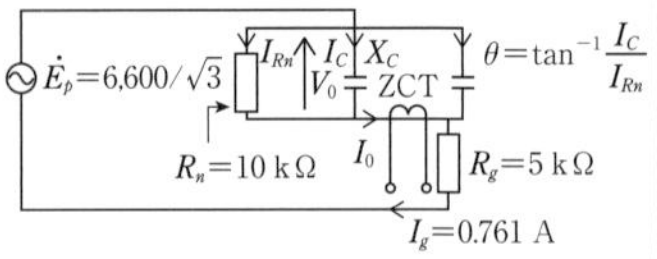 $\dot{E}_p=6{,}600/\sqrt{3}$　I_{Rn}　I_C　X_C　V_0　ZCT　$\theta=\tan^{-1}\dfrac{I_C}{I_{Rn}}$ $R_n=10$ kΩ　I_0　$R_g=5$ kΩ $I_g=0.761$ A
6.　1バンクにつながっている複数フィーダの状況 ※架空配電線	$I_{g0}=30.25$ A $3C=21.07\ \mu$F $X_C=125.9\ \Omega$	$R_g=5$ kΩ （自構内での不完全地絡事故を想定） $Z=\sqrt{5{,}000^2+125.9^2}=5{,}006\ \Omega$ $I_g=3{,}810/5{,}001.5=0.761$ A $V_0=\dfrac{3{,}810\times I_g}{I_{g0}}=\dfrac{3{,}810\times 0.761}{30.25}$ 95.8 V ※ $125.9\times 0.761=95.9$ V（2.5 %） PAS内のZCTで検出できる $I_0=761-62=699$ mA I_0は動作、V_0は整定値以下のため　不動作。（波及事故）	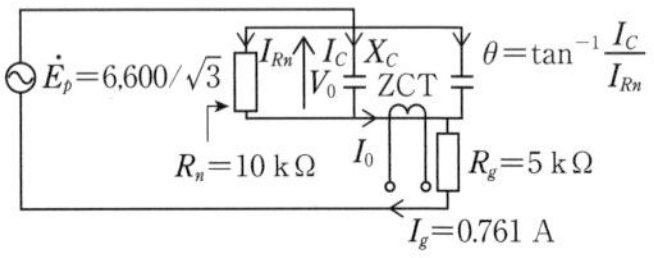 $\dot{E}_p=6{,}600/\sqrt{3}$　I_{Rn}　I_C　X_C　V_0　ZCT　$\theta=\tan^{-1}\dfrac{I_C}{I_{Rn}}$ $R_n=10$ kΩ　I_0　$R_g=5$ kΩ $I_g=0.761$ A
7.　1バンクにつながっている複数フィーダの状況 ※架空配電線（短）＋ケーブル（長い）	$I_{g0}=35$ A $3C=24.3\ \mu$F $X_C=109\ \Omega$	$R_g=5$ kΩ （自構内での不完全地絡事故を想定） ※この状況では波及事故となる $Z=\sqrt{5{,}000^2+109^2}=5{,}001.1\ \Omega$ $I_g=3{,}810/5{,}001.1=0.761$ A ※ $V_0=109\times 0.761=83$ V（2.1 %） PAS内のZCTで検出できる $I_0=761-62=699$ mA I_0は動作、V_0は整定値以下のため　不動作。（波及事故）	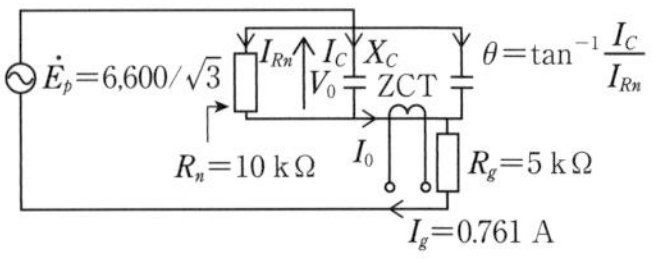 $\dot{E}_p=6{,}600/\sqrt{3}$　I_{Rn}　I_C　X_C　V_0　ZCT　$\theta=\tan^{-1}\dfrac{I_C}{I_{Rn}}$ $R_n=10$ kΩ　I_0　$R_g=5$ kΩ $I_g=0.761$ A
8.　1バンクにつながっている複数フィーダの状況 ※架空配電線（短）＋ケーブル（長い）	$I_{g0}=40$ A $3C=27.8\ \mu$F $X_C=95.4\ \Omega$	$R_g=5$ kΩ （自構内での不完全地絡事故を想定） ※この状況では波及事故となる $Z=\sqrt{5{,}000^2+95.4^2}=5{,}000.9\ \Omega$ $I_g=3{,}810/5{,}000.9=0.761$ A ※ $V_0=95.4\times 0.761=72.5$ V（1.9 %） PAS内のZCTで検出できる $I_0=761-62=699$ mA I_0は動作、V_0は整定値以下のため　不動作。（波及事故）	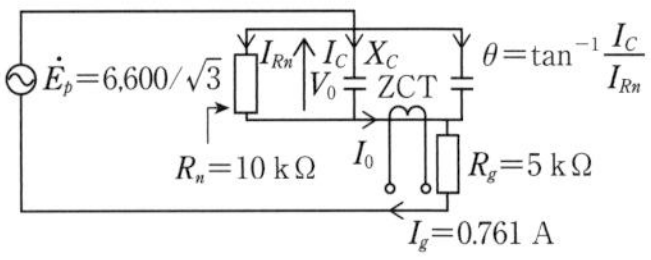 $\dot{E}_p=6{,}600/\sqrt{3}$　I_{Rn}　I_C　X_C　V_0　ZCT　$\theta=\tan^{-1}\dfrac{I_C}{I_{Rn}}$ $R_n=10$ kΩ　I_0　$R_g=5$ kΩ $I_g=0.761$ A

※自構内不完全地絡事故時の地絡抵抗をどの程度まで検出する事にするか、それは、電気管理技術者の判断によると思います。参考に電力側は地絡抵抗を6 kΩまで検出できるように整定しています。	
上記の状況では非方向性のPASは問題なし、方向性PASは問題あり、既設の場合、解決策としてV_0整定値を5 %から2 %へ変更した方が良いと思います。ただし残留電圧を考慮すること。	
※ただし非方向性を選択する場合「もらい事故動作防止策」として、PAS以降の引き込みケーブルの充電電流（三線分）の2～3.5倍の整定値として下さい。	
V_0計算方法	I_gは地絡事故時の地絡電流（A） $V_0=X_C\times I_g$（V）　又は　$V_0=\dfrac{3{,}810\times I_g}{\text{当該バンクにつながっている全配電線の完全一線地絡電流}\ (I_{g0})}$（V）

13. GR付きPASの長短

電力側の 67G整定値	高圧需要家 SOG整定値	自構内一線地絡事故 （地絡抵抗 R_g＝小）	自構内一線地絡事故 （地絡抵抗 R_g＝5 kΩ）	自構内一線地絡事故 （地絡抵抗 R_g＝8 kΩ）	もらい動作
I_0＝0.2～0.3 mA V_0＝5 V（2.6 %） s＝0.8～0.9秒 V_0＝5 Vは オープンΔ側での電圧です。 ※上記 I_0 はZCT内での電流	非方向性 I_0＝0.2 A s＝0.2秒	確実に動作	確実に動作	確実に動作	※非方向性はもらい動作有り
	非方向性 I_0＝0.4 A s＝0.2秒	確実に動作	確実に動作	確実に動作	※もらい動作防止策 自構内の引き込みケーブルの充電電流の2～3.5倍の裕度を持った整定値とすれば、心配はありません。
	非方向性 I_0＝0.6 A s＝0.2秒	確実に動作	確実に動作	不動作	
	方向性 I_0＝0.2 A V_0＝5 % （190.5 V） s＝0.2	確実に動作	不動作が多い 対策：V_0＝5 %→2 %へ変更の時は残留電圧を考慮すること。	不動作	ケーブルの負荷側にTR、SC、LBS、LA等が設置されていますが、C分は微々たる値です。よって残留零相電流（I_0）は殆ど零です、残留零相電圧（V_0）は供給配電線によっては存在する箇所があります。

結論：既設の非方向性PASの I_0 整定値が0.2 Aなら自構内の不完全地絡事故 R_g＝10 kΩでも I_0＝約0.38 A流れるので確実に動作します。方向性なら不動作で波及事故となる。
I_0＝0.6 Aなら R_g＝6 kΩでも I_0＝約0.64 A流れるので確実に動作します。方向性なら不動作で波及事故となる。PASの方向性 V_0＝5 %で電力側の67 G、V_0 要素が V_0＝10 V（5.2 %）整定値のフィーダでは不完全地絡事故の状況では、競合する時があります。

※PASの役割は自構内の不完全地絡事故時でも事故点を切り離し、波及事故を起こさせない事が求められるので、方向性PASより非方向性のPASの方が良いと思います。各人検討して、対応してください。また既設のPASの場合：方向性の V_0＝5 %を2 %に変更することをお勧めいたします。
変更の際は残留電圧を考慮して決めて下さい。
上記の不完全地絡事故時の I_0 の値はホウ・テブナンの定理で計算した値です。この値は人工地絡試験値とほとんど同じ値となります。

※電力側の67 Gの V_0 整定値は不完全地絡事故（大体 R_g＝6 kΩまでの事故）でも V_0 を拾えるように整定されています。

14. 高圧需要家構内での零相電圧（V_0）の検出方法

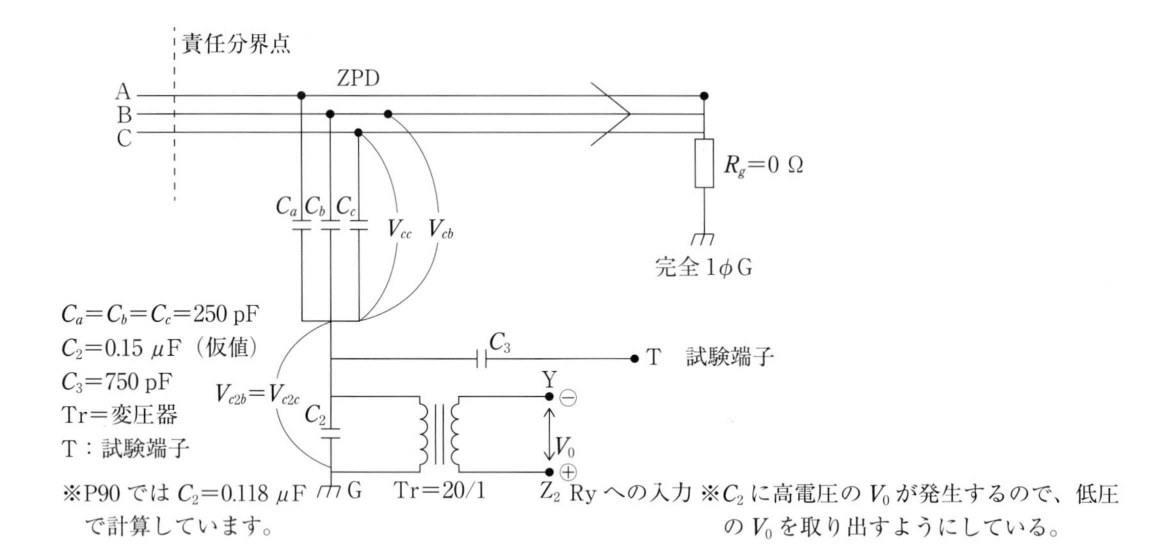

※各相の正常時の対地電圧 $\dot{V}_a=\dot{V}_b=\dot{V}_c=3{,}810$ V

1．A相で完全一線地絡事故が発生すると V_b はそれぞれ V_{cb} と V_{c2b} に分圧され、V_c はそれぞれ V_{cc} と V_{c2c} に分圧される。C_2 には分圧された V_{c2b} と V_{c2c} のベクトル和の電圧が V_0 として検出される。

2．$3V_0=6{,}600/\sqrt{3}\times3=11{,}430$ V

$$\dot{V}_{c2b}=\frac{C_b}{C_b+C_2}\times6{,}600=\frac{250\times10^{-12}}{250\times10^{-12}+0.15\times10^{-6}}\times6{,}600=\frac{250\times10^{-6}}{0.15025}\times6{,}600=10.9\ \text{V}$$

$$\dot{V}_{c2c}=\frac{C_c}{C_c+C_2}\times6{,}600=\frac{250\times10^{-12}}{250\times10^{-12}+0.15\times10^{-6}}\times6{,}600=\frac{250\times10^{-6}}{0.15025}\times6{,}600=10.9\ \text{V}$$

$\therefore\quad V_0=\sqrt{3}\times10.9=19.0$ V　　$\therefore\quad 19.0/20=0.95$ V（Ryへ入力電圧）

3．$$V_0=\frac{C_3}{C_3+C_2}\times3{,}810=\frac{750\times10^{-12}}{750^{-12}+0.15\times10^{-6}}\times3{,}810=\frac{750\times10^{-6}}{0.15075}\times3{,}810=19.0\ \text{V}$$

$\therefore\quad 19.0/20=0.95$ V

4－1　T端子より試験電圧＝3,810×10 %＝381 V入力すると

$$V_0=\frac{C_3}{C_3+C_2}\times381=\frac{750\times10^{-12}}{750^{-12}+0.15\times10^{-6}}\times381=\frac{750\times10^{-6}}{0.15075}\times381=1.9\ \text{V}$$

$\therefore\quad V_0=1.9/20=0.095$ V（Ryへの入力電圧）

4－2　T端子より試験電圧＝3,810×5 %＝190.5 V入力すると

$$V_0=\frac{C_3}{C_3+C_2}\times190.5=\frac{750\times10^{-12}}{750\times10^{-12}+0.15^{-6}}\times190.5=0.95\ \text{V}$$

$\therefore\quad V_0=0.95/20=0.048$ V（Ryへの入力電圧）

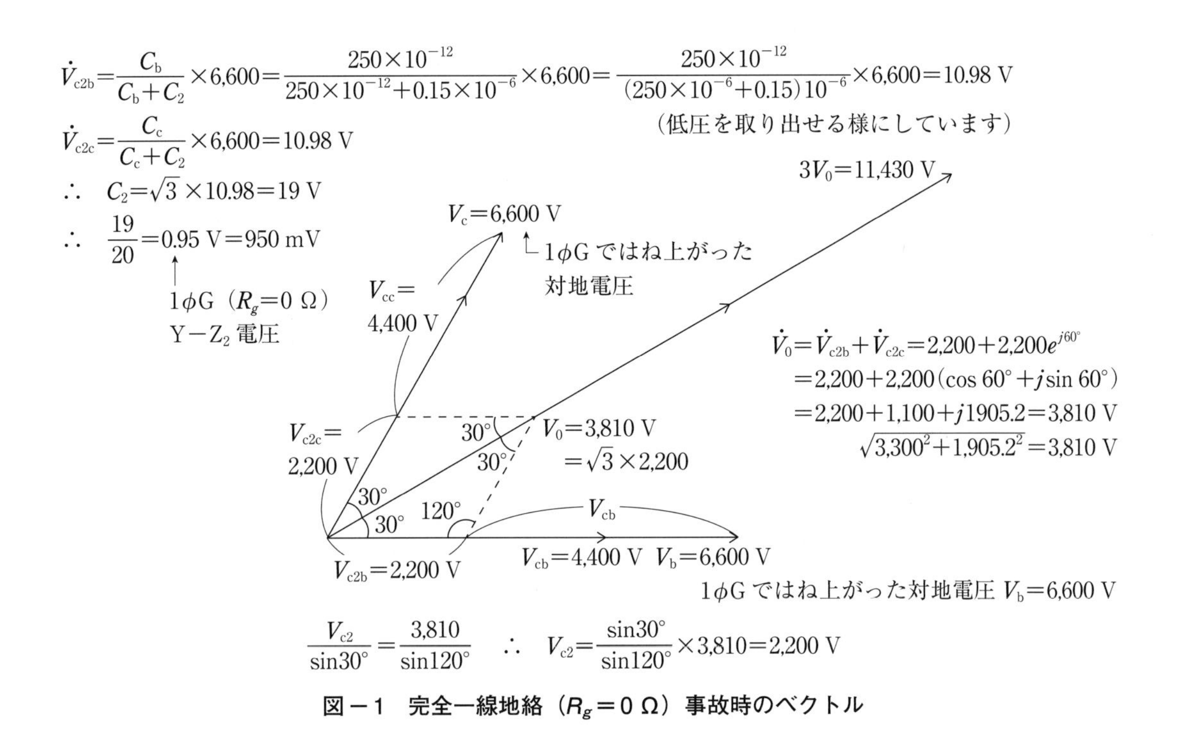

図－1　完全一線地絡（R_g＝0 Ω）事故時のベクトル

15. 方向性PASの各整定値での自構内不完全地絡事故時の検出可能抵抗値

1．方向性 PAS：V_0＝5％(191 V）各整定値における自構内不完全地絡事故時の検出可能地絡抵抗値

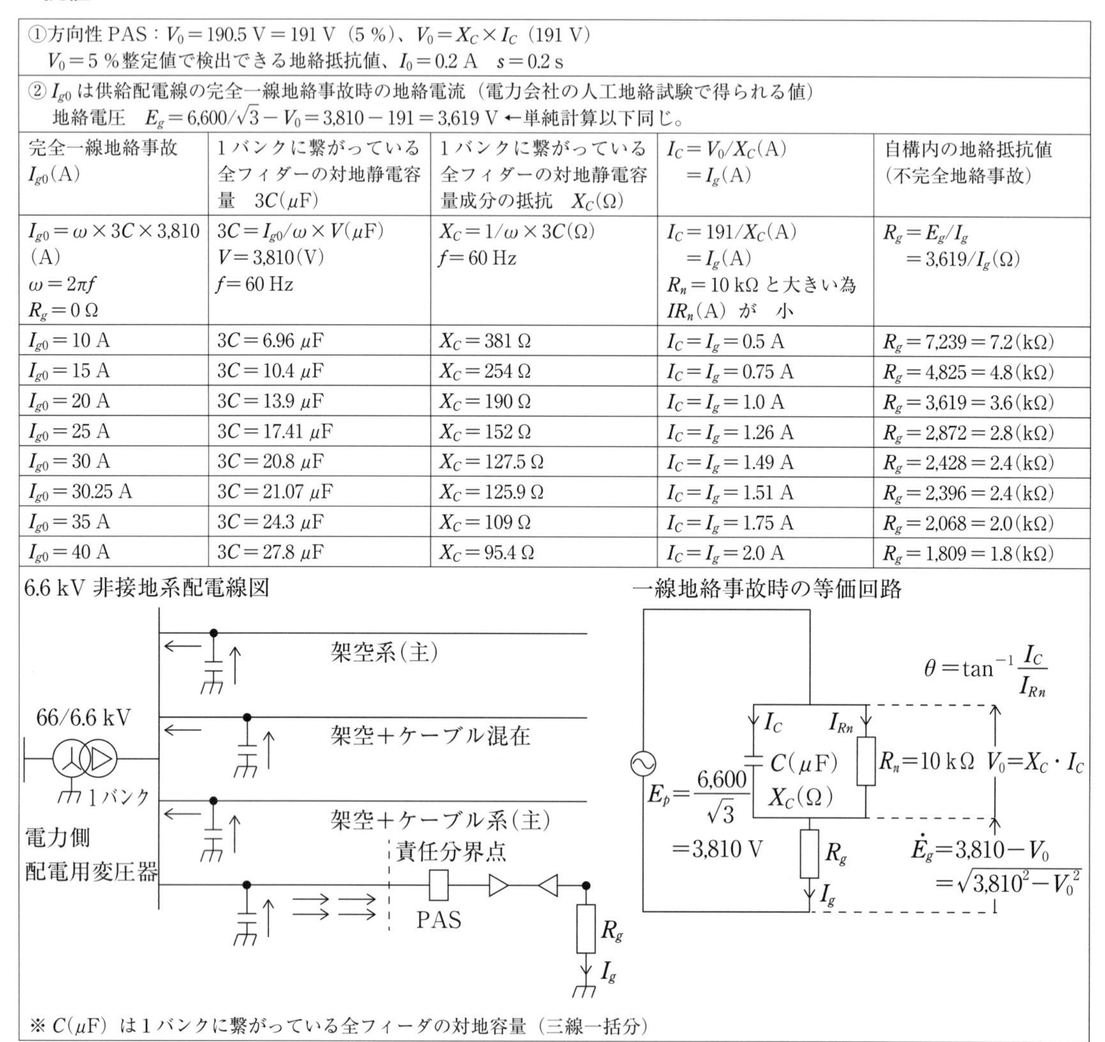

①方向性 PAS：$V_0=190.5\ \mathrm{V}=191\ \mathrm{V}$（5％）、$V_0=X_C\times I_C$（191 V）
V_0＝5％整定値で検出できる地絡抵抗値、$I_0=0.2\ \mathrm{A}$　$s=0.2\ \mathrm{s}$

② I_{g0} は供給配電線の完全一線地絡事故時の地絡電流（電力会社の人工地絡試験で得られる値）
地絡電圧　$E_g=6{,}600/\sqrt{3}-V_0=3{,}810-191=3{,}619\ \mathrm{V}$ ←単純計算以下同じ。

完全一線地絡事故 I_{g0}(A)	1バンクに繋がっている全フィダーの対地静電容量　$3C(\mu\mathrm{F})$	1バンクに繋がっている全フィダーの対地静電容量成分の抵抗　$X_C(\Omega)$	$I_C=V_0/X_C$(A) $=I_g$(A)	自構内の地絡抵抗値（不完全地絡事故）
$I_{g0}=\omega\times3C\times3{,}810$ (A) $\omega=2\pi f$ $R_g=0\ \Omega$	$3C=I_{g0}/\omega\times V(\mu\mathrm{F})$ $V=3{,}810$(V) $f=60$ Hz	$X_C=1/\omega\times3C(\Omega)$ $f=60$ Hz	$I_C=191/X_C$(A) $=I_g$(A) $R_n=10\ \mathrm{k\Omega}$ と大きい為 IR_n(A) が　小	$R_g=E_g/I_g$ $=3{,}619/I_g(\Omega)$
$I_{g0}=10$ A	$3C=6.96\ \mu$F	$X_C=381\ \Omega$	$I_C=I_g=0.5$ A	$R_g=7{,}239=7.2$(kΩ)
$I_{g0}=15$ A	$3C=10.4\ \mu$F	$X_C=254\ \Omega$	$I_C=I_g=0.75$ A	$R_g=4{,}825=4.8$(kΩ)
$I_{g0}=20$ A	$3C=13.9\ \mu$F	$X_C=190\ \Omega$	$I_C=I_g=1.0$ A	$R_g=3{,}619=3.6$(kΩ)
$I_{g0}=25$ A	$3C=17.41\ \mu$F	$X_C=152\ \Omega$	$I_C=I_g=1.26$ A	$R_g=2{,}872=2.8$(kΩ)
$I_{g0}=30$ A	$3C=20.8\ \mu$F	$X_C=127.5\ \Omega$	$I_C=I_g=1.49$ A	$R_g=2{,}428=2.4$(kΩ)
$I_{g0}=30.25$ A	$3C=21.07\ \mu$F	$X_C=125.9\ \Omega$	$I_C=I_g=1.51$ A	$R_g=2{,}396=2.4$(kΩ)
$I_{g0}=35$ A	$3C=24.3\ \mu$F	$X_C=109\ \Omega$	$I_C=I_g=1.75$ A	$R_g=2{,}068=2.0$(kΩ)
$I_{g0}=40$ A	$3C=27.8\ \mu$F	$X_C=95.4\ \Omega$	$I_C=I_g=2.0$ A	$R_g=1{,}809=1.8$(kΩ)

※ $C(\mu\mathrm{F})$ は1バンクに繋がっている全フィーダの対地容量（三線一括分）

結論：V_0＝5％の整定値の場合、上の表から判断しますと完全一線地絡事故 I_{g0}＝10 A の供給配電線の場合では R_g＝7.2 kΩ までの事故を検出、I_{g0}＝35 A の場合は R_g＝2 kΩ までの事故しか検出できません。

2．方向性 PAS：V_0＝7.5 %（286 V）整定値における自構内不完全地絡事故時の検出可能地絡抵抗値

①方向性 PAS：$V_0=286$ V（7.5 %）、$V_0=X_C\times I_C$（286 V）　$V_0=7.5$ %整定値で検出できる地絡抵抗値				
② I_{g0} は供給配電線の完全一線地絡事故時の地絡電流（電力会社の人工地絡試験で得られる値） 地絡電圧　$E_g=6{,}600/\sqrt{3}-V_0=3{,}810-286=3{,}524$ V				
完全一線地絡事故 I_{g0}(A)	1 バンクに繋がっている全フィダーの対地静電容量　$3C$(μF)	1 バンクに繋がっている全フィダーの対地静電容量成分の抵抗　X_C(Ω)	$I_C=V_0/X_C$(A) $=I_g$(A)	自構内の地絡抵抗値 (不完全地絡事故)
$I_{g0}=\omega\times 3C\times 3{,}810$ (A) $\omega=2\pi f$ $R_g=0$ Ω	$3C=I_{g0}/\omega\times V$(μF) $V=3{,}810$(V) $f=60$ Hz	$X_C=1/\omega\times 3C$(Ω) $f=60$ Hz	$I_C=286/X_C$(A) $=I_g$(A) $R_n=10$ kΩ と大きい為 IR_n(A) が　小	$R_g=E_g/I_g$ $=3{,}524/I_g$(Ω)
$I_{g0}=10$ A	$3C=6.96$ μF	$X_C=381$ Ω	$I_C=I_g=0.75$ A	$R_g=4{,}698=4.6$(kΩ)
$I_{g0}=15$ A	$3C=10.4$ μF	$X_C=254$ Ω	$I_C=I_g=1.12$ A	$R_g=3{,}146=3.1$(kΩ)
$I_{g0}=20$ A	$3C=13.9$ μF	$X_C=190$ Ω	$I_C=I_g=1.5$ A	$R_g=2{,}349=2.3$(kΩ)
$I_{g0}=25$ A	$3C=17.41$ μF	$X_C=152$ Ω	$I_C=I_g=1.88$ A	$R_g=1{,}874=1.8$(kΩ)
$I_{g0}=30$ A	$3C=20.8$ μF	$X_C=127.5$ Ω	$I_C=I_g=2.24$ A	$R_g=1{,}573=1.6$(kΩ)
$I_{g0}=30.25$ A	$3C=21.07$ μF	$X_C=125.9$ Ω	$I_C=I_g=2.27$ A	$R_g=1{,}522=1.5$(kΩ)
$I_{g0}=35$ A	$3C=24.3$ μF	$X_C=109$ Ω	$I_C=I_g=2.62$ A	$R_g=1{,}345=1.3$(kΩ)
$I_{g0}=40$ A	$3C=27.8$ μF	$X_C=95.4$ Ω	$I_C=I_g=2.99$ A	$R_g=1{,}178=1.2$(kΩ)

6.6 kV 非接地系配電線図

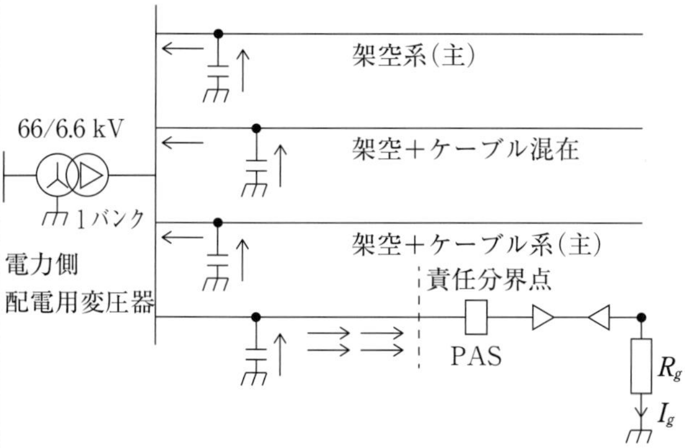

一線地絡事故時の等価回路

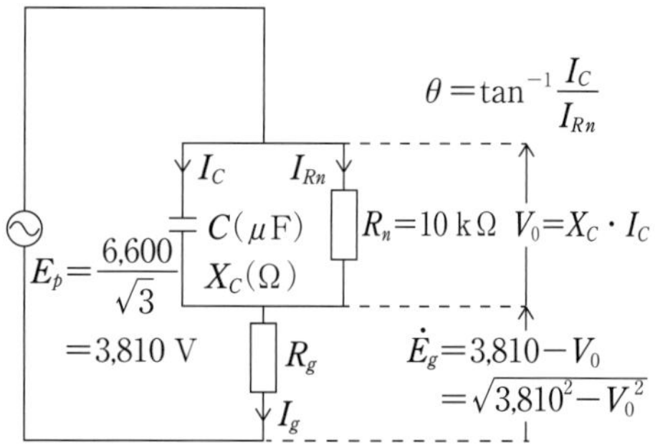

※ C(μF) は 1 バンクに繋がっている全フィーダの対地容量（三線一括分）

結論：V_0＝7.5 %の整定値の場合、上の表から判断しますと完全一線地絡事故 I_{g0}＝10 A の供給配電線の場合では R_g＝4.6 kΩ までの事故を検出、I_{g0}＝35 A の場合は R_g＝1.3 kΩ までの事故しか検出できません。

３．方向性 PAS：V_0＝10 %（381 V）整定値における自構内不完全地絡事故時の検出可能地絡抵抗値

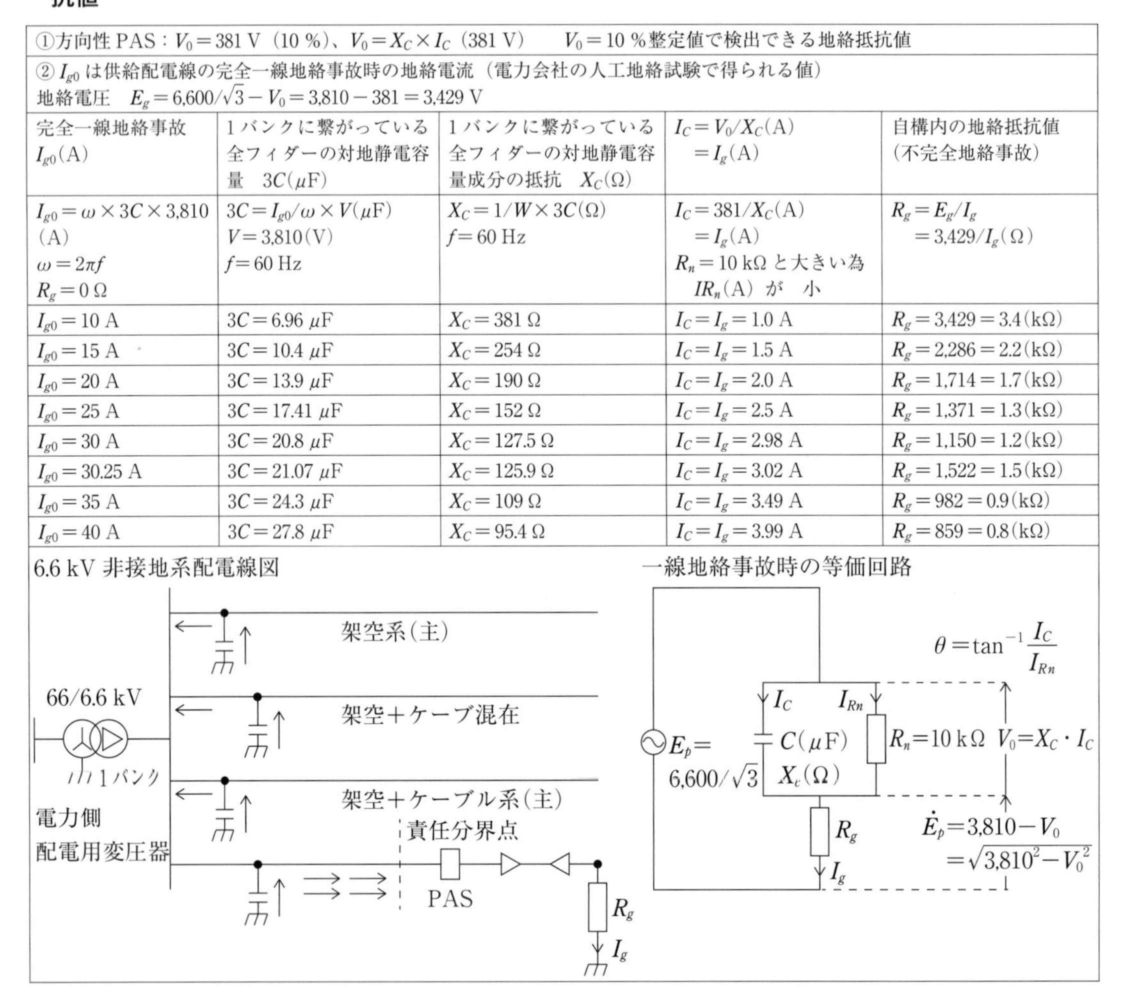

①方向性 PAS：$V_0=381$ V（10 %）、$V_0=X_C\times I_C$（381 V）　$V_0=10$ %整定値で検出できる地絡抵抗値				
② I_{g0} は供給配電線の完全一線地絡事故時の地絡電流（電力会社の人工地絡試験で得られる値） 地絡電圧　$E_g=6{,}600/\sqrt{3}-V_0=3{,}810-381=3{,}429$ V				
完全一線地絡事故 I_{g0}(A)	1バンクに繋がっている全フィダーの対地静電容量　$3C$(μF)	1バンクに繋がっている全フィダーの対地静電容量成分の抵抗　X_C(Ω)	$I_C=V_0/X_C$(A) $=I_g$(A)	自構内の地絡抵抗値 (不完全地絡事故)
$I_{g0}=\omega\times 3C\times 3{,}810$ (A) $\omega=2\pi f$ $R_g=0$ Ω	$3C=I_{g0}/\omega\times V$(μF) $V=3{,}810$(V) $f=60$ Hz	$X_C=1/W\times 3C$(Ω) $f=60$ Hz	$I_C=381/X_C$(A) $=I_g$(A) $R_n=10$ kΩと大きい為 IR_n(A) が　小	$R_g=E_g/I_g$ $=3{,}429/I_g$(Ω)
$I_{g0}=10$ A	$3C=6.96$ μF	$X_C=381$ Ω	$I_C=I_g=1.0$ A	$R_g=3{,}429=3.4$(kΩ)
$I_{g0}=15$ A	$3C=10.4$ μF	$X_C=254$ Ω	$I_C=I_g=1.5$ A	$R_g=2{,}286=2.2$(kΩ)
$I_{g0}=20$ A	$3C=13.9$ μF	$X_C=190$ Ω	$I_C=I_g=2.0$ A	$R_g=1{,}714=1.7$(kΩ)
$I_{g0}=25$ A	$3C=17.41$ μF	$X_C=152$ Ω	$I_C=I_g=2.5$ A	$R_g=1{,}371=1.3$(kΩ)
$I_{g0}=30$ A	$3C=20.8$ μF	$X_C=127.5$ Ω	$I_C=I_g=2.98$ A	$R_g=1{,}150=1.2$(kΩ)
$I_{g0}=30.25$ A	$3C=21.07$ μF	$X_C=125.9$ Ω	$I_C=I_g=3.02$ A	$R_g=1{,}522=1.5$(kΩ)
$I_{g0}=35$ A	$3C=24.3$ μF	$X_C=109$ Ω	$I_C=I_g=3.49$ A	$R_g=982=0.9$(kΩ)
$I_{g0}=40$ A	$3C=27.8$ μF	$X_C=95.4$ Ω	$I_C=I_g=3.99$ A	$R_g=859=0.8$(kΩ)

結論：V_0＝10 %の整定値の場合、上の表から判断しますと完全一線地絡事故 I_{g0}＝10 A の供給配電線の場合では R_g＝3.4 kΩ までの事故を検出、I_{g0}＝35 A の場合は R_g＝0.9 kΩ までの事故しか検出できません。

4．方向性 PAS：V_0＝2％(76.2 V）整定値における自構内不完全地絡事故時の検出可能地絡抵抗値

①方向性 PAS：V_0＝76.2 V（2％）、$V_0=X_C\times I_C$（76.2 V）　V_0＝2％整定値で検出できる地絡抵抗値				
② I_{g0} は供給配電線の完全一線地絡事故時の地絡電流（電力会社の人工地絡試験で得られる値） 地絡電圧　$E_g=6{,}600/\sqrt{3}-V_0=3{,}810-76.2=3{,}733$ V				
完全一線地絡事故 I_{g0}(A)	1バンクに繋がっている全フィダーの対地静電容量　3C(μF)	1バンクに繋がっている全フィダーの対地静電容量成分の抵抗　X_C(Ω)	$I_C=V_0/X_C$(A) $=I_g$(A)	自構内の地絡抵抗値 (不完全地絡事故)
$I_{g0}=W\times 3C\times 3{,}810$ (A) $W=2\pi f$ $R_g=0\ \Omega$	$3C=I_{g0}/W\times V$(μF) $V=3{,}810$(V) $f=60$ Hz	$X_C=1/W\times 3C$(Ω) $f=60$ Hz	$I_C=76.2/X_C$(A) $=I_g$(A) $R_n=10$ kΩ と大きい為 IR_n(A) が　小	$R_g=E_g/I_g$ $=3{,}733/I_g$(Ω)
$I_{g0}=10$ A	$3C=6.96$ μF	$X_C=381$ Ω	$I_C=I_g=0.2$ A	$R_g=18{,}665=18.6$(kΩ)
$I_{g0}=15$ A	$3C=10.4$ μF	$X_C=254$ Ω	$I_C=I_g=0.3$ A	$R_g=12{,}443=12.4$(kΩ)
$I_{g0}=20$ A	$3C=13.9$ μF	$X_C=190$ Ω	$I_C=I_g=0.4$ A	$R_g=9{,}332=9.3$(kΩ)
$I_{g0}=25$ A	$3C=17.41$ μF	$X_C=152$ Ω	$I_C=I_g=0.5$ A	$R_g=7{,}466=7.4$(kΩ)
$I_{g0}=30$ A	$3C=20.8$ μF	$X_C=127.5$ Ω	$I_C=I_g=0.59$ A	$R_g=6{,}324=6.3$(kΩ)
$I_{g0}=30.25$ A	$3C=21.07$ μF	$X_C=125.9$ Ω	$I_C=I_g=0.6$ A	$R_g=1{,}522=1.5$(kΩ)
$I_{g0}=35$ A	$3C=24.3$ μF	$X_C=109$ Ω	$I_C=I_g=0.69$ A	$R_g=5{,}419=5.4$(kΩ)
$I_{g0}=40$ A	$3C=27.8$ μF	$X_C=95.4$ Ω	$I_C=I_g=0.79$ A	$R_g=4{,}752=4.7$ kΩ)

6.6 kV 非接地系配電線図

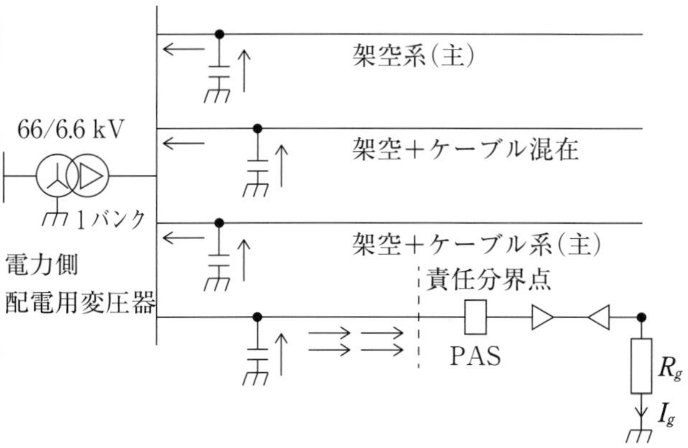

架空系(主)
66/6.6 kV
架空＋ケーブル混在
1バンク
架空＋ケーブル系(主)
電力側
配電用変圧器
責任分界点
PAS
R_g
I_g

一線地絡事故時の等価回路

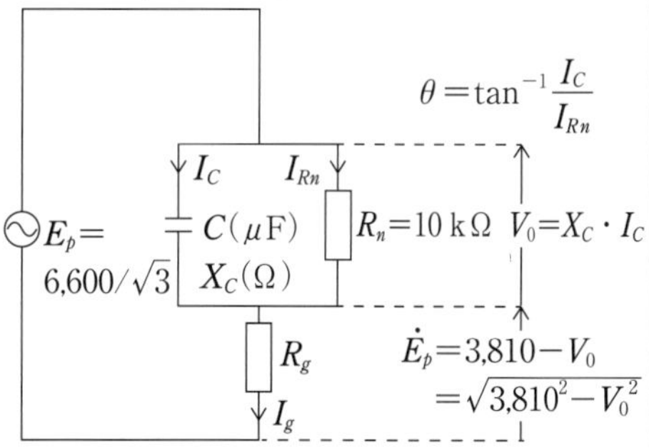

$\theta=\tan^{-1}\dfrac{I_C}{I_{Rn}}$
I_C　I_{Rn}
$E_p=$
$6{,}600/\sqrt{3}$
C(μF)
X_C(Ω)
R_n=10 kΩ
$V_0=X_C\cdot I_C$
R_g
I_g
$\dot{E}_p=3{,}810-V_0$
$=\sqrt{3{,}810^2-V_0^2}$

※ C(μF) は1バンクに繋がっている全フィーダの対地容量（三線一括分）

結論：V_0＝2％の整定値の場合、上の表から判断しますと完全一線地絡事故 I_{g0}＝10 A の供給配電線の場合では R_g＝18.6 kΩ までの事故を検出、I_{g0}＝35 A の場合は R_g＝5.4 kΩ までの事故は検出できます。よって、5 kΩ までの地絡事故は確実に拾えます。それで V_0 整定値を2％へ変更して運用した方が良いと思います。検出幅が広がります。ただし残留電圧を考慮する事。

① 方向性PAS整定値：$I_0=0.2$　$V_0=5$ %　$s=0.2$

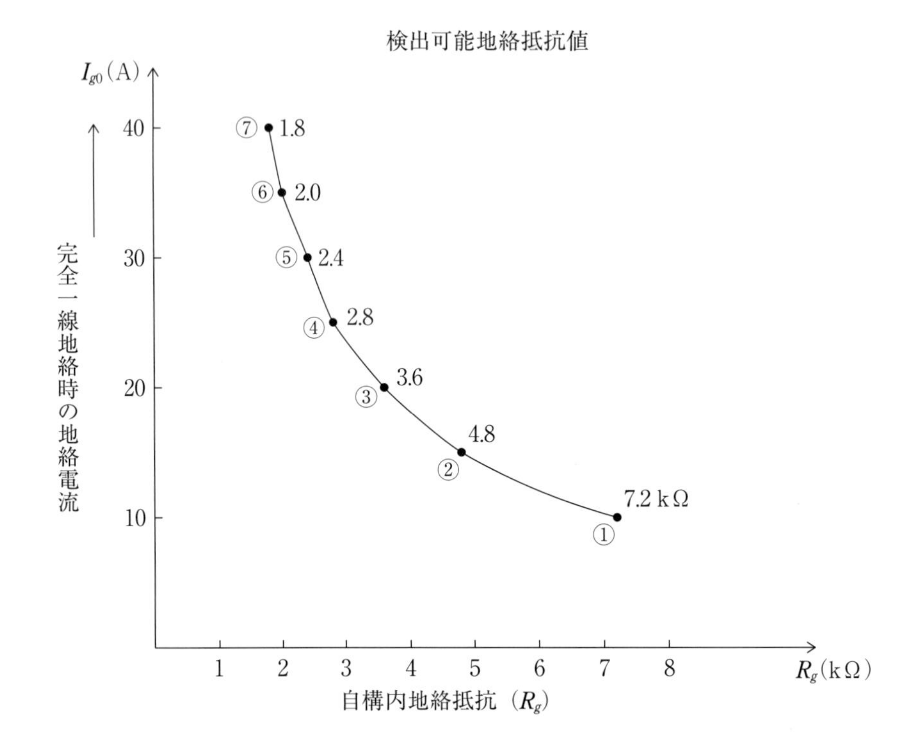

上図の説明　※高圧需要家構内での完全一線地絡事故時の $I_{g0}=10\sim40$(A) 系統で不完全地絡事故発生での検出可能抵抗値 R_g(kΩ) は電力側の配電線の構成と状況によって決まってきます。

1．方向性PAS：$I_0=0.2$ A　$V_0=5$ %　　$s=0.2$ 秒

① $I_{g0}=10$ A の配電系統では不完全地絡事故 $R_g=7.2$ kΩ までは検出可能
② $I_{g0}=15$ A の配電系統では不完全地絡事故 $R_g=4.8$ kΩ までは検出可能
③ $I_{g0}=20$ A の配電系統では不完全地絡事故 $R_g=3.6$ kΩ までは検出可能
④ $I_{g0}=25$ A の配電系統では不完全地絡事故 $R_g=2.8$ kΩ までは検出可能
⑤ $I_{g0}=30$ A の配電系統では不完全地絡事故 $R_g=2.4$ kΩ までは検出可能
⑥ $I_{g0}=35$ A の配電系統では不完全地絡事故 $R_g=2.0$ kΩ までは検出可能
⑦ $I_{g0}=40$ A の配電系統では不完全地絡事故 $R_g=1.8$ kΩ までは検出可能

② 方向性PAS整定値：$I_0=0.2$　$V_0=7.5$ %　$s=0.2$

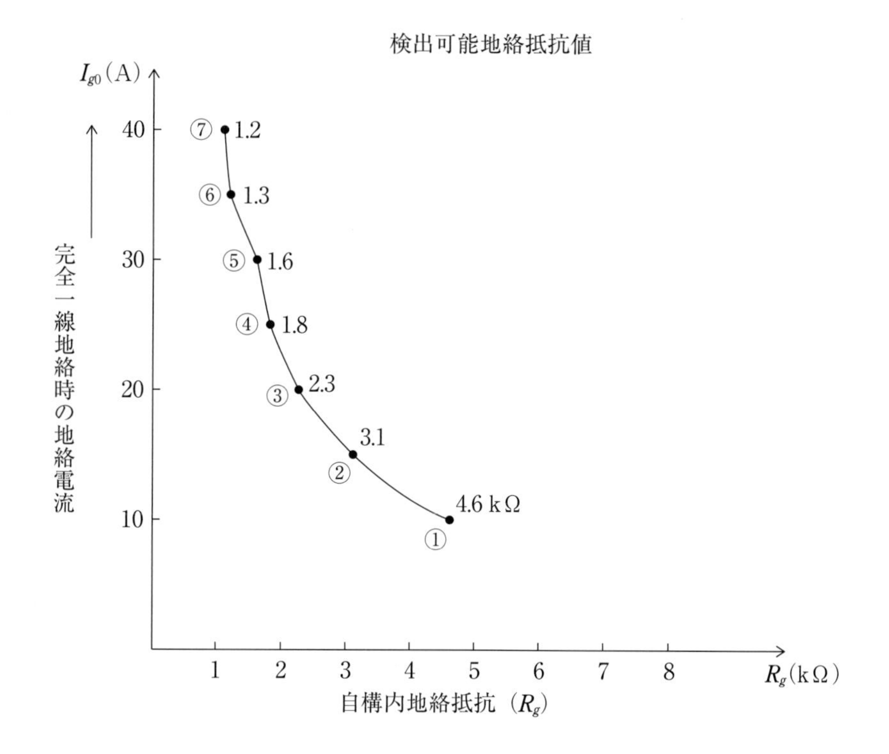

2．方向性PAS：$I_0=0.2$ A　$V_0=7.5$ %　$s=0.2$ 秒

① $I_{g0}=10$ A の配電系統では不完全地絡事故 $R_g=4.6$ kΩ までは検出可能

② $I_{g0}=15$ A の配電系統では不完全地絡事故 $R_g=3.1$ kΩ までは検出可能

③ $I_{g0}=20$ A の配電系統では不完全地絡事故 $R_g=2.3$ kΩ までは検出可能

④ $I_{g0}=25$ A の配電系統では不完全地絡事故 $R_g=1.8$ kΩ までは検出可能

⑤ $I_{g0}=30$ A の配電系統では不完全地絡事故 $R_g=1.6$ kΩ までは検出可能

⑥ $I_{g0}=35$ A の配電系統では不完全地絡事故 $R_g=1.3$ kΩ までは検出可能

⑦ $I_{g0}=40$ A の配電系統では不完全地絡事故 $R_g=1.2$ kΩ までは検出可能

※電力側の配電線はケーブル化が進み完全一線地絡電流は大きくなって来ていますが逆に期待通りの V_0 が発生せず、従来の整定値では不動作で波及事故を起こす可能性が高くなっています。

③　方向性PAS整定値：$I_0=0.2$　$V_0=10$ %　$s=0.2$

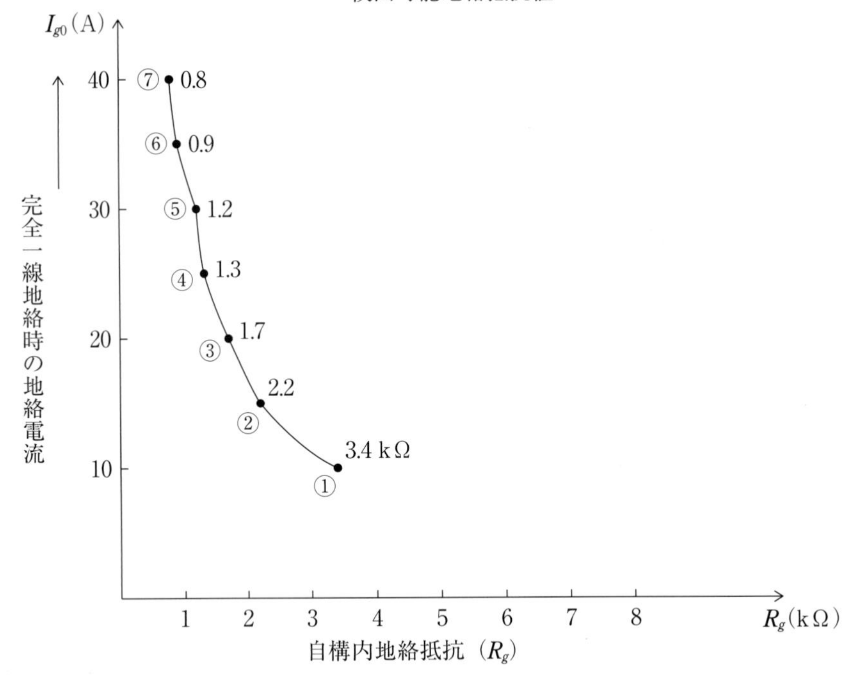

上図の説明　※高圧需要家構内での完全一線地絡事故時の $I_{g0}=10\sim40$(A）系統で不完全地絡事故発生での検出可能抵抗値 R_g(kΩ）は電力側の配電線の構成と状況によって決まってきます。

3．方向性PAS：$I_0=0.2$ A　$V_0=10$ %　$s=0.2$ 秒

① $I_{g0}=10$ A の配電系統では不完全地絡事故 $R_g=3.4$ kΩ までは検出可能

② $I_{g0}=15$ A の配電系統では不完全地絡事故 $R_g=2.2$ kΩ までは検出可能

③ $I_{g0}=20$ A の配電系統では不完全地絡事故 $R_g=1.7$ kΩ までは検出可能

④ $I_{g0}=25$ A の配電系統では不完全地絡事故 $R_g=1.3$ kΩ までは検出可能

⑤ $I_{g0}=30$ A の配電系統では不完全地絡事故 $R_g=1.2$ kΩ までは検出可能

⑥ $I_{g0}=35$ A の配電系統では不完全地絡事故 $R_g=0.9$ kΩ までは検出可能

⑦ $I_{g0}=40$ A の配電系統では不完全地絡事故 $R_g=0.8$ kΩ までは検出可能

④　方向性 PAS 整定値：$I_0=0.2$　$V_0=2$ %　$s=0.2$

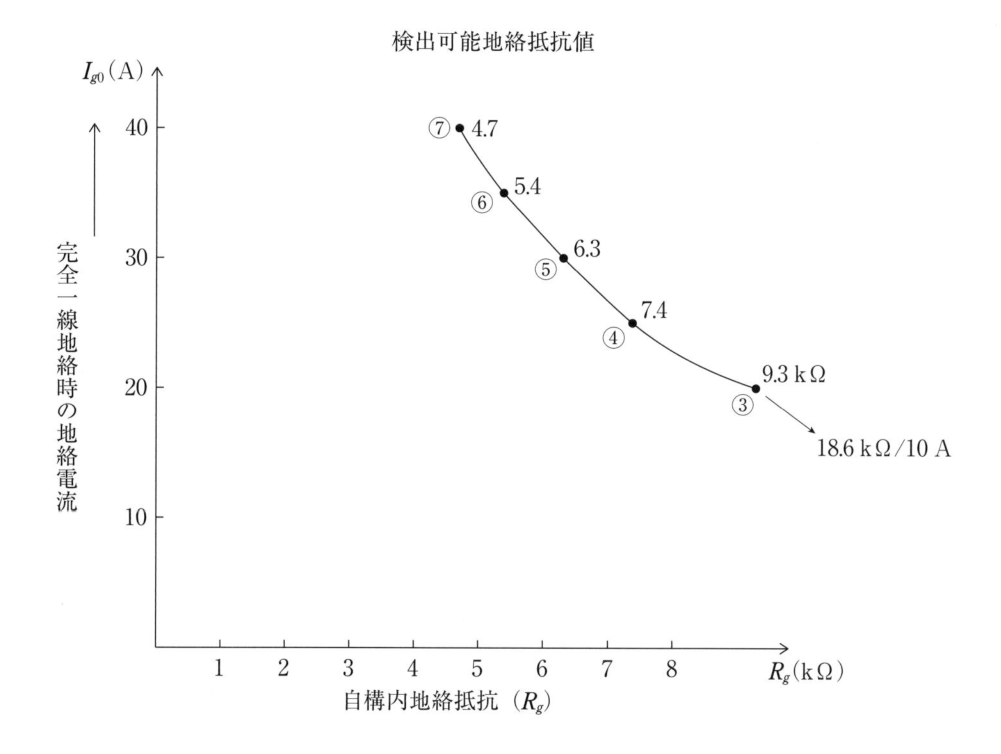

4．方向性 PAS：$I_0=0.2$ A　$V_0=2$ %　$s=0.2$ 秒

① $I_{g0}=10$ A の配電系統では不完全地絡事故 $R_g=18.6$ kΩ までは検出可能
② $I_{g0}=15$ A の配電系統では不完全地絡事故 $R_g=12.4$ kΩ までは検出可能
③ $I_{g0}=20$ A の配電系統では不完全地絡事故 $R_g=9.3$ kΩ までは検出可能
④ $I_{g0}=25$ A の配電系統では不完全地絡事故 $R_g=7.4$ kΩ までは検出可能
⑤ $I_{g0}=30$ A の配電系統では不完全地絡事故 $R_g=6.3$ kΩ までは検出可能
⑥ $I_{g0}=35$ A の配電系統では不完全地絡事故 $R_g=5.4$ kΩ までは検出可能
⑦ $I_{g0}=40$ A の配電系統では不完全地絡事故 $R_g=4.7$ kΩ までは検出可能

※電力側の配電線はケーブル化が進み完全一線地絡電流は大きくなって来ていますが逆に期待通りの V_0 が発生せず、従来の整定値では不動作で波及事故を起こす可能性が高くなっています。

⑤　動作域・不動作域

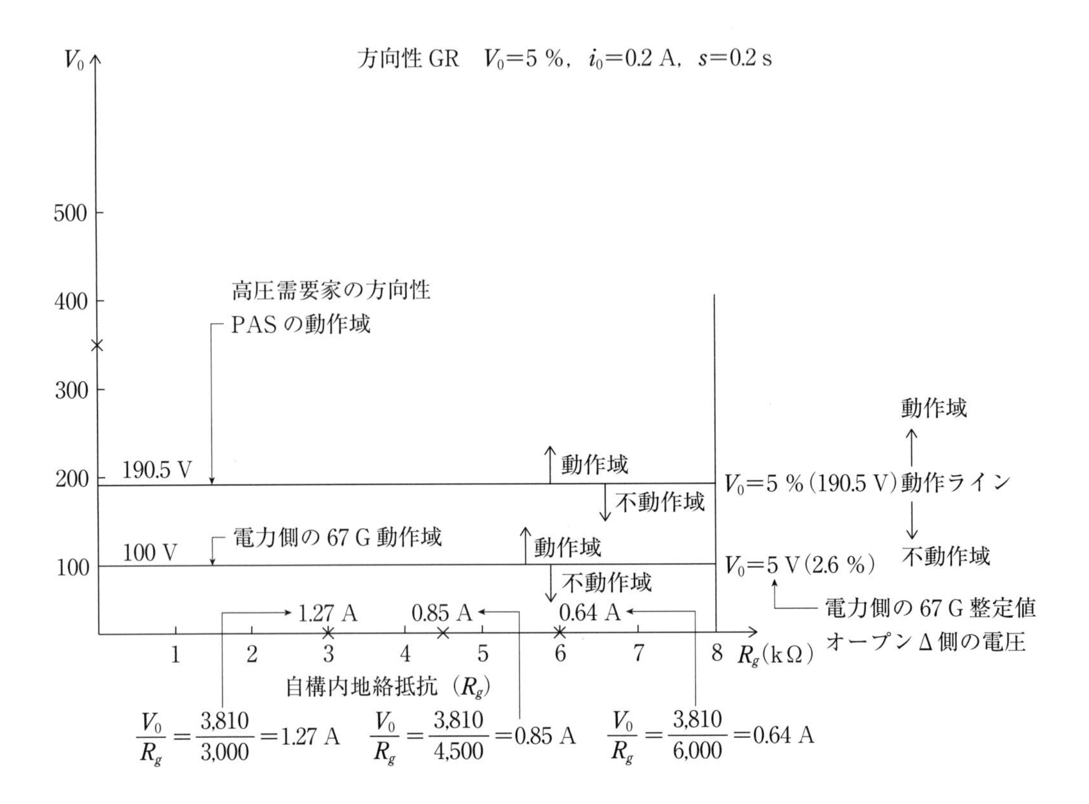

16. 高圧需要家構内での事故点切り離し時間

1．GR：I_0＝0.2 A　非方向性

①慣性不動作時間（0.05 s）＋慣性動作時間 0.15 s＝0.2 s＋PAS の遮断時間

（慣性動作時間：0.1 ～ 0.15 s，PAS の遮断時間：0.1 s）

└ Ry に瞬間的にノイズ（パルス）が入いてきた時に動作しない様に慣性不動作時間を設けている

② 0.2＋0.1＋0.1＝0.3 ～ 0.4 s

（0.2 の次の 0.1：± 0.1 s（誤差），次の 0.1：PAS の開極時間，0.3 ～ 0.4 s：切り離し時間）

2．DGR：I_0＝0.2 A　V_0＝5 %　s＝0.2 s

慣性不動作時間（0.05 s）＋時限タイマー 0.2 s＝0.205＋PAS の遮断時間

（PAS の遮断時間：0.1 s）

17. 6.6 kV 非接地系配電線（3 線結線図、単線結線図）

1．三線結線図

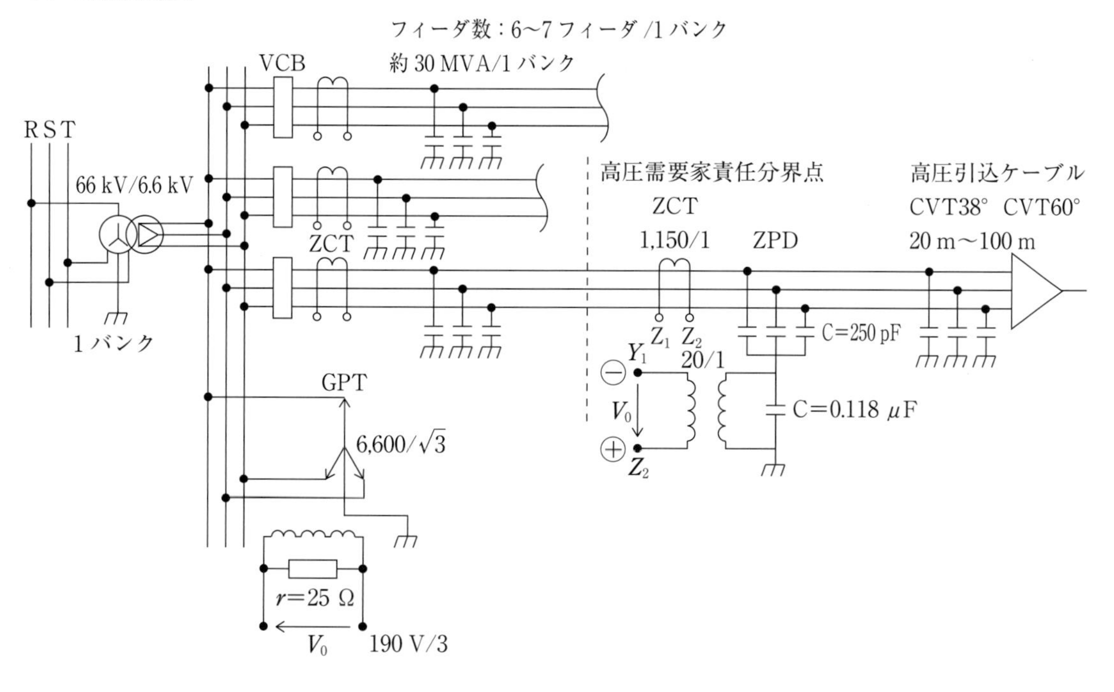

2．単線結線図

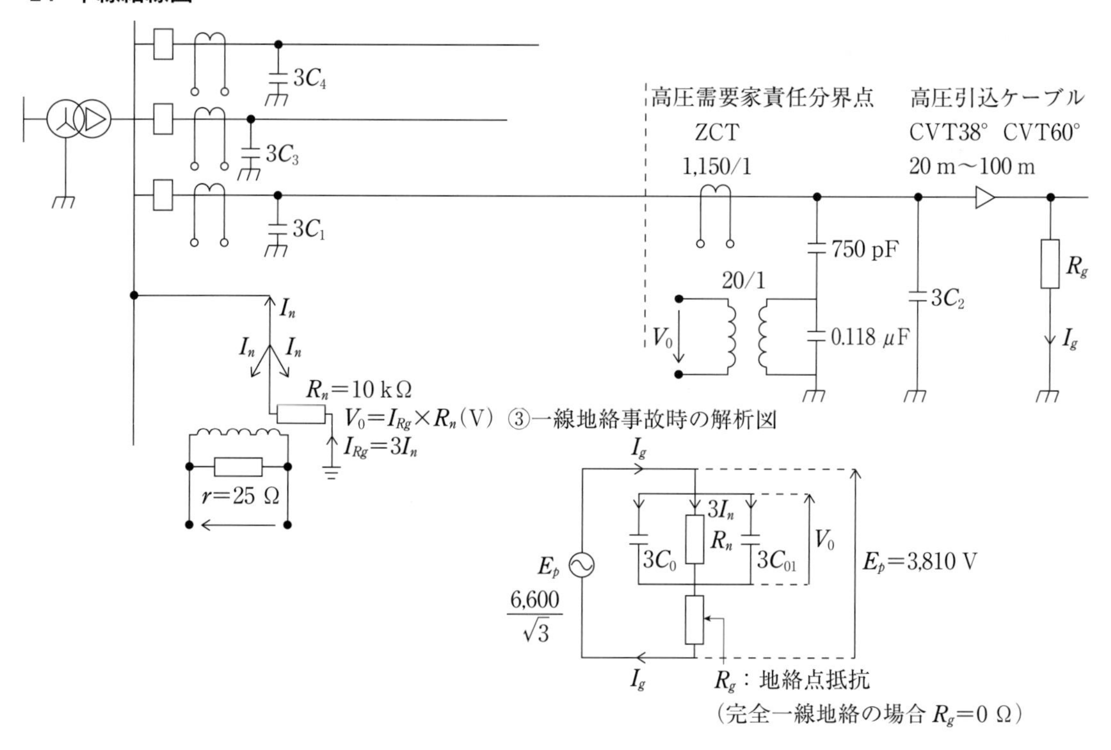

※零相電圧変成器（ZPD）は発生した零相電圧をコンデンサで分圧して出力（Y_1-Z_2）として取り出し、その出力を地絡方向 Ry（DGR）に供給するものです。この ZPD を用いる理由は出力された零相電圧を基準として、地絡電流の位相を DGR で判別し、自構内方向の地絡電流が流れたときのみ動作させるという、位相判別のためなのです。

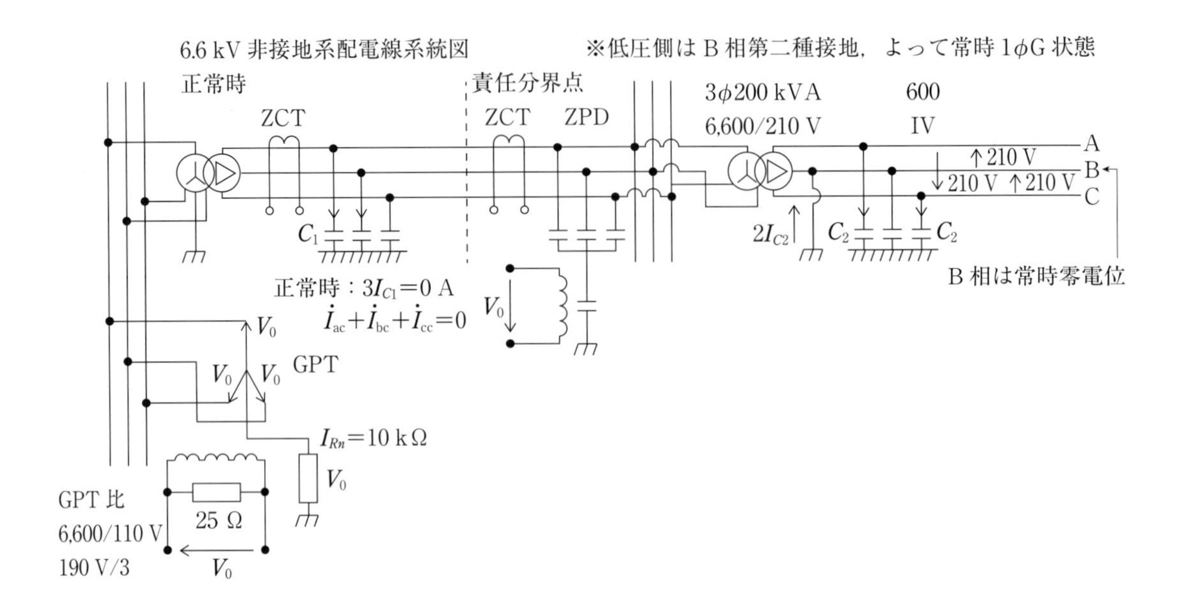

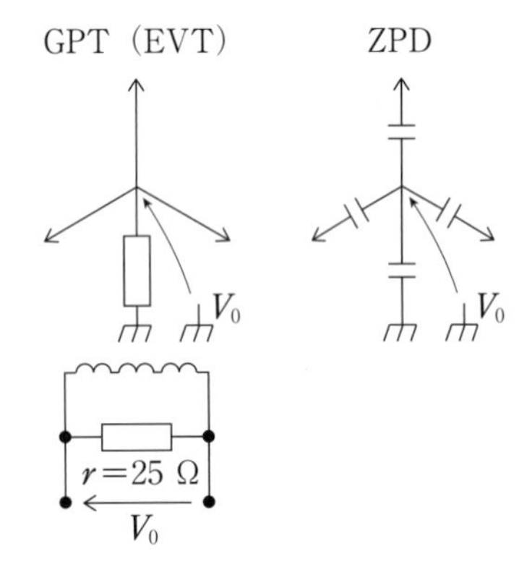

①低圧側は B 相が B 種接地されているため、常時一線地絡状態、よって常時 $2I_{C2}$ の静電容量分による零相電流が流れています。

②何故低圧側を B 種接地を施しているかと言うと、高圧が低圧側に接触した時の危険防止、低圧機器の損傷防止

③自家用電気工作物構内の変圧器２次側（低圧側；210/110 V）の中性点及び一端子接地をしても危険でない理由は低圧側はほとんど 600 V*IV* が使用されています。それで C 分が小さいことで $X_C(\Omega)$ が大きく電圧が低圧であり、C 分による零相電流はそれ程大きくないため、運用に影響はありません。

④ 6.6 kV 配電線は正常時は $I_{ac}+I_{bc}+I_{cc}=0$ A、ただし完全一線地絡時は最大でも $I_g=3I_0=35$ A 程度しか流れない。この 35 A は配電線がほとんどケーブルの場合 I_g の大きさは配電用変電所から出ている供給フィーダの状況によっても違ってきます。

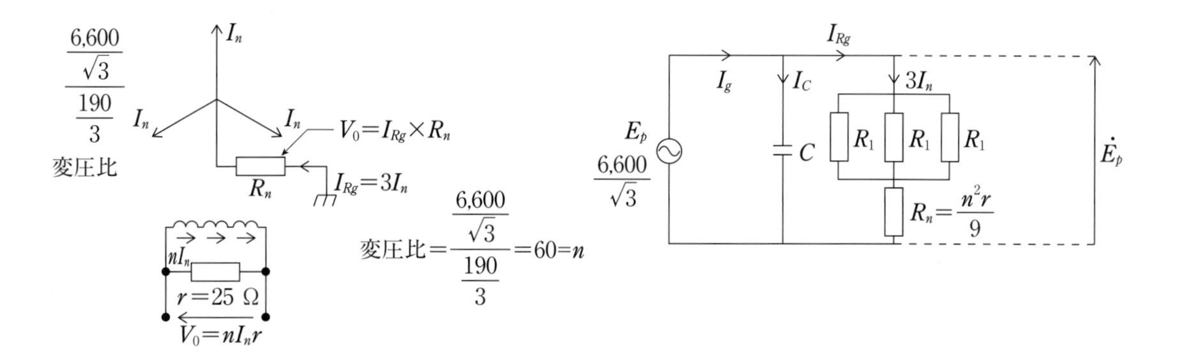

$$一次側の一相分の電圧=n\times\frac{V_0}{3}=n\times\frac{nI_nr}{3}=\frac{n^2I_nr}{3}=V_{01}$$ ←一次側の V_0

$$一次側換算抵抗値は R_1=\frac{1}{I_n}\times\frac{n^2I_nr}{3}=\frac{n^2r}{3}$$

$$R_n=\frac{V_0}{3I_n}=\frac{1}{3I_n}\times\frac{n^2I_nr}{3}=\frac{n^2r}{9}$$

18. 完全及び不完全地絡事故時の V_0、I_0 のベクトル

①完全 $1\phi gV_0$, I_0 のベクトル

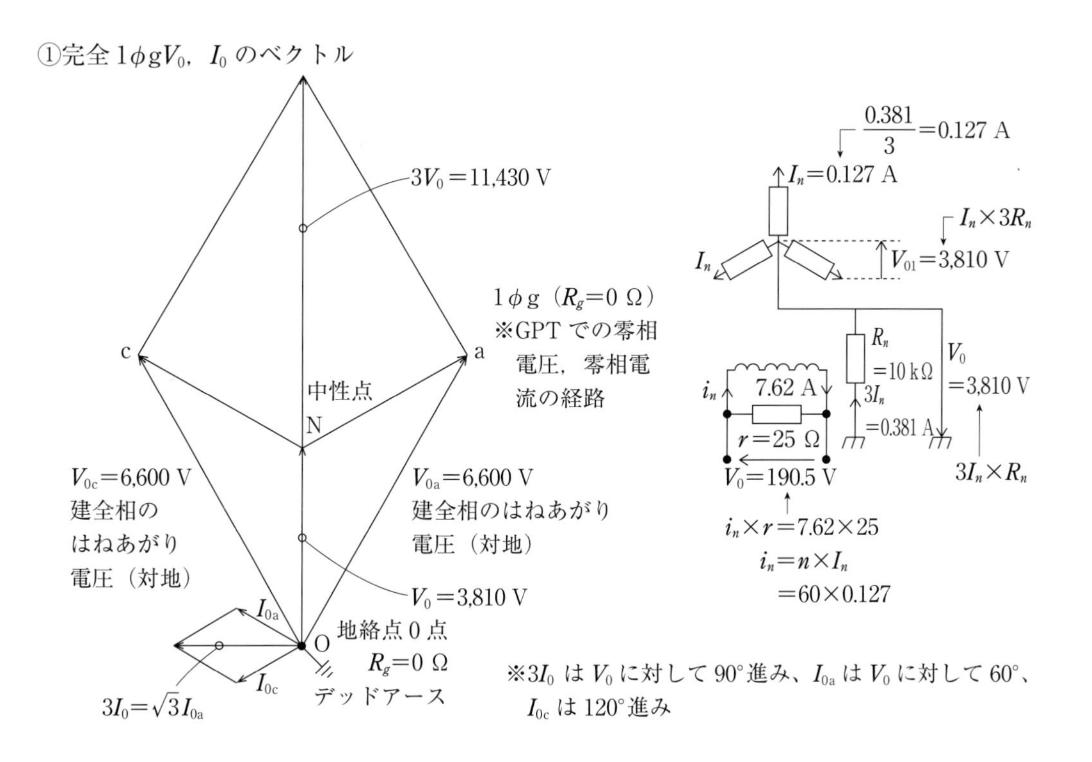

※$3I_0$ は V_0 に対して 90°進み、I_{0a} は V_0 に対して 60°、I_{0c} は 120°進み

②高抵抗地絡時の V_0，I_0 のベクトル

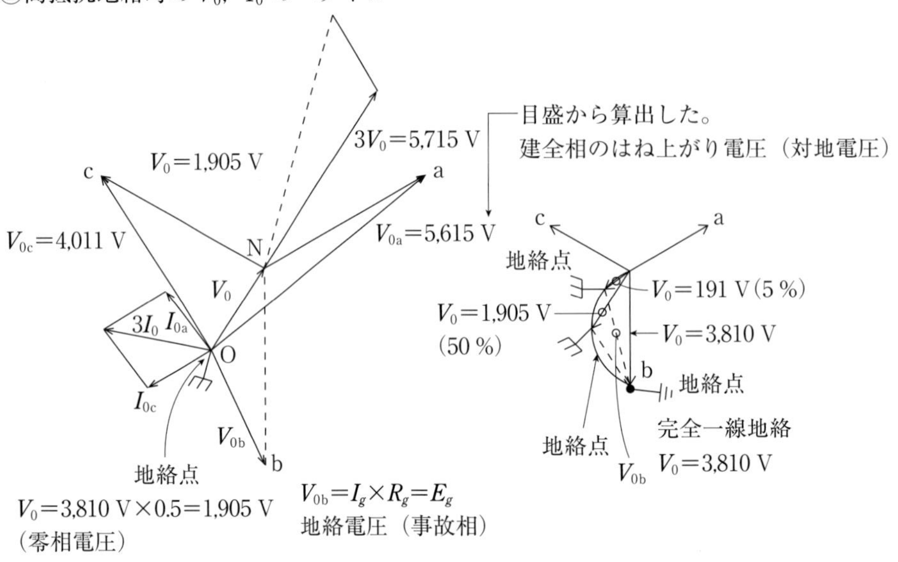

※抵抗地絡事故時の V_0、I_0 ベクトル　V_0 = 1,905 V（50 %）時、

※ $3I_0$ は V_0 に対して 115° 進み、I_{0a} は V_0 に対して 75°、I_{0c} は 160° 進む。……目盛から算出した。

※ DGR 動作位相角（方向性）　進み：115° ～ 165°／遅れ：15° ～ 45°　動作範囲

3I_0
動作範囲
120° 進み
V_0
45° 遅れ
3I_0

試験データ　V_0 = 286 V（190.5 V × 1.5 倍）……試験入力電圧

I_0 = 0.26 A	I_0 = 0.8 A
進み：120°	進み：117°
遅れ：40°	遅れ：45°

I_0 = 0.26 = 0.2 A × 1.3 倍　……試験入力電流

I_0 = 0.8 = 0.2 A × 4 倍　……試験入力電流

○ DGR 整定値：i_0 = 0.2 A、V_0 = 5 %（190.5 V）、s = 0.2 秒

③　不完全一線地絡時の零相電圧ベクトル軌跡（微地絡及び高抵抗地絡事故）

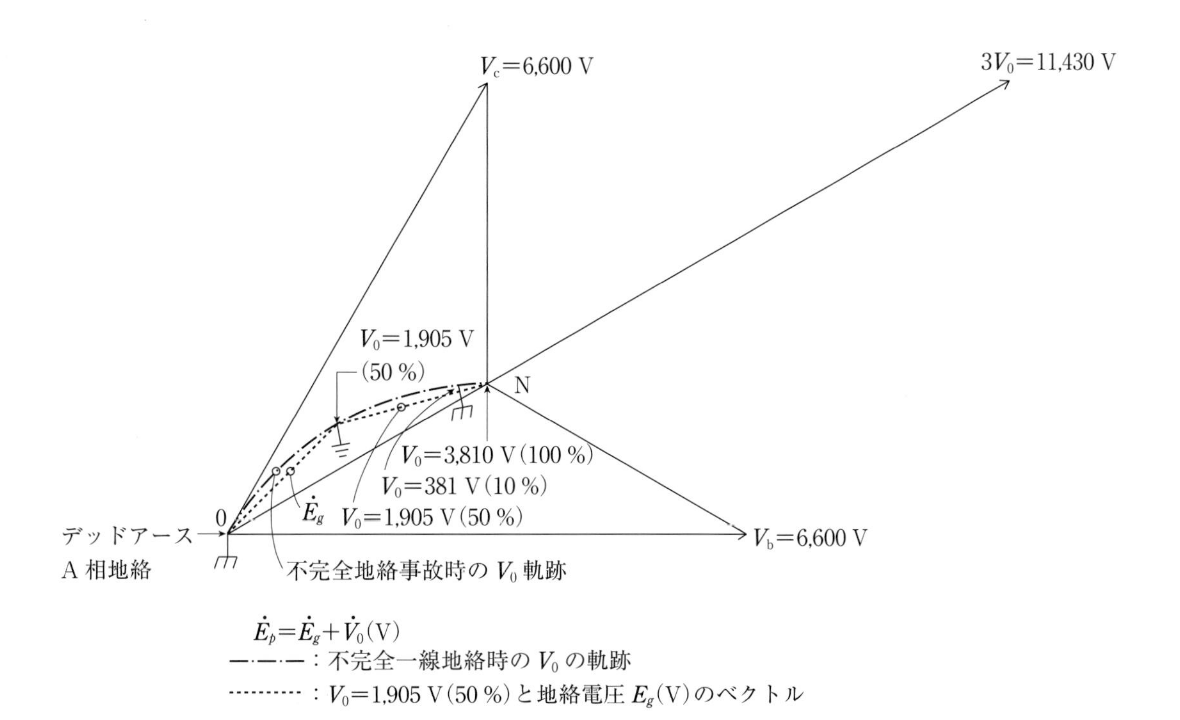

19. ホウ・テブナンの定理による各種地絡計算表

※配電用変圧器 1 バンクの任意のフィーダの一線地絡事故時（約 7 フィーダ）架空とケーブル混在の配電系統（6,6 kV 非接地系）

※完全一線地絡事故時の地絡点電流 I_g＝10 A、I_g＝15 A　I_g＝20 A　I_g＝25 A、I_g＝30、I_g＝35 A 時の 10 %と 5 %と 2 %時の I_g と R_g の値（ホウ・テブナンの定理による計算値）

地絡相　A 相		□　50 %，10 %，5 %，2 % 値は計算値				配電用変電所　GPT 比：6,600 V/110/190 V/3　ZCT：200/1.5 mA　r＝25 Ω			
%は V_0＝3,810 V に対する比		50 %	10 %	6.2 %	5 %	4 %	3 %	2.4 %	2 %
地絡点抵抗	R_g＝0 Ω	R_g＝0.45 kΩ	R_g＝3.4 kΩ	R_g＝　kΩ	R_g＝7.2 kΩ	R_g＝9.1 kΩ	R_g＝　kΩ	R_g＝　kΩ	R_g＝18.7 kΩ
一次側 V_0(V)	3,810	1,905	381		190.5	152			76.2
一次側 $3V_0$(V)	11,430	5,715	1,143		571	457			229
地絡点電流 I_g(A)	10	5.0	1.0		0.5	0.41			0.2
オープンΔ一相分(V_0)	63.9	31.8	6.35		3.18	2.6			1.27
オープンΔ V_0(V)	191.3	95.3	19.05		9.52	7.8			3.81

※高圧需要家の SOG 整定値：方向性 Ry　I_0＝0.2 A　V_0＝5 %　s＝0.2 s　　非方向性　I_0＝0.2 A

地絡相　A相		□　50 %，10 %，5 %，2 % 値は計算値							
%は $V_0=3{,}810$ V に対する比		50 %	10 %	6.2 %	5 %	4 %	3 %	2.4 %	2 %
地絡点抵抗	$R_g=0\ \Omega$	$R_g=0.25$ kΩ	$R_g=2.3$ kΩ	$R_g=$　kΩ	$R_g=4.8$ kΩ	$R_g=6.09$ kΩ	$R_g=$　kΩ	$R_g=$　kΩ	$R_g=12.4$ kΩ
一次側 V_0(V)	3,810	1,905	381		190.5	152			76.2
一次側 $3V_0$(V)	11,430	5,715	1,143		571	457			229
地絡点電流 I_g(A)	15	7.5	1.5		0.75	0.6			0.3
オープンΔ一相分(V_0)	63.9	31.8	6.35		3.18	2.6			1.27
オープンΔV_0(V)	191.3	95.3	19.05		9.52	7.8			3.81

地絡相　A相		□　50 %，10 %，5 %，2 % 値は計算値							
%は $V_0=3{,}810$ V に対する比		50 %	10 %	6.2 %	5 %	4 %	3 %	2.4 %	2 %
地絡点抵抗	$R_g=0\ \Omega$	$R_g=0.19$ kΩ	$R_g=1.7$ kΩ	$R_g=$　kΩ	$R_g=3.6$ kΩ	$R_g=4.6$ kΩ	$R_g=$　kΩ	$R_g=$　kΩ	$R_g=9.3$ kΩ
一次側 V_0(V)	3,810	1,905	381		190.5	152			76.2
一次側 $3V_0$(V)	11,430	5,715	1,143		571	457			229
地絡点電流 I_g(A)	20	10.0	2.0		1.0	0.8			0.4
オープンΔ1相分(V_0)	63.9	31.8	6.35		3.18	2.6			1.27
オープンΔV_0(V)	191.3	95.3	19.05		9.52	7.8			3.81

地絡相　A相		□　50 %，10 %，5 %，2 % 値は計算値				配電用変電所　GPT 比：6,600 V/110/190 V/3 ZCT：200/mA			
%は $V_0=3{,}810$ V に対する比		50 %	10 %	6.2 %	5 %	4 %	3 %	2.4 %	2 %
地絡点抵抗	$R_g=0\ \Omega$	$R_g=0.15$ kΩ	$R_g=1.35$ kΩ	$R_g=$　kΩ	$R_g=2.85$ kΩ	$R_g=3.7$ kΩ	$R_g=$　kΩ	$R_g=$　kΩ	$R_g=7.5$ kΩ
一次側 V_0(V)	3,810	1,905	381		190.5	152			76.2
一次側 $3V_0$(V)	11,430	5,715	1,143		571	457			229
地絡点電流 I_g(A)	25	12.7	2.54		1.27	1.0			0.5
オープンΔ一相分(V_0)	63.9	31.8	6.35		3.18	2.6			1.27
オープンΔV_0(V)	191.3	95.3	19.05		9.52	7.8			3.81

※高圧需要家の SOG 整定値：方向性 Ry　$I_0=0.2$ A　$V_0=5$ %　$s=0.2$ s　　無方向性　$I_0=0.2$ A

地絡相　A相		□　50 %，10 %，5 %，2 % 値は計算値							
%は $V_0=3{,}810$ V に対する比		50 %	10 %	6.2 %	5 %	4 %	3 %	2.4 %	2 %
地絡点抵抗	$R_g=0\ \Omega$	$R_g=0.12$ kΩ	$R_g=1.25$ kΩ	$R_g=$　kΩ	$R_g=2.5$ kΩ	$R_g=3.0$ kΩ	$R_g=$　kΩ	$R_g=$　kΩ	$R_g=6.2$ kΩ
一次側 V_0(V)	3,810	1,905	381		190.5	152			76.2
一次側 $3V_0$(V)	11,430	5,715	1,143		571	457			229
地絡点電流 I_g(A)	30	15.3	3.05		1.52	1.21			0.6
オープンΔ一相分(V_0)	63.9	31.8	6.35		3.18	2.6			1.27
オープンΔV_0(V)	191.3	95.3	19.05		9.52	7.8			3.81

地絡相　A相		□　50 %，10 %，5 %，2 % 値は計算値							
%は $V_0=3{,}810$ V に対する比		50 %	10 %	6.2 %	5 %	4 %	3 %	2.4 %	2 %
地絡点抵抗	$R_g=0\ \Omega$	$R_g=0.11$ kΩ	$R_g=0.97$ kΩ	$R_g=$　kΩ	$R_g=2.04$ kΩ	$R_g=3.7$ kΩ	$R_g=$　kΩ	$R_g=$　kΩ	$R_g=5.3$ kΩ
一次側 V_0(V)	3,810	1,905	381		190.5	152			76.2
一次側 $3V_0$(V)	11,430	5,715	1,143		571	457			229
地絡点電流 I_g(A)	35	17.5	3.5		1.75	1.4			0.7
オープンΔ一相分(V_0)	63.9	31.8	6.35		3.18	2.6			1.27
オープンΔV_0(V)	191.3	95.3	19.05		9.52	7.8			3.81

※ P170 ～ 177 の結果を表にしました。

※表の値の計算条件

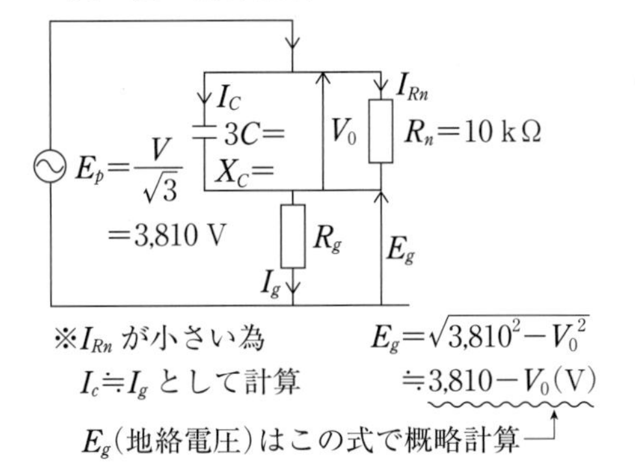

$I_g=10$ A 時	$3C=6.96\,\mu$F	$X_C=\dfrac{1}{\omega 3C}=381\,\Omega$
$I_g=15$ A 時	$3C=10.4\,\mu$F	$X_C=\dfrac{1}{\omega 3C}=254\,\Omega$
$I_g=20$ A 時	$3C=13.9\,\mu$F	$X_C=\dfrac{1}{\omega 3C}=190\,\Omega$
$I_g=25$ A 時	$3C=17.4\,\mu$F	$X_C=\dfrac{1}{\omega 3C}=152\,\Omega$
$I_g=30$ A 時	$3C=20.8\,\mu$F	$X_C=\dfrac{1}{\omega 3C}=127.5\,\Omega$
$I_g=35$ A 時	$3C=24.3\,\mu$F	$X_C=\dfrac{1}{\omega 3C}=109\,\Omega$

例－1　$I_g=10$ A、$V_0=381$ V(10 %)の場合

$$I_g=\frac{V_0}{X_C}=\frac{381}{381}=1.0\text{ A}$$

3,810－381＝3,429 V(概略計算)

$$R_g=\frac{E_g}{I_g}=\frac{3{,}429}{1.0}=3.4\text{ k}\Omega$$

例－2　$I_g=10$ A、$V_0=190.5$ V(5 %)の場合

$$I_g=\frac{V_0}{X_C}=\frac{190.5}{381}=0.5\text{ A}$$

3,810－190.5＝3,619 V(概略計算)

$$R_g=\frac{E_g}{I_g}=\frac{3{,}619}{0.5}=7.2\text{ k}\Omega$$

20. V_0、I_gの算出練習用シート

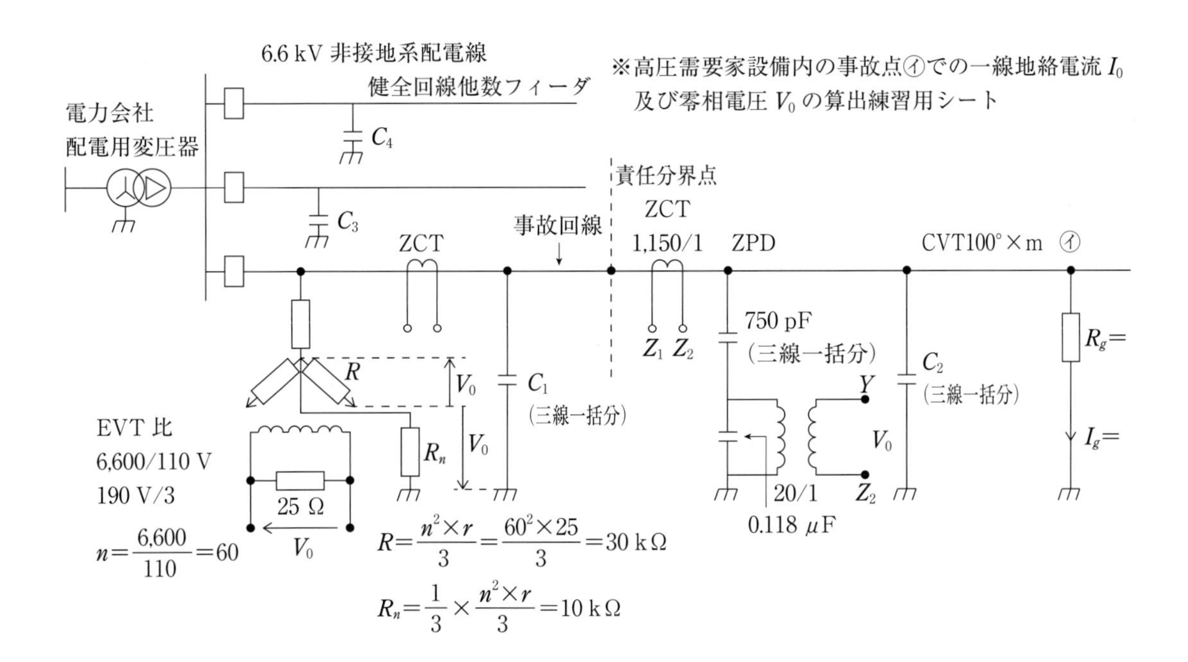

※完全一線地絡時の零相電圧（V_0）はどの地点でも約 3,810 V です。(同一母線に接ながっている配電線)

※完全一線地絡（$R_g = 0\ \Omega$）時の地絡電流の大きさは、電力会社の配電線の長短及び状況によって大小がありますが、最大でも約 40 A ある様です。

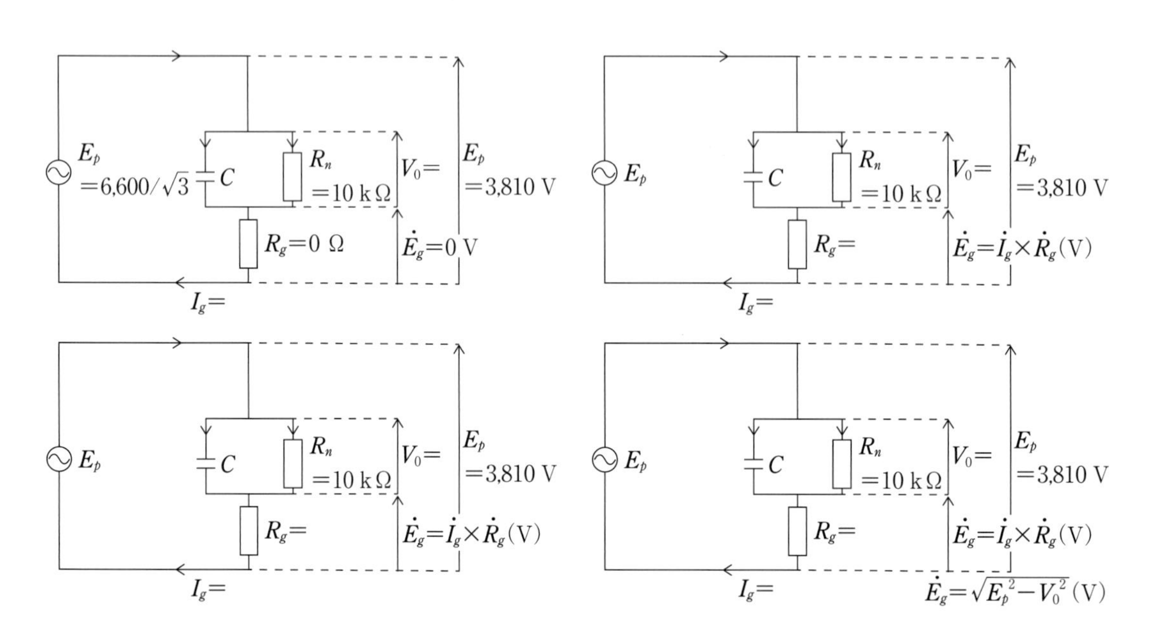

21. ZPD での零相電圧（V_0）検出の原理とベクトル

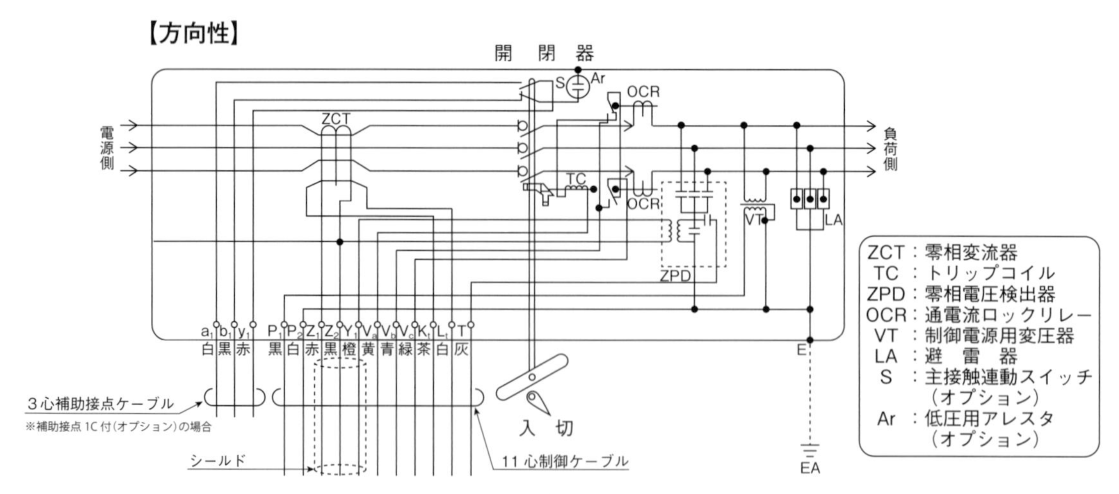

開閉器と SOG 制御装置の接続図

① A 相完全地絡時の V_0 検出

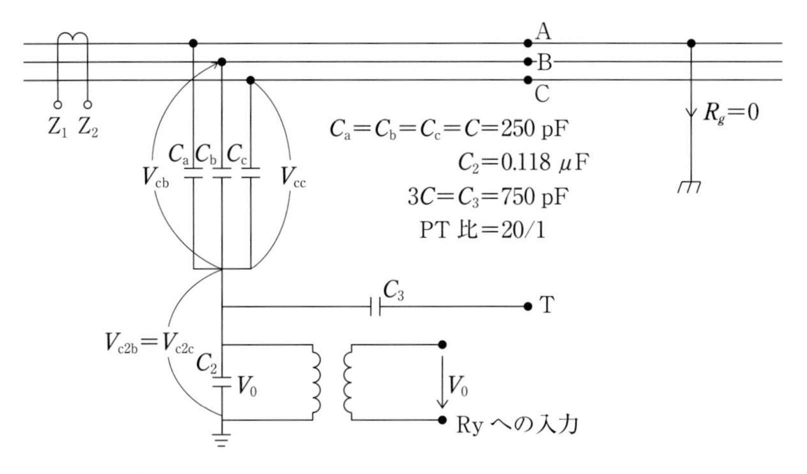

○完全一線地絡時の電圧ベクトル

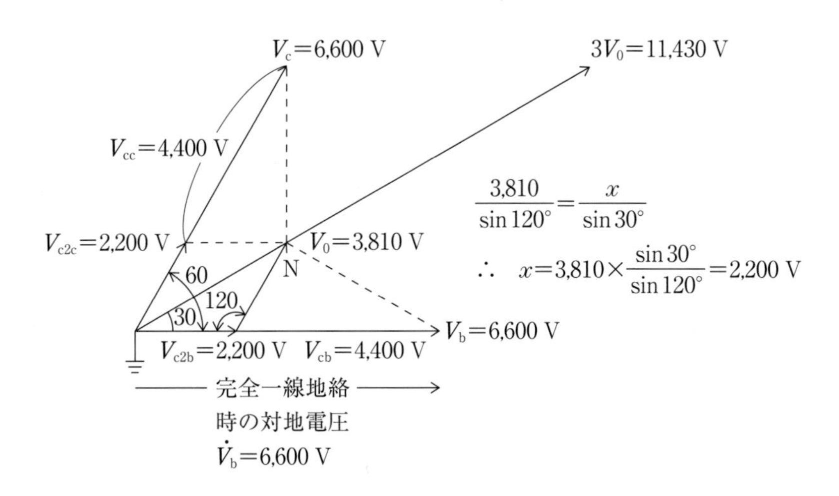

上図の説明

1．A 相の完全一線地絡時 A 相の対地電圧は零
2．B 相の対地電圧は $V_0=6,600$ V と成る
3．C 相の対地電圧も $V_c=6,600$ V と成る
4．事故時の対地電圧 $V_b=V_{c2b}+V_{cb}=6,600$ V
5．事故時の対地電圧 $V_c=V_{c2c}+V_{cc}=6,600$ V
6．C_2 には V_{c2b} と V_{c2c} の分電圧のベクトル和が零相電圧 $V_0=3,810$ V になる。
7．よって C_2 から V_0 を検出し、変圧して Ry へ取込む
8．C_2 に高電圧の V_0 が発生するので低圧の V_0 を取り出せる様にしています。

・余談

①零相電流 I_0 は V_0 に対して約 90° 進み

②完全一線地絡事故が発生しても各相の線間電圧 6,600 V は変わりません。

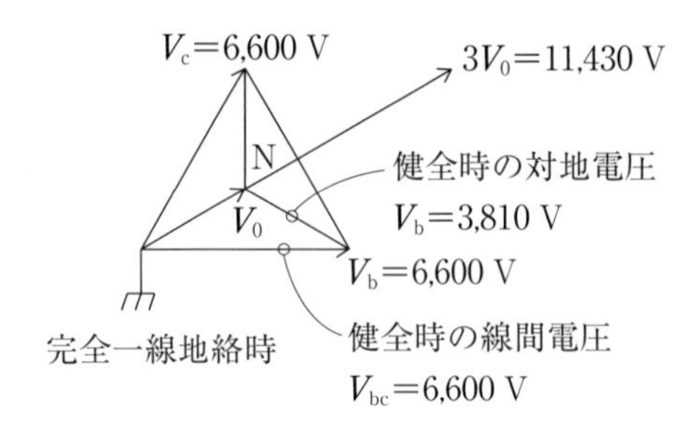

計算　完全一線地絡時

(1)$$\dot{V}_0=\frac{C_b}{C_b+C_2}\times 11{,}430=\frac{250\times 10^{-12}}{250\times 10^{-12}+0.118\times 10^{-6}}\times 11{,}430$$

$$=\frac{10^{-6}\ (250\times 10^{-6})}{10^{-6}\ (250\times 10^{-6}+0.118)}\times 11{,}430=\frac{2.85}{0.1182}=24.1\ \mathrm{V}$$

$$\dot{V}_0=\frac{3C}{3C+C_2}\times 3{,}810=\frac{750\times 10^{-12}}{750\times 10^{-12}+0.118^{-6}}\times 3{,}810=24.1\ \mathrm{V}$$

$\dot{V}_0=24{,}100/20=1{,}205\ \mathrm{mV}$

(2)V_0＝5 %では 1,205×0.05＝60 mV が Ry へ入力される

(3)V_0＝10 %では 1,205×0.1＝120 mV が Ry へ入力される

③ A 相の不完全地絡時の V_0 軌跡

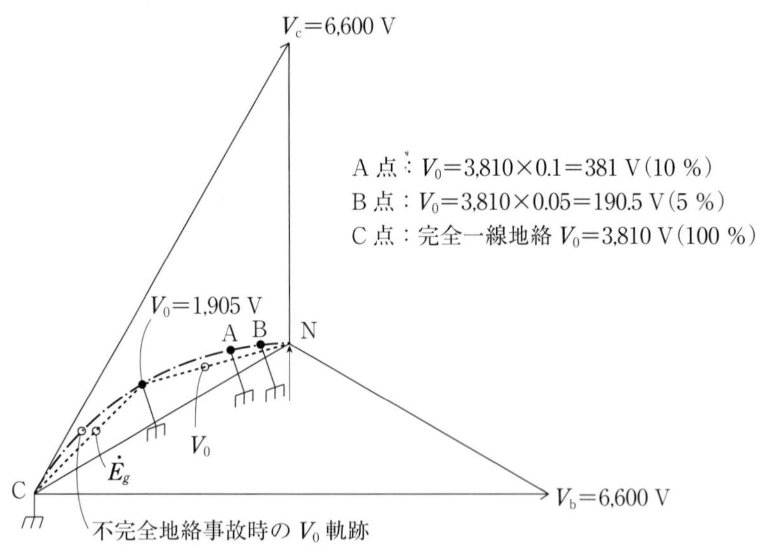

不完全一線地絡事故の場合は事故前の健全相対地電圧＝3,810 Vは
零相電圧 V_0と地絡電圧($E_g=I_g\times R_g$) に分圧されます。

(1)　DGR 試験：試験端子 T へ試験電圧を印加

①

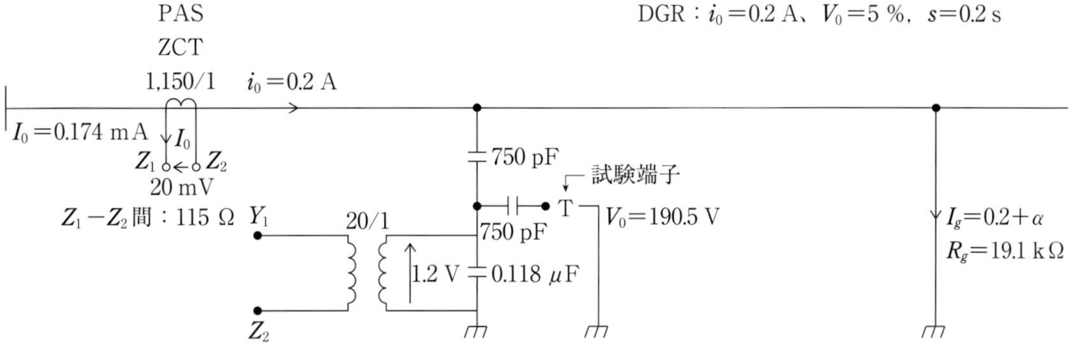

PAS
ZCT
1,150/1　$i_0=0.2$ A

DGR：$i_0=0.2$ A、$V_0=5$ %，$s=0.2$ s

$I_0=0.174$ mA　I_0
Z_1　Z_2
20 mV
Z_1-Z_2間：115 Ω　Y_1
20/1
750 pF
試験端子
T　$V_0=190.5$ V
750 pF
1.2 V　0.118 μF
Z_2
$I_g=0.2+\alpha$
$R_g=19.1$ kΩ

$Z_1-Z_2=0.174\times115=20$ mV
$Y_1-Z_2=60$ mV（$V_0=190.5$ V、5 %時）

∴　α (A)は ZCT でキャンセルされる電流。
※　試験電流は DGR の試験端子 Kt−Lt へ流す。

①Y_1-Z_2 にかかる電圧を求める

$$V_0=\frac{750\times10^{-12}}{750\times10^{-12}+0.118\times10^{-6}}\times190.5\text{ V}=6{,}315.7\times10^{-6}\times191\text{ V}$$
$$=1.2\text{ V}\qquad 1.2/20=60\text{ mV}$$

②

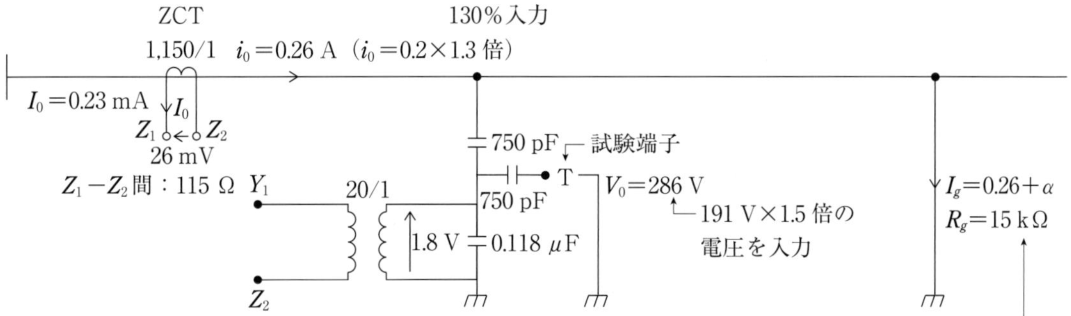

ZCT
1,150/1　$i_0=0.26$ A（$i_0=0.2\times1.3$ 倍）
130％入力

$I_0=0.23$ mA　I_0
Z_1　Z_2
26 mV
Z_1-Z_2間：115 Ω　Y_1
20/1
750 pF
試験端子
T　$V_0=286$ V
191 V×1.5 倍の
電圧を入力
750 pF
1.8 V　0.118 μF
Z_2
$I_g=0.26+\alpha$
$R_g=15$ kΩ

$Z_1-Z_2=0.23\times115=26$ mV
$Y_1-Z_2=90$ mV

$$R_g=\frac{3{,}810}{0.26}=15\text{ k}\Omega$$

②Y_1-Z_2 にかかる電圧

$$V_0=\frac{750\times10^{-12}}{750\times10^{-12}+0.118\times10^{-6}}\times286\text{ V}=6{,}315.7\times286\times10^{-6}=1.8\text{ V}$$

∴　1,800/20＝90 mV

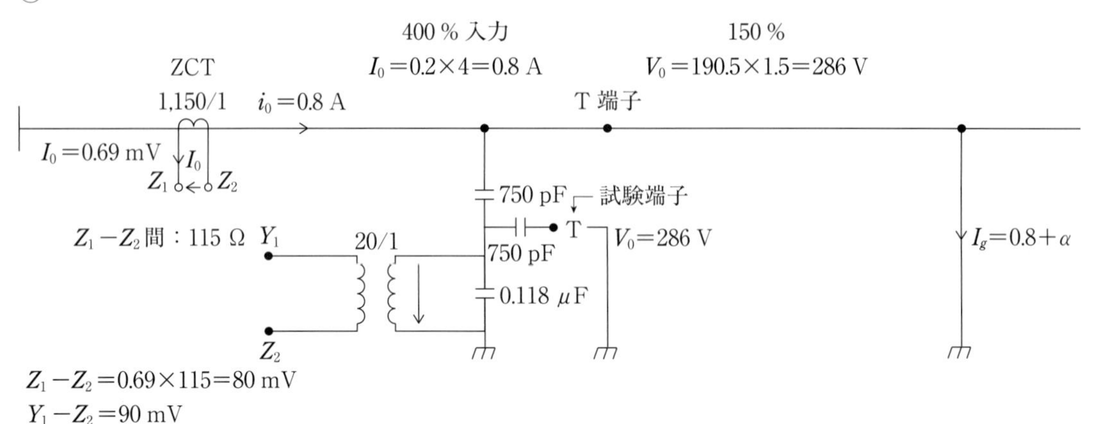

$Z_1 - Z_2 = 0.69 \times 115 = 80$ mV
$Y_1 - Z_2 = 90$ mV

・余談

$$V_{C1} = I \times \frac{1}{\omega C_1} = \frac{\omega C_1 C_2}{C_1 + C_2} \times 3{,}810 \times \frac{1}{\omega C_1}$$

$$= \frac{C_2}{C_1 + C_2} \times 3{,}810\,(\mathrm{V})$$

I(A)
C_1　C_2
V_{C1}　V_{C2}
3,810 V

$$I = \frac{3{,}810}{\dfrac{1}{\omega C_1} + \dfrac{1}{\omega C_2}} = \frac{3{,}810}{\dfrac{C_1 + C_2}{\omega C_1 C_2}} = \frac{\omega C_1 C_2}{C_1 + C_2} \times 3{,}810$$

$$V_{C2} = \frac{C_1}{C_1 + C_2} \times 3810\,(\mathrm{V})$$

22. SOG の最適整定値設定の考え方

1．方向性の場合

①地絡動作電流整定値設定（I_0 の整定値）

㋑開閉器負荷側の高圧ケーブルの長さによる対地充電電流の大きさより少々大きな値の整定値とする。

②地絡動作電圧整定値設定（V_0 の整定値）

㋑上位遮断装置（電力側の遮断装置）の整定値を超えない値に設定してください。(この考え方は波及事故防止のためです)

SOG 制御装置の整定値　<　電力会社側の遮断装置の整定値

※　具体的に説明しますと下記になります

一例として電力側の遮断装置の 67G 整定値：$I_0 = 0.2$ A　$V_0 = 5$ V($V_0 = 100$ V/2.6 %)

$V_0 = 8$ V($V_0 = 160$ V/4.2 %)　$V_0 = 10$ V($V_0 = 200$ V/5.2 %)　　$s = 0.9$ s

括弧内の V_0 は高圧側の値で％は 3,810 V を 100 %とした時の％比です。

稀に（$V_0 = 15$ V($V_0 = 300$ V/7.8 %）整定値もあるようです。67G の V_0 整定値はオープン Δ 電圧です。

SOGのV_0整定値は電力会社側のV_0整定値より小さく設定する様にメーカさんも勧めています、その方が波及事故防止になるからです。

よって、SOGのV_0整定値$V_0=5$％(190 V）は2％(76.2 V）へ7.5％(286 V）は5％への変更をお勧めいたします。ただし変更する時は残留零相電圧を考慮して下さい。残留零相電圧測定はSOG内のY1－Z2間電圧（AC）を測定し、高圧側に換算して下さい。2％(76.2 V)へ変更する場合は残留零相電圧が76.2 Vの50％以内なら2％へ変更し、50％以上なら2％への変更は控えて下さい。

③地絡動作時間整定値設定

㋑電力会社側の遮断装置の整定値を超えない値で、0.2秒以上の間隔をとって設定して下さい

SOG制御装置の整定値　＜　電力会社側の遮断装置の整定値－0.2秒

（一例として$s=0.9$秒の場合SOGの$s=0.9-0.2=0.7$秒以下とする）

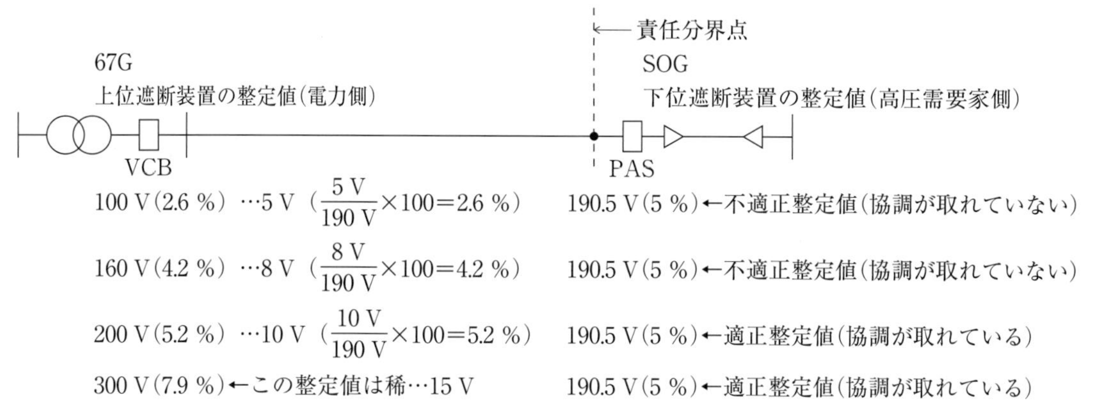

※電力側の67Gの整定値はGPTのオープンΔ側で検出する値を整定値としています。

2．非方向性の場合

①地絡動作電流整定値設定（I_0の整定値）

(1)地絡動作電流値を設定するときは「動作協調」と「もらい事故」の2つの要素を考慮して決めて下さい。

(2)動作協調をとるために、電力会社側の遮断装置の整定値$s=0.9-0.2=0.7$秒を超えない値に設定してください。

(3)「もらい事故防止」のために地絡動作電流値　I_0は開閉器負荷側の高圧引き込みケーブルの長さで決まる対地充電電流の2～3.5倍の（裕度）値で設定してください、引き込みケーブルが長く、対地充電電流の2～3.5倍してその値が0.6 Aを超すようであれば、方向性PASの採用を検討してください。

3．各メーカーの ZCT 及び ZPD の出力電圧特性

各メーカの ZCT 及び ZPD の出力電圧特性							
メーカ	ZCT で取り込む零相電流　I_0(A) と Z_1–Z_2 間に発生する電圧、ZCT 抵抗値			ZPD で取り込む零相電圧　V_0(V) と Y_1–Z_2 間に発生する電圧、Y_1–Z_2 間抵抗値			T・C
	I_0(A)	Z_1－Z_2 間電圧	Z_1–Z_2 間抵抗値	V_0(V)	Y_1–Z_2 間電圧	Y_1–Z_2 間抵抗値	V_a–V_c 間
戸上	0.2 A	約 20 mV	約 19 Ω	190 V(5 %)	約 60 mV	約 330 Ω	約 14 Ω
	0.4 A	約 40 mV		381 V(10 %)	約 120 mV		
エナジー	0.2 A	約 20 mV	約 16 Ω	190 V(5 %)	約 440 mV	約 80 Ω	約 30 Ω
	0.4 A	約 40 mV		381 V(10 %)	約 882 mV		
三菱	0.2 A	約 25 mV	約 17 Ω	191 V(5 %)	約 33 mV	約 ∞ Ω	約 32 Ω
	0.4 A	約 50 mV		381 V(10 %)	約 66 mV		
日本高圧	0.2 A	約 20 mV	約 4 Ω	190 V(5 %)	約 50 mV	約 14 Ω	約 16 Ω
	0.4 A	約 40 mV		381 V(10 %)	約 100 mV		
大垣	0.2 A	約 20 mV	約 13 ～ 18 Ω	190 V(5 %)	約 380 mV	約 80 Ω	約 25 Ω
	0.4 A	約 40 mV		381 V(10 %)	約 760 mV		

※運用状態で SOG の動作試験を実施する場合、① V_a、V_b、V_c のトリップコイルを外します、② Z_1–Z_2 間の残留電流を測定、③Y_1–Z_2 間の残留電圧を測定してください。系統の状況によっては、残留電流、残留電圧が既に発生している系統があります。残留電流は自構内の設備状況に起因して発生しますが、ほとんど零です。しかし残留電圧は電力会社の配電線の設備状況に起因して発生します。そんなことで SOG の整定値を決める際はその残留分を考慮して決めて下さい。新設の場合は適当な整定値で受電し、受電後、残留電流、残留電圧を測定し、その値を考慮して決めて下さい。残留電流、残留電圧が存在する場合、運用状態での、SOG の試験動作値も多少変わってきます。それは、その値が加わって動作するからです。例えば、SOG 内での Y_1–Z_2 間の零相残留電圧が 0.01 V（10 mV）あった場合、

①戸上製の場合：高圧側の V_0 は 190 V/60 mV＝V_0/10 mV で計算しますと V_0＝約 32 V 発生していることがわかります。
よって、運用状態での試験時、SOG の最小動作電圧値が 190 V － 32 V＝約 158 V で動作という事も考えられます。

②エナジー製の場合：高圧側の V_0 は 190 V/440 mV＝V_0/10 mV で計算しますと V_0＝約 4.3 V 発生していることがわかります。

③三菱製の場合：高圧側の V_0 は 191 V/33 mV＝V_0/10 mV で計算しますと V_0＝約 58 V 発生していることがわかります。

④日本高圧製の場合：高圧側の V_0 は 190 V/50 mV＝V_0/10 mV で計算しますと V_0＝約 38 V 発生していることがわかります。

⑤大垣製の場合：高圧側の V_0 は 190 V/380 mV＝V_0/10 mV で計算しますと V_0＝約 5 V 発生していることがわかります。

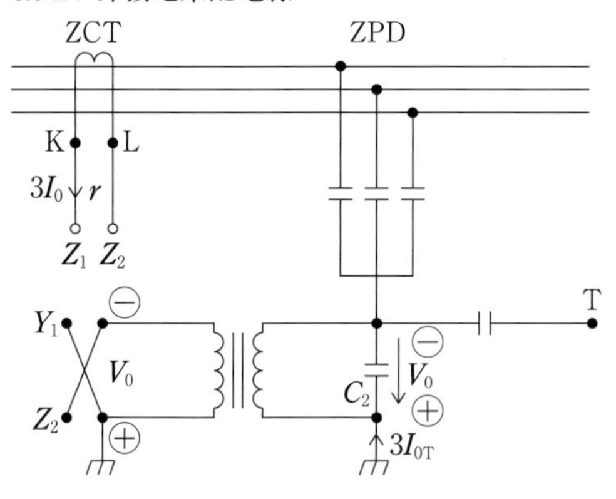

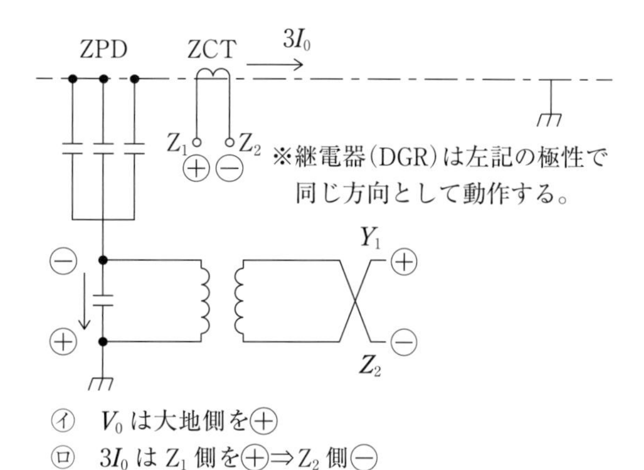

4．残留電流、残留電圧実測値

※高圧需要家設置のPAS内での残留電流、残留電圧の実測値　(SOG内でのZ_1-Z_2間の電流、Y_1-Z_2間電圧を測定し高圧側に換算)

※残留電圧は電力会社の配電線の構造状況によって発生します。よって地域によってバラつきがあります。

※残留電流は自構内の設備状況によって発生します、ほとんど零です。下の表で現在運用しています。

事業場	測定日	PAS メーカ	Z_1-Z_2間 mA	Y_1-Z_2間 mV	高圧側 零相電圧 V_0	高圧側への換算 V_0(V)	V_0整定値変更	電力側データー 高圧側 残留電圧　V_0(V)
A	H30、3	戸上	0	12	38	$190/60=V_0/12$　$V_0=38$ V	**5％→2％へ変更済**	
B	〃	エナジー	0	181	78	$190/440=V_0/181$　$V_0=78$ V	5％変更せず	$V_0=69$ V
C	3月	三菱	0	3	17.4	$191/33=V_0/3$　$V_0=17.4$ V	**5％→2％へ変更済**	$V_0=29$ V
D	〃	日本高圧	0	7	27	$190/50=V_0/7$　$V_0=27$ V	**5％→2％へ変更済**	$V_0=36$ V
E	3月	大垣	0	90	45	$190/380=V_0/90$　$V_0=45$ V	**5％→2、5％へ変更済**	$V_0=31$ V
F	〃	戸上	0	18	57	$190/60=V_0/18$　$V_0=57$ V	5％→2％へ変更せず	
G	〃	エナジー	0	46	20	$190/440=V_0/46$　$V_0=20$ V	5％→2％へ変更する	
H	〃	三菱	0	1	5.8	$191/33=V_0/1$　$V_0=5.8$ V	2％タップ値無　1999年製	
I	3月	日本高圧	0	3	11	$190/50=V_0/3$　$V_0=11$ V	**5％→2％へ変更済**	$V_0=10.6$ V
K	5月	大垣	0	7	35	$190/380=V_0/7$　$V_0=3.5$ V	**5％→2、5％へ変更済**	$V_0=3$ V
L	〃	戸上	0	17	54	$190/60=V_0/17$　$V_0=54$ V	5％→2％へ変更せず	$V_0=68$ V
M	4月	大垣	0	78	39	$190/380=V_0/78$　$V_0=39$ V	**5％→2、5％へ変更済**	
N	4月	戸上	0	7	22	$190/60=V_0/7$　$V_0=22$ V	**5％→2％へ変更済**	
O	〃	エナジー	0	153	66	$190/440=V_0/66$　$V_0=66$ V	5％→2％へ変更せず	
P	〃	大垣	0	171	86	$190/380=V_0/171$　$V_0=86$ V	5％→2、5％へ変更せず	
Q	〃	戸上	0	15	51	$190/60=V_0/16$　$V_0=51$ V	5％→2％へ変更せず	$V_0=49$ V
R	〃	大垣	0	189	95	$190/380=V_0/189$　$V_0=95$ V	7.5％→5％へ変更する	
S	4月	戸上	0	3	9.5	$190/60=V_0/3$　$V_0=9.5$ V	**5％→2％へ変更済**	$V_0=3$ V
T	〃	戸上	0	4	12.6	$190/60=V_0/4$　$V_0=12.7$ V	5％→2％へ変更する	
U	5月	戸上	0	5	15.8	$190/60=V_0/5$　$V_0=15.8$ V	**5％→2％へ変更済**	$V_0=21.2$ V

※年次点検時に常時変更して行く事にしています。

第４章
高圧進相コンデンサに関する件

第 4 章　高圧進相コンデンサに関する件

1．高圧進相コンデンサの良否判定方法（Y 結線）

LBS

Y 結線

定格電圧：7.02 kV
定格電流：4.11 A
定格容量：50 kVA
回路使用電圧：6.6 kV
Y 結線：60 Hz

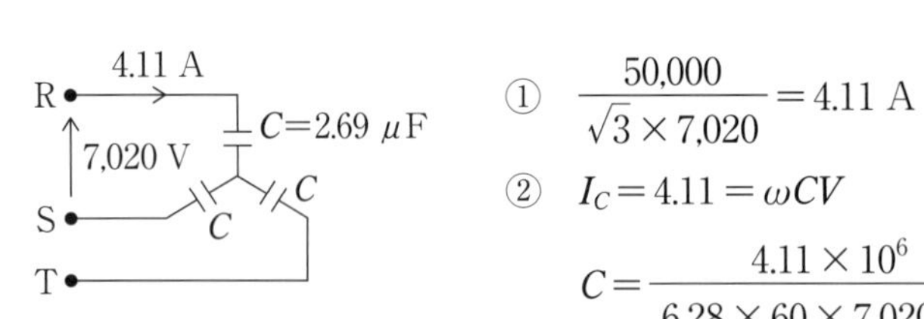

① $\dfrac{50{,}000}{\sqrt{3}\times 7{,}020}=4.11\ \text{A}$

② $I_C=4.11=\omega CV$

$C=\dfrac{4.11\times 10^6}{6.28\times 60\times 7{,}020/\sqrt{3}}=2.69\ \mu\text{F}/$ 一相分

③ 停電時

R−S 相、S−T 相、T−R 相の C 分を測定すると

R−S 相測定値：1.35 μF

S−T 相測定値：1.35 μF

T−R 相測定値：1.35 μF

上記測定値から R 相 $1.35\times 2=2.69\ \mu\text{F}$ となる。

S 相、T 相も同じ値となる。

※良否判定　①静電容量 C 分 / 一相が小さくなっていないか確認する。

②メガー 100 MΩ/1,000 V 以上。

上記条件①，②を満足していれば良と判定する。

2．高圧進相コンデンサの良否判定方法（Δ結線）

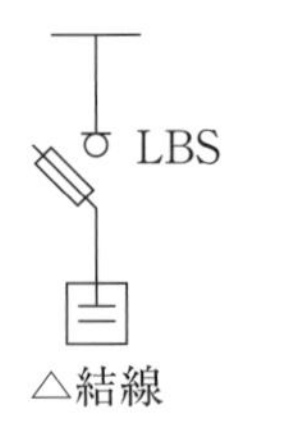

定格電圧：7.02 kV　　定格電流：4.11 A

定格容量：50 kVA　　回路使用電圧：6,600 V　Δ結線

① $I=\dfrac{50{,}000}{\sqrt{3}\times 7{,}020}=4.11\ \text{A}$…定格電流（線電流）

∴　C 分に流れる Δ 電流 $I_\Delta=\dfrac{4.11}{\sqrt{3}}=2.37\ \text{A}$

R　S　T　4.11 A　7,020 V　2.37 A　0.89 μF

② $I_C=\omega CV$　　∴　$C=\dfrac{I_C}{2\pi fV}=\dfrac{2.37\times 10^6}{6.28\times 60\times 7{,}020\ \text{V}}$

$=0.89\ \mu\text{F}/$ 一相

③ C 分測定器で測定すると

測定値 R−S＝1.34 μF　S−T＝1.34 μF　T−R＝1.34 μF

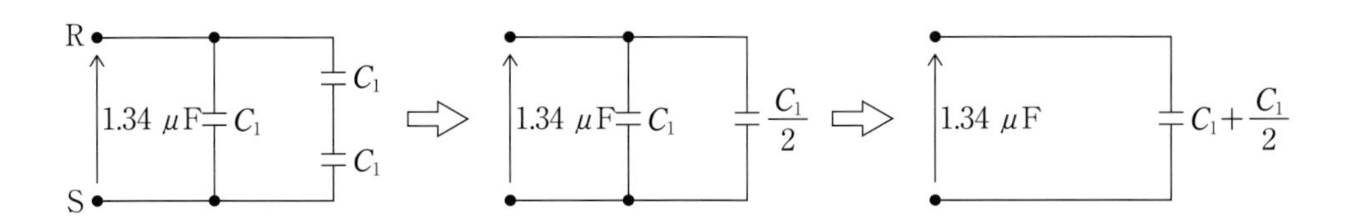

$\therefore\quad 1.34 = C_1 + \frac{C_1}{2} = \frac{3C_1}{2}\qquad \therefore\quad C_1 = \frac{2}{3}\times 1.34 = 0.89$ μF／一相分

※同じ容量で人からΔにすると一相当りの C 分は 2.69/3＝0.89 μF となる。

※ SC の良否判定（年次点検での停電時 C 分測定及びメガー測定する）

①静電容量 C 分／一相が小さくなってないか確認する。

②メガー 100 MΩ/1,000 V 以上か確認する。

上記条件を満足していれば良と判定する。

※メガーが良くて、C 分が小さいと、充分な力率が得られませんので注意して下さい。

3．高圧進相コンデンサの C 分算出

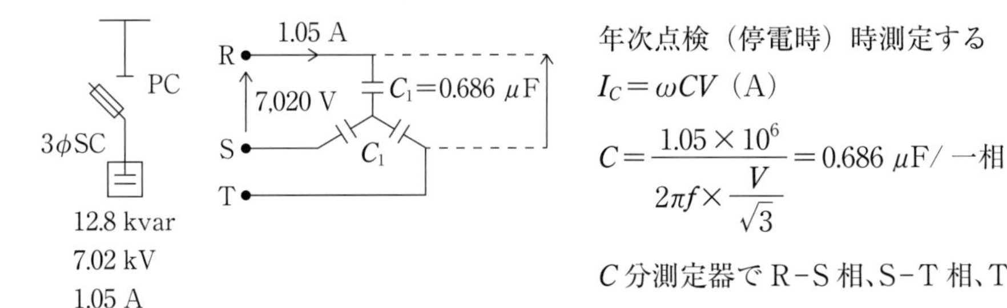

年次点検（停電時）時測定する

$I_C = \omega CV$（A）

$$C = \frac{1.05\times 10^6}{2\pi f\times\frac{V}{\sqrt{3}}} = 0.686 \text{ μF／一相}$$

C 分測定器で R−S 相、S−T 相、T−R 相を測定すると、

R−S＝0.343 μF／二相分　S−T、T−R 相も同じ

$\therefore$　一相当りの $C_1 = 0.343\times 2 = 0.686$ μF／一相

1．上記容量でΔ結線の場合（年次点検で停電時測定する）

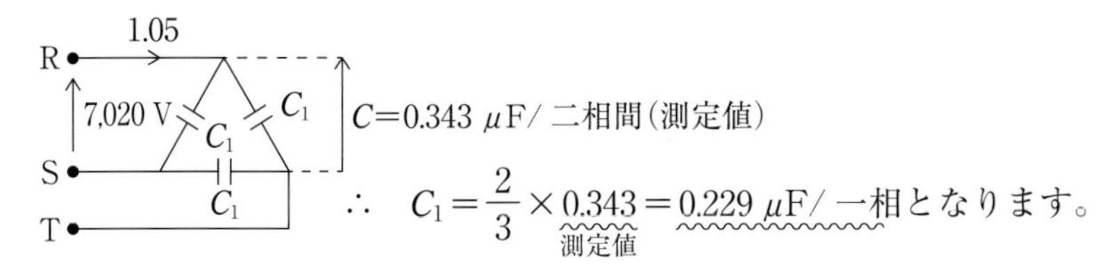

$\therefore\quad C_1 = \frac{2}{3}\times\underset{\text{測定値}}{0.343} = 0.229$ μF／一相となります。

計算から C_1 を求めると C_1 の電流は線電流 $1.05\text{ A}\times\frac{1}{\sqrt{3}} = 0.606\text{ A} = I_{C1}$

$I_{C1} = 2\pi fC_1\times 7{,}020\text{ V}\qquad \therefore\quad C_1 = \frac{0.606\times 10^6}{6.28\times 60\times 7{,}020} = 0.229$ μF／一相分…計算結果

1．コンデンサ検査成績書

No.　1/1

御注文先	殿		
御注文番号		ロット No.	―――
適用仕様書		受　注 No.	―――
品名又は形式	KL－8　　数量　1台	製作仕様書 No.	NC-P96203-E
定　格	7020 VAC　50/60 Hz　三相 Y　10.6/12.8 kvar		
検査項目	規格番号 JIS C 4902－1		結　果
外観構造寸法	仕様書図面による照合		合　格
密閉性	コンデンサが70℃に到達後　2時間以上保持し、油もれのないこと		合　格
耐電圧	端子相互間（T-T）　14.1 k VAC 60秒間		合　格
	端子相互間（T-C）　22 k VAC 60秒間		合　格
放電性	2端子間　138 MΩ以下の放電抵抗を内蔵		合　格
容　量	容量偏差　定格容量に対して　-5％ ～ ＋10％以内		合格（下記）
	相間不平衡度　任意の2端子間の最大値と最小値との比は1.08以下		合格（下記）
損失率	0.025％以下（測定周波数　60 Hz）		合格（下記）

製造番号	端子	容量 測定値（μF）	容量 偏差（％）	容量 不平衡度	絶縁抵抗 端子相互間	損失率（％）		
DM15650	1－2	0.343	＋0.3	1.01	抵抗入り	0.018		
	2－3	0.345						
	3－1	0.342						
	Co	0.687	10.6 kvar（50 Hz）/12.8 kvar（60 Hz）					

※　端子：1－2(R－S相)、2－3(S－T相)、3－1(T－R相)

4．高圧コンデンサ容量（負荷 kW に対する％）

力率改善前の力率（％） ＼ 力率改善後の力率（％）	100	99	98	97	96	95	94	93	92	91	90	87.5	85	82.5	80
50	173	159	153	148	144	140	137	134	130						
55	152	138	132	127	123	119	116	112	109						
60	133	119	113	108	104	101	99	94							
62.5	125	111	105	100	96	92	89	85							
65	117	103	97	92	88	84	81	77							
67.5	109	95	89	84	80	76	73	70							
70	102	88	81	77	73	69	66	62							
72.5	95	81	75	70	66	62	59	55							
75	88	74	67	63	58	55	52	49							
77.5	81	67	61	57	52	49	45	42							
80	75	61	54	50	46	42	39	35							
82.5	69	54	48	44	40	36	32	29							
85	62	48	42	37	33	29	26	22							
87.5	55	41	35	30	26	23	19	16							
90	48	34	28	23	19	16	12	9							
91	45	31	25	21	16	13	9	6							
92	43	28	22	18	13	10	6	3							
93	40	26	20												
94	36	22	16												
95	33	19	13												
96	29	15	9												
97	25	11	5												
98	20	6	0												
99	14	0													
100	－														

1．高圧コンデンサ容量算出

※使用例　負荷 1,000 kW、力率 90 %を力率 100 %に改善するコンデンサ容量は表より 48 %ですので、所要コンデンサ容量は 1,000 × 0.48 = 480 kvar となります。負荷が 200 kW なら 200 × 0.48 = 96 kvar となります。

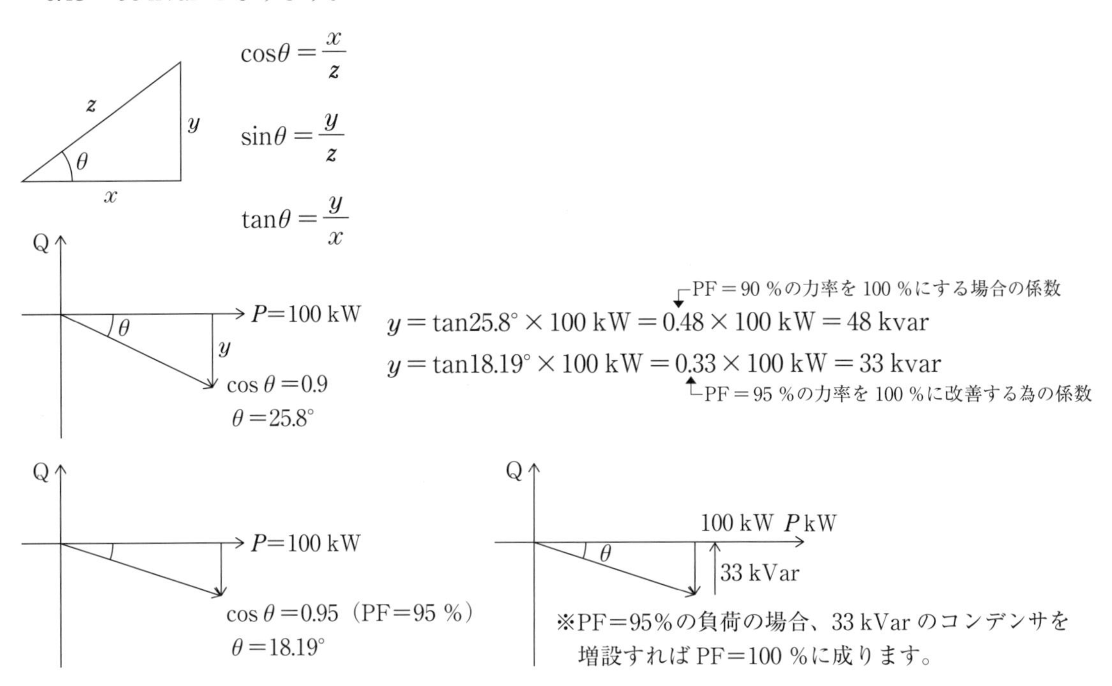

2．高圧進相用コンデンサの銘板

5．力率改善提案方法（コスト低減計算）

電気料金比較計算書（力率：100 %と力率：98 %でのコスト計算）

(株)○○○○○○○ 御中

作成日：平成 29 年 5 月 10 日
電気管理技術者：○○○○○

年月	共通データ		燃料調整費	業務用電力　100 %				
				基本料金単価 1,711.80 円	契約電力 220 kW	基本料金 376,596 円	力率 100 %	力率割引額⑥ －56,489 円
	契約電力	220 kW	単価	割引後の基本料金①	使用料		燃料調整費④	電気使用料合計⑤
	電気使用量	最大電力			単価②	使用料金③		
28 年 04 月分	31,519 kWh	220 kW	－2.21 円	320,107 円	15.34 円	483,501 円	－69,656 円	733,952 円
28 年 05 月分	30,190 kWh	220 kW	－2.6 円	320,107 円	15.34 円	463,114 円	－78,494 円	704,727 円
28 年 06 月分	30,959 kWh	220 kW	－3.02 円	320,107 円	15.34 円	474,911 円	－93,496 円	701,522 円
28 年 07 月分	29,883 kWh	220 kW	－3.14 円	320,107 円	15.34 円	458,405 円	－93,832 円	684,680 円
28 年 08 月分	35,675 kWh	220 kW	－3.11 円	320,107 円	16.83 円	600,410 円	－110,949 円	809,568 円
28 年 09 月分	34,030 kWh	218 kW	－2.93 円	317,197 円	16.83 円	572,724 円	－99,707 円	790,214 円
28 年 10 月分	33,595 kWh	218 kW	－2.87 円	317,197 円	16.83 円	565,403 円	－96,417 円	786,183 円
28 年 11 月分	37,269 kWh	218 kW	－2.9 円	317,197 円	15.38 円	573,197 円	－108,080 円	782,314 円
28 年 12 月分	37,078 kWh	218 kW	－2.93 円	317,197 円	15.38 円	570,259 円	－108,638 円	778,818 円
29 年 01 月分	37,744 kWh	218 kW	－2.9 円	317,197 円	15.38 円	580,502 円	－109,457 円	788,242 円
29 年 02 月分	36,741 kWh	218 kW	－2.63 円	317,197 円	15.38 円	565,076 円	－96,628 円	785,645 円
29 年 03 月分	32,617 kWh	218 kW	－2.21 円	317,197 円	15.38 円	501,649 円	－72,083 円	746,763 円
年間合計	356,726 kWh			3,820,914 円		6,409,151 円	－1,137,437 円	9,092,628 円

業務用電力　力率　98 %（4 月～ 11 月）　97 %（12 月～ 3 月）				
基本料金単価 1,711.80 円	契約電力 220 kW	基本料金 376,596 円	力率 98 %	力率割引 －48,957 円
基本料金割引後	使用料		燃料調整費	合　計
	単価	使用料金		
327,639 円	15.34 円	483,501 円	－69,656 円	741,484 円
327,639 円	15.34 円	463,114 円	－78,494 円	712,259 円
327,639 円	15.34 円	474,911 円	－93,496 円	709,054 円
327,639 円	15.34 円	458,405 円	－93,832 円	692,212 円
327,639 円	16.83 円	600,410 円	－110,949 円	817,100 円
324,660 円	16.83 円	572,724 円	－99,707 円	797,677 円
324,660 円	16.83 円	565,403 円	－96,417 円	793,646 円
324,660 円	15.38 円	573,197 円	－108,080 円	789,777 円
328,392 円	15.38 円	570,259 円	－108,638 円	790,013 円
328,392 円	15.38 円	580,502 円	－109,457 円	799,437 円
328,392 円	15.38 円	565,076 円	－96,628 円	796,840 円
328,392 円	15.38 円	501,649 円	－72,083 円	757,958 円
3,925,743 円		6,409,151 円	－1,137,437 円	9,197,457 円

②業務用力率：100 %　220 kW	
年間合計	9,092,628 円

②業務用力率：98 %　220 kW	
年間合計	9,197,457 円
年間金額	104,829 円
月間	¥8,736

$$基本料金＝基本料金単価×最大電力\left(1+\frac{85-力率}{100}\right)＝基本料金単価×最大電力\left(\frac{185-力率}{100}\right)$$

例－ 1　力率＝100 %の時：基本料金×最大電力×0.85(円)＝1,711.80×220×0.85＝320,106.6(円)

例－ 2　力率＝90 %の時：基本料金×最大電力×0.95(円)＝1,711.80×220×0.95＝357,766.2(円)

$\frac{357,766.2}{320,106.6}$＝1.12 倍　　※力率が 10 %悪くなると電力会社への支払いが 1.12 倍増えます。

1. 高圧業務用電力　契約種別（30）（ホテル・スーパー・学校・病院等が該当します。）

基本料金単価	契約電力１キロワットにつき　※6,600 V 供給の場合		1711円80銭
使用料単価	１キロワット時につき	夏季料金 7.8.9 月	16円83銭
		その他季料金	15円38銭

2016年8月付け単価

H29年4月	最大電力：202 kW	※　今年7月の最大電力が 216 kW より低ければ、この 216 kW が向こう1年間の契約電力となりますが、216 kW より高ければこの高い値が契約電力となりますので、7月の電気使用の抑制に努める事をお勧めします。 ※　この 216 kW は、H28年8月1日～31日の間の一番高い値です。
H29年5月	最大電力：203 kW	

※計算の仕方（力率 100 %時の料金計算）

H28年4月分 ①＝(最大電力×基本料金単価)×0.85＝(220 kW×1,711.80)×0.85＝320,107円 ③＝単価×電気使用量＝15.34×31,519＝483,501 ④電気使用量×燃料調整費単価＝31,519×(－2.21)＝－69,656 ※4月分の電気使用料金　⑤－①＋③＋④＝733,952
各月分を上記の様に計算してください。 基本料金単価、電気使用料単価、燃料調整費単価は電力会社から入手する。
力率の割引額⑥はデマンド＝220 kW の時 100 %力率での割引額です。 よってデマンドが同じ値でも力率が悪ければ、支払額が増えます。 力率割引額の計算式＝デマンド×基本料金単価×(1＋(85－力率)/100)＝デマンド×基本料金単価×(185－力率)/100
例：デマンドが＝220 kW で力率が 95 %の場合：220×1711.8×(185－95)/100＝338,936円 ※338,936－320,107＝18,829円　力率が5%悪くなるだけで月に 18,829円支払いが増えます。

6．電気料金単価表

［平成20年9月より実施］　※沖縄電力料金単価表抜粋

※2016年1月1日実施より単価が異います。

1. 従量電灯　契約種別（20）（一般家庭や事務所等 100 V 機器使用）

最低料金	1契約につき最初の 10 キロワット時まで	383円69銭
電力量料金	10 キロワット時をこえ 120 キロワット時までの1キロワット時につき	21円86銭
	120 キロワット時をこえ 300 キロワット時までの1キロワット時につき	27円15銭
	300 キロワット時をこえ1キロワット時につき	29円04銭

2. 低圧電力　契約種別（40）（小規模工場やスーパー等の 200 V 機器に使用）

基本料金	契約電力1キロワットにつき		1270円50銭
使用料金	1キロワット時につき	夏季料金 7.8.9	15円24銭
		その他季料金	13円91銭

3. 高圧業務用電力　契約種別（30）（ホテル・スーパー・学校・病院等が該当します。）

基本料金	契約電力1キロワットにつき　※ 6,600 V 供給の場合		1664円25銭
使用料金	1キロワット時につき	夏季料金 7.8.9	16円33銭
		その他季料金	14円91銭

4. 高圧電力A　契約種別（50）（大規模工場等・附帯電灯含みます。）500 kW 以下

基本料金	契約電力1キロワットにつき		1543円50銭
使用料金	1キロワット時につき	夏季料金 7.8.9	14円49銭
		その他季料金	13円23銭

5. 高圧電力B　契約種別　（大規模工場等・附帯電灯含みます。）500 kW 以上

基本料金	契約電力1キロワットにつき		1926円75銭
使用料金	1キロワット時につき	夏季料金 7.8.9	13円55銭
		その他季料金	12円37銭

6. 高圧業務用季節別時間帯別電力

基本料金	契約電力1キロワットにつき（6,600 V 供給の場合）		1664円25銭
使用料金	1キロワット時につき	ピーク時間 13:00 ～ 16：00(休日等除く)	22円07銭
		昼間時間 9：00 ～ 23：00(ピーク・休日除く) 夏季	18円40銭
		昼間時間 9：00 ～ 23：00(ピーク・休日除く) 他季	17円24銭
		夜間時間	11円77銭

7. 高圧季節別時間帯別電力A

基本料金	契約電力1キロワットにつき（6,600 V 供給の場合）		1543円50銭
使用料金	1キロワット時につき	ピーク時間 13:00 ～ 16：00(休日等除く)	17円81銭
		昼間時間 9：00 ～ 23：00(ピーク・休日除く) 夏季	15円77銭
		昼間時間 9：00 ～ 23：00(ピーク・休日除く) 他季	14円34銭
		夜間時間・休日	11円77銭

8. 高圧業務用ウィークエンド電力

基本料金	契約電力1キロワットにつき（6,600 V 供給の場合）			2100円00銭
使用料金	1キロワット時につき	平日（月～金）	夏季料金	15円41銭
			他季料金	14円08銭
		休日扱い日	夏季料金	13円16銭
			他季料金	12円01銭

9. 高圧業務用電力Ⅱ

<table>
<tr><td>基　本
料　金</td><td colspan="2">契約電力1キロワットにつき　※6,600V供給の場合</td><td>2100円00銭</td></tr>
<tr><td rowspan="2">使　用
料　金</td><td rowspan="2">1キロワット時につき</td><td>夏季料金7.8.9</td><td>14円66銭</td></tr>
<tr><td>その他季料金</td><td>13円39銭</td></tr>
</table>

区分説明

夏　　　季：毎年7月1日から9月30日までの期間をいいます

その他季：毎年10月1日から6月30日までの期間をいいます

休　日　等：日・祝祭日・国民の休日（1/2・1/3・1/4・5/1・5/2・12/30・12/31）

休日扱い日：土曜日、日曜日、祝祭日、国民の休日（同上）

ピーク時間：夏季の毎日午後1時から午後4時まで（休日等は除く）

昼間時間：毎日午前9時から午後11時まで（休日等は除く）

夜間時間：ピーク時間及び昼時間以外の時間

7．電気料金比較計算書　練習用シート

○○○○○○○ 御中

作成日：平成29年5月10日
電気管理技術者：○○○○○

年月	共通データ		燃料調整費	業務用電力　100 %				
				基本料金単価	契約電力	基本料金	力率 100 %	力率割引額⑥ 円
	契約電力	kW	単価	割引後の 基本料金①	使用料		燃料調整費④	電気使用料 合　計⑤
	電気使用量	最大電力			単価②	使用料金③		
28年04月分								
28年05月分								
28年06月分								
28年07月分								
28年08月分								
28年09月分								
28年10月分								
28年11月分								
28年12月分								
29年01月分								
29年02月分								
29年03月分								
年間合計								

業務用電力　力率　98 %				
基本料金単価	契約電力 kW	基本料金	力率 98 %	力率割引 円
基本料金 割引後	使用料		燃料調整費	合　計
	単価	使用料金		

②業務用力率：100 %　220 kW	
年間合計	円

②業務用力率：98 %　220 kW	
年間合計	円
年間金額	円
月間	¥0

1. 高圧業務用電力　契約種別（30）（ホテル・スーパー・学校・病院等が該当します。）

基本料金単価	契約電力1キロワットにつき　※6,600 V供給の場合		1711円80銭
使用料単価	1キロワット時につき	夏季料金7.8.9月	16円83銭
		その他季料金	15円38銭

2016年8月付け単価

8．高圧進相コンデンサの適正な設備容量について

一般的には動力変圧器容量の 30 %か 1/3 の容量が採用されている。これは何故かと言うと電灯負荷の力率が高力率で 100 %近い力率であるためである。

高圧需要家で力率改善用コンデンサが無い時、力率は 91 %ありました。これは低圧機器（電灯用、動力用）の力率が良くなっていることの証しです。（A 社ガソリンスタンドでの 3 ヶ月間の実績）
└1ϕ75 kVA　3ϕ75 kVA の高圧受電需要家

1．新設時のＳＣ容量の決め方

（電気設備設計時）

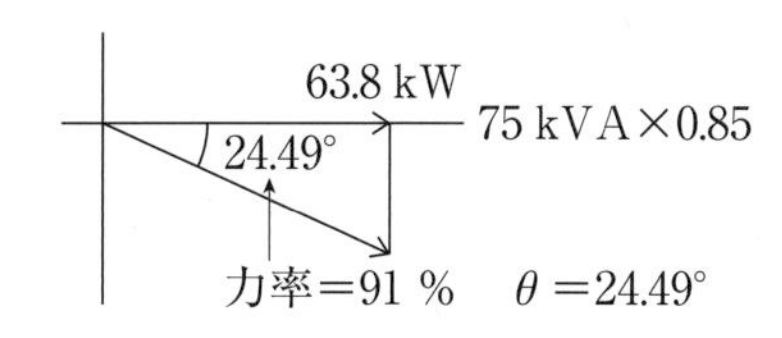

例 1．電灯用変圧器：50 kVA　6,600/210/105 V
動力用変圧器：75 kVA　6,600/210 V
SC 容量：75 kVA × 30 % ＝ 22.5 kVA
└一般的な値

3ϕ75 kVA →力率 85 %とすると
$P = 75 \times \cos\theta = 75\ \text{kVA} \times 0.85 = 63.8\ \text{kW}$

$P = 63.8$ kW の負荷の力率 85 %を 100 %にするには
$Q = \tan 31.78 \times 63.8 = 0.62 \times 63.8 = 39.5$ kVA
力率＝85 %　$\theta = 31.78$ 度

電灯負荷、動力負荷合計の稼働総合力率は概ね 91 %程度あります、進相コンデンサを設置しない状態でも十分高い力率を持っていると考えられるため、概ね 90 %から 100 %に力率を改善するのに必要なコンデンサ容量を算出すれば良い。

2．1ϕ50 kVA、3ϕ75 kVA を新設の場合の適正コンデンサ容量

75 kVA × 0.9 ＝ 67.5 kW　　∴適正容量 $Q = 67.5 \times 0.48 = 32.4$ kVA
但し、$L = 6$ %が設置される場合は
75 kVA × 0.06 ＝ 4.5 kW　　4.5 × 0.48 ＝ 2.16 kVA
32.4 ＋ 2.16 ＝ 35 kVA ← 適正容量

9．接地抵抗測定方法

※キュービクル内に補助接地極（P 極、C 極）がない場合の接地抵抗測定
キュービクル内接地極　A 変電所

1．E_{AD}　E_{LA}　E_B極

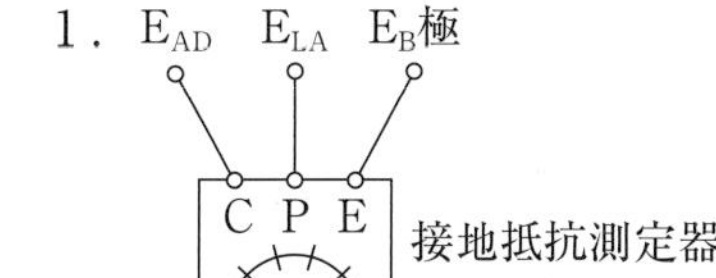

E_B 極測定時：E_{AD} 極を C か P に結なぐ、E_{LA} 極を P か C に結なぐ。
測定値 3.6 Ω
E_B 極を E に結なぐ⇒測定値：3.6 Ω（B 種接地抵抗＝E_B）

2．E_{AD}　E_{LA}　E_B極

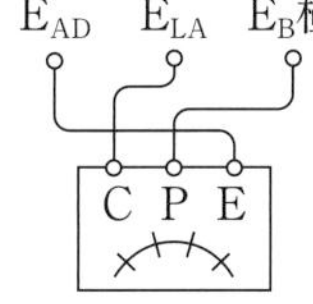

E_{AD} 極測定時：E_{LA} 極を C か P に結なぐ、E_B 極を P か C に結なぐ。
測定値 0.4 Ω
E_{AD} 極を E に結なぐ⇒測定値：0.4 Ω（A 種接地抵抗＝E_{AD}）

3．
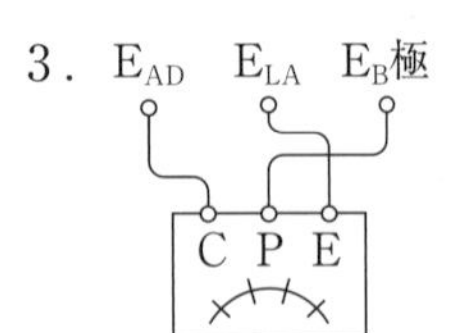

③ E_{LA} 極測定時：E_{AD} 極を C か P につなぐ、E_B 極を P か C につなぐ。

測定値＝0.8 Ω

E_{LA} 極を E につなぐ⇒測定値：0.8 Ω（A 種接地抵抗＝E_{LA}）

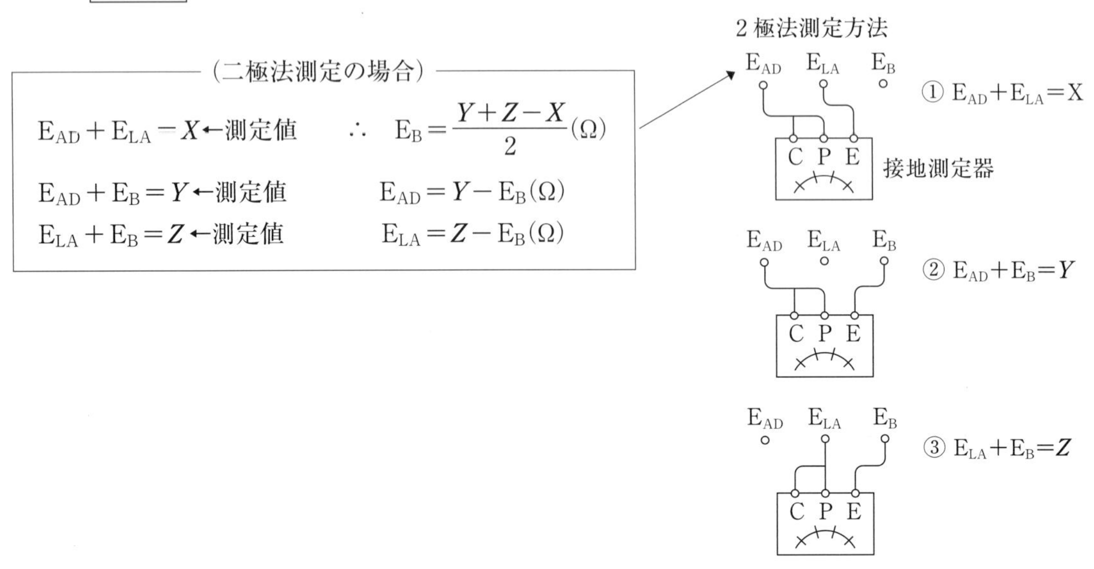

10. 変圧器の B 種接地線の漏電測定データ（対地抵抗分及び対地静電容量成分）

測定場所は全部違います。

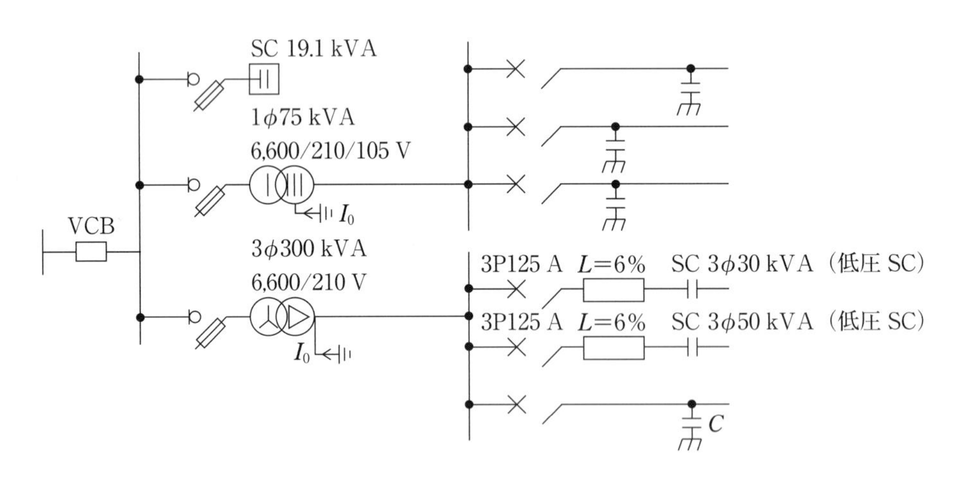

上図設備の 3φ変圧器の B 種接地線の漏電電流測定（動力負荷回路 9 フィーダ）

測定日：H28.3.4　11 時　くもり　69 %　31 ℃

$I_0 = 145$ mA　$I_{0R} = 5.3$ mA　$I_{0C} = 90$ mA

$I_3 = 12$ mA　$I_5 = 2.9$ mA　$I_7 = 4.9$ mA　$I_9 = 3.9$ mA　$I_{11} = 1.9$ mA

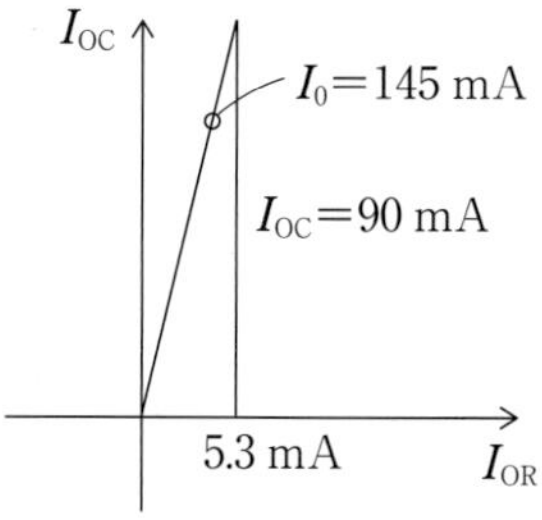

I_{OC}

$I_0=145$ mA

$I_{OC}=90$ mA

5.3 mA　I_{OR}

$$I_0=\sqrt{{I_{0R}}^2+{I_{0C}}^2}=\sqrt{5.3^2+90^2}=90.2\ \text{mA}$$

└高調波除きの値

H29.6.15(木)　10時　くもり

3ϕ100 kVA　6,600/210 V　%＝2.9 %　フィーダ数：7

$I_0=33$ mA　$I_{0R}=20$ mA　$I_{0C}=26$ mA

$I_3=0.3$ mA　$I_5=4.1$ mA　$I_7=0.2$ mA　$I_9=0.1$ mA　$I_{11}=0.22$ A

H29.6.15(木)　11時30分　くもり

3ϕ200 kVA　6,600/210 V　低圧動力　フィーダ数：7…負荷迄の長いケーブルがある。

└IV 線

$I_0=61$ mA　$I_{0R}=12$ mA　$I_{0C}=58$ mA

$I_3=1.5$ mA　$I_5=7.8$ mA　$I_7=3.5$ mA　$I_9=0.6$ mA　$I_{11}=1.4$ mA

H30.1.12(金)　くもり　54 %

3ϕ300 kVA　$I_0=173$ mA　$I_{0R}=5.0$ mA　$I_{0C}=95$ mA　$I_3=8.9$ mA　$I_5=5.9$ mA　$I_7=2.7$ mA
$I_9=2.9$ mA　$I_{11}=0.9$ mA

3ϕ100 kVA　$I_0=67$ mA　$I_{0R}=12$ mA　$I_{0C}=65$ mA　$I_3=1.8$ mA　$I_5=1.9$ mA　$I_7=1.3$ mA
$I_9=0.5$ mA　$I_{11}=1.4$ mA

3ϕ500 kVA　$I_0=30$ mA　$I_{0R}=11$ mA　$I_{0C}=27$ mA　$I_3=0.3$ mA　$I_5=1.1$ mA　$I_7=0.6$ mA
$I_9=0.1$ mA　$I_{11}=0.2$ mA

1ϕ300 kVA　$I_0=21$ mA　$I_{0R}=6.0$ mA　$I_{0C}=16$ mA　$I_3=6.8$ mA　$I_5=4.7$ mA　$I_7=5.1$ mA
$I_9=2.2$ mA　$I_{11}=1.5$ mA

3ϕ500 kVA　$I_0=92$ mA　$I_{0R}=2.6$ mA　$I_{0C}=89$ mA　$I_3=11.0$ mA　$I_5=5.9$ mA　$I_7=5.9$ mA
$I_9=1.6$ mA　$I_{11}=1.9$ mA

3ϕ200 kVA　$I_0=65$ mA　$I_{0R}=10.0$ mA　$I_{0C}=63$ mA　$I_3=1.2$ mA　$I_5=7.3$ mA　$I_7=1.3$ mA
$I_9=0.7$ mA　$I_{11}=0.6$ mA

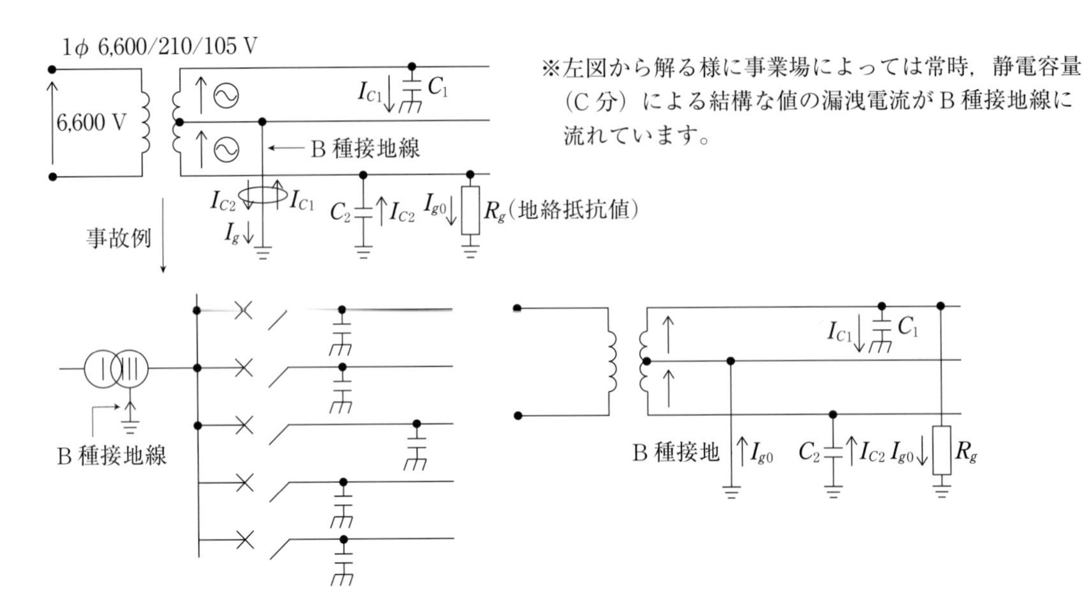

※左図から解る様に事業場によっては常時，静電容量（C 分）による結構な値の漏洩電流が B 種接地線に流れています。

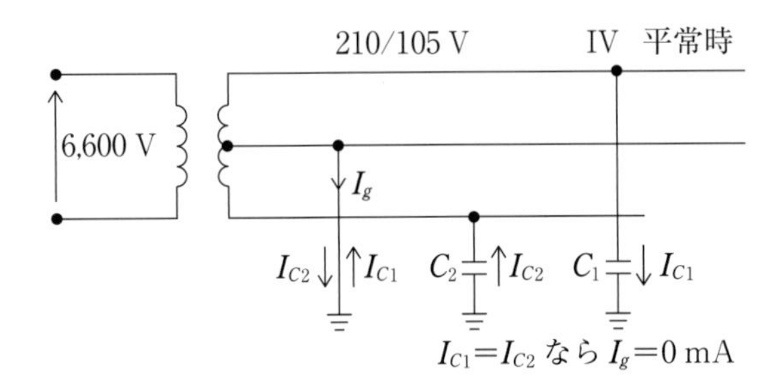

※三相変圧器の B 種接地線の漏電測定データ（ポータブル I or 測定器）

3ϕ変圧器　500 kVA %Z=2.9%

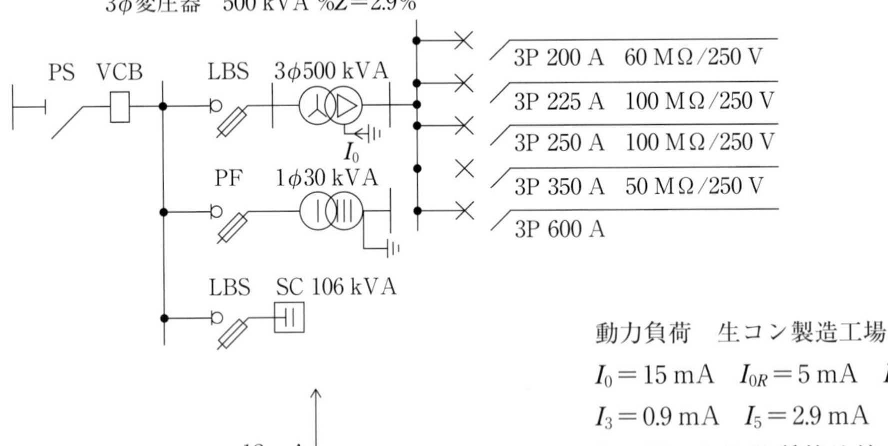

H28.1.15（金）くもり

動力負荷　生コン製造工場

$I_0=15$ mA　$I_{0R}=5$ mA　$I_{0C}=12$ mA

$I_3=0.9$ mA　$I_5=2.9$ mA　$I_7=0.1$ mA

$I_0=15$ mA は B 種接地線の漏洩電流。（動力回路 5 フィーダ分）

I_R：地絡抵抗分による電流

I_C：静電容量 C 分による電流

$I_3\sim I_9$：各次高調波分

漏洩電流測定器（ポータブル I_{0R} 測定器）

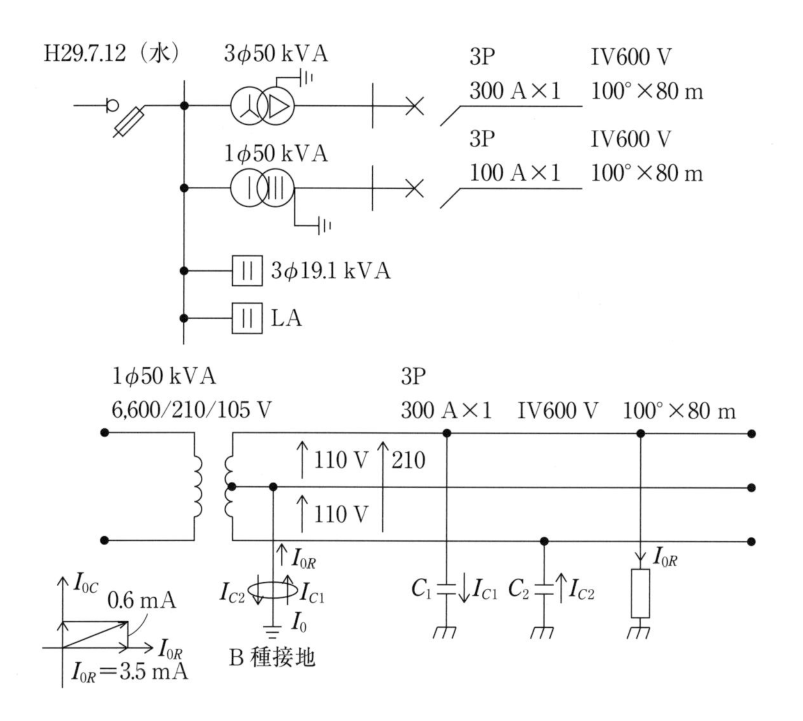

測定結果

①電灯用：$I_0 = 4.2$ mA　$I_{0R} = 3.5$ mA　$I_{0C} = 0.6$ mA（$I_{C1} - I_{C2}$）　$I_3 = 0.2$ mA　$I_5 = 0$ mA　$I_7 = 0.2$ mA

$I_9 = 0$ mA　$I_{11} = 0.2$ mA

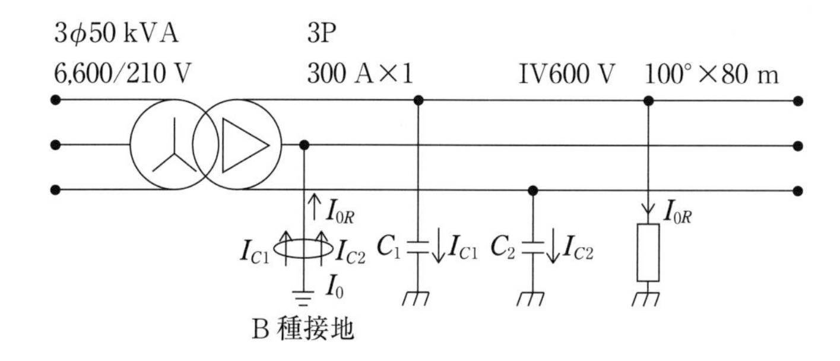

②動力用：$I_0 = 17$ mA　$I_{0R} = 1.8$ mA　$I_{0C} = 16$ mA（$I_{C1} + I_{C2}$）　$I_3 = 0.8$ mA　$I_5 = 0.2$ mA　$I_7 = 1.3$ mA

$I_9 = 0.3$ mA　$I_{11} = 0.2$ mA

※ I_{0R} 成分と I_{0C} 成分は高調波分をカットされた値。

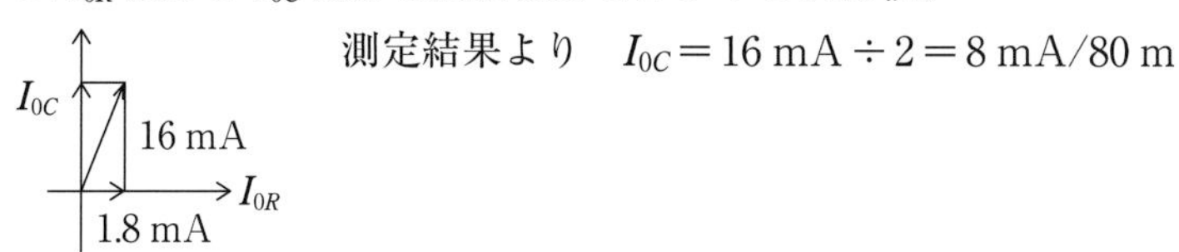

測定結果より　$I_{0C} = 16\ \text{mA} \div 2 = 8\ \text{mA}/80\ \text{m}$

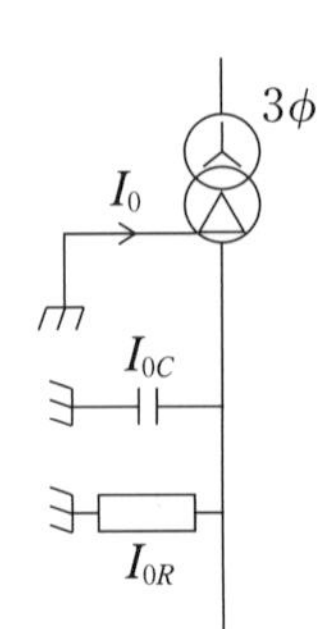

H28.8.18

①事業場 A　$I_0=69$ mA　$I_{0R}=32$ mA　$I_{0C}=49$ mA　$I_3=4.9$ mA
（動力回路）　$I_5=1.9$ mA　$I_7=5.9$ mA　$I_9=0.9$ mA　$I_{11}=1.9$ mA

②事業場 B　$I_0=39$ mA　$I_{0R}=13$ mA　$I_{0C}=36$ mA　$I_3=0.2$ mA　$I_5=3.9$ mA
（動力回路）　$I_7=0.8$ mA　$I_9=0.2$ mA　$I_{11}=0$ mA

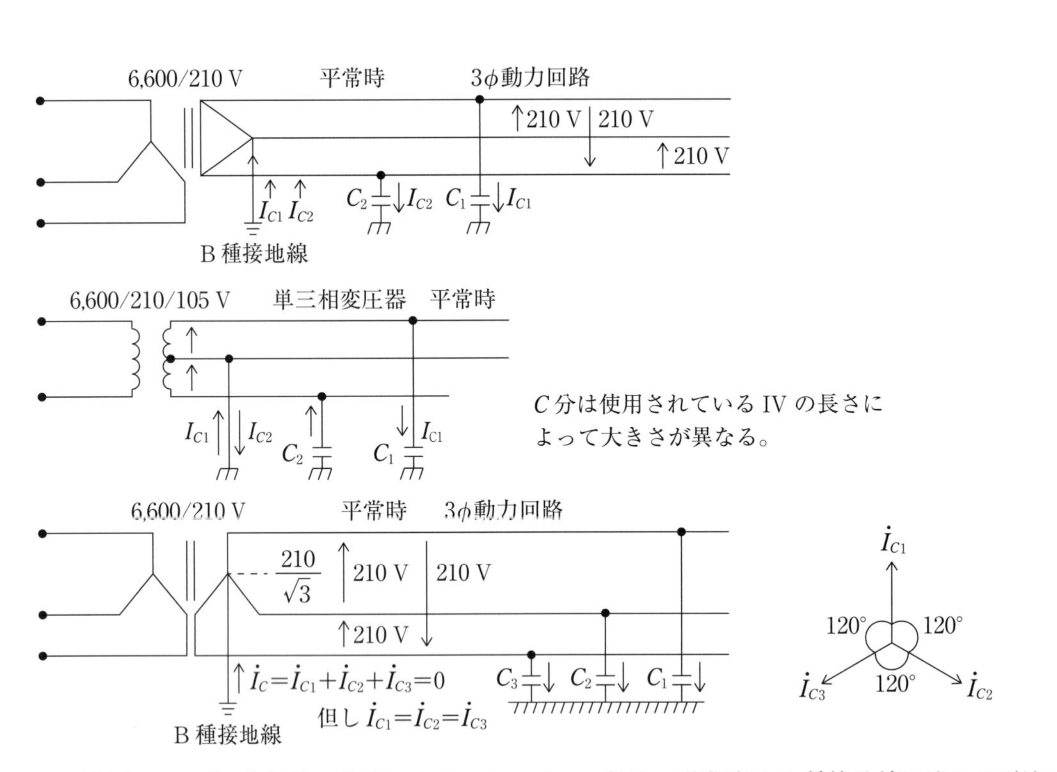

※三相は 120° ずつ位相差があるため I_{C1}、I_{C2}、I_{C3} の和は、平常時は B 種接地線に流れる電流は零。

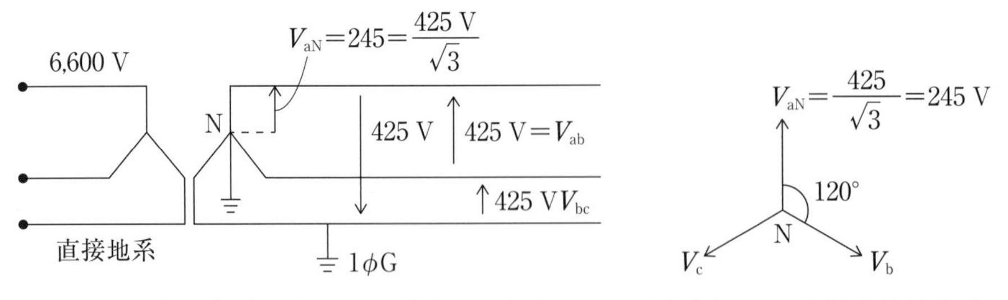

※ 300 V 超えの負荷を使用する場合、Y 結線の変圧器を使用して中性点接地とすること。(技術規準)

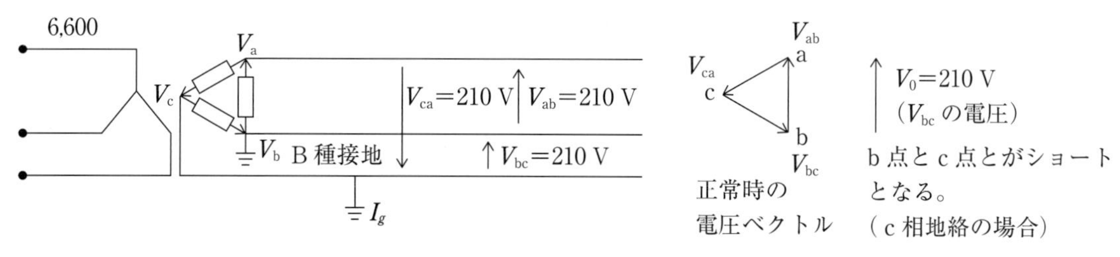

※B端子をB種接地をしても閉回路がない為、大丈夫。

又はC分が小さく $X_C=\dfrac{1}{\omega C}$ が大の為大丈夫。

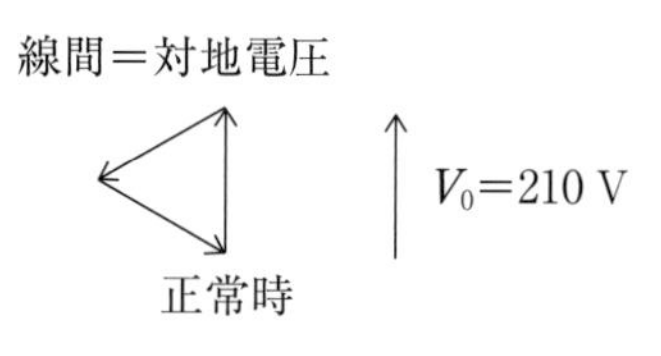

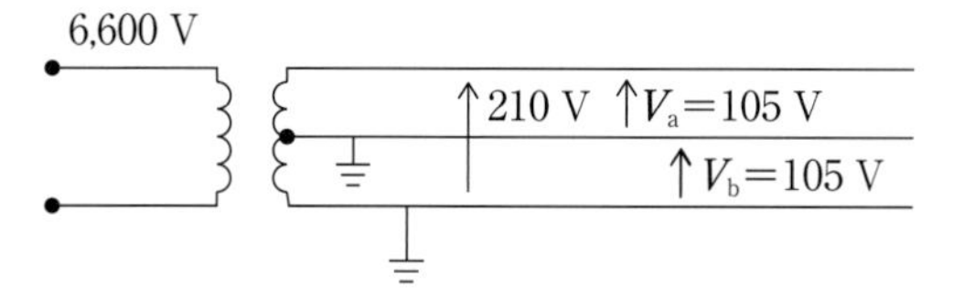

a相かc相地絡の場合 $V_0=105$ V がかかる。

11. 直接接地の低圧系 3ϕs、1ϕG 時の電圧、電流波形

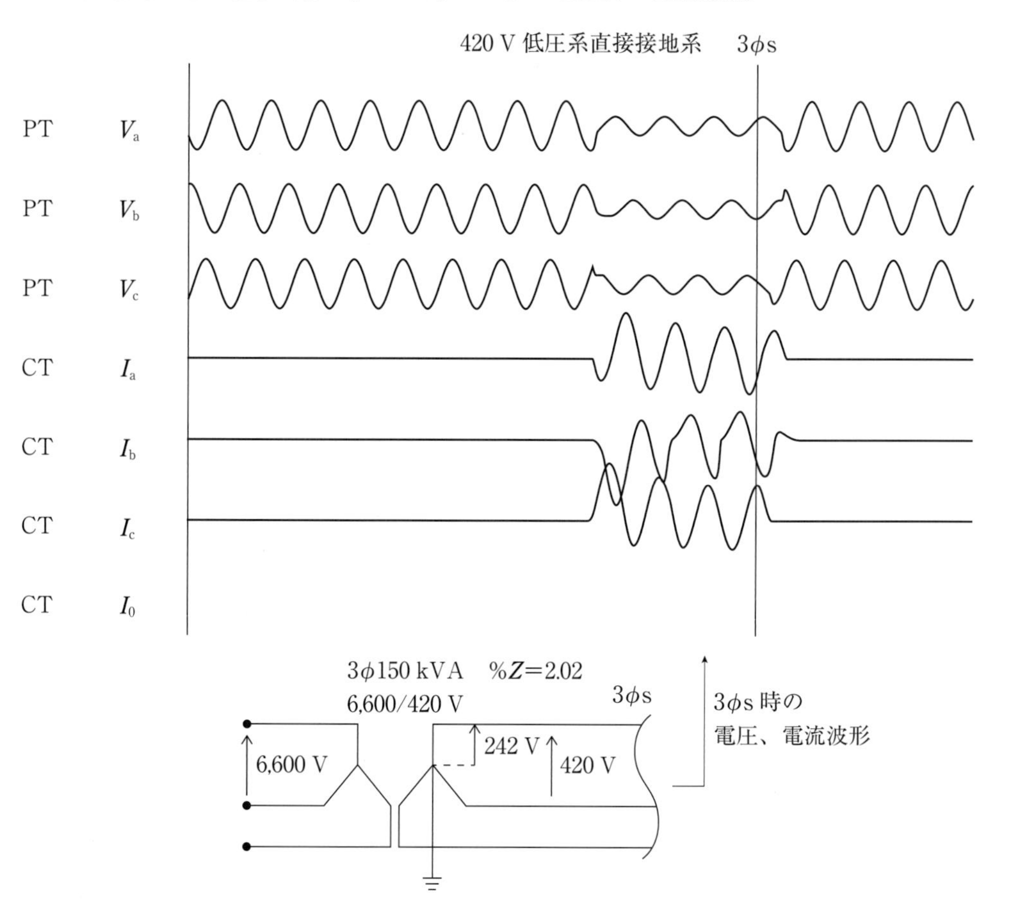

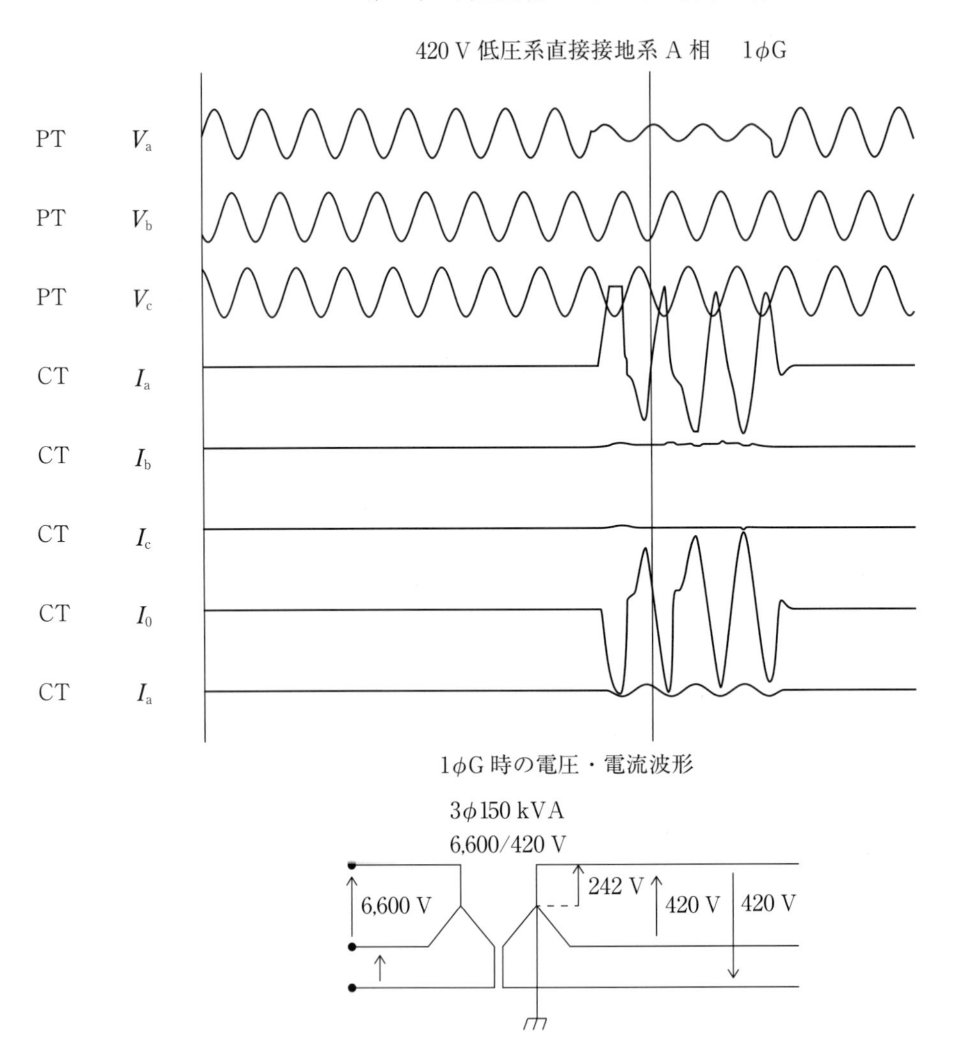

1φG 時の電圧・電流波形

12. 低圧動力変圧器二次側事故での零相電圧ベクトル

※ C 相が完全地絡したときの零相電圧及びベクトル

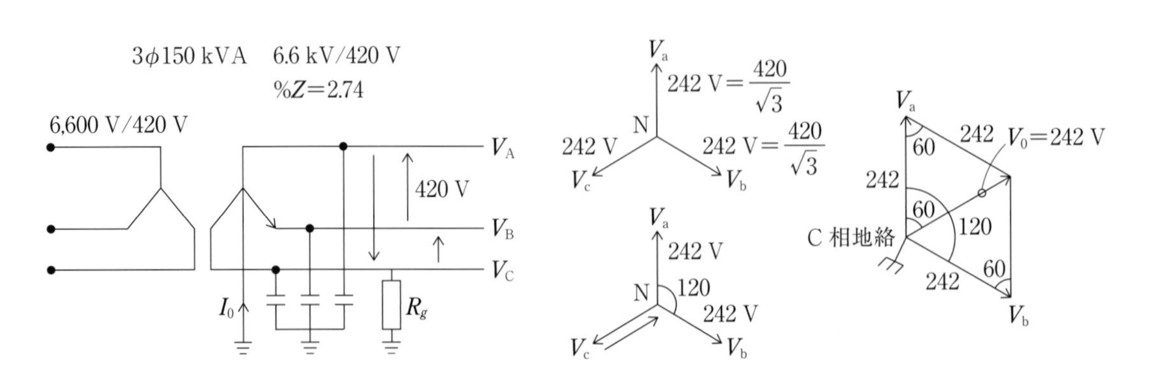

$$V_0 = \dot{V}_a + \dot{V}_b = \frac{242}{\sin 60^\circ} = \frac{x}{\sin 60^\circ}$$

$$x = \frac{242 \times \sin 60^\circ}{\sin 60^\circ} = 242\ \mathrm{V}$$

$$V_0 = \frac{V_{ab}}{\sqrt{3}} = \frac{420}{\sqrt{3}} = 242\ \mathrm{V}$$

13. 事故事例　12件

1．素人が無断でキュービクル（cub）内に入り感電

自構内において、業者の依頼により、PCB含有確認のため、銘板の写真撮影をする事となった。それで顧客先従業員一名と業者一名で担当技術者に相談なく、cub内に入り、主遮断用のLBS（電力ヒューズ付高圧交流負荷開閉器）本体下部の露出部に接触し、感電事故を起こした。被災者は顔の火傷及び地面にたたきつけられて6本の肋骨骨折。

動作継電器：GR、PF 2本溶断

2．キュービクル内のMCCB不良で、電話交換機1台、OA機器3台、パソコン1台、液晶テレビ1台、外灯3台及び自動販売機1台等の焼損及び故障

機構不良のMCCBを入り切りしたことで中性線欠相による、異常電圧が発生し今回の様な事故が発生した。

3．年次点検作業前に高圧感電事故

停電前に、リレー試験器の電源を確保（自電源方式）しようと高圧充電中のキュービクル内奥まで進入したときに誤ってつまづき転倒､左手で設備のフレームを握り立ち上がろうとした際､頭部がVTに接触し感電した。幸いにして最悪の事態は回避、被災者は入院4ヶ月で退院。

4．LBSの銘板の写真を撮ろうとして感電

アクリル板を外してLBSの銘板の写真を撮ろうとして指先がLBSに接触し感電、PASが切れ全停となった。被災者は指先数カ所と肘に火傷。

5．キュービクル内で充電中の高圧進相コンデンサ（SC）端子部に接触し感電（電気管理技術者の立合無し）

キュービクル更新工事を終え、キュービクル周囲に防水補修作業を実施した後、被災者は、現場責任者から基礎補修状況を確認する指示を受け、キュービクル内に上半身を入れた所、体勢を崩して高圧コンデンサ端子部に右肩が触れて感電した。

6．PASトリップコイルの絶縁低下は要注意

年次点検においてPASのトリップコイルV_a、V_b、V_c－アース間の絶縁抵抗測定結果0.5 MΩ（125 Vレンジ）であったため、早めにPAS交換をした。絶縁低下の原因はパッキンの経年劣化により機密性が悪くなり、雨水が浸入したことで絶縁が低下していた。更新せず放置すると地絡時にPASが開放せず波及事故となっていたと思われる。

7．PAS爆発寸前の事故（あわやPAS爆発）：耐圧試験時に内蔵VT焼損

新設事業場の竣工検査において、耐電圧試験器（出力：0～120 V 容量2 kVA）を使って、VT内蔵PASの耐電圧試験を高圧引き込みケーブル（CVT38sq×105 m）を含む三線一括で

行ったが、ケーブルが長かった事で印加電圧が上昇しなかったため、一線毎に耐電圧試験を実施したことで、VTに対地充電電流が流れVTを焼損させてしまった。

対地充電電流　$I_C = \omega 3CV = 2\pi f \times 3C \times V$

$= 6.28 \times 60\ \mathrm{Hz} \times 3 \times 0.32\ \mu\mathrm{F/km} \times 105\ \mathrm{m}/1{,}000\ \mathrm{m} \times 10{,}350\ \mathrm{V} = 0.393\ \mathrm{A}$

$\therefore\ P = V \times I = 10{,}350 \times 0.393 = 4.0\ \mathrm{kVA}$　　$4\ \mathrm{kVA} > 2\ \mathrm{kVA}$（試験器容量）

耐電圧試験器は4 kVAの容量が必要であるが、この試験器（2 kVA）を使用するのであれば耐トランス＋耐リアクトルを並列にして三線一括で試験すべきであった。

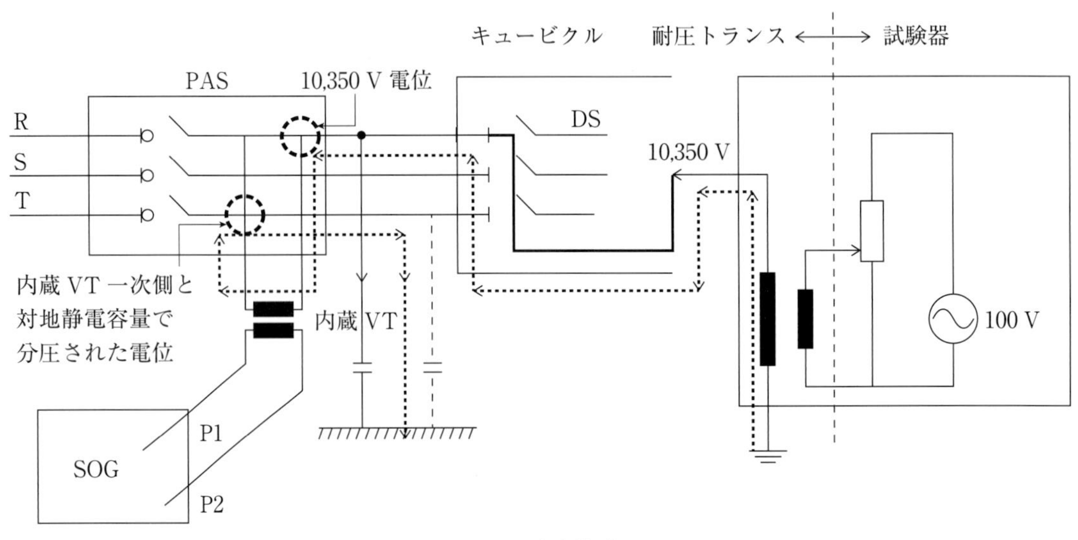

図4　試験体系

VTが内蔵されている場合、一相ずつ試験するとVTに電圧がかかり（VT一次側両端に電位差が発生し）、大電流が流れて、VTを焼損する可能性があります。

(1)　現場の設備を事前に調査しケーブルの長さやVT内蔵PASが設置されていることを知っていればリアクトルを用意して三線一括実施できた。

■再発防止策

設備状況を事前に確認してPAS耐電圧は三線一括で実施すること。

・耐電圧試験時のケーブル充電電流について

充電電流の求め方は$I = 2\pi fCE$（mA/m）となり、周波数によって電流値は異なります。

例）IPR−2000とR−1220の組合せ

50 Hz　耐圧トランスの定格二次電流　167 mA　ケーブル38 sq×3

$I = 2 \times 3.14 \times 50 \times 0.32 \times 10^{-6} \times 10{,}350\ \mathrm{V} \times 3 = 3.12\ \mathrm{mA/m}$（1 m単位）

（同条件で60 Hzの場合は$I = 3.74\ \mathrm{mA}$）

耐圧トランスの定格電流から逆算すると

50 Hzでは167÷3.12＝54 mまで、60 Hzでは44 m（167÷3.74＝44 m）まで計算上実施出来ます。

例）IPR－1500 と R－1115 の組合せ　耐圧トランスの定格二次電流 136 mA　ケーブル 38 sq×3

50 Hz では 136÷3.12＝43 m まで、60 Hz では 36 m まで計算上実施出来ます。

└136÷3.74＝36 m

IPR－2000 と R－1220 の組合せは表 1－1 参照のもと測定が実施出来ます。

ケーブル太さ	静電容量	50 Hz		60 Hz	
		10 m 単位　充電電流	測定限界距離	10 m 単位　充電電流	測定限界距離
22 mm^2	0.27 μF/km	26.3 mA	63 m	31.6 mA	53 m
38 mm^2	0.32 μF/km	31.2 mA	54 m	37.4 mA	44 m
60 mm^2	0.37 μF/km	36.1 mA	46 m	43.3 mA	38 m
100 mm^2	0.45 μF/km	43.8 mA	38 m	52.6 mA	32 m

表 1－1

IPR－1500 と R－1115 の組合せは表 1－2 参照のもと測定が実施出来ます。

ケーブル太さ	静電容量	50 Hz		60 Hz	
		10 m 単位　充電電流	測定限界距離	10 m 単位　充電電流	測定限界距離
22 mm^2	0.27 μF/km	26.3 mA	51 m	31.6 mA	43 m
38 mm^2	0.32 μF/km	31.2 mA	43 m	37.4 mA	36 m
60 mm^2	0.37 μF/km	36.1 mA	37 m	43.3 mA	31 m
100 mm^2	0.45 μF/km	43.8 mA	30 m	52.6 mA	25 m

表 1－2

耐圧リアクトル（DR－1220M）を追加した場合は

165 mA（50 Hz）136 mA（60 Hz）を加算して計算してください。

例）332÷3.12＝106 m　(38 sq)/50 Hz

事前に充電電流を計算して耐電圧試験を計画してください。

ケーブル充電電流グラフ

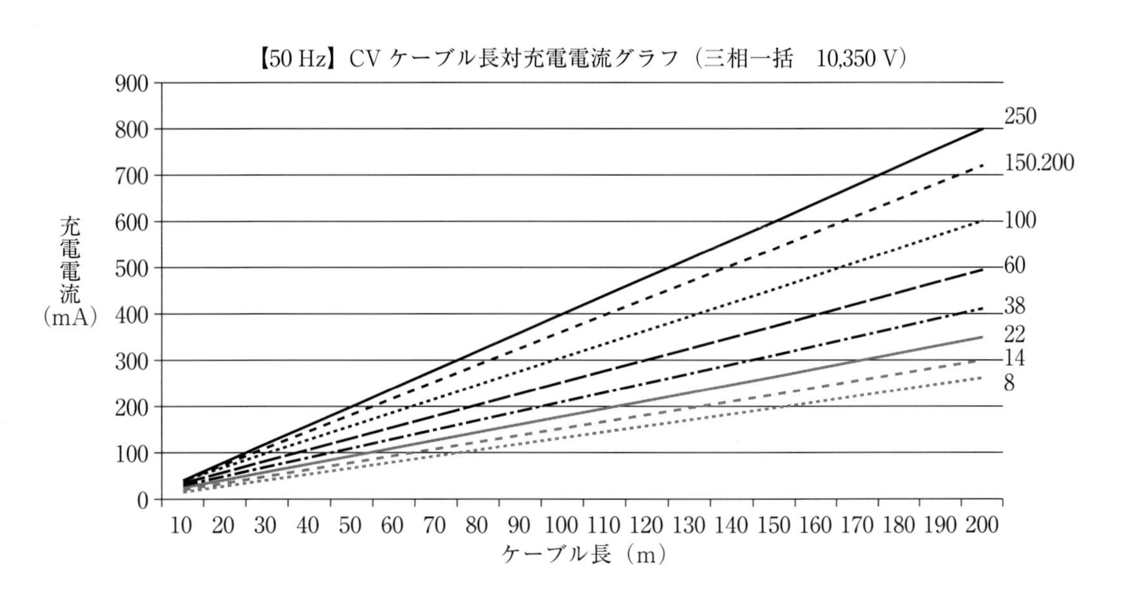

断面（mm²）		8	14	22	38	60	100	150	200	250
mA/m	実測による参考値	1.29	1.47	1.74	2.04	2.46	3.03	3.6	3.6	4
	JIS 規格	2.25	2.34	2.63	3.12	3.61	4.39	5.07	4.97	5.37

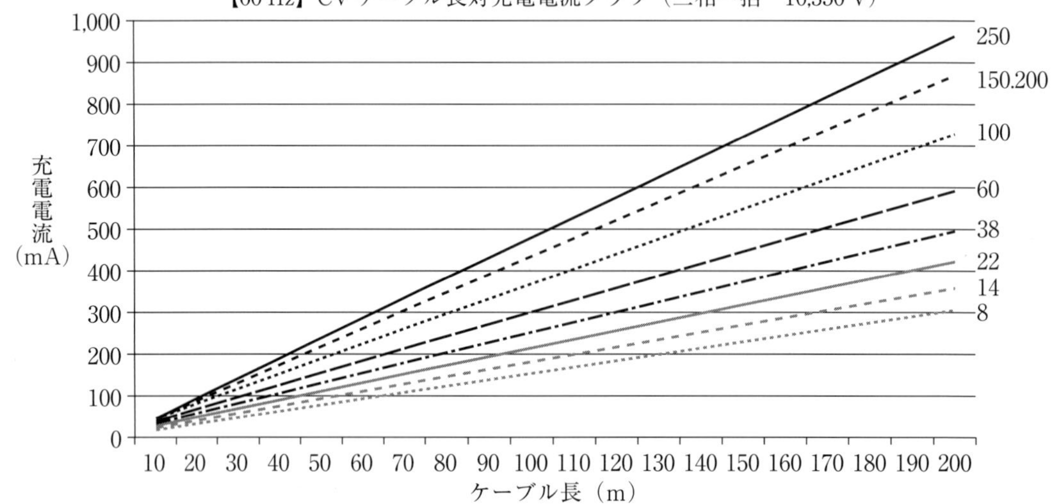

断面（mm²）		8	14	22	38	60	100	150	200	250
mA/m	実測による参考値	1.53	1.77	2.1	2.46	2.94	3.63	4.32	4.32	4.8
	JIS 規格	2.46	2.81	3.16	3.75	4.33	5.27	6.09	5.97	6.44

事故事例

8．単相三線方式での冷蔵庫、洗濯機、テレビ等焼損（事業場：病院）

○分電盤写真添付

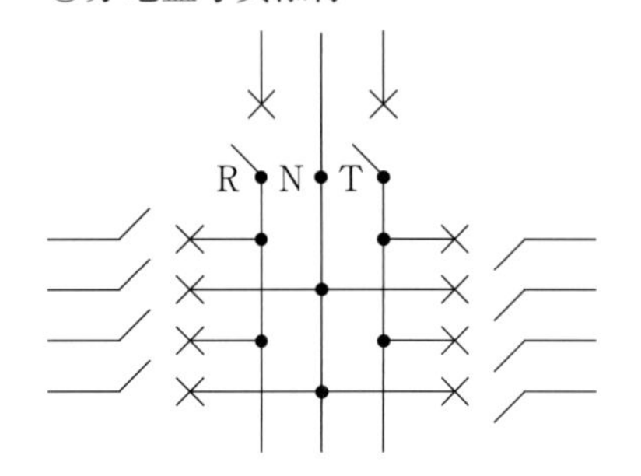

30 A 以下のブレーカ

MCCB　定格の 125 % で 60 分で遮断

定格の 200 % では 2 分で遮断

1．洗濯機：テレビが故障との連絡を受ける

2．現場にて、上記製品が使用されているコンセントの電圧有り確認（110 V）

3．分電盤内での主幹ブレーカでの電圧確認（210 V/105 V 電圧有り）

4．電力の系統側からのサージだと思われる旨、説明、様子を見ることとした。

5．2 日後、別ルームのテレビが故障しているとの連絡を受ける

6．現場へ 2 人で急行、各分電盤の主幹の電圧確認で異常なしで、頭をかかえている時に分電盤内で異様な音がかすかになったことから中性点端子のゆるみを発見、締め付けたことで問題解決となった。

問題点：中性点の端子のゆるみで負荷側にアンバランスの電圧（過電圧）がかかり過電圧のかかった側の電気製品が故障した。

正常時

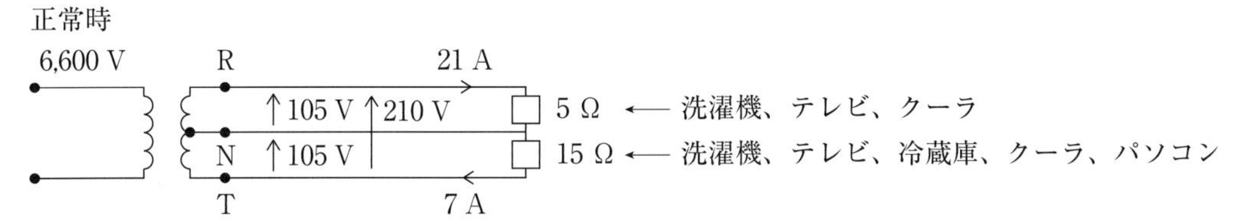

N 点（中性点）端子がゆるんだり、はずれたりすると、電圧にバラツキが起きる。

不具合時

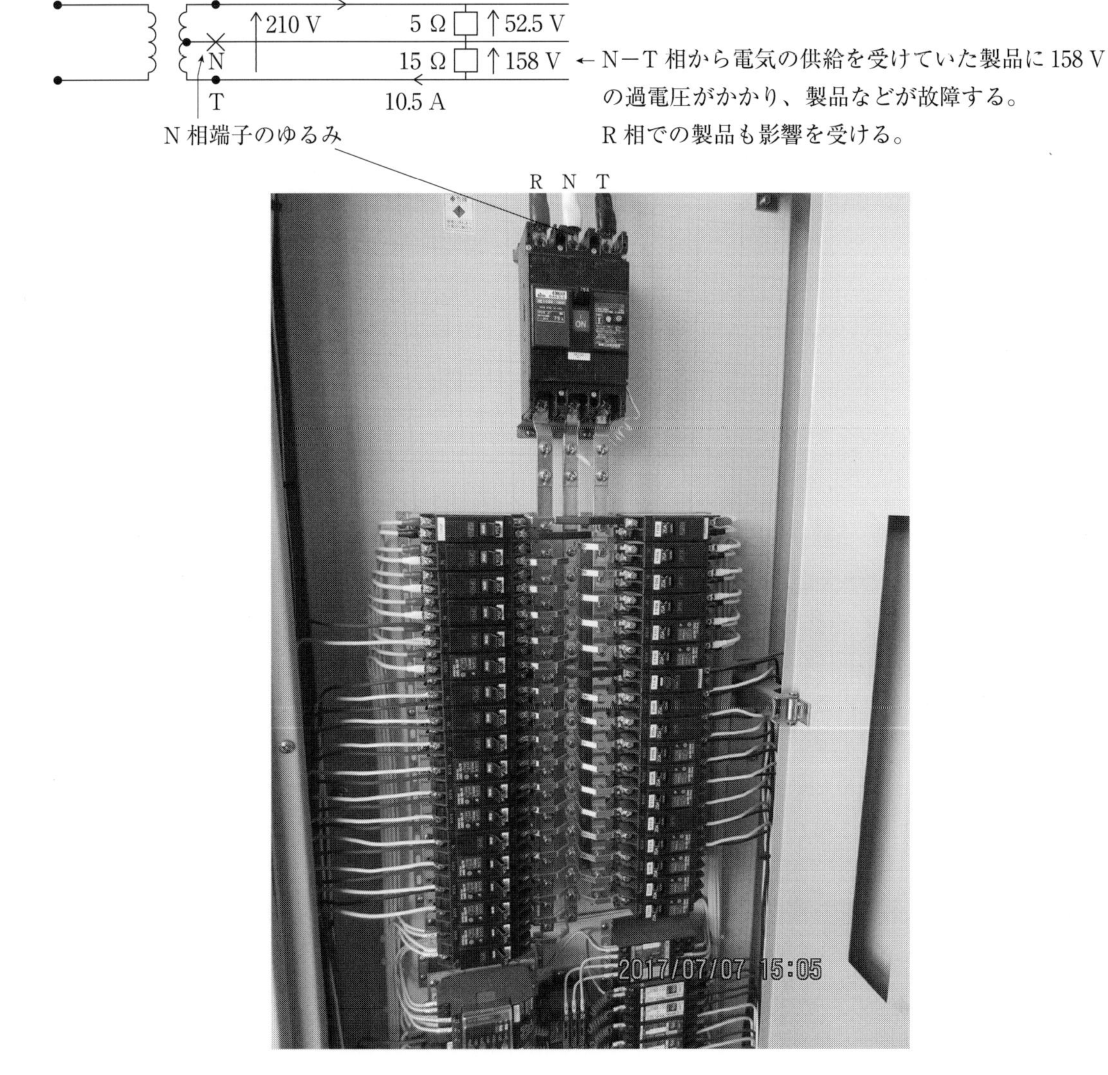

９．事故事例　H25.1.16(水)

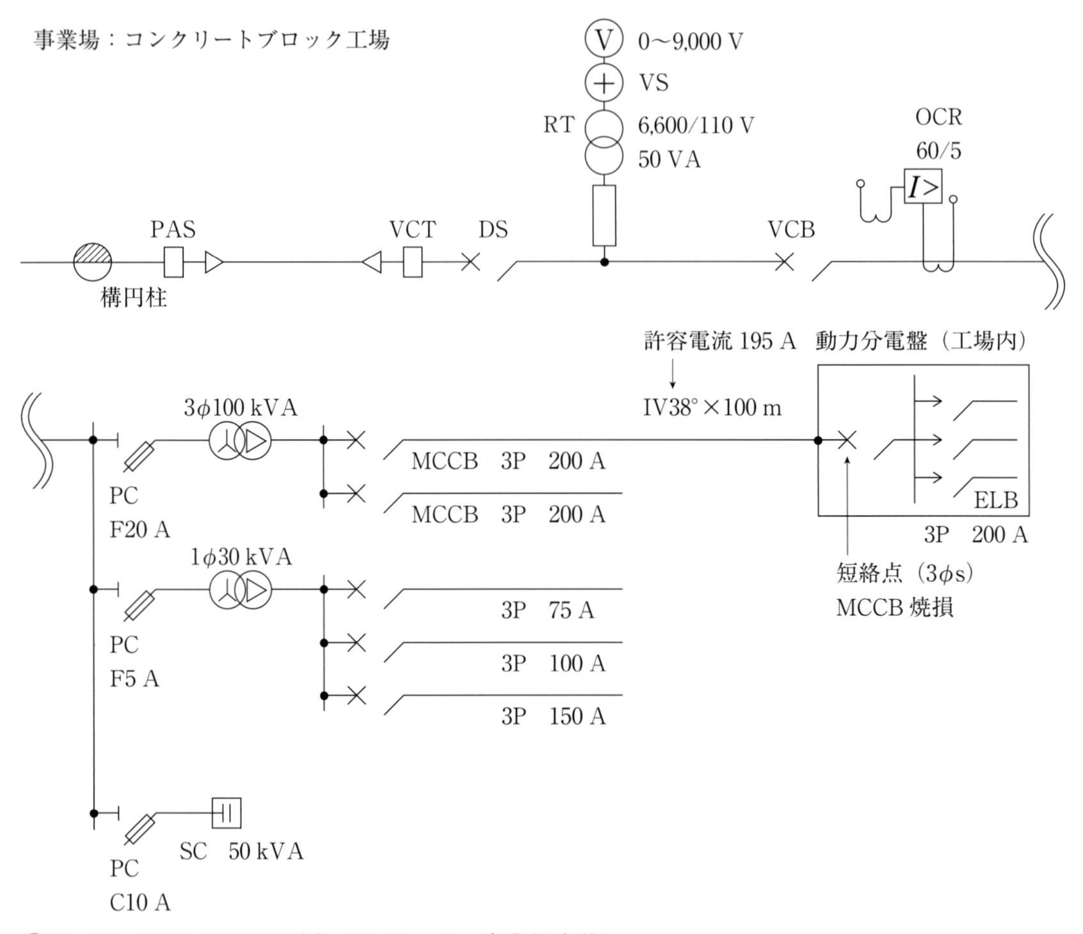

①８：09　VCB が OCR 動作でトリップ。事業場全停。

②９：10　現場着

③９：20　VCB が OCR で動作していることを確認。高圧メータにて電圧が三相ともバランス良く受電している事を確認。

④９：30　低圧ブレーカ（電灯用、動力用）を切り低圧メガーにてメガー測定（焼損ブレーカへ行っている。MCC ブレーカは切り）

⑤９：36　メガー測定結果良好であったため、VCB 投入で復旧。

事故原因：工場内動力分電盤の主幹 3P200 A ブレーカが年数が経っているのに加えほこりがひどかった事による 2φ短絡から 3φ短絡へ移行したことによるブレーカ焼損事故。

※この動力分電盤は他社工場内にあり電気管理技術者点検対象外の電気設備でしたので消防への事故報告は他社が行った。

※%Z を使っての事故電流の算出及び OCR の動作については２章に記載しております。

10. 変圧器及びＳＣ保護用のＰＣのヒューズ切れの場合

イ．ヒューズ切れである事がわかるようにPCの下部にひものような赤い表示棒が出る。

ロ．電圧の確認をする。変圧器用なら低圧メータで確認をする。例えば3ϕの場合、C相が切れていればA−B相は電圧があるがA−C相、B−C相は電圧無し。注意事項：PCを切る場合は必ずDS棒を使う事。

ハ．単相変圧器の場合、1本のヒューズ切れで低圧側の電圧無し。

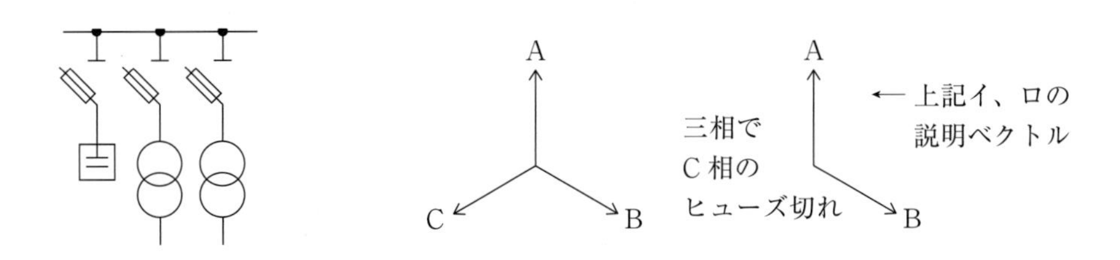

11. PAS＋ケーブル使用のキュービクル内のLBS、LA、SC等が傷損し、使用不能となった時の応急措置

・早期復旧に全力を注ぐが、LBS、LA、SCの調達に時間がかかると判断された場合は、LBS、LA、SC無しでも応急措置として変圧器等を直結しPASで活かす。LBS、LA、SCを調達し、数日後停電して、取付工事をする。

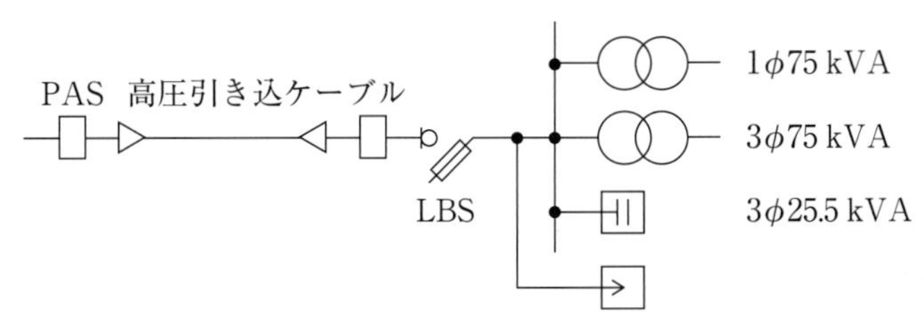

12. 酒造会社のCVケーブル事故：2017.2.21(火)　21℃、67％

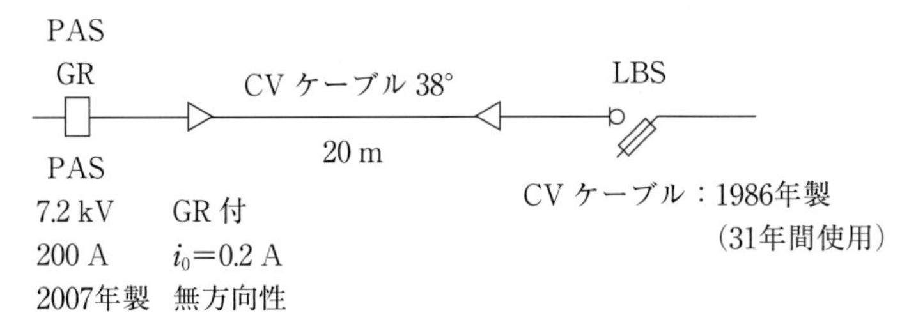

①12：10　PASがGRにてトリップ（工場内全停）

②13：10　現場へ着き、PASがGR動作でトリップしている事を確認。

③13：20　LBS一次側の無充電確認後、LBSを開放し1,000 Vテスターにてメガー測定結果50 MΩの値が測定された為、メガー的に大丈夫と判断して、PASを投入するとGR動作でトリップ。

④14：15　高圧メガーにてメガー測定すると、0.05 GΩ/1 kV、0.05G Ω/3 kV、0 GΩ/5 kV
5 kVを印加すると0 GΩを指示でしかも印加電圧が不安定だったので水トリー現象に

よる絶縁劣化と判断し、ケーブル入れ替えの依頼を工事業者へした。腐食ケーブルの写真添付

⑤20：30　引込みケーブル取り替後、耐圧試験を終え復旧。

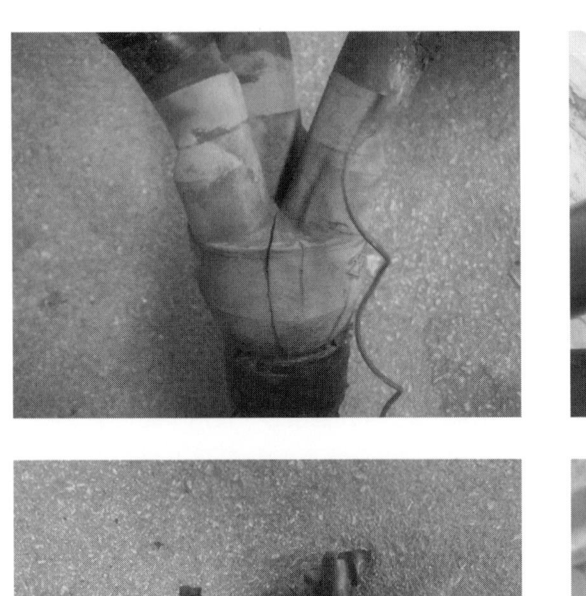

14. 地絡継電器（非方向性、方向性GR付きPAS)、過電流継電器の試験手順書

1．地絡継電器　無方向性GR付PAS

試験方法

①図１のように配線する。

②地絡と過電流について試験ボタンで動作を確認する。

③最小動作電流試験

整定タップ近傍まで（整定タップ値を超えても可）電流を徐々に増加し、継電器が動作した時の電流値をすべてのタップごとに行い記録する。

④動作時間試験

整定値の130％及び400％の試験電流を試験器で設定し、スタートボタンにより急激に流し、その動作時間を確認する。

⑤慣性特性試験

整定値の400％の試験電流を急激に流し、50 msec間動作しないことを確認する。

⑥すべての配線を復旧した後、連動動作の確認を行う。

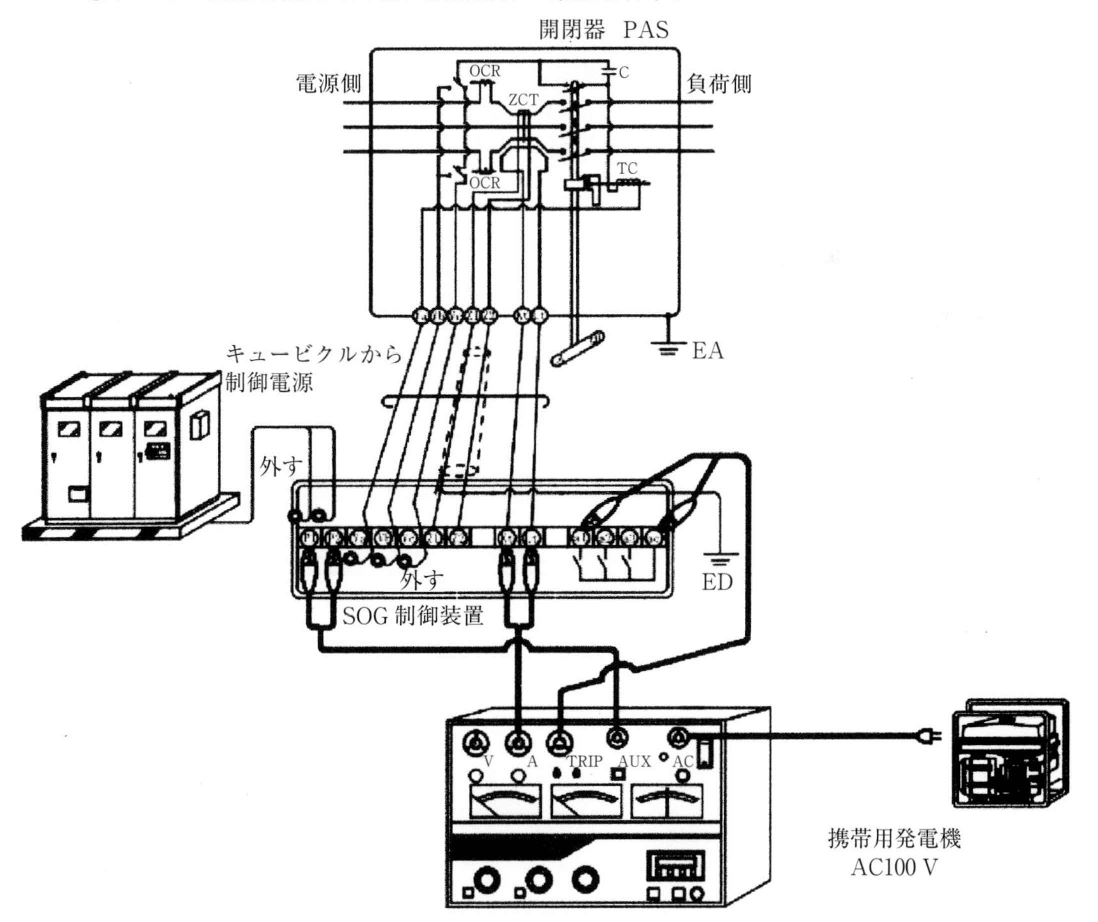

図１　高圧気中開閉器（PAS）無方向性の試験配線図

2．地絡方向継電器　方向性GR付PAS（VT内蔵含む）

試験方法

①図2のように配線する。

②地絡と過電流について試験ボタンで動作を確認する。

③最小動作電圧試験

試験電流は整定値の150％、位相角は製造者の明示する最大感度角を整定（明示のない場合は0°）し、整定タップ近傍まで（整定タップ値を超えても可）試験電圧を徐々に増加し継電器が動作した時の電圧値をすべてのタップごとに行い記録する。

（連動の場合：遮断装置が動作した時の電圧値）

④最小動作電流試験

試験電圧は整定値の150％、位相角は製造者の明示する最大感度角に整定（明示のない場合は0°）し、整定タップ近傍まで（整定タップ値を超えても可）試験電流を徐々に増加し継電器が動作した時の電流値をすべてのタップごとに行い記録する。

（連動の場合：遮断装置が動作した時の電流値）

⑤動作時間試験

試験電圧は整定値の150％、位相角は製造者の明示する最大感度角に整定（明示のない場合は0°）し、130％及び400％の試験電流を急激に流し、それぞれの動作時間を記録する。

⑥慣性特性試験

試験電圧は整定値の150％、位相角は製造者の明示する最大感度角に整定（明示のない場合は0°）し、400％の試験電流を急激に流し、50 msec以内で動作しないことを確認する。

⑦位相特性試験

試験電圧は整定値の150％、試験電流は整定値の150％とし、不動作域より動作域へ位相を変化させた時の動作角を記録する（進み、遅れ両側について行う）。また、試験電流は整定値の400％の試験についても同様に行う。

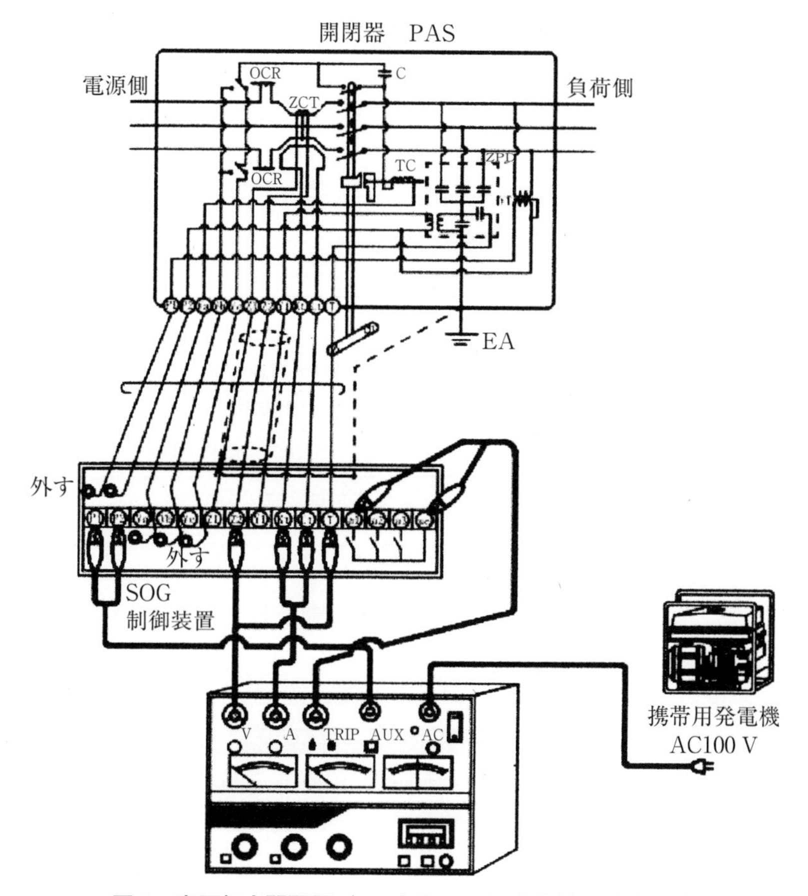

図２　高圧気中開閉器（VT 内蔵 PAS）方向性の試験配線図

注）１．試験器の極性を確認する。
　　２．逆昇圧防止のため P1、P2 の端子配線を外し試験回路の結線をしてから、試験用電源を印加する。
　　３．基本的に SOG 制御装置の V_a、V_b、V_c を外す。
　　４．トリップコードにて無電圧接点を使用する。（警報引き出し接点を他に使用している場合は外して試験を行う）
　　５．トリップコード配線については各メーカーの取説を参照する。
　　６．継電器の動作時はターゲット表示を確認する。
　　７．試験電流と試験電圧の接続端子を間違えないこと。
　　８．V_0 について± 30 %で動作するものもあるので注意する。
　　９．トリップコイルが動作しても遮断器が解放されない場合は、機器損傷等のおそれがあるので、速やかに試験電源の通電を止めること。

判定

別に定める判定基準による。

3．地絡方向継電器　UGS（VT 内蔵形を含む）

試験方法

①図 4 のように配線する。

②図 3 試験スイッチを「常時側」から「試験側」へ切替える。更に、トリップスイッチを「トリップ有」側から「トリップ無」側へ切替える。

③試験ボタンにより継電器の GR 動作表示を確認する。

④最小動作電圧試験

試験電流は整定値の 150 %、位相角は製造者の明示する最大感度角を整定（明示のない場合は 0°）し、整定タップ近傍まで（整定タップ値を超えても可）試験電圧を徐々に増加し継電器が動作した時の電圧値をすべてのタップごとに行い記録する。

（連動の場合：遮断装置が動作した時の電圧値）

⑤最小動作電流試験

試験電圧は整定値の 150 %、位相角は製造者の明示する最大感度角に整定（明示のない場合は 0°）し、整定タップ近傍まで（整定タップ値を超えても可）試験電流を徐々に増加し継電器が動作した時の電流値をすべてのタップごとに行い記録する。

（連動の場合：遮断装置が動作した時の電流値）

⑥動作時間試験

試験電圧は整定値の 150 %、位相角は製造者の明示する最大感度角に整定（明示のない場合は 0°）し、130 %及び 400 %の試験電流を急激に流し、それぞれの動作時間を記録する。

⑦慣性特性試験

試験電圧は整定値の 150 %、位相角は製造者の明示する最大感度角に整定（明示のない場合は 0°）し、400 %の試験電流 50 msec 間急激に流し、動作しないことを確認する。

⑧位相特性試験

試験電圧は整定値の 150 %、試験電流は整定値の 150 %とし、不動作域より動作域へ位相を変化させた時の動作角を記録する（進み、遅れ両側について行う）。また、試験電流は整定値の 400 %の試験についても同様に行う。

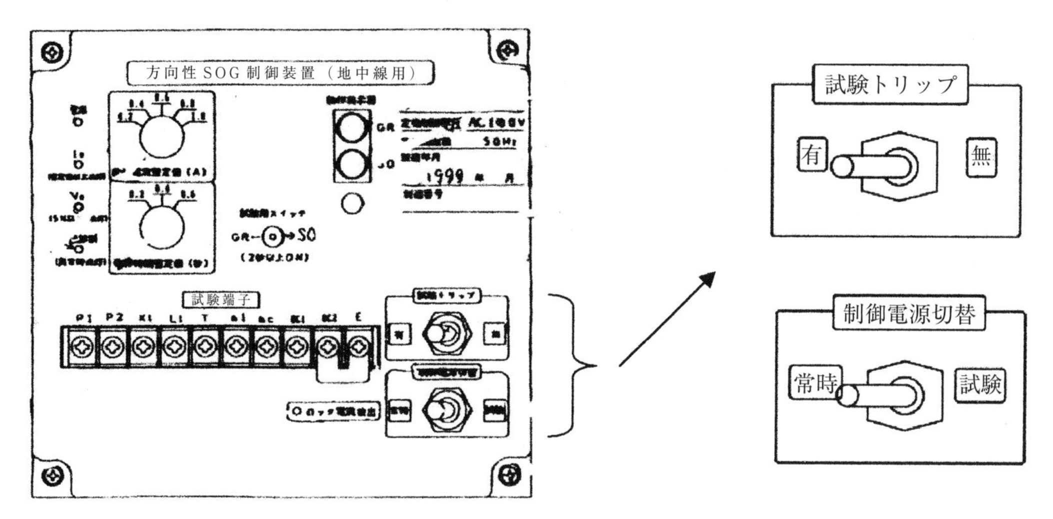

図３　試験スイッチ

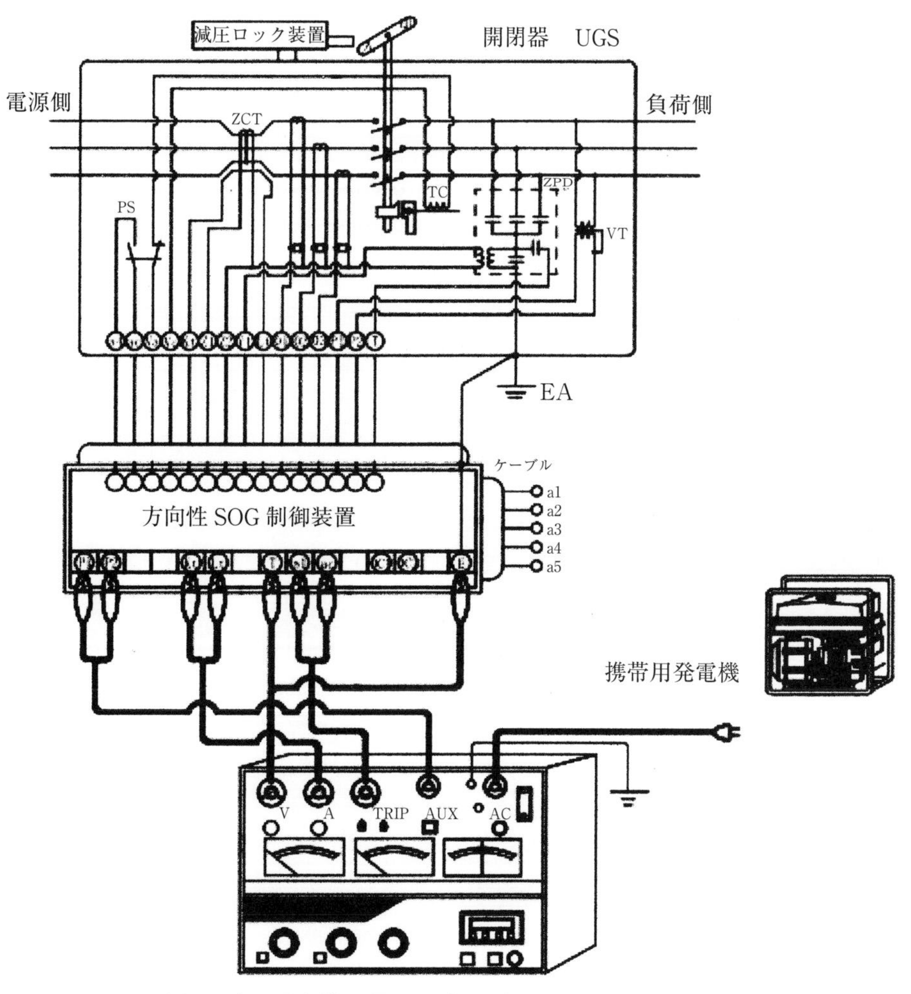

図４　高圧地中線用開閉器（UGS）方向性の試験配線図

注）１．試験電源の取り方について、基本的に携帯用発電機より電源を確保する。
２．トリップコード配線については各メーカの取説を参照する。
３．試験配線の際、端子台での短絡に注意する。
４．継電器の動作時はターゲット表示を確認する。
５．試験電流と試験電圧の接続端子を間違えないこと。
６．切り替えスイッチを間違えなく現状復帰させること。
７．電源ランプがあるものについては、点灯していることを確認する。
８．トリップコイルが動作しても遮断器が解放されない場合は、機器損傷等のおそれがあるので、速やかに試験電源の通電を止めること。
９．試験スイッチ及びトリップスイッチはメーカにより違うため取扱説明書等で確認する。

判定
別に定める判定基準による。

４．過電流継電器試験

試験方法
①図５のように配線する。
② CT 二次側 L 端子に D 種アースが目視により接続されていることを確認し、試験ターミナル６ヶ所を低圧絶縁抵抗計等で CT 側と継電器側の確認をする。尚、CT 側を短絡バーで短絡する。
③最小動作特性試験
レバー（ダイアル）10の位置において、整定タップを近傍まで（整定タップ値を超えても可）試験電流を徐々に増加し、最小動作電流をタップ毎に行い記録する。
・始動電流＝円板もしくは動作表示が動き始める電流をいう。
・最小動作電流＝円板もしくは動作表示が動き、主接点が完全に閉じる電流をいう。
④動作時限特性試験
継電器の動作をロックした状態で整定タップ値の 300 ％及び 700 ％の電流を整定し、試験電流を急激に流した時の動作時間をレバー 10 及び整定レバーを行い、動作時間を記録する。
（200 ％及び 500 ％は参考値とするが、試験電源の容量によって選択する）
⑤瞬時要素動作特性試験
継電器の限時動作を終始手動ロックした状態で、試験電流を整定タップ近傍まで（整定タップを超えても可）すばやく上昇させ、瞬時要素が動作した電流値を、20 A タップ、30 A タップ、40 A タップについて行い、記録する。

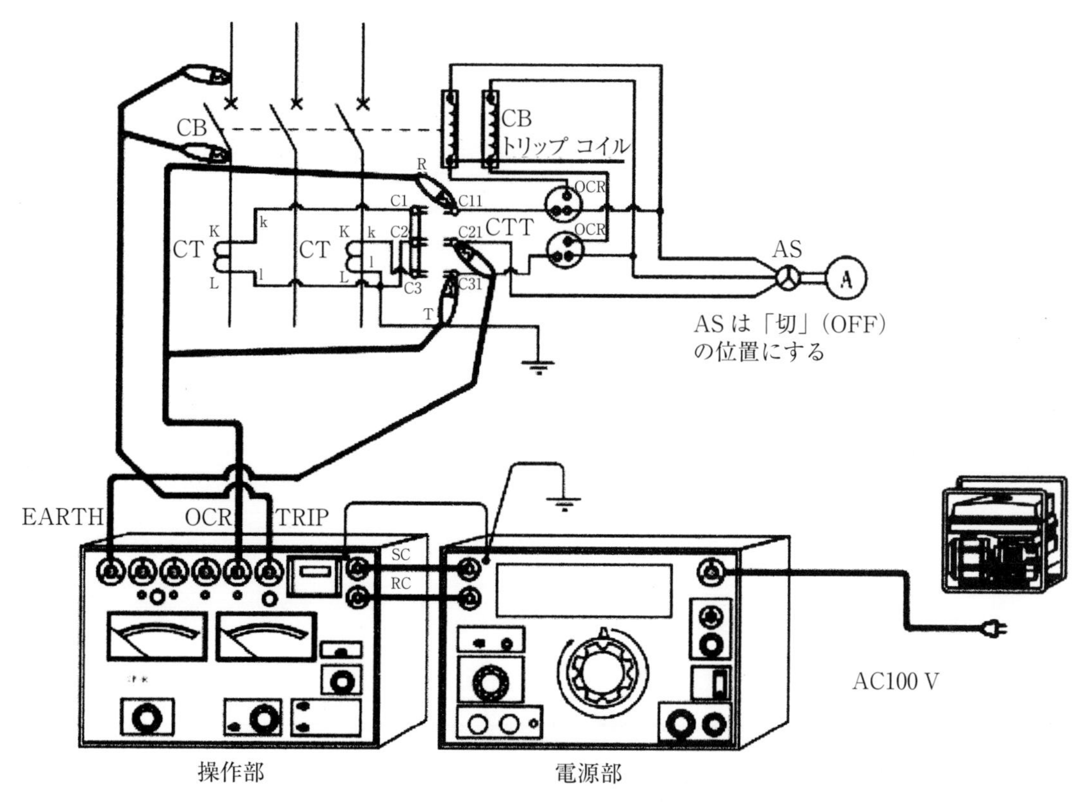

図5　過電流継電器（遮断器連動）の試験配線図

注）1．試験はCT二次側の配線を充電、無充電に限らず短絡して実施する。

2．試験器の極性に注意する。

3．原則CTの二次側で試験をする。

4．試験時は電流計を切替器により、“切”とする。ない場合は、電流計端子を短絡する。

5．動作時限特性試験の試験電流設定については回路に直接、電流を流して設定する。

6．継電器の動作時はターゲット表示を確認する。

7．CT二次側L端子にD種アースが接続されていることを確認し、試験ターミナル全部を低圧絶縁抵抗計（125 V）でCT側と継電器側の確認をする。

8．テストターミナルは試験終了後に元の状態にもどすこと。

9．トリップコイルが動作しても遮断器が開放されない場合は、機器損傷等のおそれがあるので、速やかに試験電源の通電を止めること。

10．コンデンサトリップ方式の場合は、補助電源AUX「ON」によりコンデンサにチャージされなければトリップできないので注意する。チャージされた後は補助電源をOFFにする。

判定

別に定める判定基準による。

５．その他継電器試験

①不足電圧継電器試験

(1)配線し、試験電圧を定格電圧から徐々に小さくして、継電器が動作した電圧値を記録する。

(2)製造者の示す管理点・方法を準用する。

②過電圧継電器試験方法

(1)配線し、試験電圧を定格電圧から徐々に大きくして、継電器が動作した電圧値を記録する。

(2)製造者の示す管理点・方法を準用する。

(3) P1、P2 端子の配線を外してから、電圧を印加する。

(4)商用電源を使用する場合は、試験器の極性に注意する。

(5)トリップ端子には電源が印加されている場合があるので注意する。

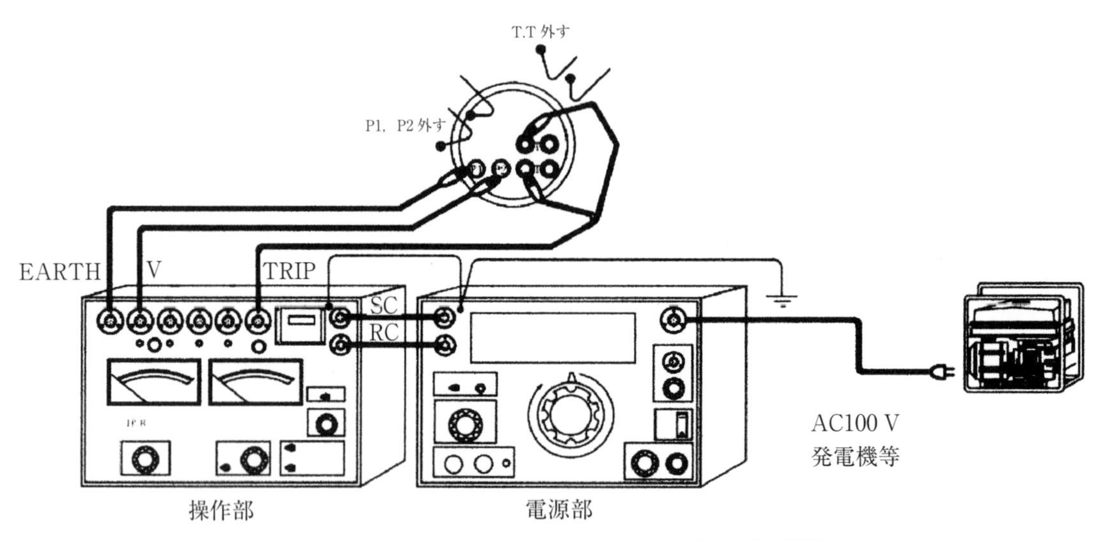

図６　不足電圧及び過電圧継電器（単体試験）の試験配線図

判定

　製造者の示す値であること。

６．シーケンス試験

①各継電器と遮断器または開閉器の連動動作を確認する。

※警報を発する場合、末端の外部に出力されているブザー（ベル）の工事完了を確認して実施する。

②設置されている警報装置は整定値を確認し、警報検出素子の接点を閉じて警報を発することを確認する。

③その他試験ボタンのある物において動作の確認をする。

7．インターロック試験

①遠隔操作またはインターロック等の回路がある場合は、回路の構成、動作状況等を配線図をもとに確認する。

（代表例）

1．遮断器が投入されているとき、断路器が操作不能であること。

2．本線が投入されているとき、予備線は操作不能であること。

3．非常用発電機の切替装置の商用側が入っているときは発電機側が入らない。

8．後始末

①試験に使用したリード線やわたり線等を取り付けた者が忘れずに取り外すこと。また、配線及びテストターミナルについては元の状態になっていることを試験配線した者がチェックリストに基づいて確認する。

②使用した工具、測定器の数量を確認する。また、設備内に忘れ物がないよう注意する。

9．負荷設備、電気使用場所（絶縁抵抗測定）

測定方法

①感電防止のため関係者に連絡し十分注意し測定する。

②アース端子を接地極につなぎ、ライン端子を被測定回路に接触させ、図7のように測定する。

③ラインコードを接触させた状態で絶縁抵抗計の入り切り操作をする。

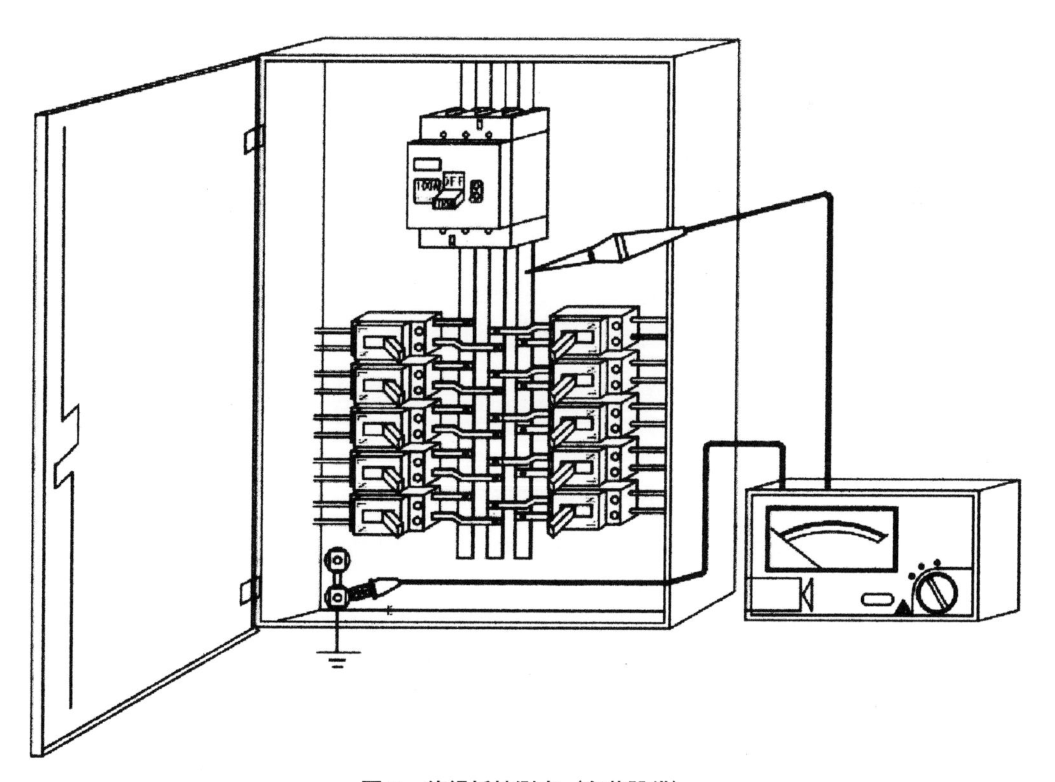

図7　絶縁抵抗測定（負荷設備）

10. 負荷設備、電気使用場所（接地抵抗測定）

測定方法（測定を２極法で測定した場合）

①接地抵抗計が電圧レンジになっている事を確認して、図８のように補助極を取り配線する。（P と C を短絡する。）

②接地抵抗計の電圧計にて地雷圧が無いことを確認した後、測定をする。

③各使用設備の接地抵抗を測定する。

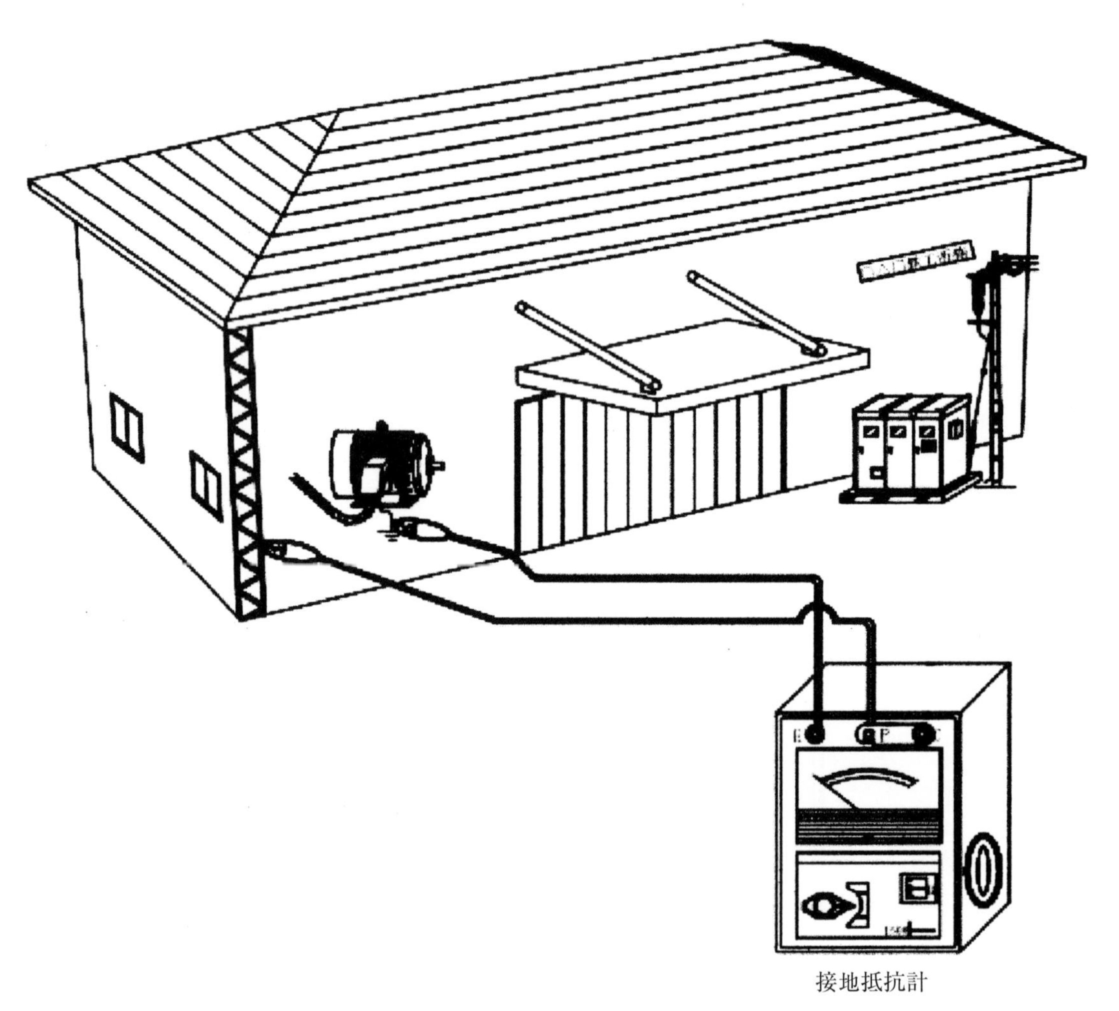

図８　接地抵抗測定（負荷設備）

注）１．B 種接地極を補助極として使用すると、感電・短絡及び漏電遮断器を動作させるおそれがあるので使用しない。

２．モータの回転部分及び充電回路に注意して測定を行う。

３．測定時に電圧が発生するので感電しないように注意する。

判定

別に定める判定基準による。

あとがき

私は現場で、いろいろな電気事象を経験し、また、いろいろな視点でSOG及びOCRの動作試験等を行ってきました。その結果を踏まえ知識と経験をベースに更に学習を重ね、深掘りされた知見などをまとめると、我々が担当している高圧需要家構内（自構内設備）での①短絡事故時の事故解析、定格短絡遮断容量、継電器等の動作検証に必要とする電力系統の%Z（100 MVA 基準）はオフピーク時の%Z値を使っても良いこと（本書の中で比較をして計算してあります）、②地絡事故関連では電力会社の6.6 kV 非接地系配電線が都市化の進展でケーブル化が進み、配電線の対地静電容量が大きくなり、完全一線地絡事故電流 I_g(A) が増大していることで、$X_C = 1/\omega C(\Omega)$ が小さくなり期待した零相電圧 V_0(V) が発生せず、それでSOGの不動作で自構内設備のPASが動作せず、波及事故が増えている傾向にあること、それで、方向性のPASなら、V_0 整定値を5％なら2％へ、7.5％なら5％へ変更することをお勧めいたします。

ただし整定値変更の際は年次点検時に通電状態での残留電圧（SOG内の $Y_1 - Z_2$ 間の電圧）を測定し、その値を高圧側に換算した値を参考にして決めて下さい（本書の中にメーカーごとの換算の仕方も書いてあります)。その残留電圧が整定値電圧の50％以下なら変更しても差し支えないと思っています。

私が実際、実施して運用している整定値変更の実例を紹介します。

例－1 変更前のSOG整定値 $I_0 = 0.4$ A、$V_0 = 5$ ％（190 V）、$s = 0.2$ 秒

通電時のSOG内 $Y_1 - Z_2$ 間電圧（残留零相電圧）$V_0 = 0.09$ V（90 mV）$Z_1 - Z_2$ 間電流（残留零相電流）$I_0 = 0.0$ mA

高圧側換算の残留零相電圧は 190/380 mV $= V_0$/90 mV　※ $V_0 = 45$ V（電力会社の配電線の構造上から常に発生している残留零相電圧）

$V_0 = 2.5$ ％（整定値電圧＝95.3 V）よって 45 V/95.3 V＝47％であるため、私はその値が50％以下である事から、整定値を5％から2.5％へ変更し今現在運用しています。

例－2　変更前のSOG整定値 $I_0 = 0.2$ A　$V_0 = 5$ ％（190 V）　$s = 0.2$ 秒

通電時のSOG内 $Y_1 - Z_2$ 間電圧（残留零相電圧）$V_0 = 0.007$ V（7 mV）$Z_1 - Z_2$ 間電流（残留零相電流）$I_0 = 0$ mA

高圧側換算の残留零相電圧は 190/60 $= V_0$/7 mV　※ $V_0 = 22$ V（電力会社の配電線の構造上から常に発生している残留零相電圧）

$V_0 = 2$ ％(整定値電圧＝76.2 V）よって 22 V/76.2 V＝29％であるため、50％以下である事から、整定値を5％から2％へ変更し運用しています。

その理由は自構内で不完全地絡事故（地絡抵抗 $R_g = 5{,}000\ \Omega$）までの事故は完全に検出できるようにし、波及事故を起こさせないとの信念からです。他の担当物件も年次点検時に上記の考え方で対応しています。

あとがき

参考に記述しますと、主に電力会社の配電線の地絡継電器（67G）は地絡抵抗 R_g＝5,000 Ω～6,000 Ω までの不完全地絡事故で高圧側での零相電圧 V_0＝100 V（2.6 %）、160 V（4.2 %）、200 V（5.2 %）、300 V（7.8 %この整定値は稀）を拾えるように整定しています。

また、最近の都市部配電線の人工地絡試験で、完全一線地絡事故電流が 30 A を超え、40 A 近い地絡電流が流れるとの事から、PAS の定格地絡遮断電流は 30 A とする（JIS4607－4－12：日本工業規格）を「40 A」とするに改正した方が良いと思っています、関係機関においては検討されることをお勧めいたします。

PAS の定格地絡遮断電流不足による、事故時の PAS の焼損、爆発、保護継電器整定値の不適正で PAS の不動作による波及事故が増えているようなので、最適整定値の運用で波及事故を 1 件でも減らせる事に本書が寄与できればと思っています。

最後に電気管理技術者、電気保安管理業務従事者の皆さんへ、この本を皆さんが管理している高圧需要家構内での事故解析能力、それに継電器整定技術の向上に役立てていただければ幸甚です。
また、情報を提供して頂いた関係機関の皆様へ感謝申し上げます、ありがとうございました。

著　者　　電気管理技術者：芳田眞喜人

参考資料

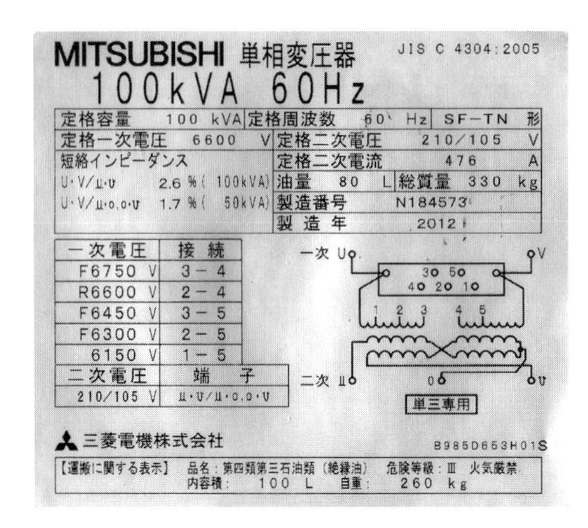

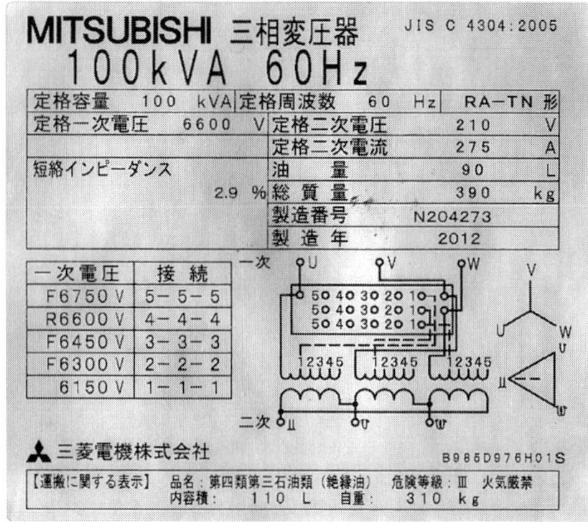

高圧進相コンデンサ			
形式 LV-6 形 油入 品番 LV666CC020R26			
三 相 Y 結線 −20/B 絶縁強度 22/60 kV			
回路電圧	6600 V	定格設備容量	20/24 kvar
定格電圧	7020 V	定格容量	21.3/25.5 kvar
定格周波数	50/60 Hz	油量 3.8 L	総質量 15 kg
放電抵抗内蔵		JIS C 4902−1	
製造番号	CM08818	製造年	2012
株式会社 指月電機製作所			

12 NA9051A

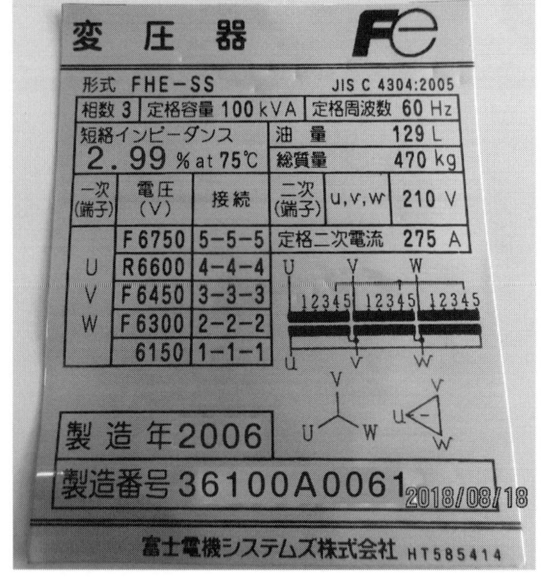

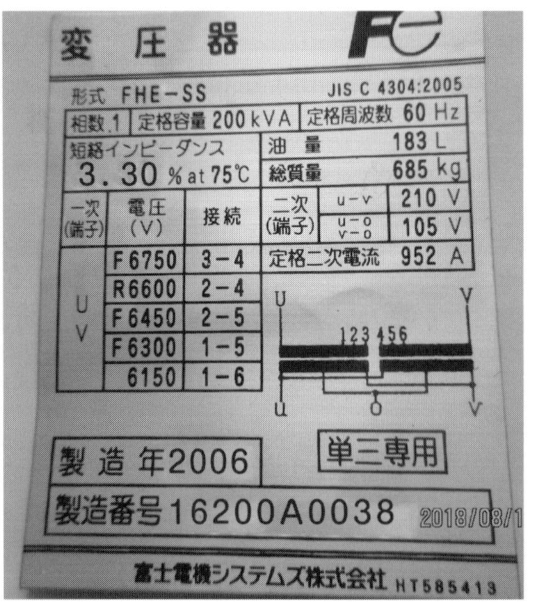

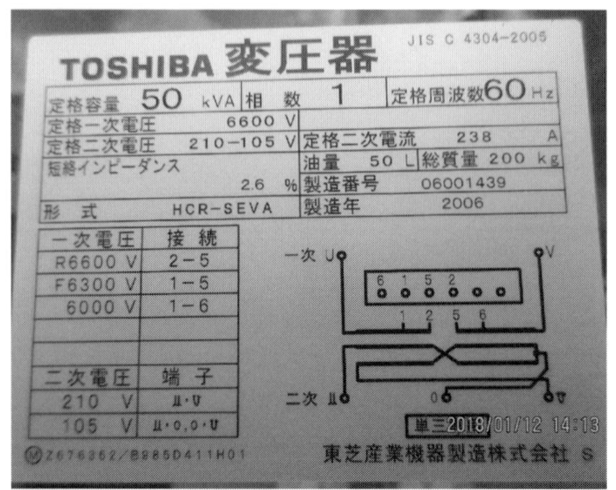

トップランナー変圧器試験成績書

形 式 FHG-S

御注文主 殿	製造番号 16050E0084 ～ 16050E0086
	台 数 3 台中 3 台

仕様

油入自冷式 空気密閉形			定 格 連続
相 数 1	容 量 50 kVA	定格周波数 60 Hz	試験電圧値 LI 60 kV / LI — kV
定格電圧 一次側 6600 V	定格電流 一次側 7.58 A		結 線 単三専用
定格電圧 二次側 210/105 V	定格電流 二次側 238 A		油 量 43 L
タップ電圧 R6600/F6300/6000 V			中身 — kg 総質量 205 kg
210/105 V			規 格 JIS C 4304

試 験 結 果

1. 短絡インピーダンス試験及び無負荷試験 タップ 6600 / 210 V 定格周波数 力率 100% at 75 ℃

製造番号	無負荷損 (W)	負荷損 (W)	効率 (%) 100% load	エネルギー消費効率 (W)	短絡インピーダンス (%)	電圧変動率 (%)	無負荷電流 (%)
16050E0084	71.1	682	98.52	180	2.54	1.39	0.19
16050E0085	70.3	679	98.52	179	2.52	1.38	0.20
16050E0086	70.3	680	98.52	179	2.54	1.38	0.20

トップランナー標準変圧器 エネルギー消費効率基準 40 %負荷 189 W (裕度… +10%)

2. 巻線抵抗測定 (Ω) 線路端子間 (三相の場合平均) at 75 ℃

製造番号	一次側		二次側	
16050E0084	6600 V	5.12	210 V	0.00602

3. 極性試験 3 台 良

4. 変圧比測定 3 台 良

各タップ各相共

指定変圧比の ± $\frac{\text{短絡インピーダンス(\%)}}{10}$ (%)

ただし、最大を指定変圧比の± 0.5 %とする。

5. 絶縁抵抗測定 (MΩ) (1000Vメガー) at 22.5 ℃

製造番号	一次 ; 二次	一次 ; 接地	二次 ; 接地
3 台	2000以上	2000以上	2000以上

6. 加圧試験 (短時間交流耐電圧試験) 3 台 良

印加巻線	試験電圧値 (kV)	周波数 (Hz)	加圧時間 (Min)	充電電流 (mA)
一次側	AC 22	60	1	約 —
二次側	AC 2	60	1	約 —

7. 誘導試験 (短時間交流耐電圧試験) 3 台 良

供給端子 二次側	試験電圧 (V)	周波数 (Hz)	時間 (Sec)
210 V	420	300	24

8. 構造検査 (外観構造 寸法 塗装 気密) 3 台 良

付属品 接地端子

備 考

油メーカの不含証明書付き絶縁油を使用しています。
したがって、変圧器出荷時にはPCBは含まれておりません。

御立会者	試 験 者	校閲者
御立会日 年 月 日	試 験 日 2015 年 9 月 16 日	

富 士 電 機 株 式 会 社

参 考 資 料

トップランナー変圧器試験成績書

形 式 FHG-S

御注文主 殿	製造番号 36075F0048 ～ 36075F0050
	台 数 3 台中 3 台

仕様			
油入自冷式 空気密閉形			定 格 連続
相 数 3	容 量 75 kVA	定格周波数 60 Hz	試験電圧値 LI60/LI--kV
定格電圧 一次側 6600 V		定格電流 一次側 6.56 A	接続記号 Yd1
定格電圧 二次側 210 V		定格電流 二次側 206 A	油 量 76 L
タップ F6750/R6600/F6450/F6300/6150 V			中身 250 kg 総質量 360 kg
電 圧 210 V			規 格 JIS C 4304

試 験 結 果

1. 短絡インピーダンス試験及び無負荷試験 タップ 6600 / 210 V 定格周波数 力率 100% at 75 ℃

製造番号	無負荷損 (W)	負荷損 (W)	効率 (%) 100% load	エネルギー消費効率 (W)	短絡インピーダンス (%)	電圧変動率 (%)	無負荷電流 (%)
36075F0048	151.0	942	98.56	302	2.29	1.28	0.23
36075F0049	152.0	935	98.57	302	2.29	1.26	0.23
36075F0050	150.0	941	98.57	301	2.29	1.27	0.23

トップランナー標準変圧器 エネルギー消費効率基準値 40 %負荷 323 W (裕度… +10%)

2. 巻線抵抗測定 (Ω) 線路端子間 (三相の場合平均) at 75 ℃

製造番号	一次側		二次側	
36075F0048	6600 V	7.67	210 V	0.00661

3. 位相変位試験 3 台 良

4. 変圧比測定 3 台 良

各タップ各相共

指定変圧比の ± $\frac{短絡インピーダンス(\%)}{10}$ (%)

ただし、最大を指定変圧比の± 0.5 % とする。

5. 絶縁抵抗測定 (MΩ) (1000Vメガー) at 43 ℃

製造番号	一次 ; 二次	一次 ; 接地	二次 ; 接地
3 台	2000以上	2000以上	2000以上

6. 加圧試験 (短時間交流耐電圧試験) 3 台 良

印加巻線	試験電圧値 (kV)	周波数 (Hz)	加圧時間 (Min)	充電電流 (mA)
一次側	AC 22	60	1	—
二次側	AC 2	60	1	—

7. 誘導試験 (短時間交流耐電圧試験) 3 台 良

供給端子 二次側	試験電圧 (V)	周波数 (Hz)	時間 (Sec)
210 V	420	300	24

8. 構造検査 (外観構造 寸法 塗装 気密) 3 台 良

付属品 放圧弁付油面温度計 排油弁 接地端子

備 考

油メーカの不含証明書付き絶縁油を使用しています。
したがって、変圧器出荷時にはPCBは含まれておりません。

御立会者	試験者	校閲者
御立会日 年 月 日	試験日 2015 年 7 月 1 日	

富 士 電 機 株 式 会 社

変圧器試験成績書

仕様

御注文元			工事番号		試験年月日	2012.05.25
形 名 SF-TN	耐熱 A	冷却方式 油入自冷式	定格 連続定格		使用場所	屋外用
相 数 1	容 量 100 kVA		周波数 60 Hz	極性又は位相変位		減極性
一次側	定格電圧 6600 V		定格電流 15.2 A			
	タップ電圧 F6750- R6600- F6450- F6300- 6150 V					
二次側	定格電圧 210/105 V		定格電流 476 A			
製造番号	N184573		準拠規格 JISC4304-2005			

試験結果

特性	巻線抵抗測定 (Ω) 温度 27 ℃	一次巻線 タップセット 6600 V			二次巻線 210 V		
		U-V	U-W	V-W	u-v	u-w	v-w
		2.093	---	---	0.002098	---	---

試験項目	項目		測定値			保証値 (裕度)	判定
無負荷試験	無負荷電流 (%)		0.18			2.3 以下 (-)	良好
	無負荷損 (W)		144			-	-
インピーダンス試験	負荷損 (W)	27 ℃	1080			-	-
		75 ℃	1237			-	
	短絡インピーダンス (%)	27 ℃	2.55			-	-
		75 ℃	2.62			-	
全損失(W)			1381			-	-
効率(%)			98.64			98.61 以上 $(-\frac{1}{10}(100-\eta)\%)$	良好
電圧変動率(%)			1.26			1.5 以下	良好
エネルギー消費効率(W)	基準負荷率 40 %		342			358 以下 (+10%)	良好
変圧比試験			各相全タップ測定				良好
極性又は位相変位試験			減極性				良好

絶縁					判定
絶縁抵抗測定 (1000Vメガー使用)	一次_アース	二次_アース	一次_二次		良好
	2000 (MΩ)	2000 (MΩ)	2000 (MΩ)		
商用周波耐電圧試験	P-S・E 22 kV	S-P・E 2 kV	60Hz・1 分間		良好
誘導耐電圧試験	定格電圧 ×2	180 Hz	40 秒		良好
構造・寸法検査					良好

使用絶縁油	絶縁油	電気絶縁油 JIS C 2320 1種 2号油 新油
	PCB *1	PCB不含である事を確認しております

備 考

*1 絶縁油購入時にロット単位でPCB不含試験を実施しております。

検 認

三菱電機株式会社 名古屋製作所

変圧器試験成績書

仕様

御注文元		工事番号		試験年月日	2012.05.24
形名 RA-TN	耐熱 A	冷却方式 油入自冷式	定格 連続定格	使用場所	屋外用
相数 3	容量 100 kVA	周波数 60 Hz	極性又は位相変位		Yd1
一次側	定格電圧 6600 V		定格電流 8.75 A		
	タップ電圧 F6750- R6600- F6450- F6300- 6150 V				
二次側	定格電圧 210 V		定格電流 275 A		
製造番号	N204273		準拠規格 JISC4304-2005		

試験結果

	試験項目			測定値			保証値 (裕度)	判定
特性	巻線抵抗測定 (Ω) 温度 30 ℃	一次巻線 タップセット 6600 V			二次巻線 210 V			
		U-V	U-W	V-W	u-v	u-w	v-w	
		5.206	---	---	0.004731	---	---	
	試験項目	項目		測定値			保証値 (裕度)	判定
	無負荷試験	無負荷電流 (%)		0.24			5.5 以下 (-)	良好
		無負荷損 (W)		208			-	-
	インピーダンス試験	負荷損 (W)	30 ℃	1209			-	-
			75 ℃	1391			-	
		短絡インピーダンス (%)	30 ℃	2.84			-	-
			75 ℃	2.92			-	
	全損失(W)			1599			-	-
	効率(%)			98.43			98.3 以上 $(-\frac{1}{10}(100-\eta)\%)$	良好
	電圧変動率(%)			1.42			1.8 以下	良好
	エネルギー消費効率(W)	基準負荷率 40 %		431			453 以下 (+10%)	良好
	変圧比試験	各相全タップ測定						良好
	極性又は位相変位試験	Yd1						良好
絶縁	絶縁抵抗測定 (1000Vメガー使用)	一次＿アース 2000 (MΩ)		二次＿アース 2000 (MΩ)		一次＿二次 2000 (MΩ)		良好
	商用周波耐電圧試験	P-S･E 22 kV		S-P･E 2 kV		60Hz･1 分間		良好
	誘導耐電圧試験	定格電圧 ×2 180 Hz 40 秒						良好
構造・寸法検査								良好
使用絶縁油	絶縁油	電気絶縁油 JIS C 2320 1種 2号油 新油						
	PCB *1	PCB不含である事を確認しております						

備考 *1 絶縁油購入時にロット単位でPCB不含試験を実施しております。

検認

三菱電機株式会社 名古屋製作所

コンデンサ検査成績書

No.　1/ 1

御注文先	殿				
御注文番号				ロット No.	―――――
適用仕様書				受　注 No.	AFC018L
品名又は形式	ＬＶ－６	数量	1 台	製作仕様書No.	NC-P96243-F
定　格	7020 VAC　50/60 Hz　三相 Y　21.3/25.5kvar				

検査項目	規格番号 ＪＩＳ Ｃ ４９０２－１	結果
外観構造寸法	仕様書図面による照合	合格
密閉性	コンデンサが 70℃に到達後　2時間以上保持し、油もれのないこと	合格
耐電圧	端子相互間(T-T)　14.1k VAC 60 秒間	合格
	端子外箱間(T-C)　22k VAC 60 秒間	合格
放電性	２端子間　69MΩ以下の放電抵抗を内蔵	合格
容量	容量偏差　定格容量に対して　-5 % ～ +10 % 以内	合格(下記)
	相間不平衡度　任意の２端子間の最大値と最小値との比は1.08以下	合格(下記)
損失率	0.025 %以下 (測定周波数　60Hz)	合格(下記)

製造番号	端子	容量			絶縁抵抗	損失率		
		測定値(μF)	偏差(%)	不平衡度	端子相互間	(%)		
CM08818	1 - 2	0.691	+0.5	1.00	抵抗入り	0.018		
	2 - 3	0.692						
	3 - 1	0.690						
	Co	1.38	21.4ｋｖａｒ(50Hz) / 25.7 ｋｖａｒ(60Hz)					

検査日　2012 年　6 月　12 日　温度 28 ℃　湿度 58 %RH	責任者	担当者

Ⓨ 株式会社 指月電機製作所

静止形過電流保護継電器(QH-OC1,QH-OC2)動作特性

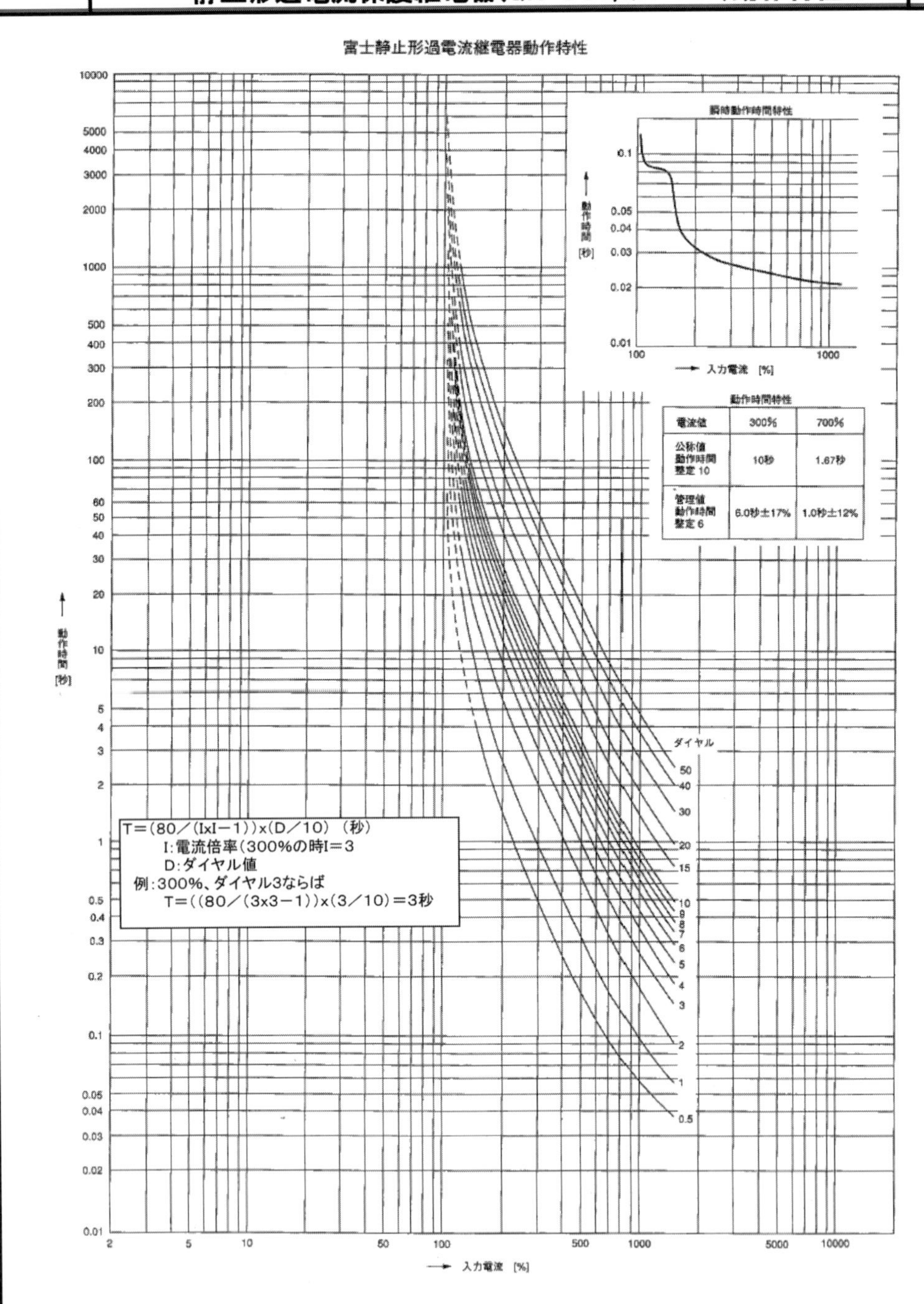

電流値	300%	700%
公称値 動作時間 整定 10	10秒	1.67秒
管理値 動作時間 整定 6	6.0秒±17%	1.0秒±12%

富士電機機器制御株式会社 技術・開発本部
カスタマーサポートセンター 第一技術サポートグループ

変更版	
発行	2010年11月4日

三菱　保護継電器　OCR 動作特性　高圧受電用

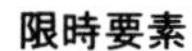

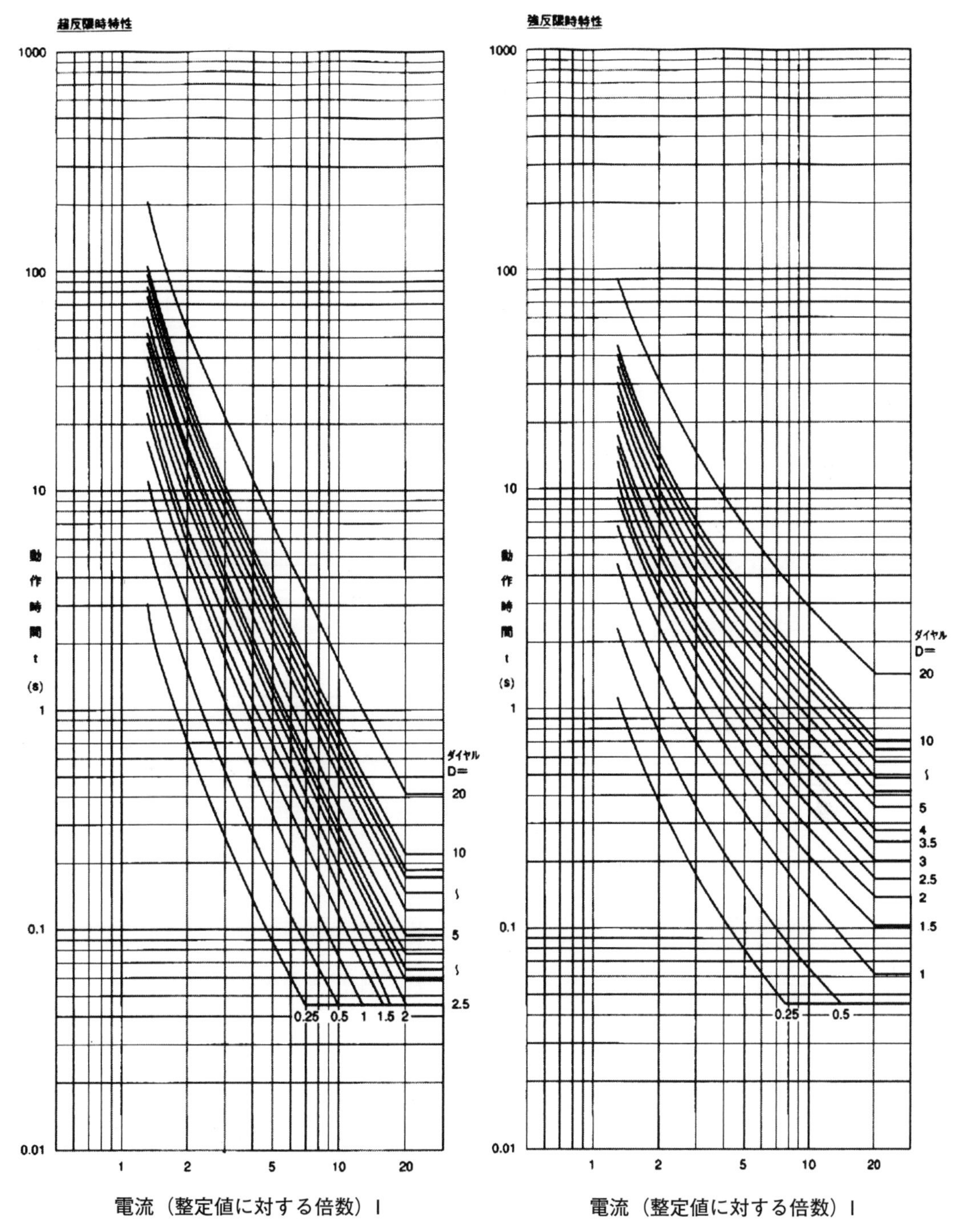

電流（整定値に対する倍数）I　　　電流（整定値に対する倍数）I

EI：超反限時特性　$T = \frac{80}{I^2 - 1} \times \frac{D}{10}$ (s)

VI：強反限時特性　$T = \frac{13.5}{I - 1} \times \frac{D}{10}$ (s)

図１－１　動作時間特性例

三菱 保護継電器 OCR 動作特性 高圧受電用

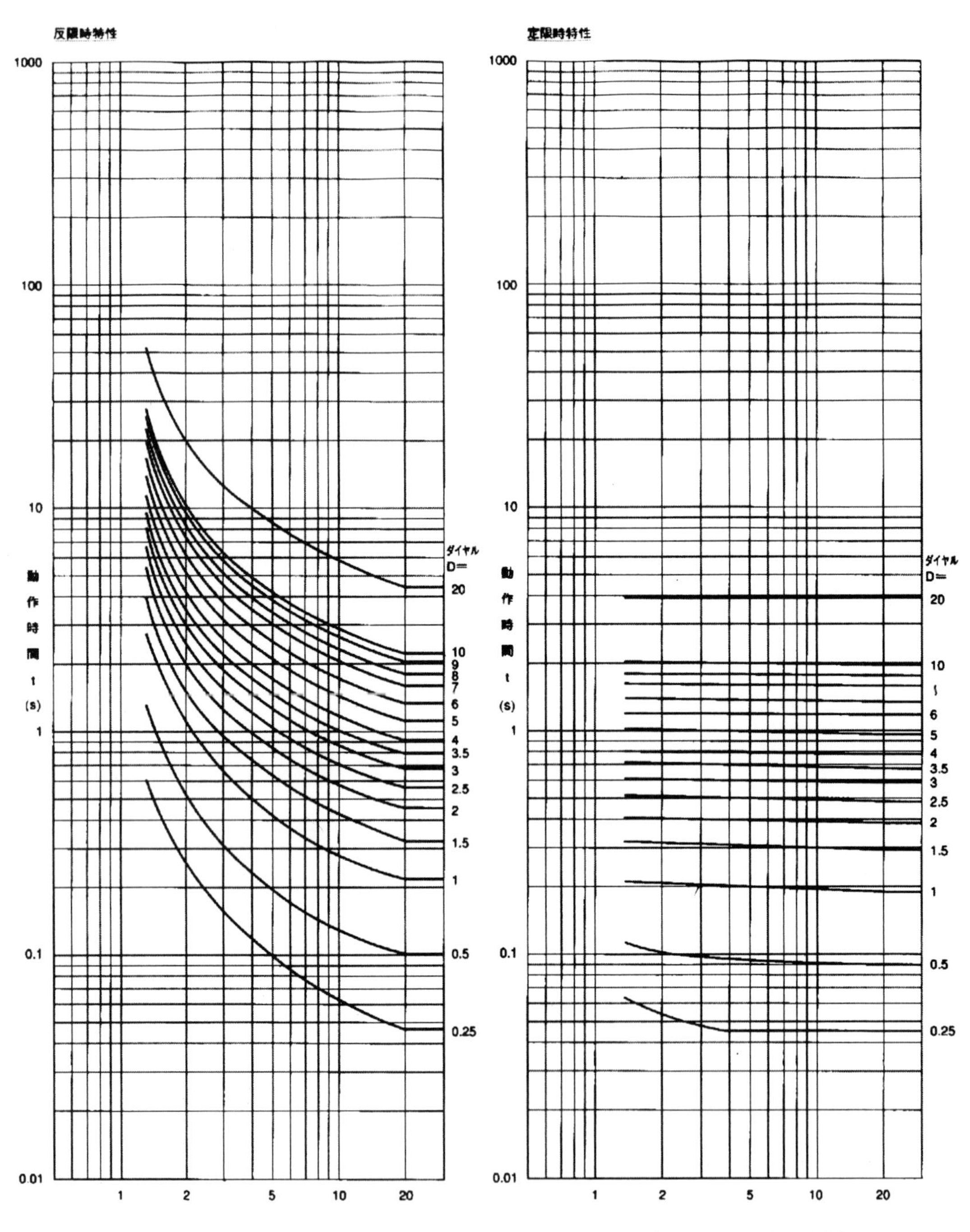

電流（整定値に対する倍数）I　　電流（整定値に対する倍数）I

NI：反限時特性　$T=\frac{0.14}{I^{0.02}-1}\times\frac{D}{10}$ (s)

DT：定限時特性　$T=2\times\frac{D}{10}$ (s)

図１−１　動作時間特性例

三菱 保護継電器 OCR 動作特性 高圧受電用

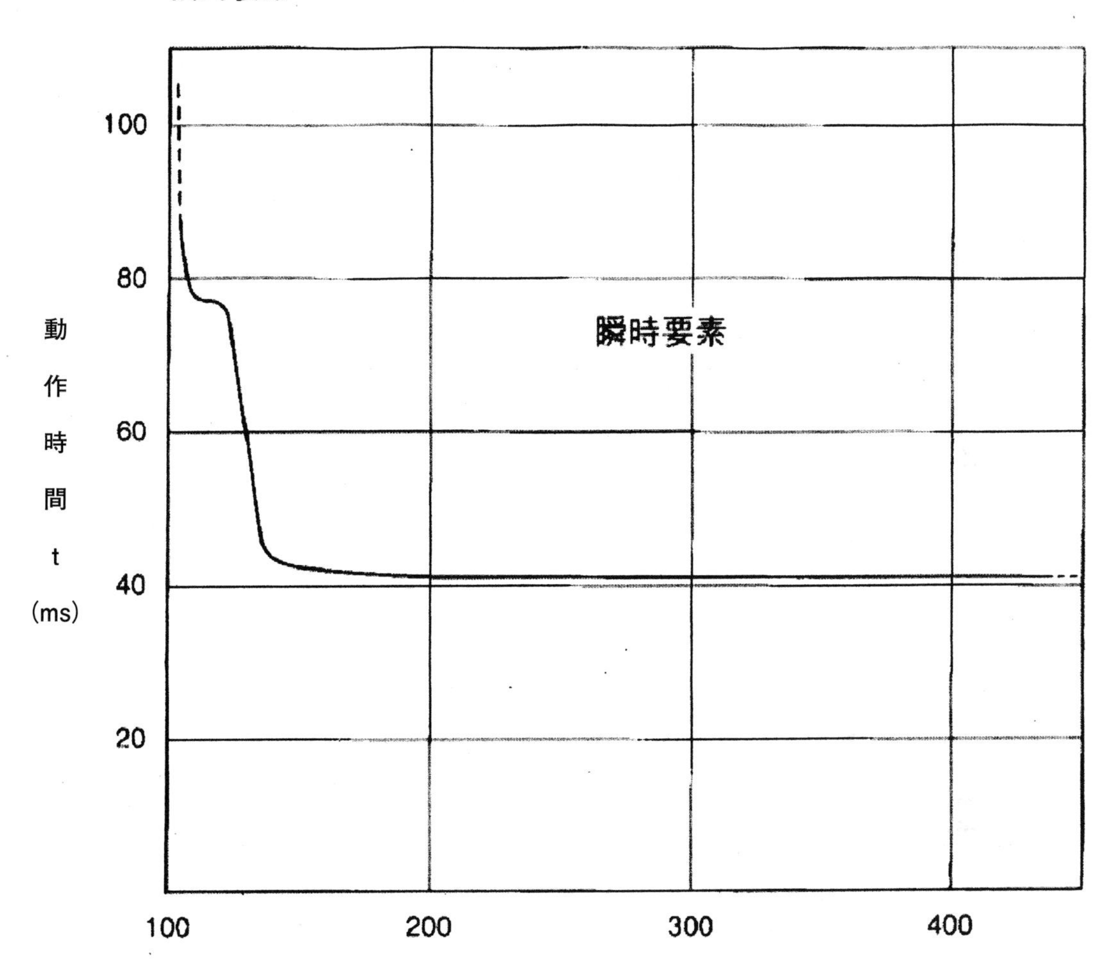

図１－１　動作時間特性例

6600V 架橋ポリエチレン絶縁ビニルシースケーブル (6600V CV、6600V CVT)

規格 JIS C 3606
定格 6600V、90℃

●特長及び用途

一般 6600V 配電用

●識別

テープの色分けによる。

3心：白・赤・青

シース色：黒を標準とする。

●構造

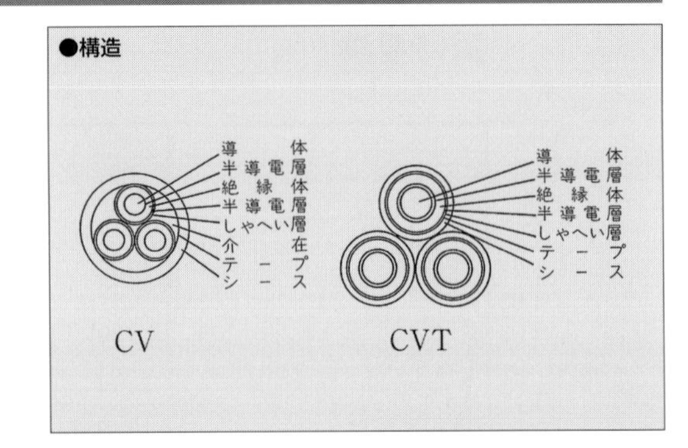

●構造・性能表

■単心

導体			絶縁体		シース厚さ (mm)	仕上り外径 約 (mm)	最大 導体抵抗 (20℃) (Ω/km)	試験電圧 (kV)	最小 絶縁抵抗 (MΩ-km)	参考		許容電流 周囲温度 40℃ (3条,S=2d) (A)
公称断面積 (mm²)	素線数/素線径 (mm) または形状	外径 (mm)	厚さ (mm)	外径 (mm)						静電容量 (μF/km)	概算質量 (kg/km)	
8	7/1.2	3.6	4.0	11.6	1.8	16.5	2.31	17	2,500	0.21	365	78
8	円形圧縮	3.4	4.0	11.4	1.8	16.5	2.29	17	2,500	0.21	365	78
14		4.4	4.0	12.4	1.8	17.5	1.31	17	2,500	0.24	460	105
22		5.5	4.0	13.5	1.9	18.5	0.832	17	2,500	0.27	525	140
38		7.3	4.0	15.3	2.0	21	0.481	17	2,000	0.32	730	195
60		9.3	4.0	17.3	2.0	23	0.305	17	2,000	0.37	1,070	260
100		12.0	4.0	20.0	2.1	26	0.183	17	1,500	0.45	1,470	355
150		14.7	4.0	22.7	2.3	29	0.122	17	1,500	0.52	1,980	455
200		17.0	4.5	26.0	2.4	32	0.0915	17	1,500	0.51	2,550	540
250		19.0	4.5	28.0	2.5	35	0.0739	17	1,500	0.55	3,070	615
325		21.7	4.5	30.7	2.6	38	0.0568	17	1,500	0.61	3,750	720
400		24.1	4.5	33.1	2.7	40	0.0462	17	1,000	0.68	4,640	810
500		26.9	4.5	35.9	2.8	43	0.0309	17	900	0.74	5,550	930
600		29.5	5.0	39.5	2.9	47	0.0308	17	900	0.71	6,870	1,040
800	分割圧縮	34.0	5.0	44.0	3.1	52	0.0231	17	800	0.81	9,000	1,295
1,000		38.0	5.0	48.0	3.3	56	0.0187	17	800	0.85	11,100	1,480

■3心

導体			絶縁体		シース厚さ (mm)	仕上り外径 約 (mm)	最大 導体抵抗 (20℃) (Ω/km)	試験電圧 (kV)	最小 絶縁抵抗 (MΩ-km)	参考		許容電流 周囲温度 40℃ (1条) (A)
公称断面積 (mm²)	素線数/素線径 (mm) または形状	外径 (mm)	厚さ (mm)	外径 (mm)						静電容量 (μF/km)	概算質量 (kg/km)	
8	7/1.2	3.6	4.0	11.6	2.4	32	2.36	17	2,500	0.21	1,190	61
8	円形圧縮	3.4	4.0	11.4	2.4	32	2.34	17	2,500	0.21	1,180	61
14		4.4	4.0	12.4	2.5	34	1.34	17	2,500	0.24	1,480	83
22		5.5	4.0	13.5	2.5	37	0.849	17	2,500	0.27	1,780	105
38		7.3	4.0	15.3	2.7	41	0.491	17	2,000	0.32	2,430	145
60		9.3	4.0	17.3	2.9	46	0.311	17	2,000	0.37	3,280	195
100		12.0	4.0	20.0	3.1	52	0.187	17	1,500	0.45	4,670	265
150		14.7	4.0	22.7	3.3	58	0.124	17	1,500	0.52	6,420	345
200		17.0	4.5	26.0	3.6	66	0.0933	17	1,500	0.51	8,330	410
250		19.0	4.5	28.0	3.8	71	0.0754	17	1,500	0.55	10,100	470
325		21.7	4.5	30.7	4.0	77	0.0579	17	1,500	0.61	13,000	550

■CVT

導体			絶縁体		シース厚さ (mm)	線心外径 約 (mm)	より合わせ 外径 約 (mm)	最大 導体抵抗 (20℃) (Ω/km)	試験電圧 (kV)	最小 絶縁抵抗 (MΩ-km)	参考		許容電流 周囲温度 40℃ (1条) (A)
公称断面積 (mm²)	形状	外径 (mm)	厚さ (mm)	外径 (mm)							静電容量 (μF/km)	概算質量 (kg/km)	
22	円形圧縮	5.5	4.0	13.5	2.0	19.0	42	0.849	17	2,500	0.27	1,590	120
38		7.3	4.0	15.3	2.1	21	46	0.491	17	2,000	0.32	2,190	170
60		9.3	4.0	17.3	2.2	23	50	0.311	17	2,000	0.37	2,970	225
100		12.0	4.0	20.0	2.4	26	57	0.187	17	1,500	0.45	4,340	310
150		14.7	4.0	22.7	2.6	30	65	0.124	17	1,500	0.52	5,980	405
200		17.0	4.5	26.0	2.8	33	72	0.0933	17	1,500	0.51	7,920	485
250		19.0	4.5	28.0	3.0	35	76	0.0754	17	1,500	0.55	9,320	560
325		21.7	4.5	30.7	3.1	39	85	0.0579	17	1,500	0.61	11,600	660
400		24.1	4.5	33.1	3.3	41	89	0.0471	17	1,000	0.68	14,000	750
500		26.9	4.5	35.9	3.5	45	98	0.0376	17	900	0.74	17,000	855
600		29.5	5.0	39.5	3.7	49	106	0.0314	17	900	0.71	20,200	950

備考　架橋ポリエチレン絶縁体厚さには内部半導電層厚さを含む。

●表 2－28　IV（3 本平積　S＝d）IV600 V

導体径 (mm) 又は 公称断面積 (mm^2)	50 Hz						60 Hz					
	交流導体実効抵抗 R(60℃) (Ω/km)	リアクタンス X (Ω/km)	インピーダンス Z (Ω/km)	インピーダンスZ（力率を用いる場合）(Ω/km)			交流導体実効抵抗 R(60℃) (Ω/km)	リアクタンス X (Ω/km)	インピーダンス Z (Ω/km)	インピーダンスZ（力率を用いる場合）(Ω/km)		
				$\cos\theta=1$	$\cos\theta=0.9$	$\cos\theta=0.8$				$\cos\theta=1$	$\cos\theta=0.9$	$\cos\theta=0.8$
0.8 mm	41.3	0.143	41.3	41.3	37.2	33.1	41.3	0.171	41.3	41.3	37.2	33.1
1.0	26.4	0.134	26.4	26.4	23.8	21.2	26.4	0.161	26.4	26.4	23.8	21.2
1.2	18.3	0.127	18.3	18.3	16.5	14.7	18.3	0.152	18.3	18.3	16.5	14.7
1.6	10.3	0.117	10.3	10.3	9.32	8.31	10.3	0.141	10.3	10.3	9.33	8.32
2.0	6.54	0.111	6.54	6.54	5.93	5.30	6.54	0.133	6.54	6.54	5.94	5.31
2.6	3.88	0.110	3.88	3.88	3.54	3.17	3.88	0.132	3.88	3.88	3.55	3.18
3.2	2.56	0.109	2.56	2.56	2.35	2.11	2.56	0.131	2.56	2.56	2.36	2.13
4.0	1.63	0.107	1.63	1.63	1.51	1.37	1.63	0.129	1.64	1.63	1.52	1.38
5.0	1.05	0.105	1.06	1.05	0.991	0.903	1.05	0.126	1.06	1.05	1.00	0.916
0.9 mm^2	24.2	0.127	24.2	24.2	21.8	19.4	24.2	0.152	24.2	24.2	21.8	19.5
1.25	19.1	0.123	19.1	19.1	17.2	15.4	19.1	0.147	19.1	19.1	17.3	15.4
2	10.7	0.114	10.7	10.7	9.68	8.63	10.7	0.136	10.7	10.7	9.69	8.64
3.5	6.02	0.106	6.02	6.02	5.46	4.88	6.02	0.127	6.02	6.02	5.47	4.89
5.5	3.85	0.106	3.85	3.85	3.51	3.14	3.85	0.127	3.85	3.85	3.52	3.16
8	2.67	0.106	2.67	2.67	2.45	2.20	2.67	0.127	2.67	2.67	2.46	2.21
14	1.50	0.103	1.50	1.50	1.39	1.26	1.50	0.123	1.51	1.50	1.40	1.27
22	0.954	0.101	0.959	0.954	0.903	0.824	0.954	0.121	0.962	0.954	0.911	0.836
38	0.564	0.0976	0.572	0.564	0.550	0.510	0.564	0.117	0.576	0.564	0.559	0.521
60	0.351	0.0931	0.363	0.351	0.356	0.337	0.352	0.112	0.369	0.352	0.366	0.349
100	0.209	0.0906	0.228	0.209	0.228	0.222	0.210	0.109	0.237	0.210	0.237	0.233
150	0.138	0.0890	0.164	0.138	0.163	0.164	0.139	0.107	0.175	0.139	0.172	0.175
200	0.109	0.0885	0.140	0.109	0.137	0.140	0.110	0.106	0.153	0.110	0.145	0.152
250	0.0864	0.0869	0.123	0.0864	0.116	0.121	0.0876	0.104	0.136	0.0876	0.124	0.132
325	0.0690	0.0864	0.111	0.0690	0.0998	0.107	0.0704	0.104	0.126	0.0704	0.109	0.119
400	0.0570	0.0852	0.103	0.0570	0.0884	0.0967	0.0588	0.102	0.118	0.0588	0.0974	0.108
500	0.0485	0.0849	0.0978	0.0485	0.0807	0.0897	0.0506	0.102	0.114	0.0506	0.0900	0.102

●表 2－26　6600 V CVT 及び EM6600 V CET/F

公称断面積 (mm^2)	50 Hz						60 Hz					
	交流導体実効抵抗 R(90℃) (Ω/km)	リアクタンス X (Ω/km)	インピーダンス Z (Ω/km)	インピーダンスZ（力率を用いる場合）(Ω/km)			交流導体実効抵抗 R(90℃) (Ω/km)	リアクタンス X (Ω/km)	インピーダンス Z (Ω/km)	インピーダンスZ（力率を用いる場合）(Ω/km)		
				$\cos\theta=1$	$\cos\theta=0.9$	$\cos\theta=0.8$				$\cos\theta=1$	$\cos\theta=0.9$	$\cos\theta=0.8$
22	1.08	0.135	1.09	1.08	1.03	0.947	1.08	0.162	1.09	1.08	1.04	0.963
38	0.626	0.124	0.638	0.626	0.618	0.575	0.626	0.148	0.644	0.626	0.628	0.590
60	0.397	0.115	0.413	0.397	0.407	0.386	0.397	0.138	0.420	0.397	0.417	0.400
100	0.239	0.107	0.262	0.239	0.262	0.255	0.239	0.128	0.271	0.239	0.271	0.268
150	0.159	0.103	0.190	0.159	0.188	0.189	0.159	0.124	0.202	0.159	0.198	0.202
200	0.120	0.0998	0.156	0.120	0.152	0.156	0.121	0.120	0.170	0.121	0.161	0.168
250	0.0977	0.0969	0.138	0.0977	0.130	0.136	0.0984	0.116	0.152	0.0984	0.139	0.149
325	0.0759	0.0940	0.121	0.0759	0.109	0.117	0.0768	0.113	0.136	0.0768	0.118	0.129
400	0.0627	0.0919	0.111	0.0627	0.0965	0.105	0.0638	0.110	0.127	0.0638	0.105	0.117
500	0.0513	0.0895	0.103	0.0513	0.0852	0.0947	0.0527	0.107	0.120	0.0527	0.0942	0.107
600	0.0440	0.0895	0.100	0.0440	0.0786	0.0889	0.0455	0.107	0.117	0.0455	0.0877	0.101

日本電線工業会出典：インターネットより検索

PAS 仕様書

標準形　方向性

方向性過電流ロック形高圧気中開閉器 本体

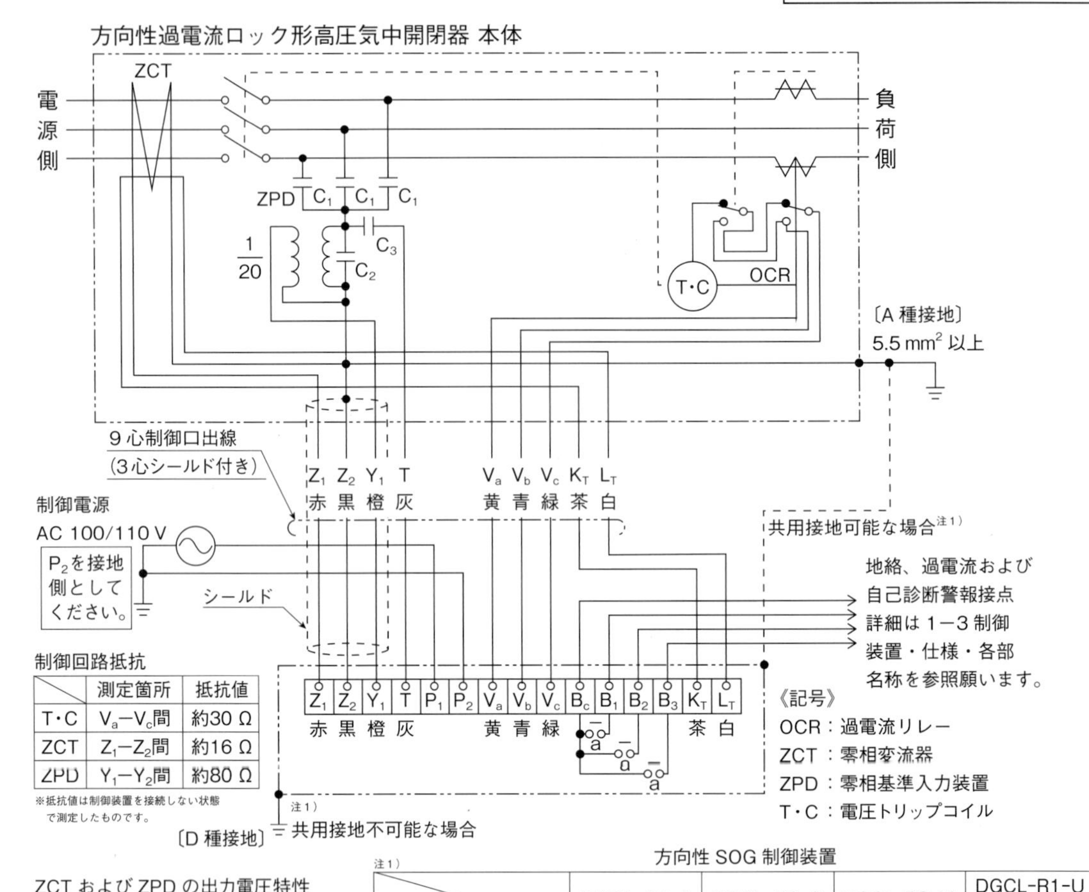

制御回路抵抗

	測定箇所	抵抗値
T・C	V_a−V_c間	約30 Ω
ZCT	Z_1−Z_2間	約16 Ω
ZPD	Y_1−Y_2間	約80 Ω

※抵抗値は制御装置を接続しない状態で測定したものです。

ZCT および ZPD の出力電圧特性

	測定箇所	入力条件	出力電圧
ZCT	Z_1−Z_2間	I_0=0.2 A	約20 mV
ZPD	Y_1−Z_2間	V_0=190 V	約440 mV

方向性 SOG 制御装置

注1)	DGCL-R3-J	DGCL-R3-S	DGCL-R3-M	DGCL-R1-U DGCL-R1-UH
共用接地可能な場合	−	○注2)	−	−
共用接地不可能な場合	−	○注2)	○注3)	○注3)

注2）ステンレス箱の接地をしてください。
注3）取付板の接地をしてください。

② 開閉器本体の仕様

項目＼形式		CL□-□21□Se-D	CL□-□21□Se-C	CL□-□31□Se-□	CL□-□41□Se-□
定格電圧	[kV]	7.2			
定格周波数	[Hz]	50/60			
定格電流	[A]	200		300	400
定格短時間耐電流［実効値］	[kA]	8	12.5	12.5	
定格短絡投入電流［波高値］	[kA]	C 級 20	C 級 31.5	C 級 31.5	C 級 31.5
定格負荷電流開閉容量	[A]	200		300	400
定格励磁電流開閉容量	[A]	10		15	20
定格充電電流開閉容量	[A]	10			
定格コンデンサ電流開閉量	[A]	30			
定格過負荷遮断電流［実効値］	[A]	C 級 800			
定格地絡遮断電流	[A]	30			
ロック電流値	[A]	600 ± 180			
定格耐電圧	[kV]	60			
準拠規格		JIS C 4607 引外し形高圧交流負荷開閉器			

注 1）C 級は、投入回数および遮断回数 3 回を示します。

〔注意事項〕
変圧器の励磁突入電流でヒューズが劣化しないよいに励磁突入電流が
許容時間ー電流特性以内であること。（電流値より右側のヒューズを選定）

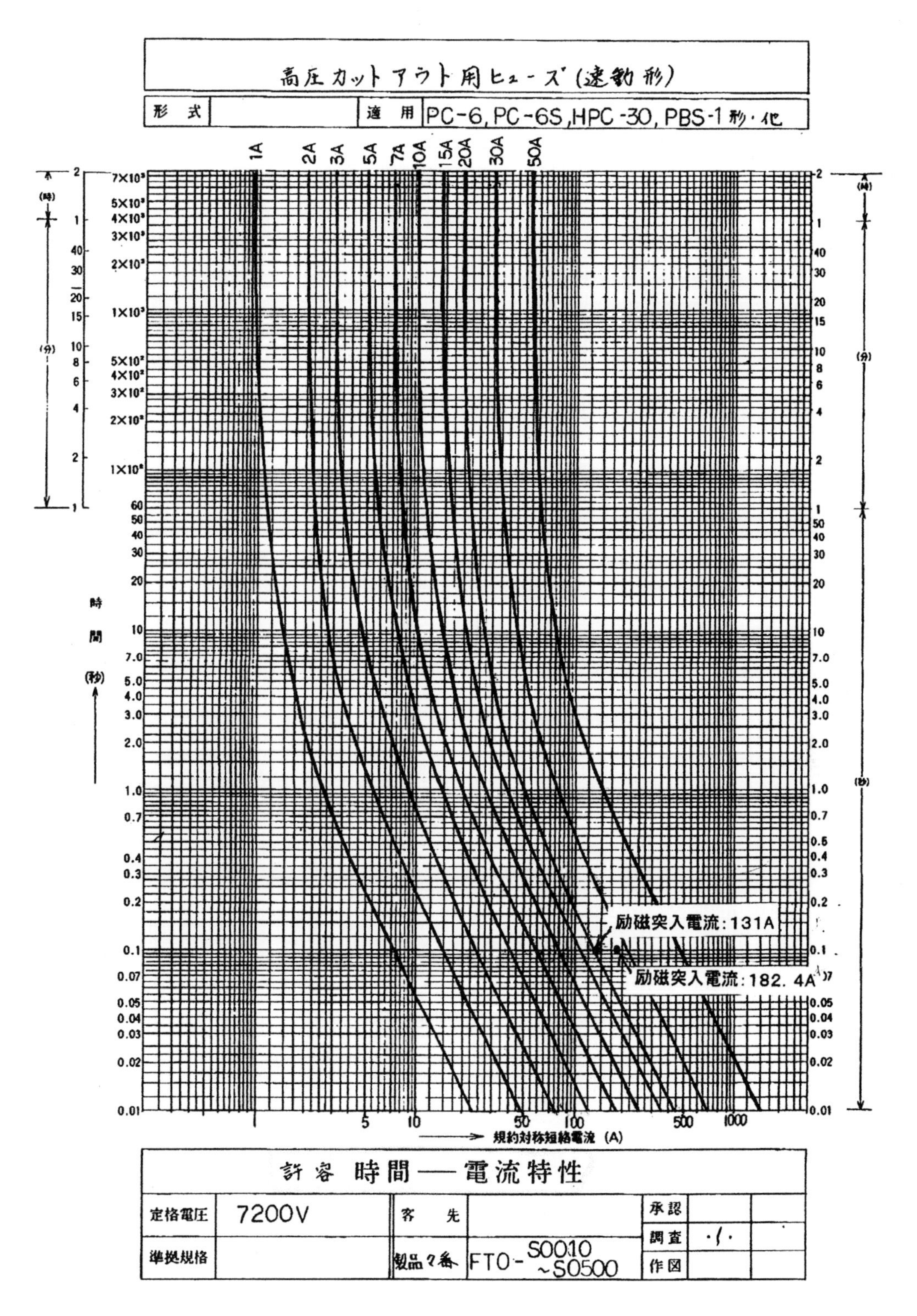

〔注意事項〕
変圧器二次側直後の短絡で変圧器定格電流の２５倍２秒以内にヒューズが遮断できること。（電流値より左側のヒューズを選定）

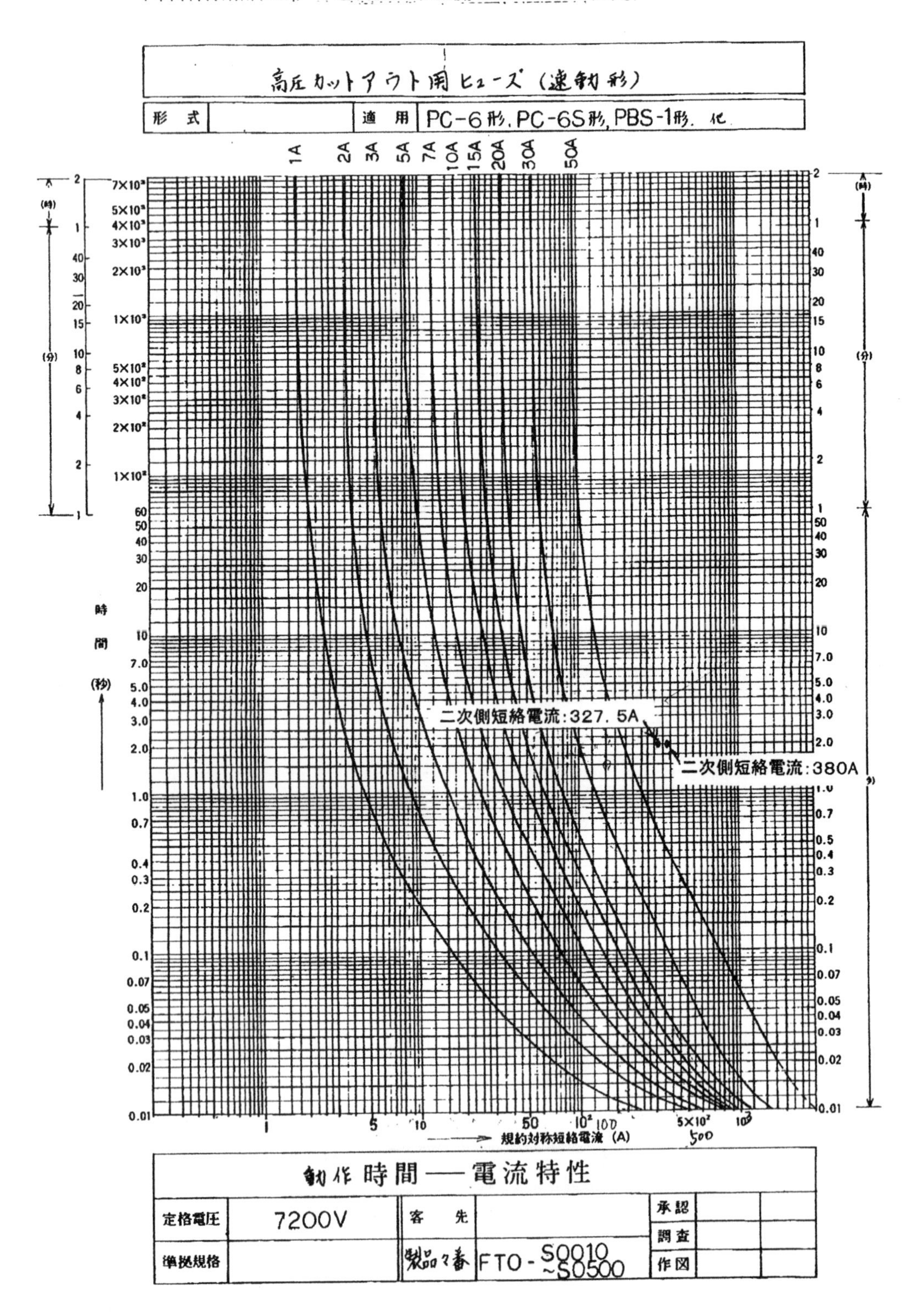

電力ヒューズ推奨定格電流

■変圧器用電力ヒューズ

表5(1)　変圧器用CL形(形番ー)、CL形(形番LB)ヒューズ推奨定格電流

相数	回路電圧 kV 変圧器定格容量 kVA	3.3 変圧器定格電流 A	3.3 ヒューズ定格電流 G(T)種A 最小	3.3 ヒューズ定格電流 G(T)種A 最大	6.6 変圧器定格電流 A	6.6 ヒューズ定格電流 G(T)種A 最小	6.6 ヒューズ定格電流 G(T)種A 最大	11 変圧器定格電流 A	11 ヒューズ定格電流 G(T)種A 最小	11 ヒューズ定格電流 G(T)種A 最大	22 変圧器定格電流 A	22 ヒューズ定格電流 G(T)種A 最小	22 ヒューズ定格電流 G(T)種A 最大	33 変圧器定格電流 A	33 ヒューズ定格電流 G(T)種A 最小	33 ヒューズ定格電流 G(T)種A 最大
単相	5	1.52	10(T3)	10(T3)	0.76	5(T1.5)	5(T1.5)	0.45	—	—	0.23	—	—	0.15	—	—
	10	3.03	20(T7.5)	20(T7.5)	1.52	10(T3)	10(T3)	0.91	5(T1.5)	5(T1.5)	0.45	—	—	0.30	—	—
	20	6.06		40(T20)	3.03	20(T7.5)	20(T7.5)	1.82	10(T3)	10(T3)	0.91	5(T1.5)	5(T1.5)	0.61	5(T1.5)	5(T1.5)
	30	9.09	30(T15)	50(T30)	4.55		30(T15)	2.73		20(T7.5)	1.36		10(T3)	0.91		
	50	15.2	40(T20)	75(T50)	7.58	30(T15)	40(T20)	4.55	20(T7.5)	30(T10)	2.27	10(T3)		1.52	10(T3)	10(T3)
	75	22.7	50(T30)	75(T60)	11.4		60(T40)	6.82		40(T20)	3.41	20(T7.5)	20(T7.5)	2.27		
	100	30.3	60(T40)	100(T75)	15.2	40(T20)	75(T50)	9.09	30(T10)	50(T25)	4.55		30(T10)	3.03	20(T7.5)	20(T7.5)
	150	45.5	75(T50)		22.7	50(T30)	75(T60)	13.6	40(T20)	75(T40)	6.82		40(T20)	4.55		
	200	60.6	100(T75)	150(T100)	30.3	60(T40)	100(T75)	18.2	50(T25)	100(T50)	9.09	30(T10)	50(T25)	6.06		30(T10)
	300	90.9	150(T100)	200(T150)	45.5	75(T50)		27.3	75(T40)		13.6	40(T20)	80(T40)	9.09	30(T10)	50(T25)
	500	152	300(T250)	300(T250)	75.8	150(T100)	200(T150)	45.5	100(T50)		22.7	50(T25)	100(T50)	15.2	40(T20)	80(T40)
	750	227		400(T300)	114	200(T150)		68.2	—	—	34.1	80(T40)		22.7	50(T25)	100(T50)
	1000	303	※	※	152	300(T250)	300(T250)	90.9	—	—	45.5	100(T50)		30.3	80(T40)	
	1500	455	—	—	227		400(T300)	136	—	—	68.2	—	—	45.5	100(T50)	
	2000	606	—	—	303	※	※	182	—	—	90.9	—	—	60.6	—	—
三相	5	0.87	5(T1.5)	5(T1.5)	0.44	—	—	0.26	—	—	0.13	—	—	0.09	—	—
	10	1.75	10(T3)	10(T3)	0.87	5(T1.5)	5(T1.5)	0.52	—	—	0.26	—	—	0.17	—	—
	20	3.50	20(T7.5)	20(T7.5)	1.75	10(T3)	10(T3)	1.05	5(T1.5)	5(T1.5)	0.52	—	—	0.35	—	—
	30	5.25		30(T15)	2.62		20(T7.5)	1.57	10(T3)	10(T3)	0.79	5(T1.5)	5(T1.5)	0.52	—	—
	50	8.75	30(T15)	50(T30)	4.37	20(T7.5)		2.62		20(T7.5)	1.31		10(T3)	0.87	5(T1.5)	5(T1.5)
	75	13.1		75(T50)	6.56		40(T20)	3.94	20(T7.5)		1.97	10(T3)		1.31		
	100	17.5	40(T20)		8.75	30(T15)	50(T30)	5.25		30(T10)	2.62		20(T7.5)	1.75	10(T3)	10(T3)
	150	26.2	50(T30)	75(T60)	13.1		75(T50)	7.87	30(T10)	40(T20)	3.94	20(T7.5)		2.62		
	200	35.0	60(T40)	100(T75)	17.5	40(T20)		10.5		50(T25)	5.25		30(T10)	3.50	20(T7.5)	20(T7.5)
	300	52.5	75(T60)		26.2	50(T30)	75(T60)	15.7	40(T20)	75(T40)	7.87	30(T10)	40(T20)	5.25		30(T10)
	500	87.5	150(T100)	200(T150)	43.7	75(T50)	100(T75)	26.2	50(T25)	100(T50)	13.1	40(T20)	50(T25)	8.75	30(T10)	40(T20)
	750	131	200(T150)		65.6	100(T75)		39.4	75(T40)		19.7		100(T50)	13.1	40(T20)	50(T25)
	1000	175	300(T250)	400(T300)	87.5	150(T100)	200(T150)	52.5	100(T50)		26.2	50(T25)		17.5		100(T50)
	1500	262	400(T300)		131	200(T150)		78.7	—	—	39.4	80(T40)		26.2	50(T25)	
	2000	350	※	※	175	300(T250)	400(T300)	105	—	—	52.5	100(T50)		35.0	80(T40)	
	3000	525	—	—	262	400(T300)		157	—	—	78.7	—	—	52.5	100(T50)	
	4000	700	—	—	350	※	※	210	—	—	105	—	—	70.0	—	—

表5(2)　三相・単相変圧器一括用CL形（形番ー）、CL形（形番LB）ヒューズ推奨定格電流

形名一形番	定格電圧 kV	変圧器最大定格電流 A（Im）	ヒューズ定格電流 G（T）A（In）
CL-LB	7.2 3.6	1.5以下	5(T1.5)
		3.0 〃	10(T3)
		7.5 〃	20(T7.5)
		15.0 〃	30(T15)
		20.0 〃	40(T20)
		30.0 〃	50(T30)
		40.0 〃	60(T40)
		50.0 〃	75(T50)
CL		60.0 〃	75(T60)
		75.0 〃	100(T75)
		100 〃	150(T100)
		150 〃	200(T150)
		250 〃	300(T250)
		300 〃	400(T300)
CL	36 24 12	1.5 〃	5(T1.5)
		3.0 〃	10(T3)
		7.6 〃	20(T7.5)
		12 〃	30(T10)
		20 〃	40(T20)
		26.3 〃	50(T25)
		40 〃	75(T40)、80(T40)
		52.5	100(T50)

(注) 1．G75(T50)AはCL形(形番LB)ヒューズ、G75(T60)AはCL形(形番ー)ヒューズです。
2．※印部にはCLS形M400Aをご使用ください。
3．ヒューズ定格電流の最小値は変圧器励磁突入電流を変圧器定格電流×10倍 0.1秒、繰返しを3.3kV 6.6kV用 3,000回、11～33kV用 100回と想定して選定しています。この値以外のときは、ヒューズの時間―電流特性曲線により選定いただくか当社にご照会ください。また、特に多頻度開閉のときにはCLS形をご使用ください。その場合は、M表示の値をT表示の値として表5(1)より選定してください。
4．ヒューズ定格電流の最大値は変圧器二次側直下短絡時の保護を考えて、変圧器定格電流×25倍の電流で2秒以内に遮断するものを選定しています。しかし、これは絶対的なものではなく、変圧器のインピーダンスが非常に大きいとか、推奨値より大きな定格のヒューズを使用する場合等で、二次側短絡時の協調がとれない場合には、「変圧器と二次側過電流遮断器間の絶縁を強化し、この間で短絡事故が発生しないようにすることによって保護の簡略化を考えることができる場合もある」ということが高圧受電設備規定に記されています。従って、本値は参考値としてご利用ください。
5．力率改善用コンデンサがヒューズより負荷側に変圧器と並列に使用されている場合、コンデンサ容量(定格電流)が変圧器容量(定格電流の合計)の1/3以下であるときは、コンデンサ容量は無視することができます。1/3をこえるときにはコンデンサの突入電流を考慮して、コンデンサ定格電流の1/2だけ変圧器定格電流に加えて表5(2)により選定してください。
6．各相ごとに三相、単相合計の変圧器定格電流Imを計算し、それを安全通電する定格値Inとし、各相の中で最大定格のものに統一する。
7．同容量の単相変圧器2台V結線の場合は単相変圧器容量を3倍したものを1個の三相変圧器容量と同等に考えて適用します。

表5(3)　6.6kV、3.3kV三相・単相変圧器一括用CL形(形番一)、CL形(形番LB)ヒューズ推奨定格電流

三相変圧器 容量kVA 6.6kV	3.3kV	定格電流A	単相変圧器 容量kVA 6.6kV: 0	5	10	20	30	—	50	—	75	100	150	200	300
		3.3kV	0	—	5	10	—	20	—	30	—	50	75	100	150
		定格電流A	0	0.76	1.52	3.03	4.55	6.06	7.58	9.09	11.4	15.2	22.7	30.3	45.5
0	0	0		※	※	※	※	※	※	※	※	※	※	※	※
5	—	0.44	G5(T1.5)A												
10	5	0.87	※	G10(T3)A											
20	10	1.75	※		G20 (T7.5)										G75
30	—	2.62	※			※	※								(T50)
—	20	3.50	※			※		G30(T15)A							A
50	—	4.37	※			※					G40(T20)A				
—	30	5.25	※				※	※	※	※					G75 (T60)A
75	—	6.56	※				※	※	※	※	※	G50(T30)A			
100	50	8.75	※				※	※	※	※	※	※	G60(T40)A		
150	75	13.1	※			G40(T20)A※				※	※	※	※	※	
200	100	17.5	※	G40(T20)A						※	※	G60※ (T40)A	※	G75※ (T50)A	G100 (T75) A
300	150	26.2	※						G60(T40)A		※	※	※	G75※ (T60)A	
—	200	35.0	※							G75(T50)A			※	※	G150
500	—	43.7	※							G75(T60)A			G100※ (T75)A		(T100)

(注)　1．G75(T50)AはCL形(形番LB)ヒューズG75(T60)AはCL形(形番—)ヒューズです。
　　　2．変圧器励磁突入電流は変圧器定格電流×10倍 0.1秒、繰返しは3,000回を想定して選定しています。
　　　3．※印部は二次側直下短絡時の過電流(変圧器定格電流×25倍)で2秒以内に遮断します。
　　　4．力率改善用コンデンサが変圧器と並列に使用される場合、コンデンサ容量(定格電流)が変圧器容量(定格電流の合計)の1/3以下であれば、コンデンサ容量を無視して上表より選定できます。

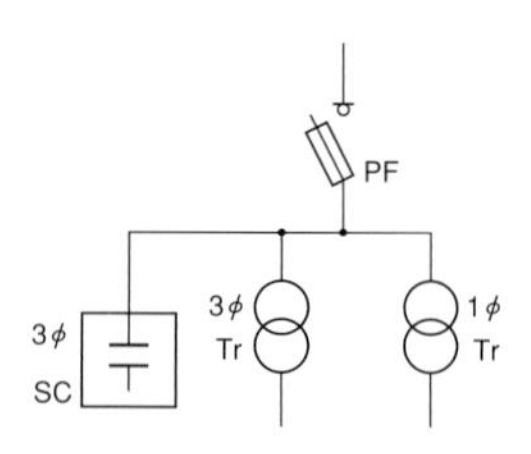

表5(4)　6.6kV、3.3kV三相・単相変圧器一括用CL形(形番LD)ヒューズ推奨定格電流

三相変圧器 容量[6.6kV] (kVA)	容量[3.3kV] (kVA)	定格電流(A)	単相変圧器 容量[6.6kV]: 0	50	—	75	100	150	200	300	(400)	500
		容量[3.3kV]	0	—	30	—	50	75	100	150	200	(250)
		定格電流(A)	0	7.58	9.09	11.4	15.2	22.7	30.3	45.5	60.6	75.8
0	0	0									G80※ (T66)A	G100※ (T76)A
150	75	13.1								G80 (T66)A	G100 (T76)A	
200	100	17.5				CL-LB						
300	150	26.2							※	G100※ (T76)A	T88A※	
—	200	35.0						※	※	T88A※		
500	—	43.7		G80(T66)A				※	※			
(600)	300	52.5	※				G100 (T76)A	※	T88A※			
750	—	65.6	※	G100(T76)A		T88A						
1000	500	87.5	T88A※									

(注)　1．変圧器励磁突入電流は変圧器定格電流×10倍0.1秒、繰返しは3,000回を想定して選定しています。
　　　2．※印は二次側直下短絡時の過電流(変圧器定格電流×25倍)で2秒以内に遮断します。
　　　3．力率改善用コンデンサが変圧器と並列に使用される場合、コンデンサ容量(定格電流)が変圧器容量(定格電流の合計)の1/3以下であれば、コンデンサ容量を無視して上表より選定できます。

○○電力（株）
○○支店配電サービスグループリーダー　様

貴社ますますご清栄のこととお慶び申し上げます。
　いつも格別のご高配を賜り厚く御礼申し上げます。
自家用電気工作物の保安管理業務を担う技術者として、お客様が安心して安全に電気を使って頂くために、設備の保安管理に日々頑張っています。

　人工地絡試験データの提供、お願いの必要性
1．私どもが担当している設備内での電気事故は自構内の保護装置で事故点を切り離し、波及事故を起こさせない事を基本に、保護装置の整定値決定には気を付けています。
　自構内の一線地絡事故検出の保護継電器である方向性地絡継電器のV_0、I_0整定値に必要なデータ（物件10件、別紙）の提供をお願いします。これは、電力の67Gとの保護協調の検討に必要ですので、よろしくお願いします。
　必要データ：① V_0($R_g = 0\ \Omega \sim R_g = 12\ \mathrm{k}\Omega$) I_0（$R_g = 0\ \Omega \sim R_g = 12\ \mathrm{k}\Omega$）
　　② GPT（EVT）、ZCT比、オープンΔの制限抵抗値、67G整定値
　　（特にV_0整定値は地絡抵抗が何Ωの時の整定値かが知りたいです）
　　③残留電圧、残留電流。
2．高圧需要家の、電灯用及び動力用変圧器の混触事故時の危険防止の為、B種接地抵抗値決定に必要。

　以上よろしくお願いします。

201○年　○月○○日（　）
所属先：○○○○○
電気管理技術者：○○○○○
住所：○○○
連絡先：○○○

添付資料

①

※特に V_0 整定値は何 kΩ 時かの記入をお願いします。

変電所名	フイダーNO	フイダー数	67G 整定値			ZCT 比	GPT 比		責任分界点　電力柱 NO		事業場名			
			I_0＝	R_g＝	kΩ									
			V_0＝	R_g＝	kΩ						SOG	I_0＝0.2 A		
			S＝								整定値	V_0＝5 %	S＝0.2	
地絡相 A 相　人工地絡試験データ						配電用変電所　GPT 比：6,600 V/110/190 V/3					SOG　V_0＝5 %（190.5 V/3,810 × 100）			
地絡点抵抗	R_g＝0 Ω	R_g＝1 kΩ	R_g＝2 kΩ	R_g＝3 kΩ	R_g＝4 kΩ	R_g＝5 kΩ	R_g＝6 kΩ	R_g＝8 kΩ	R_g＝10 kΩ	R_g＝12 kΩ				
一次側 V_0(V)											オープンΔ	残留電圧	V	
地絡点電流 I_g(A)											ZCT	残留電流	mA	
オープンΔ V_0(V)											制限抵抗値：		Ω	

②

変電所名	フイダーNO	フイダー数	67G 整定値			ZCT 比	GPT 比		責任分界点　電力柱 NO		事業場名			
			I_0＝	R_g＝	kΩ									
			V_0＝	R_g＝	kΩ						SOG	I_0＝0.2 A		
			S＝								整定値	V_0＝5 %	S＝0.2	
地絡相 A 相　人工地絡試験データ						配電用変電所　GPT 比：6,600 V/110/190 V/3								
地絡点抵抗	R_g＝0 Ω	R_g＝1 kΩ	R_g＝2 kΩ	R_g＝3 kΩ	R_g＝4 kΩ	R_g＝5 kΩ	R_g＝6 kΩ	R_g＝8 kΩ	R_g＝10 kΩ	R_g＝12 kΩ				
一次側 V_0(V)											オープンΔ	残留電圧	V	
地絡点電流 I_g(A)											ZCT	残留電流	mA	
オープンΔ V_0(V)											制限抵抗値：		Ω	

③

変電所名	フイダーNO	フイダー数	67G 整定値			ZCT 比	GPT 比		責任分界点　電力柱 NO		事業場名			
			I_0＝	R_g＝	kΩ									
			V_0＝	R_g＝	kΩ						SOG	I_0＝0.2 A		
			S＝								整定値	V_0＝5 %	S＝0.2	
地絡相 A 相　人工地絡試験データ						配電用変電所　GPT 比：6,600 V/110/190 V/3								
地絡点抵抗	R_g＝0 Ω	R_g＝1 kΩ	R_g＝2 kΩ	R_g＝3 kΩ	R_g＝4 kΩ	R_g＝5 kΩ	R_g＝6 kΩ	R_g＝8 kΩ	R_g＝10 kΩ	R_g＝12 kΩ				
一次側 V_0(V)											オープンΔ	残留電圧	V	
地絡点電流 I_g(A)											ZCT	残留電流	mA	
オープンΔ V_0(V)											制限抵抗値：		Ω	

芳田　眞喜人（よしだ　まきと）

1944 年台湾基隆市生まれ。沖縄県立沖縄工業高等学校電気科卒業。
1970 年工学院大学工学部電気科卒、1970 年高校教員免許（数学）取得。
1972 年沖縄電力株式会社工務部入社、1974 年第 3 種電気主任技術者免許取得。
1977 年第 1 種電気主任技術者免許取得。
1991 ～ 1994 年の間沖縄電力東京支社勤務後、工務部系統技術課、企画部、事業開発部を経て 2004 年 3 月定年退職。
沖縄電力入社後の業務は 132 kV、66 kV、13.8 kV 系の電力系統の運用、系統の設備計画、系統の保護継電器の試験業務、保護継電器の整定業務、系統の事故解析業務等を担当。
退職後は民間企業にて自家用電気工作物の保安管理業務に従事しながら若手社員へ、第 3 種電気主任技術者免許取得のための教育を担当。
その後、個人事業主（経営者）として自家用電気工作物の保安管理業務を続け現在に至る。

6.6 kV 高圧需要家構内での事故解析
短絡・地絡時の電流・電圧の算出及び保護継電器の整定

2018 年 12 月 31 日　初版発行

著　者　芳田（よしだ）　眞喜人（まきと）

発行者　志賀　正利

東京都中央区銀座 5-13-3（〒104-0051）
発　行　株式会社 エネルギーフォーラム
TEL 03(5565)3500
FAX 03(3545)5715

組版・図版　アールジービー株式会社
印刷・製本　株式会社 平河工業社

落丁・乱丁本はお取り替えいたします。　ISBN978-4-88555-500-8 C3050